普通高等教育“十二五”规划教材

材料科学基础教程

王亚男　陈树江　张峻巍　李国华　编著

北京
冶金工业出版社
2018

内 容 提 要

本书从教学要求出发，着重对材料科学的基本概念和基础理论进行了阐述。全书分为8章，内容包括晶体结构、晶体结构缺陷、固体中的扩散、纯金属的凝固、二元合金相图、三元合金相图、材料的变形与再结晶、亚稳态材料。各章均配有适量的习题，方便读者学习。

本书可供材料科学与工程一级学科本科生基础课教学使用，也可供相关专业工程技术人员参考。

图书在版编目(CIP)数据

材料科学基础教程/王亚男等编著.—北京：冶金工业出版社，2011.8（2018.1重印）
普通高等教育“十二五”规划教材
ISBN 978-7-5024-5647-4

Ⅰ.①材… Ⅱ.①王… Ⅲ.①材料科学—高等学校—教材 Ⅳ.①TB3

中国版本图书馆CIP数据核字(2011)第158567号

出 版 人 谭学余
地 址 北京市东城区嵩祝院北巷39号 邮编 100009 电话 (010)64027926
网 址 www.cnmip.com.cn 电子信箱 yjcbs@cnmip.com.cn
责任编辑 陈慰萍 美术编辑 彭子赫 版式设计 孙跃红
责任校对 卿文春 责任印制 李玉山
ISBN 978-7-5024-5647-4
冶金工业出版社出版发行；各地新华书店经销；北京印刷一厂印刷
2011年8月第1版，2018年1月第4次印刷
787mm×1092mm 1/16；16印张；385千字；245页
33.00元

冶金工业出版社 投稿电话 (010)64027932 投稿信箱 tougao@cnmip.com.cn
冶金工业出版社营销中心 电话 (010)64044283 传真 (010)64027893
冶金书店 地址 北京市东四西大街46号(100010) 电话 (010)65289081(兼传真)
冶金工业出版社天猫旗舰店 yjgycbs.tmall.com

前　言

本书为辽宁省精品课教材，是根据材料科学与工程一级学科的专业基础课教学实际需要，结合多年来的教学实践和体会精心编写而成的。本书从教学要求出发，着重对基本概念和基础理论的阐述，力求教材内容的科学性、先进性和实用性，注重培养学生运用科学原理去解决工程材料中实际问题的能力。

材料科学是研究材料的成分、组织结构、制备工艺与材料性能和应用之间相互关系的科学，它将金属、陶瓷、高分子等不同材料的微观特性和宏观规律建立在共同的理论基础上，对生产、使用和发展材料具有重要的指导意义。

本教材的特点表现为：

(1) 适应新世纪对人才培养的要求，将金属、陶瓷、高分子等不同材料的微观特性和宏观规律建立在共同的理论基础上，拓宽了知识面，注重为学生奠定“宽、新、实”的理论基础；

(2) 各级标题和主要概念都有中、英文对照，帮助读者了解基础和专业词汇，提高读者的英语阅读及应用的能力；

(3) 每章后面都有习题，帮助读者掌握基本概念和基本理论，提高读者的自学能力及分析和解决问题的能力；

(4) 教材适用面广，既可供材料科学与工程一级学科本科生基础课教学使用，也可作为相关专业工程技术人员的参考书。

本书主要介绍了材料内部的微观结构，包括原子态到聚合态，从理想的完整结构到存在各种缺陷的不完整晶体结构，原子和分子在固体中的运动，以及材料在受力变形时组织结构的变化和恢复过程；在上述基础上，进一步介绍了材料组织结构的转变规律，包括单组元转变、二组元间的相互作用及转变和三元系的相互作用规律，通过这些内容来了解材料的形成规律和存在状态；此外还介绍了有关亚稳态材料的内容及近年来在亚稳态研究中的一些新成果如纳米晶等，学生读后可以了解材料科学发展的一些新动态。

全书共分8章，第1、2章由陈树江、李国华编写，第3、4、5、6章由王亚男编写，第7、8章由张峻巍编写，习题由苗露、韩立影整理、编写。在编写过程中，参考和引用了一些文献和资料中的有关内容及图片，并得到周围同事的支持和帮助，谨此一并致谢。

由于编者水平有限，书中难免有不足之处，敬请读者批评指正。

编 者
2011年5月

目　录

1　晶体结构
(Crystal structure)

1.1　晶体几何基础（Geometric basis of crystal）

这里所说的晶体是指理想晶体，即不考虑实际晶体中可能存在的各种缺陷。首先用几何学的方法研究晶体的外形几何特征及其内部结构，阐明晶体所遵循的几何规律，揭示晶体的外部形态与其内部结构之间的相互依赖关系。只有弄清楚了晶体的结构、形态的规律，才能从本质上去认识晶体的物理-化学性质。

1.1.1　晶体内部结构和空间点阵（Inner structure and space lattice of crystal）

1.1.1.1　晶体内部结构的周期性（Periodism of crystal structure）

人们最开始认识晶体是从观察外部形态开始的。把具有天然的而不是经人工加工的规律的几何外形固体称为晶体。如：石英、锆英石、尖晶石、食盐，如图 1.1 所示。但许多物质，虽然不具有明显的规则多面体外形，却具有晶体性质，也就是说，这种规则的多面体并不能反映晶体的实质，它只是晶体内部某种本质因素的规律性在外表上的一种反映。

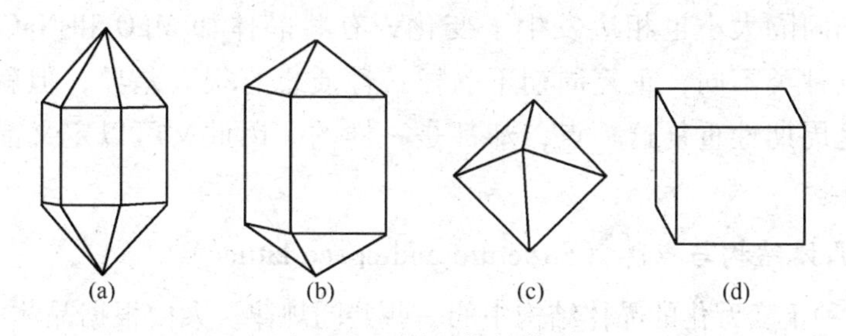

图 1.1　几种晶体的外形

（a）石英；（b）锆英石；（c）尖晶石；（d）食盐

直到 20 世纪初，1912 年德国物理学家劳厄第一次成功获得晶体的 X 射线衍射图案，才使研究深入到晶体的内部结构，才从本质上认识了晶体，证实了晶体内部质点（原子、离子、分子或原子团）在三维空间都是有规律地呈周期性重复排列。如图 1.2 食盐的晶体结构。图 1.2（a）中大球代表氯离子（Cl^-），小球代表钠离子（Na^+）。沿着立方体棱边方向，Na^+ 和 Cl^- 各自以相等的间隔交替排列，每隔 0.5628nm，Na^+ 或 Cl^- 就重复一次，若沿着立方体的面对角线方向，各自每隔 0.3978nm 重复一次，在其他方向上也有类似的周期性重复，如图 1.2（b）所示。这个重复周期的尺度与实际晶体尺寸相比是非常小的，以至对边长为 1mm 的食盐晶粒，这种重复竟达 10^6 数量级，因此可把它看成是无限多次重复。因此，在食盐晶体中，若把整个图形沿立方体棱边三个方向中任一方向移动0.5628nm或其整数倍，图形就和没有移动过一样，即整个图形复原。晶体中的这个特点称为周期重复性，或称之为平移对称性。可以用平移向量通式来表达晶体内部质点这种周期性重复的性质，即对整个图形作 $\boldsymbol{T}=m\boldsymbol{a}+n\boldsymbol{b}+p\boldsymbol{c}$（$m$、$n$、$p=0$，±1，±2…任意整数）的平移，图形可以复原，$\boldsymbol{T}$ 称为平移向量。a、b、c 为晶体在三维方向的基本平移周期，而它们的向量 $\boldsymbol{a}$、$\boldsymbol{b}$、$\boldsymbol{c}$ 称为基本向量。晶体中 T 有下列性质：（1）从晶体结构中任何一个质点出发，以向量 $\boldsymbol{T}$ 进行平移，一定会重合在另一个等同的质点上；（2）任何两个等同质点的连线一定也是一个 $\boldsymbol{T}$ 向量。不符合这两条原则的固体结构就不属于晶体。所以也可以定义晶体就是有 $\boldsymbol{T}$ 向量的固体材料。

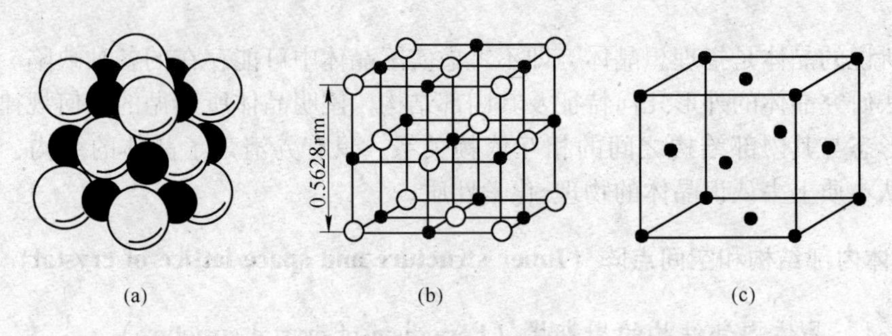

图1.2 食盐晶体结构

（a）晶胞；（b）结构示意图；（c）空间点阵

以上是以 NaCl 为例，阐述了晶体中周期重复性的特点。实际对任何一种晶体，不管它的构造多复杂，其质点在三维空间的排列都始终呈现周期性重复，因此周期重复性是一切晶体都具有的共性。而不同晶体结构的差异，只在于它们的质点种类不同，排列方式和间隔大小也相应发生了变化，有些晶体如 MgO 和 NaCl，尽管排列方式一样，而质点种类不同，重复周期不一样，性质也有很大差异，但就其晶体内部质点在三维空间呈周期性重复这一点，却都是一样的。因此又可以定义晶体就是具有周期性构造的固体。

1.1.1.2 晶体结构与点阵（Structure and space lattice）

为了研究各种千变万化的晶体结构中的一些共同规律，人们根据晶体内部质点排列具有周期性的特点，提出了点阵概念。

首先根据晶体结构的周期性来建立一维晶体和直线点阵的关系。图1.3（a）所示为一个沿一定方向以一定距离呈无限周期性重复的一维结构图形。从图中可知，一个周期性结构应具备两个要素：（1）周期性重复的内容，它相当于在一维晶体中由质点（原子、离子、分子或原子团）组成的一个基本单元，称为结构单元或结构基元。在任何理想晶体中，结构单元应包括这个晶体中所有不等同的原子，但又不应该包括完全等同的原子。这里所说的等同，不只是指属于同一种元素的原子，还包括其周围的物理化学环境及几何环境也应该相同。即结构单元中所包含的质点间相互关系，在整个晶体中都是一样的。如图1.3（a）中每四个“基本”质点才算一个结构单元；（2）重复周期的大小和方向，相当于一维晶体中相邻结构单元间的距离，称为周期。

为了研究各种千变万化的晶体结构中的一些共同规律，即晶体结构中的结构单元在整个结构中是否重复出现？向哪个方向重复？距离多大重复一次？即只考虑结构的周期性，这就不需要研究整个晶体结构中每个结构单元的具体情况，只要对整个晶体结构进行几何抽象，抽象的办法是从整个晶体结构的每一个由一个或一组质点构成的结构单元中都选出等同的质点作为代表（这个结构单元），并将它们一个个都化成既无质量又无尺度的几何点，如图1.3（b）所示。这样便得到一个相应于一维晶体结构的无限点阵排列，称为直线点阵。抽象的几何点称为点阵点，简称阵点。两相邻阵点间的距离 a 称为该直线点阵的基本周期，而 a 的向量 $\boldsymbol{a}$ 称为该直线点阵的平移向量，也称基本向量。

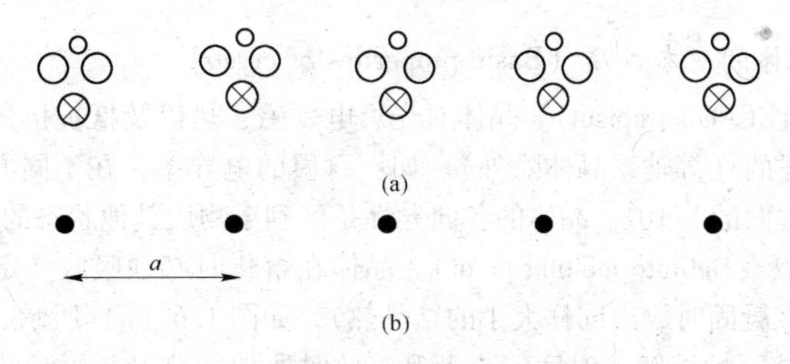

图1.3 一维结构图与直线点阵
（a）一维结构图形；（b）直线点阵

同样，将一个二维或三维结构中的结构单元加以几何抽象，就会得到相当于二维晶体结构或三维晶体结构的点阵，它们分别称为平面点阵（见图1.4）或空间点阵（见图1.5）。平面点阵中有两个互不平行的基本向量 $\boldsymbol{a}$ 和 $\boldsymbol{b}$。如果用两组分别平行于 $\boldsymbol{a}$ 和 $\boldsymbol{b}$ 的直线将平面点阵中所有阵点都连接起来，平面点阵就被分割成无数个以 a、b 为边、大小和形状都相同、互相并置的平行四边形，如图1.4（b）所示。此时的平面点阵也称为平面格子，其阵点称为结点。同理，在空间点阵中有三个互不平行的基本向量 $\boldsymbol{a}$、$\boldsymbol{b}$、$\boldsymbol{c}$ 。如沿 $\boldsymbol{a}$、$\boldsymbol{b}$、$\boldsymbol{c}$ 三个方向用直线将所有阵点都连接起来，则空间点阵将被分割成无数个相互叠置的，以 a、b、c 为三个棱边的，且完全相同的平行六面体，如图1.5（b）所示。此时的空间点阵称为空间格子，其阵点也称为结点。

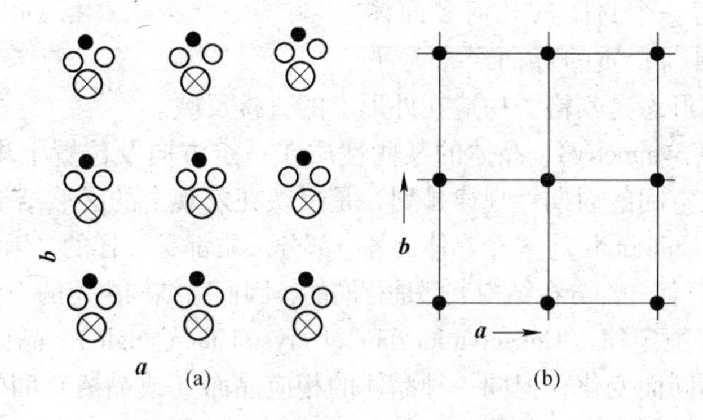

图1.4 二维结构图与平面点阵
（a）二维结构图形；（b）平面点阵

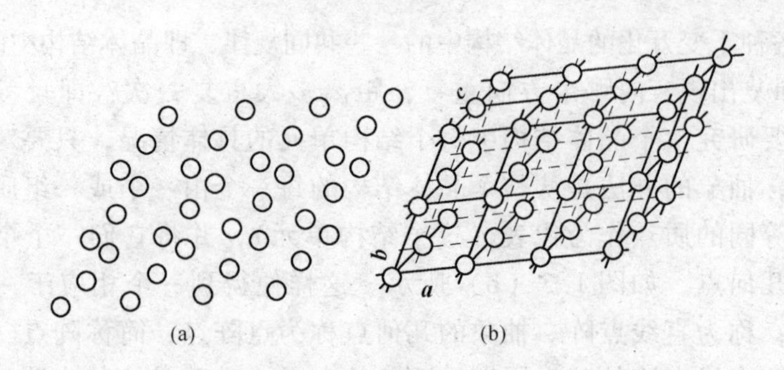

图 1.5 空间点阵与空间格子
（a）空间点阵；（b）空间格子

1.1.1.3 晶体的基本性质（Basic properties of crystal）

（1）各向异性（Aeolotropism）。晶体对光、电、磁、热以及抵抗机械和化学作用在各个方向上是不一样的（等轴系晶体除外）。如：石墨的电导率，在不同方向差别很大，垂直方向为层平行方向的 $1/10^4$。晶体的各向异性是区别于物质其他状态的最本质性质。

（2）固定熔点（Definite melting point）。晶体在熔化时必须吸收一定的熔融热才能转变为液态（同样在凝固时放出同样大小的结晶热），如图 1.6（a）所示，随时间增加，温度升高，T_0 时晶体开始熔解，温度停止上升，此时所加的热量，用于破坏晶体的格子构造，直到晶体完全熔解，温度才开始继续升高，T_0 称为晶体熔点。而非晶体不具有这一特点，如图 1.6（b）所示。

（3）稳定性（Stability）。晶体能长期保持其固有状态而不转变成其他状态。这是由晶体具有最低内能决定的，内能小，晶体内的质点规律排列，这时质点间的引力、斥力达到平衡，结果内能最小，质点在平衡位置振动，没有外加能量，晶体格子构造不破坏，就不能自发转变为其他状态，处于最稳定状态。

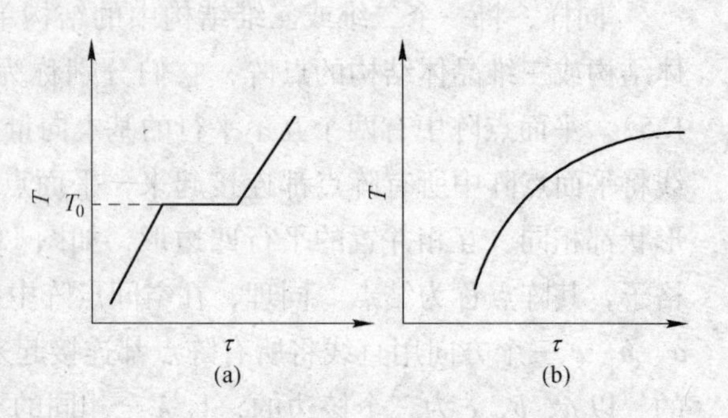

图 1.6 固体的加热曲线
（a）晶体；（b）非晶体

（4）自限性（Selfconfinement）。晶体具有自发地生长为一个封闭的几何多面体倾向，即晶体与周围介质的界面经常是平面，晶体的多面体形态是其格子构造在外形上的直接反映。

（5）对称性（Symmetry）。晶体的某些性质在一定方向及位置上出现对称性，因为晶体的构造是质点在空间的周期性规律排列，是反映在宏观上的必然结果。

（6）均一性（Uniformity）。一个晶体的各个部分性质都是一样的。因为晶体内质点是周期性重复排列的，其任何一部分在结构上都是相同的，因而由结构决定的一切性质都是相同的。

（7）晶面角守恒定律（Conservation law of crystal face angle）。晶体的晶面大小和形状会随外界的条件不同而变化，但同一种晶体的相应晶面（或晶棱）间的夹角却不受外界条件的影响，它们保持恒定不变的值。

上面晶体所具有的基本性质，非晶体都不具有，它是晶体与非晶体的本质区别，其最重要原因是内部结构的不同。

1.1.2 晶体的宏观对称性（Macroscopic symmetry of crystal）

1.1.2.1 晶体外形的对称性（Appearance symmetry of crystal）

对称图形广泛存在于自然界中，人们日常生活中经常碰到，从六角形的雪花到翩翩起舞的蝴蝶等都是自然对称的，人的双手也是对称的，伞是对称的（8块），还如前面讲到的石英、锆英石、尖晶石和食盐晶体的形态，上述物体间存在着某种共同的规律性，这种规律性表现在：第一，这些物体上存在着若干个彼此相同的部分或本身可以被划分若干个彼此相同的部分；第二，如果把这些相等部分对换一下，这些相等部分都是有规律重复出现的。这种性质是对称的，晶体外形上的对称是由其内部格子构造的对称所决定的，只是不同晶体之间对称性是有差别的，晶体的对称性与晶体的物理学性质有很大的关系，如压电效应只能发生在不具有对称中心的晶体中，而双折射则是中、低级晶族所固有的特点等等。

对称是晶体的一种基本性质，但晶体的对称受其内部结构的周期性和对称性制约，只有内部结构所容许的对称性才能在晶体外形上体现出来；且晶体的对称性不仅表现在几何形态上，也表现在物理性质上。

晶体的外形是一个有限的对称图形，其相等部分表现为相同的晶面、晶棱和角顶等。能使有限对称图形中相等部分出现规律性重复的对称操作只有旋转、反映、倒反和旋转倒反4种，这些对称操作常称为宏观对称操作。

如果对一个对称图形实施某种对称操作，使其在操作后能复原，总是要借助于某些辅助性、假想的几何要素（点、线、面）来进行的。如图1.7所示，A、B两图形相等，A、B通过照镜子来反映，使A、B重复的动作就如“照镜子”。

两个图形之所以能形成对称图形，是因为可以在两图形之间找到一个假想的平面（镜面R)，通过这个平面的反映操作，能使该图形复原。又如图1.8所示，对这个图形实施对称操作，使其在操作后能复原，一定是围绕一根假想轴线的旋转操作，这根轴线垂直于纸面，而且通过图形中心（O）。

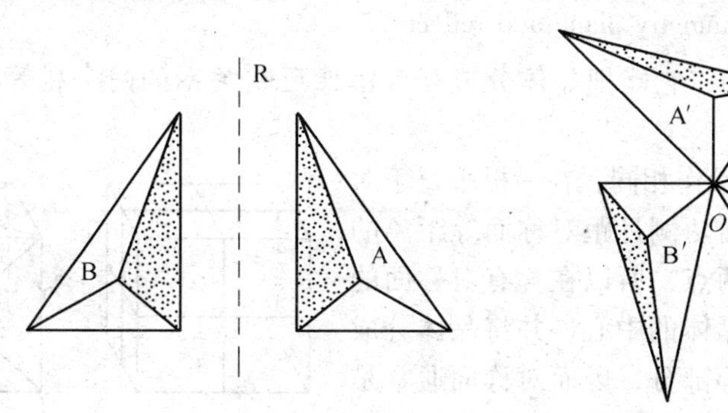

图1.7　镜像对称图形　　　图1.8　旋转对称图形

以上这些假想的几何要素为对称元素。因而各种对称操作都有相应的对称元素：旋转操作的对称元素称为旋转轴（或对称轴）；反映操作的对称元素称为对称面；倒反操作的对称元素称为对称中心；旋转倒反操作的对称元素称为倒转轴。它们都是宏观对称操作的辅助几何元素，所以统称为宏观对称元素。

1.1.2.2　宏观对称要素和对称操作（Macroscopic symmetric element and symmetric manipulation）

A　对称轴和旋转（Symmetry axis and rotation）

对称轴和旋转以符号 L^n 表示。旋转操作的特点为晶体中每一点都绕某一根假想的轴线转动，在转动过程中，该点到轴线的距离始终不变，该轴线一定通过晶体的几何中心，并且位于其几何中心和角顶或棱的中点或面心的连线上。每旋转一定角度，晶体中各个相等部分就会重复一次。在旋转一周的过程中，晶体重复的次数 n，称为旋转轴的轴次，显然 n 必为整数。使晶体复原所需要的最小旋转角 α 称为基转角，则有 $n=\dfrac{360°}{\alpha}$。

对称轴是一根通过晶体几何中心的假想直线，晶体绕此轴旋转一定角度后，可使相等部分晶面、晶棱或角顶重复。对称操作：晶体绕轴旋转。符号 L^n，国际符号 n，L 代表对称轴，n 代表绕 L 旋转一周重复的次数。晶体中，对称轴只有 1，2，3，4，6 次，即 L^1，L^2，L^3，L^4，L^6，没有 L^5 和高于 6 次的，原因可用图 1.9 平面点阵的密排图形说明。具有 5 次和高于 6 次旋转轴的图形不能使晶格单元在空间密排，这不符合空间格子理论，因此内部结构不允许 5 次及高于 6 次的旋转轴在晶体的宏观上出现。

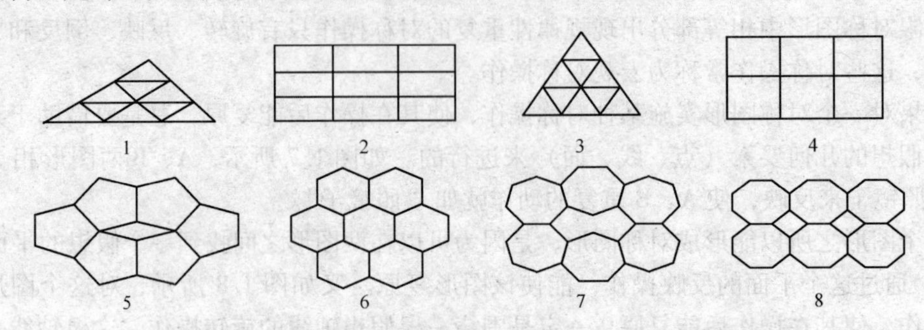

图 1.9　晶体结构中不能出现 5 次和高于 6 次的旋转轴

B　对称面与反映（Symmetry plane and reflect）

对称面是一个假想平面，它能把晶体分成互为镜像反映关系的两个相等部分，符号 P，国际符号 m。

对称操作特点与镜面操作相同，在一根垂直于对称面的直线上，位于对称面两侧且距对称面等距离的两点必为性质完全相同的两点，所以在含有对称面的晶体中，对称面必定通过晶体的中心，并将晶体分成互呈物与像的两个镜像相等部分，因而对称面通常是晶棱或晶面的垂直平分面，或多面角的平分面。图 1.10 是立方体中的对称面。

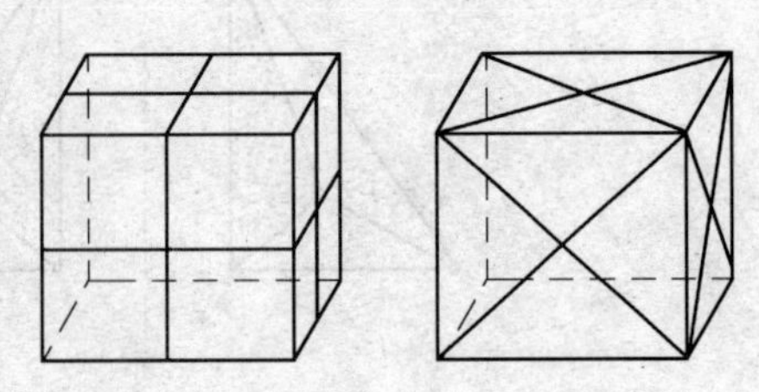
图 1.10　立方体中的 9 个对称面

C　对称中心和倒反(Symmetry center and invertion)

对称中心是晶体中心的一点，通过此点的直线向相反两个方向延伸，当此直线与一对晶面、一对晶棱、一对角顶（相等部分）相交时，两交点与对称中心间的距离相等。以符

号 C 表示，国际符号 i。如图 1.11 所示，通过对称中心作任一直线，则在此直线上，位于对称中心两侧且等距离的两点，必为性质完全相同的对应点。因此，凡有对称中心的晶体，对于晶体上的任一晶面，必有与之反向平行的另一相同晶面。从而这种晶体的所有晶面必然两两成反向平行的关系，而且这个对称中心必然位于晶体中的几何中心处。晶体可有对称中心，也可没有对称中心，但最多只有一个。

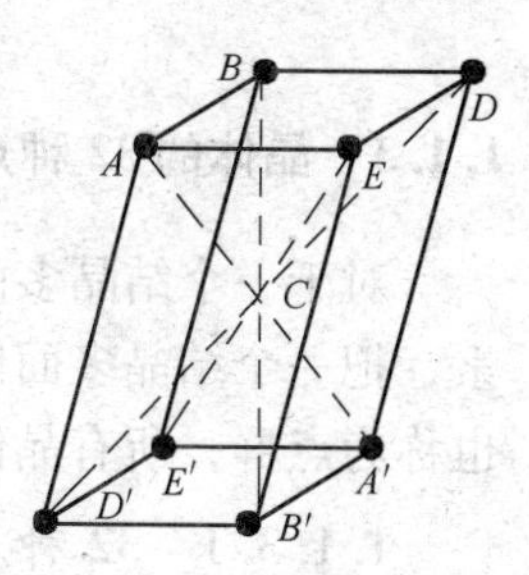

图 1.11　对称中心

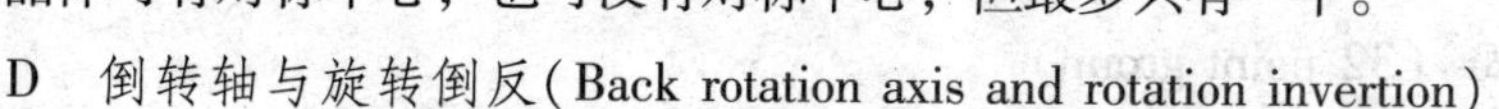
D　倒转轴与旋转倒反(Back rotation axis and rotation invertion)

倒转轴又称旋转反伸轴，符号 L_i^n，国际符号 $\bar{n}$，是一根假想直线。对称操作的特点为复合操作，晶体中每一点都绕某一轴线旋转 α 后，再通过该直线上某一点进行倒反，晶体才能复原，如图 1.12 所示。注意：绕某直线旋转一定角度后，相等部分并未重复，只有经该直线上一点反伸，才能使晶体相等部分重复。

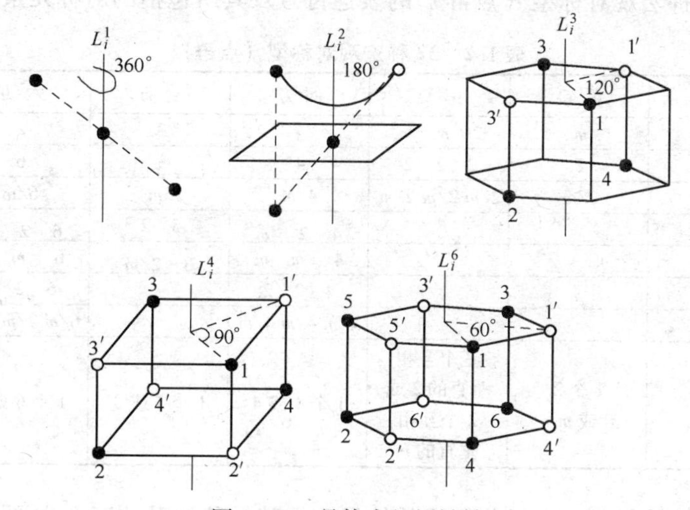

图 1.12　晶体中的倒转轴

倒转轴和旋转轴一样，也有一定的轴次和基转角，且同样在晶体中没有 5 次和高于 6 次的倒反轴，只有 L_i^1，L_i^2，L_i^3，L_i^4，L_i^6，国际符号为 $\bar{1}$，$\bar{2}$，$\bar{3}$，$\bar{4}$，$\bar{6}$五种。但在这五种倒反轴中，只有 $\bar{4}$是独立存在的对称元素，这种作用无法用其他对称元素或它们组合的相应对称操作来代替，且 $\bar{4}$只在无 i 的晶体中才可能存在。而其余的倒转轴均可用其他简单的对称元素或它们的组合来代替，见表 1.1。

表 1.1　晶体的宏观对称元素及对称操作

对称元素	对称轴					对称中心	对称面	回转-反演轴		
	1 次	2 次	3 次	4 次	6 次			3 次	4 次	6 次
	直　线					点	平　面	直线和直线上的定点		
对称操作	绕直线旋转					对点反演	对面反映	绕线旋转+对点反演		
基转角 α/(°)	360	180	120	90	60			120	90	60
国际符号	1	2	3	4	6	i	m	$\bar{3}$	$\bar{4}$	$\bar{6}$
						$\bar{1}$	$\bar{2}$	$3+i$		$3+m$

1.1.3 晶体的32种点群及分类（32 point group and classificition of crystal）

对于一个结晶多面体的宏观对称要素，可以只有一个对称要素，也可以有多个对称要素，把一个结晶多面体所具有的全部对称要素以一定的顺序组合排列成为晶体的对称型，也称为点群，所有晶体能存在的对称型共有32种，亦称32种点群。

1.1.3.1 32种点群（32 point group）

一个晶体中，所有对称元素拥有的一切对称操作构成的集合符合数学中群的定义，而且在这些对称操作的作用下，晶体中至少有一点是不动的，这类群称为点群。晶体外形中可能出现的独立宏观对称元素共有8个，即5个旋转轴、1个对称面、1个对称中心和1个4次倒转轴。利用组合定理便可导出晶体外形中可能有的32种对称点群，也称为32种宏观对称型。32种宏观对称型（点群）的表达符号及其所包括的对称元素列于表1.2中。

表1.2 32种宏观对称型（点群）

晶系	三斜	单斜	正交	四方	菱方	六方	立方
对称要素	1	m	$2\ m\ m$	$\bar{4}$	3	$\bar{6}$	$2\ 3$
	$\bar{1}$	2	$2\ 2\ 2$	4	$\bar{3}$	6	$2/m\ \bar{3}$
		$2/m$	$2/m\ 2/m\ 2/m$	$4/m$	$3m$	$6/m$	$\bar{4}\ 3\ m$
				$\bar{4}\ 2\ m$	$3\ 2$	$\bar{6}\ 2\ m$	$4\ 3\ 2$
				$4\ m\ m$	$\bar{3}\ 2/m$	$6\ m\ m$	$4/m\ \bar{3}\ 2/m$
				$4\ 2\ 2$		$6\ 2\ 2$	
				$4/m\ 4/m\ 4/m$		$6/m\ 2/m\ 2/m$	
特征对称要素	无	1个2或m	三个互相垂直的2或2个互相垂直的m	1个4或$\bar{4}$	1个3或$\bar{3}$	1个6或$\bar{6}$	4个3

点群的国际符号是用三个对称要素的符号表示某一种晶系的三个主要晶向，各个晶系的主要晶向见表1.3。每一位符号上所表示出的对称元素就是在此相应的方向上出现的对称元素。在某一方向上出现的旋转轴或倒转轴系指与这个方向平行的旋转轴或倒转轴，在某一方向上出现对称面系指与这一方向垂直的对称面。如果在某一方向上同时出现旋转轴和对称面时，可将旋转轴 n 写在分子上，对称面 m 写作分母，例如 $\frac{2}{m}$ 表示某方向上有一个2次旋转轴和与此方向相垂直的对称面。

表1.3 各个晶系的主要晶向

晶 系	符号位序	代表的方向
立方晶系	1	立方体的棱（$\boldsymbol{a}$）
	2	立方体的体对角线（$\boldsymbol{a}+\boldsymbol{b}+\boldsymbol{c}$）
	3	立方体的面对角线（$\boldsymbol{a}+\boldsymbol{b}$）
六方晶系	1	6次轴（$\boldsymbol{c}$）
	2	与6次轴垂直（$\boldsymbol{a}$）
	3	与6次轴垂直并与$\boldsymbol{a}$交成30°（$2\boldsymbol{a}+\boldsymbol{b}$）

续表1.3

晶 系	符号位序	代表的方向
四方晶系	1 2 3	4次轴（**c**） 与4次轴垂直（**a**） 与4次轴垂直并与（**a**）交成45°（**a**+**b**）
菱方晶系	1 2	3次轴（**a**+**b**+**c**） 与3次轴垂直（**a**-**b**）
正交晶系	1 2 3	三个互相垂直的2次轴（**a**） （**b**） （**c**）
单斜晶系	1	2次轴（**b**）
三斜晶系	1	1次轴（**a**）

1.1.3.2 七个晶系（Seven system）

所有晶体按其外形对称性分为32种点群，而32种点群又可按其特征对称元素划分为立方（等轴）、六方、四方、三方（菱形）、正交、单斜和三斜七个晶系，即：

立方晶系，包括所有含四个3次轴的点群。

六方晶系，包括所有含一个6次轴（或倒转轴）的点群。

四方晶系，包括所有含一个4次轴（或倒转轴）的点群。

三方晶系，包括所有含一个3次轴（或倒转轴）的点群。

正交晶系，包括所有含三个互相垂直的2次轴（不含其他高次轴）或两个互相垂直的对称面的点群。

单斜晶系，包括所有只含一个2次轴（不含其他高次轴）或一个对称面的点群。

三斜晶系，只有一个1次轴或一个对称中心的点群。

所有的晶系，还可按点群中所含高次轴的有无和多少，再归纳成三个晶族，即立方晶系属于高级晶族；六方、四方和三方晶系属于中级晶族；正交、单斜和三斜晶系属于低级晶族。

1.1.4 微观对称和空间群（Microcosmic symmetry and space group）

晶体的宏观对称性，是相对于结晶多面体而言的，这种结晶多面体往往是一个有限图形。晶体的宏观对称性是其内部质点具有格子构造的必然结果，微观对称与宏观多面体的对称是不同的，它相对于点阵结构而言，晶体内部点阵结构的对称性不仅有方向性，同时有位置的概念，晶体结构内部点的间距非常小（0.1nm级），从微观角度看，是一个非封闭图形，对这样一个没有边界的几何形体，除前面讲过的几个对称要素外，还有三个微观对称要素：平移轴、螺旋轴、滑移反映面。

1.1.4.1 微观对称要素（Microcosmic symmetry element）

（1）平移轴和平移（Transition axis and transition）。平移轴是一个方向，相应对称动作是平移，进行平移操作时，图形平行平移轴，按一定周期移动后，整个图形能复原，平移方向是行列方向，平移的基本矢量是点阵常数 **a**，**b**，**c** 。

（2）螺旋轴和旋转平移（Spiral axis and rotation transition）。旋转平移的对称元素是螺

旋轴，螺旋轴是一个假想直线，相应对称动作是先旋转再沿轴向平移一定距离使图形复原，晶体中任一部分先绕轴旋转一定角度，再沿轴平移一定距离，使相等部分重复。由于有意义的基转角只有180°、120°、90°、60°四种，所以相应的对称元素也只有2、3、4、6螺旋轴。旋转后的平移向量为

$$t = \frac{s}{n}T$$

式中　n——轴次；

s——1，2，…，$n-1$ 个整数；

T——平行于旋转轴的直线点阵的基本向量。

由此可知，总共有11个螺旋轴，其国际符号为2_1、3_1、3_2、4_1、4_2、4_3、6_1、6_2、6_3、6_4、6_5。图1.13为具有4次螺旋轴的对称图形，a 为点阵中某方向上的等同周期，1、2、3、4、5质点为点阵中的存在点，这五个点经过下面右旋操作而重复：

1）1点绕轴旋转$\frac{\pi}{2}$（90°），再平移$\frac{a}{4}$，到达2点（重复一次）；

2）2点绕轴旋转$\frac{\pi}{2}$（180°），再平移$\frac{a}{4}$，到达3点（重复两次）；

3）3点绕轴旋转$\frac{\pi}{2}$（270°），再平移$\frac{a}{4}$，到达4点（重复三次）；

4）4点绕轴旋转$\frac{\pi}{2}$（360°），再平移$\frac{a}{4}$，到达5点（重复四次）；

恰好平移 a 距离，旋转360°，重复4次，平移一个周期，称4次螺旋轴，记为4_1。其中4表示4次螺旋轴，1表示每次平移$\frac{1}{4}$个单位。

（3）滑移面和反映平移（Glidling plane and reflect transition）。反映平移的对称元素是滑移面，是一个假想平面，相应对称操作是反映加上平移，晶体结构中的任意部分，先以滑移面为镜面反映，再平行于滑移面进行平移，使相等部分重合，如图1.14所示。

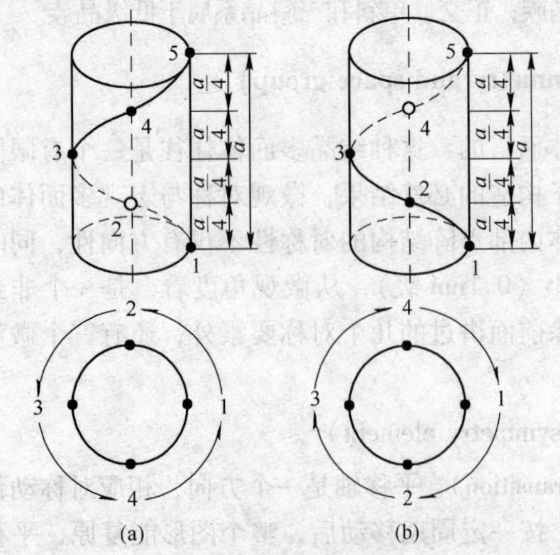

图1.13　旋转平移

（a）右旋；（b）左旋

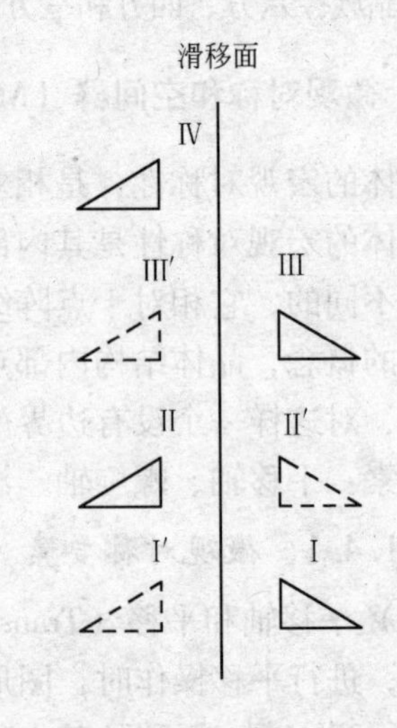

图1.14　反映平移对称示意图

实际存在Ⅰ、Ⅱ、Ⅲ、Ⅳ图形，经下列操作可使Ⅰ、Ⅱ、Ⅲ、Ⅳ重复，Ⅰ $\xrightarrow{\text{反映}}$ Ⅰ′ $\xrightarrow{\text{平移}}$ Ⅱ $\xrightarrow{\text{反映}}$ Ⅱ′ $\xrightarrow{\text{平移}}$ Ⅲ $\xrightarrow{\text{反映}}$ Ⅲ′ $\xrightarrow{\text{平移}}$ Ⅳ。

滑移面的符号不像反映面那样可以笼统地用m来代表，因为反映平移操作中的平移可能沿不同方向，滑移不同距离，表1.4为滑移面符号，分别以五种不同符号表示。表中 a_0、b_0、c_0 代表点阵常数。

表1.4 滑移面符号

符 号	平移距离	移 动 方 向
a	$\frac{a_0}{2}$	平行 x 轴
b	$\frac{b_0}{2}$	平行 y 轴
c	$\frac{c_0}{2}$	平行 z 轴
n	$\frac{a_0+b_0}{2},\frac{a_0+c_0}{2},\frac{b_0+c_0}{2}$	平行晶胞面对角线
d	$\frac{a_0+b_0}{4},\frac{a_0+c_0}{4},\frac{b_0+c_0}{4}$	平行晶胞面对角线

1.1.4.2 230种空间群（230 space group）

将晶体结构中所有的对称要素，即旋转轴、对称面、对称中心、倒转轴、平移轴、螺旋轴和滑移面进行组合，共得到230种空间群，空间群一般用国际符号表示。

尽管空间群有230种，但其中有80多种在晶体结构中还没有找到实例，反映大多数晶体结构对称性的空间群只有100种左右，其中重要的有30多种，特别重要的只有15～16种。

空间群的国际符号一般用四个字母或数字组合。第一个字母代表点阵类型，如：P——简单点阵（原始格子），A——底心点阵（100），B——底心点阵（010），C——底心点阵（001），I——体心点阵，F——面心点阵，R——三方点阵。后面三个字母的含义及表示方法与点群中相似，如MgO固体，国际符号 F_{m3m}，F——面心立方点阵，m——垂直于 a 方向有对称面，3——沿立方体对角线方向有三次对称轴，m——垂直于立方体面对角线方向上也有对称面。

1.1.5 晶体的空间点阵结构（Space lattice of crystal）

1.1.5.1 平行六面体选择（Accessing specific parallelepiped）

在晶体中抽象出来的空间点阵是一个由无限多阵点在三维空间作规则排列的图形，为了描述这个空间点阵，可以用三组不在同一个平面上的平行线将全部阵点连接起来，整个空间点阵就被这些平行线分割成一个个紧紧排列在一起的平行六面体，结点在平行六面体的角顶处。因此，空间点阵也可以看成是一种空间格子，它是平行六面体在空间三个方向按各自的等同周期平移叠置的结果。但是，这种平行六面体只反映了空间点阵的周期性，而没有反映空间点阵所属的对称性。因为作为基本向量的 ***a***、***b***、***c*** 在空间点阵中没有给出任何规定，是可以任意选取的。于是在一个与晶体结构对应的空间点阵中，可以作出大小和形状都不同的许多平行六面体，如图 1.15 所示。这些平行六面体，就其对称性看，差别是很大的。由于对称性不同的平行六面体非常多，因而，整个空间点阵必然会在某种平行六面体中得到反映，这种能够反映空间点阵对称性的最小平行六面体称为点阵的单位平行六面体。这样就可以通过阵点在单位平行六面体中的排列情况来推知整个空间点阵中阵点的分布规律，从而可以得到相应于该空间点阵的晶体的可能结构。那么，如何从这些大小和形状都不同的平行六面体中取出合格的平行六面体，根据对称性规律，总结出以下三条原则：

（1）选取的平行六面体能反映空间点阵的周期性（能堆积成空间点阵）；

（2）在满足上述条件的前提下，应使所选的平行六面体直角尽量多；

（3）在满足上述两个条件的前提下，应使所选的平行六面体体积最小。

注意：三条原则有次序，为满足第一个条件有时可以牺牲别的条件。

例如：一个二维平面点阵（二维点阵对应平行四边形，三维点阵对应平行六面体），具有 4 次旋转对称轴，垂直平面的轴，如图 1.16 所示。任意选出 1、2、3、4、5、6、7、8 八个四边形，符合第一条原则，只有 1、3、7、8 四种符合 4 次旋转轴对称性特点，但 3、7、8 的面积比 1 大，综合第三条原则考虑，只有正方形 1 才是合格的选择。

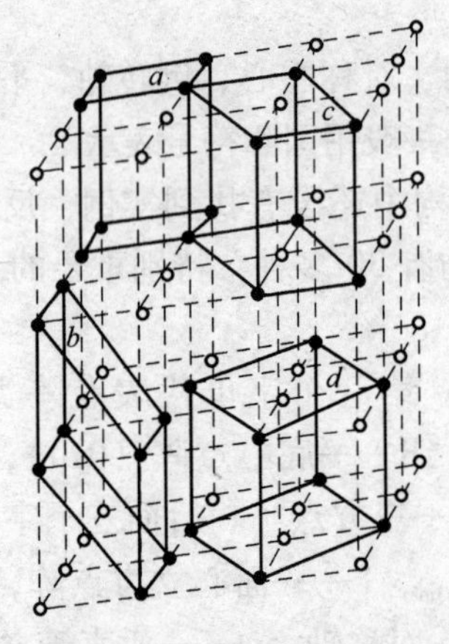

图 1.15　空间点阵中单位平行六面体的选取

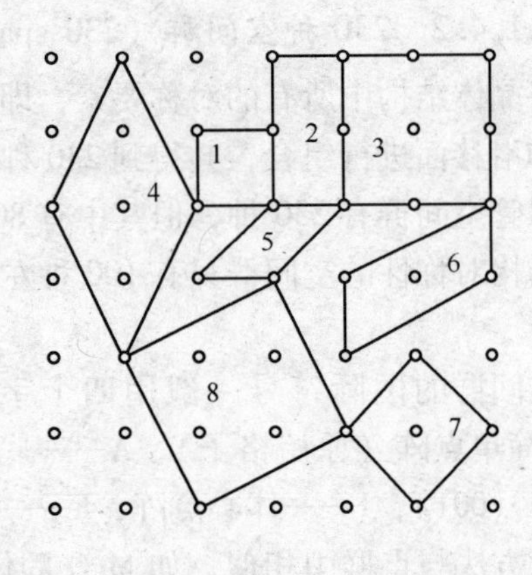

图 1.16　平面点阵中单位平行四边形的选取

1.1.5.2　十四种布拉维点阵（Fourteen bravais lattice）

从空间点阵中选取出来，且符合选择原则的单位平行六面体，由于和整个空间点阵的对称性相一致，因而也必定与相应的晶体结构和外形上的对称性相关联，1848 年根据布拉维推导，从一切晶体结构中抽象出来的空间点阵，按上述三个原则来选取平行六面体，只能有 14 种类型，称为 14 种布拉维点阵，它们分属七个晶系，三斜、单斜、斜方、三方、四方、六方、等轴七种形状，按结点在其中的分布又有四种类型，见表 1.5。

表 1.5　14 种布拉维点阵图形及有关参数

晶系	点阵常数	简单 P（三方 R）	体心 I	底心 C	面心 F
三斜	$a \neq b \neq c$ $\alpha \neq \beta \neq \gamma \neq 90°$	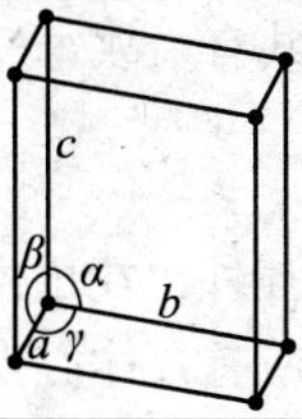			
单斜	$a \neq b \neq c$ $\alpha = \gamma = 90°$ $\beta \neq 90°$	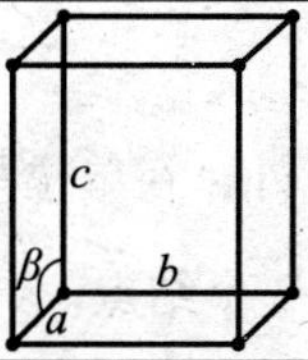		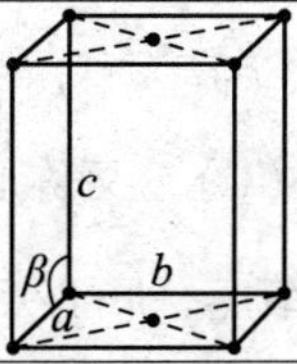	
正交（斜方）	$a \neq b \neq c$ $\alpha = \beta = \gamma = 90°$	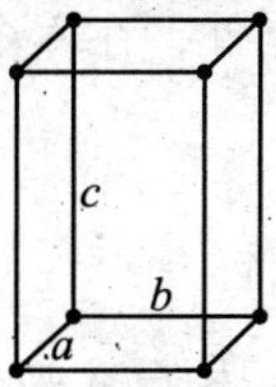	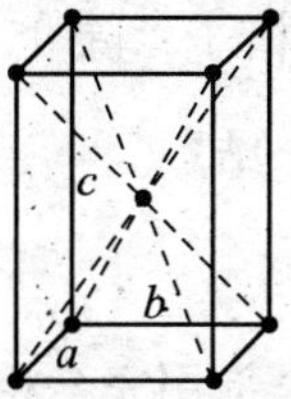	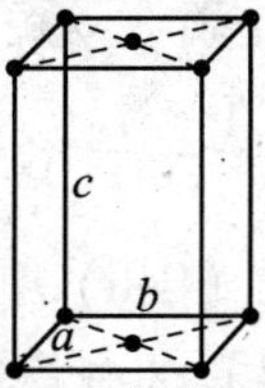	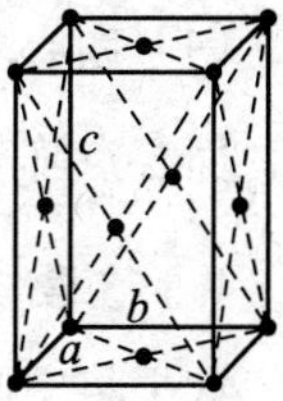
三方	$a = b = c$ $\alpha = \beta = \gamma \neq 90°$	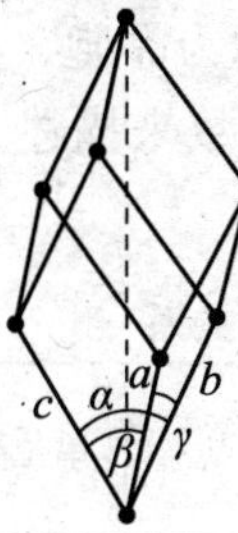			
四方	$a = b \neq c$ $\alpha = \beta = \gamma = 90°$	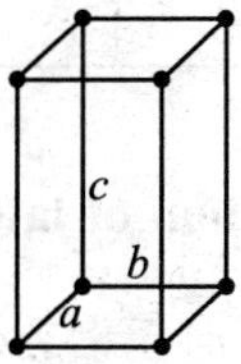	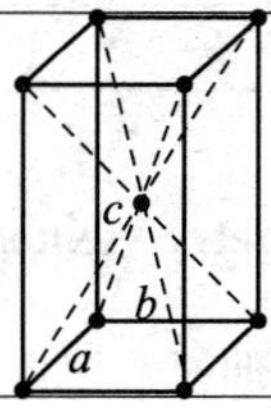		
六方	$a = b \neq c$ $\alpha = \beta = 90°$ $\gamma = 120°$	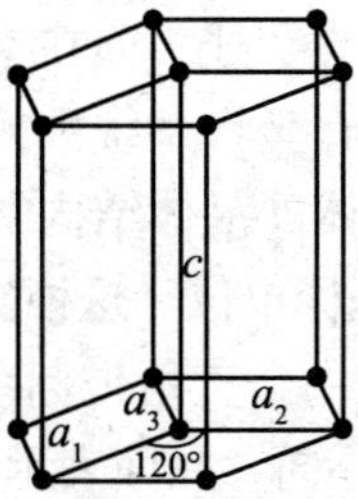			
立方（等轴）	$a = b = c$ $\alpha = \beta = \gamma = 90°$	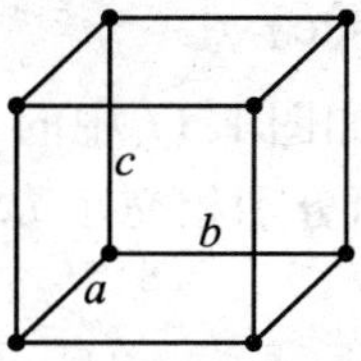	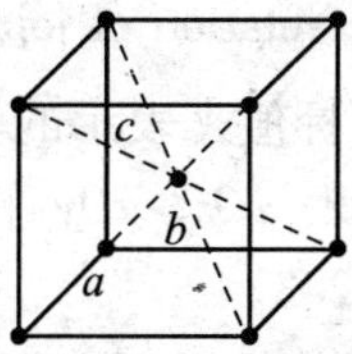		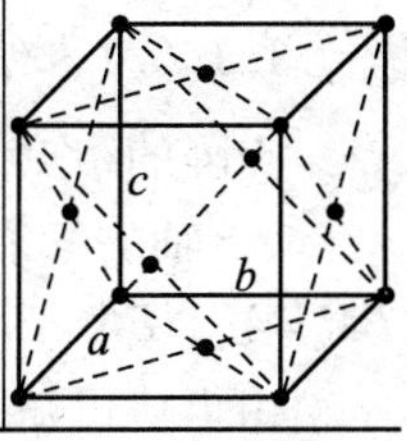

在 14 种布拉维点阵中，根据结点的分布情况可分为四种类型：

（1）简单点阵（P），又称原始格子，结点仅分布在平行六面体的八个角顶上，由于角顶上每一个结点分属于邻近的八个单位平行六面体所共有，故每一个简单点阵的单位平行六面体内含有 $8 \times \frac{1}{8} = 1$ 个结点。

（2）体心点阵（I），又称体心格子。除了八个角顶外，在单位平行六面体的体心处还分布一个结点，这个结点只属于这个单位平行六面体所有，体心点阵的单位平行六面体内含有 $8 \times \frac{1}{8} + 1 = 2$ 个结点。

（3）底心点阵（C），又称底心格子，除 8 个顶点外，在单位平行六面体的上、下平行面的中心各有一个结点，底心点阵有 $8 \times \frac{1}{8} + \frac{1}{2} \times 2 = 2$ 个结点。

（4）面心点阵（F），又称面心格子，除 8 个顶点外，在六个面的中心处各有一个结点，面心点阵有 $8 \times \frac{1}{8} + \frac{1}{2} \times 6 = 4$ 个结点。

1.1.5.3 晶胞（Cell）

如果将空间点阵中的所有阵点全部用完全相同的结构单元来代替，便可得到晶体的微观结构，晶体结构中相当于点阵单位的那一部分空间称为晶胞，晶胞是晶体结构的最小重复单位，其大小和形状，用 a、b、c、α、β、γ 六个参数来描述，它们称为晶格常数或晶胞常数，表 1.6 为晶体与点阵的对应关系。

表 1.6 晶体与点阵的对应关系

空间点阵（空间格子）	平面点阵（面网）	直线点阵（行列）	点阵点（结点）	单位平行六面体	点阵常数
晶 体	晶 面	晶 棱	结构单元	晶 胞	晶胞常数

1.1.6 点阵几何元素表示法（Geometry element notation of lattice）

因为空间点阵是晶体结构的几何抽象，所以点阵几何元素表示法与晶体中质点、晶面、晶向的表示法是一致的。为了用数量关系表示点阵中点、线、面在空间的位置关系，首先要选择一个合适的坐标系统，然后把单位平行六面体放在坐标系统中，自然这个坐标系要考虑到晶体的对称情况，以结点为坐标，以单位平行六面体（晶体结构中晶胞）的三个互不平行棱作为坐标轴 x、y、z，以点阵常数 a、b、c 为相应坐标单位。这种坐标系统，在不同的晶系中是不同的，即点阵常数是不同的。如，立方晶系是一个直角坐标系，$\alpha = \beta = \gamma = 90°$，$a = b = c$。单斜晶系 $\alpha \neq \beta \neq \gamma$，$a \neq b \neq c$，下面介绍结点、晶向、晶面表示法。

1.1.6.1 结点位置表示法（Notation of joint site）

点阵的结点位置是以它们的坐标值来表示的。如图 1.17 中的 P 点，过 P 点作平行于 x、y、z 轴的三条直线，它们与 yOz、xOz、xOy 平面分别相交于 L、M、N 三点，$PL = 2a$，$PM = 4b$，$PN = 3c$，故 P 点坐标为 243。

由上述可知，对于简单点阵，单位平行六面体只含一个结点，结点的坐标应取 000，即位于坐标原点的位置，其余七个角顶上的结点坐标，由点阵结点周期重复的特点，均可由 000 经过 $\boldsymbol{T}$ 矢量平移得到，$\boldsymbol{T}=m\boldsymbol{a}+n\boldsymbol{b}+p\boldsymbol{c}$，$m$、$n$、$p$ 为任意整数，把这种通过平移矢量 $\boldsymbol{T}$ 能够重复出整个空间点阵的基本结点，称为基点。因此，每一种类型的点阵，用基点的坐标就可以代表整个点阵全部结点的坐标。

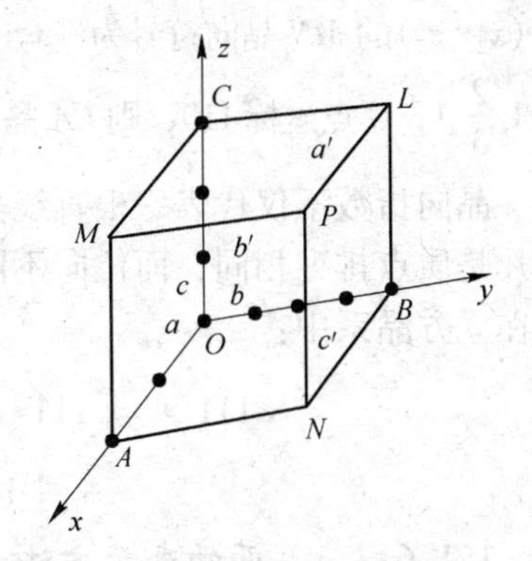

图 1.17　结点在空间坐标位置表示法

面心立方点阵，有四个基点，它们的坐标分别为 000，$\frac{1}{2}0\frac{1}{2}$，$0\frac{1}{2}\frac{1}{2}$，$\frac{1}{2}\frac{1}{2}0$，这四个点能概括整个面心点阵特点，体心点阵有两个基点 000，$\frac{1}{2}\frac{1}{2}\frac{1}{2}$，底心点阵有两个基点 000，$\frac{1}{2}\frac{1}{2}0$ 。

1.1.6.2　晶向的表示法（Notation of orientation）

空间点阵中由结点连成的结点线和平行于结点线的方向在晶体中称为晶向。晶向可用晶向符号来表示。

晶向符号确定方法如下（见图 1.18）：

（1）以晶胞的某一阵点 O 为原点，过原点 O 的晶轴为坐标轴 x、y、z，以晶胞点阵矢量的长度作为坐标轴的长度单位；

（2）过原点 O 作一直线 OP，使其平行于待定晶向；

（3）在直线 OP 上选取距原点 O 最近的一个阵点 P，确定 P 点的 3 个坐标值；

（4）将这 3 个坐标值约简为没有公约数的最小整数 u、v、w，加以方括号［uvw］即为待定晶向的晶向指数。

如图 1.19 中 D 点的坐标为 $\frac{1}{2}$ 0 1，所以 OD 的晶向符号为［102］；B 点的坐标为 1 1 1，所以 OB 的晶向符号为［111］；A 点的坐标为 1 $\frac{2}{3}$ 1，所以 OA 的晶向符号为［323］。CA 的晶向符号确定，坐标原点移到 C 点，取 A 点坐标为 $0\ -\frac{1}{3}\ 1$，晶向符号为［$0\bar{1}3$］。

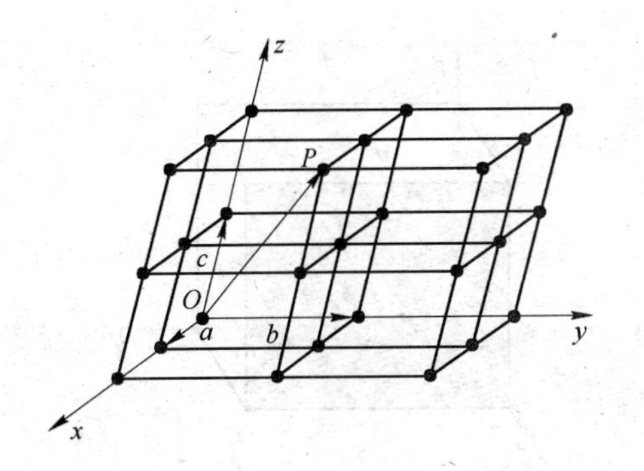

图 1.18　点阵矢量

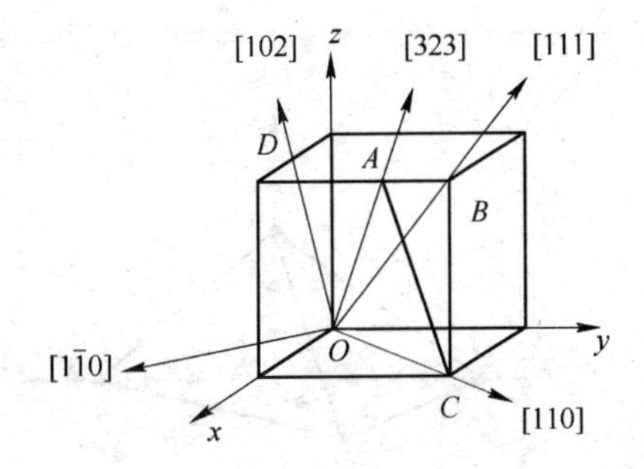

图 1.19　晶向符号的确定

坐标值有负值，则在该指数上加一负号。一般情况，对通过任意两点 M（$x_1y_1z_1$），

N $(x_2y_2z_2)$的MN晶向符号为 $[x_2-x_1\ \ y_2-y_1\ \ z_2-z_1]$。如$CA$方向的晶向符号确定，$A$点坐标$1\ \frac{2}{3}\ 1$，$C$点坐标110，则$CA$晶向符号 $[1-1\ \ \frac{2}{3}-1\ \ 1-0] \rightarrow [0-\frac{1}{3}1] \rightarrow [0\bar{1}3]$。

晶向指数不仅代表一根直线方向，而且代表所有平行于这根直线的直线方向。在晶体内凡是质点排列相同，而位向不同的各组晶向，可以归并为同一晶向族，以$\langle uvw\rangle$表示。如在立方晶系中：

$$<111> = [111]+[\bar{1}11]+[1\bar{1}1]+[\bar{1}\bar{1}1]+[\bar{1}\bar{1}\bar{1}]$$
$$+[1\bar{1}\bar{1}]+[\bar{1}1\bar{1}]+[11\bar{1}]$$

1.1.6.3　晶面的表示方法（Notation of crystal plane）

晶面是指一组平行等距的面网（穿过晶体的原子面），晶面在晶体中的方位可用晶面指数表示。

晶面符号的确定方法如下：

(1) 求出晶面在坐标轴x、y、z上的相应截距p、q、r；

(2) 取截距倒数 $h=\frac{1}{p}$、$k=\frac{1}{q}$、$l=\frac{1}{r}$（h、k、l为晶面指数或密勒指数）；

(3) 将h、k、l化为没有公约数的整数比 $h:k:l=\frac{1}{p}:\frac{1}{q}:\frac{1}{r}$；

(4) 将h、k、l加圆括号(hkl)，即为晶面符号。

这种符号是一组平行晶面的共同取向。

例：ABC晶面指数确定（见图1.20）：

(1) $p=2a, q=2b, r=3c$；(2) $h=\frac{1}{2}, k=\frac{1}{2}, l=\frac{1}{3}$；(3) $3:3:2$；(4) (332)。

ADC晶面指数确定：

(1) $p=2a, q=-2b, r=3c$；(2) $h=\frac{1}{2}, k=-\frac{1}{2}, l=\frac{1}{3}$；(3) $3:-3:2$；(4) $(3\bar{3}2)$。

在晶面符号中，晶面指数为负数时，负号写于指数的上方。

从上面分析可知，截距越大，晶面符号中对应晶面指数越小，当晶面平行某一晶轴，则晶面在该晶轴上截距为∞，倒数为0，如图1.21中的m面（100）、n面（001）。立方晶系几个典型的晶面符号如图1.22所示。

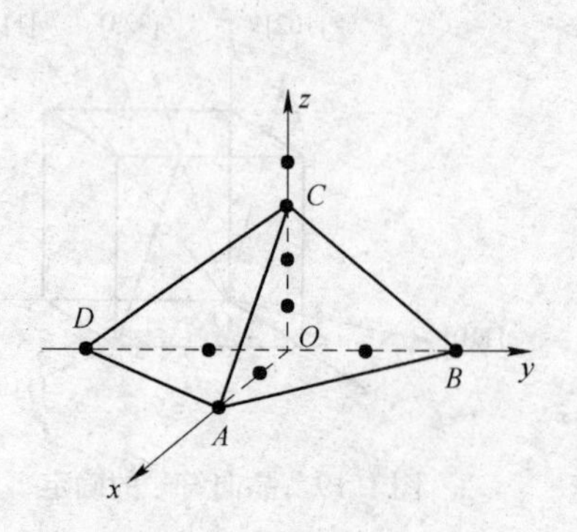

图1.20　晶面符号表示法

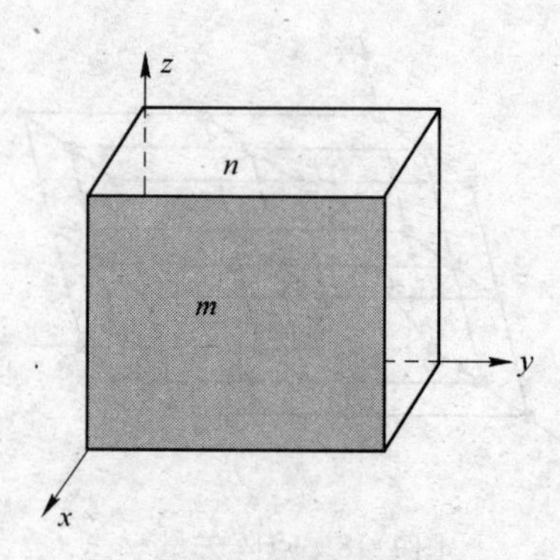

图1.21　晶面符号表示法

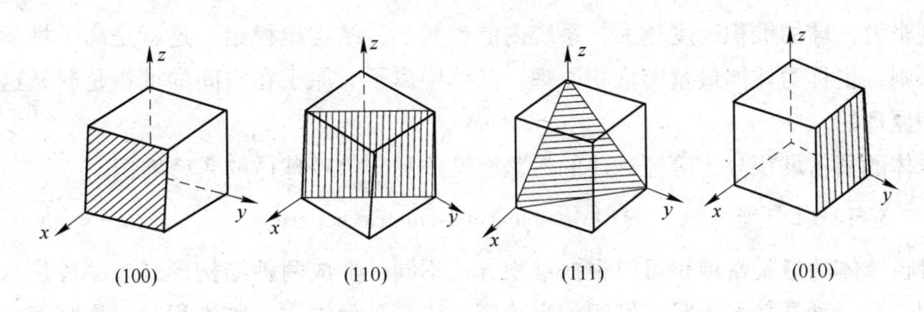

图 1.22 立方晶系中的典型晶面

晶面指数所指不仅是某一晶面，而是代表着一组相互平行的晶面，另外，在晶体内凡晶面间距和晶面上原子的分布完全相同，只是空间位向不同的晶面可以归并为同一晶面族，以 $\{hkl\}$ 表示，它代表由对称性相联系的若干组等效晶面的总和。如在立方晶系中：

$$\{110\} = (110) + (101) + (011) + (\bar{1}10) + (\bar{1}01) + (0\bar{1}1) + (\bar{1}\bar{1}0)$$

$$+ (\bar{1}0\bar{1}) + (0\bar{1}\bar{1}) + (1\bar{1}0) + (10\bar{1}) + (01\bar{1})$$

前六个晶面与后六个晶面两两相互平行，共同构成一个十二面体。所以，晶面族 $\{110\}$ 又称为十二面体的面。

此外，在立方晶系中，具有相同指数的晶向和晶面必定是相互垂直的。例如 [110] 垂直于 (110)，[111] 垂直于 (111) 等等。

1.1.6.4 六方晶系四轴指数（Four-axle exponential of hexagonal system）

六方晶系的晶向指数和晶面指数通常取四个轴，这比三个轴更为方便，由于选取了 a_1、a_2、a_3 及 c 四个轴，a_1、a_2、a_3 之间的夹角均为120°，这样，其晶面指数就以 ($hkil$) 四个指数表示，根据几何学可知，三维空间独立的坐标轴最多不超过三个。前三个指数中只有两个是独立的，它们之间存在以下关系：$a_3 = -(a_1 + a_2)$。图 1.23 中列举了六方晶系的一些晶面指数。

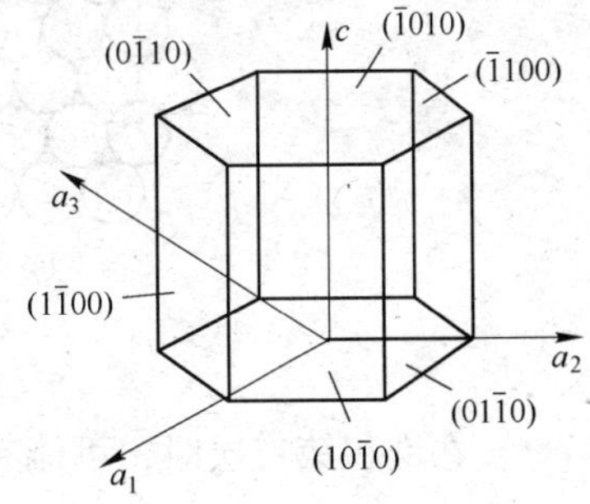

图 1.23 六方晶系中的晶面

1.2 理想晶体结构（Structure of ideal crystal）

理想晶体中，由于组成该晶体的化学组成、离子大小、极化程度不同，其结构形式多种多样，本节将重点讨论决定理想晶体结构的基本因素，即晶体化学的基本原理，以及典型的离子晶体结构，分别以 AB 型、AB_2 型、A_2B_3 型、ABO_3 型、AB_2O_4 型中的典型化合物为代表，讨论其结构特征。

1.2.1 决定离子晶体结构的基本因素（Basic element deciding structure of ionic crystal）

1.2.1.1 密堆原理及密堆（Fundamentals of close stack）

既然原子、离子可看成是具有一定半径的球体，那么晶体中原子、离子间的结合就可看成是球体的相互堆积，根据晶体中质点的相互结合，要遵循内能最小的原则，从球体堆积角度来说，球的堆积密度越大，系统内能就越小，结构越稳定。这就是离子堆积的最小内能原则，也称为球体最紧密堆积原理。晶体中离子、原子在空间的堆积是服从这种最紧密堆积原理的。

球体的紧密堆积分为等径球体的最紧密堆积和不等径球体的紧密堆积。

A 等径球体最紧密堆积（Close stack of isometric sphere）

等径球体的最紧密堆积可以根据堆积方式不同，形成两种结构形式。一种是六方最紧密堆积，另一种是立方最紧密堆积。当等径球体在平面内作二维堆积时，最紧密堆积方式如图 1.24（a）所示，若以其中任意一个球为中心，则它与周围六个球作点接触，而且形成六个弧状三角形空隙。这六个弧状三角形空隙大小相等，形状相同，但其分布方位不同。其中一半三角形顶角朝上，另一半顶角朝下，相间分布在中心球的周围。若球体在三维空间堆积，则在上述二维平面堆积的基础上向三维空间堆积，这就相当于在图 1.24（a）所示的堆积平面上再堆积一层球体。其堆积方式只能堆在第一层的空隙上，即顶角向上或顶角向下的空隙上，这属于第二层。如果这一层堆积在第一层顶角朝下的空隙上，则又形成一种新的空隙，即第一层顶角朝上的空隙与第二层的顶角朝下的空隙所贯通的空隙，如图 1.24（b）所示。若第二层堆积在第一层顶角向上的空隙上，也同样会形成一种新贯通空隙，得到同样的结果，如图 1.24（c）所示。

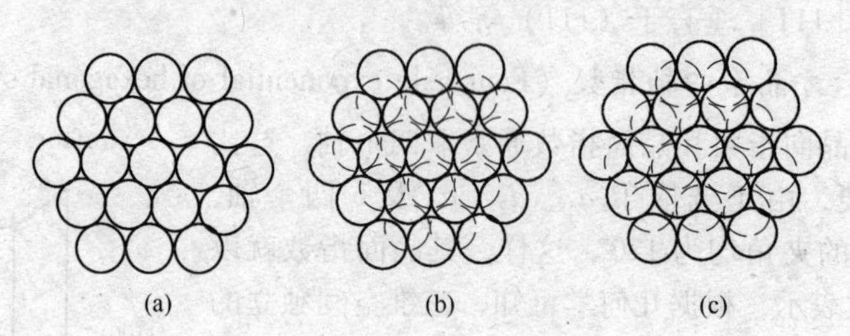

图 1.24 等径球体最紧密堆积

在堆积第三层时，可能有两种情况，一种是堆在第二层形成的顶角朝上或朝下的空隙上，这样就造成了第三层与第一层相重复，根据这种堆积方式，若第一层记作 *A*，第二层记作 *B*，第三层也是 *A*，如此堆积是按 *ABAB*……的层序堆积的，将这些球心连接起来就形成了空间格子中的六方底心格子，具有六方格子的对称性，故 *ABAB*……这种堆积方式称作六方最紧密堆积。每层球所构成的面网与（0001）面相平行，其密排面与 *c* 轴相垂直，如图 1.25（a）所示。

若第三层堆放在第一层和第二层所形成的贯通空隙上，则此层不与其他层重复，形成了一个新层，记作 *C*。若继续堆积第四层时，将与第一层重复，就形成了 *ABCABC*……重复出现的堆积方式，这种堆积方式，球体在空间的分布，与空间格子中立方面心格子一致，具有立方晶系的对称性，故称作立方最紧密堆积。每层球面均与立方体三次轴相垂直，其密排面为（111），这种堆积情况如图 1.25（b）所示，图 1.25（c）和图 1.25（d）是六方和立方密堆相应的六方和立方格子构造。

在上面两种堆积方式中，每个球均接触到 12 个球，同层 6 个，上、下层均 3 个，虽

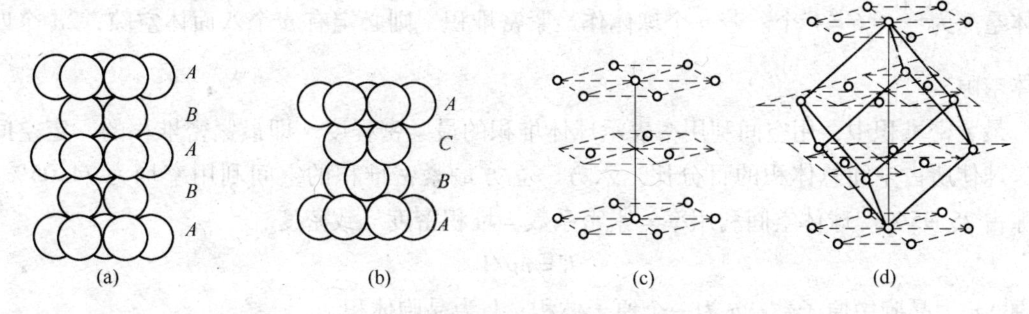

图 1.25　六方和立方最紧密堆积情况和相应晶胞的格子构造

（a）六方密堆；（b）立方密堆；（c）六方格子构造；（d）立方格子构造

然上面两种方式均为最紧密堆积，但仍然是有空隙的，可将空隙分为四面体空隙、八面体空隙。一个空隙的周围被四个球体所包围的空隙即为四面体空隙，若将此四个球心连线，则构成一个正四面体，称此空隙为四面体空隙，如图 1.26（a）所示。一个空隙的周围被六个球体所包围的空隙即为八面体空隙，将此六个球心连线，则形成一个正八面体，称此空隙为八面体空隙，如图 1.26（b）所示。

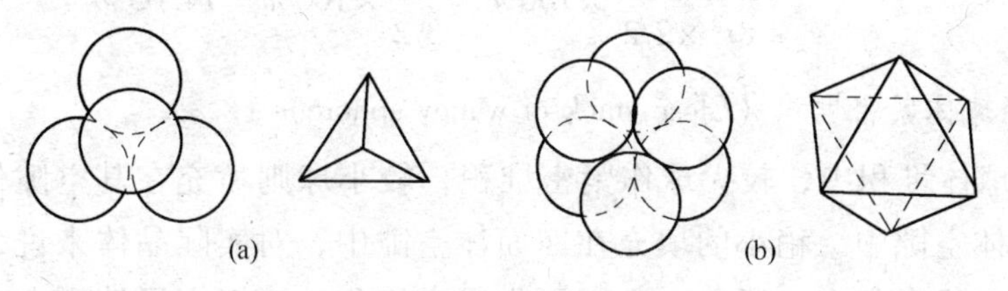

图 1.26　等径球体的最紧密堆积形成的空隙

（a）四面体空隙；（b）八面体空隙

在上述最紧密堆积中，每个中心球的四周均有 8 个四面体空隙、6 个八面体空隙，即每个中心球体上半球面上有 4 个四面体空隙、3 个八面体空隙。在该球的下半球面上也有同样数目的四面体空隙和八面体空隙，如图 1.27 所示。一个四面体空隙是由 4 个球构成，真正属于一个球的四面体空隙，只占四面体空隙的$\frac{1}{4}$，同理，真正属于一个球的八面体空隙，只占八面体空隙的$\frac{1}{6}$。因此在最紧密堆积中属于某中心球体的四面体空隙为 $\frac{1}{4}\times 8=2$ 个，八

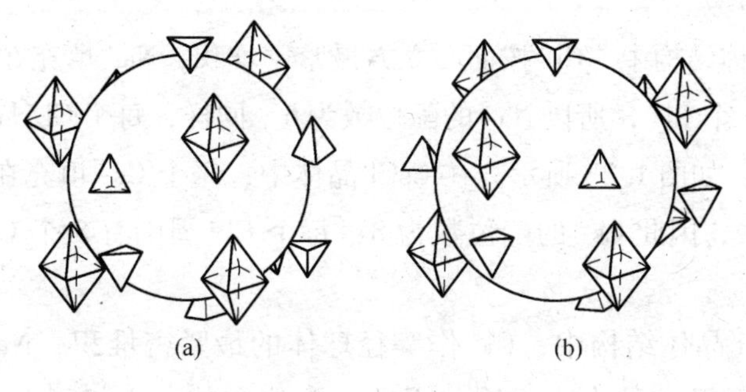

图 1.27　最紧密堆积中中心球体周围的空隙情况

（a）六方堆积；（b）立方堆积

面体空隙为 $\frac{1}{6}\times 6=1$ 个。若 n 个球体作最紧密堆积，则必定有 n 个八面体空隙，$2n$ 个四面体空隙。

最紧密堆积中，用空间利用率表示球体堆积的最紧密程度，即最紧密堆积的一定空间中，球体所占空间总体积的百分比。六方、立方最紧密堆积的空间利用率均为 74.05%，空隙占 25.95%。球体空间利用率 = 紧密系数 = 堆积密度 = 致密度。

$$K=n\nu/V$$

式中，n 为晶胞中原子数；ν 为一个原子体积；V 为晶胞体积。

例：面心立方晶胞有 4 个球，晶胞边长 $a=\frac{4r}{\sqrt{2}}=2r\sqrt{2}$

$$空间利用率=\frac{球体积}{立方体体积}\times 100\%=\frac{4\times\frac{4}{3}\pi r^3}{a^3}\times 100\%$$

$$=\frac{4\times\frac{4}{3}\pi r^3}{8r^3\times 2\sqrt{2}}\times 100\%=\frac{\pi}{3\sqrt{2}}\times 100\%=74.05\%$$

B　不等径球体紧密堆积（Close stack of waney sphere）

在不等径球体堆积中，较大球作紧密堆积，较小球则填充在其空隙位置中，稍大的填充在八面体空隙中，稍小的填充在四面体空隙中，对实际晶体来说，由于负离子半径比正离子半径大得多，所以，负离子作紧密堆积，而正离子填充在四面体和八面体空隙中。

在理想的离子晶体结构中，可视为作不等径球体的紧密堆积。通常较大的阴离子作紧密堆积，较小的阳离子填充在空隙中。

1.2.1.2　配位数与配位多面体（Coordination number and coordination polyhedron）

A　配位数 CN（Coordination number）

在离子晶体中，正负离子相间排列，即正离子周围排有负离子，负离子周围排有正离子。所谓配位数是指在离子晶体中，每个离子周围与之相邻最近且等距的异号离子数目，就是这个离子的配位数。

例如在 NaCl 晶体结构中，Cl^- 按面心立方最紧密堆积，Na^+ 填充在八面体空隙中，这样每个 Na^+ 周围有 6 个 Cl^-，所以 Na^+ 的配位数为 6。同样，每个 Cl^- 周围有 6 个 Na^+，故 Cl^- 的配位数也为 6，如图 1.28 所示。在 CsCl 晶体中，每个 Cs^+ 填充在由 8 个 Cl^- 包围形成的简单立方空隙中，因此 Cs^+ 的配位数为 8；每个 Cl^- 周围有 8 个 Cs^+，其配位数也为 8，如图 1.29 所示。

在 NaCl 和 CsCl 晶体结构中，Cl^- 作等径球体的最紧密堆积，Na^+ 和 Cs^+ 填充在大小不同的空隙中，其配位数大小不同，因此，配位数的大小与正、负离子的半径大小有关。

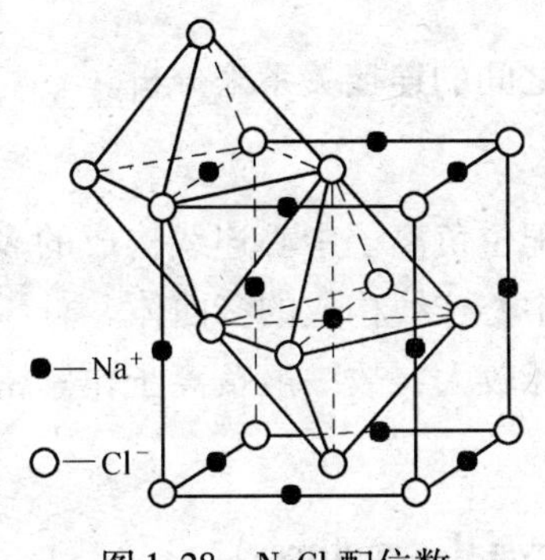

图 1.28 NaCl 配位数

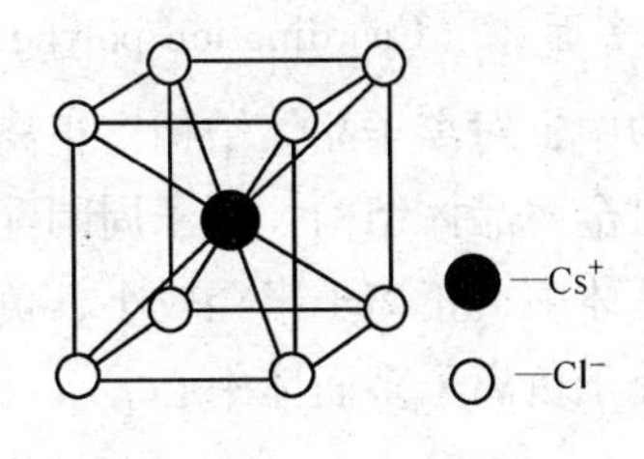

图 1.29 CsCl 配位数

以 NaCl 为例，Na^+填充在 6 个 Cl^-形成的八面体空隙中，取其平面来研究配位数与正、负离子半径的关系（见图 1.30）。图中设 Cl^-的半径为 r_-，Na^+的半径为 r_+，正、负离子间就构成了如图 1.30 所示的几何关系。正、负离子均为点接触，根据几何关系 $\frac{r_+}{r_-}=0.414$，如果 $\frac{r_+}{r_-}<0.414$，可使 r_+变小，其结果是正、负离子不能很好接触，而负离子间能很好接触，此时负离子间斥力大，能量高，结构不稳定，若当 $\frac{r_+}{r_-}>0.414$ 时，可使 r_+变大，这时，正、负离子能很好接触，而负离子不能接触，这种情况，正、负离子间引力大，负离子斥力小，能量低，结构稳定。由此可见，正离子的配位数为 6 时，其正、负离子的半径比必须大于 0.414。当 $\frac{r_+}{r_-}=0.732$ 时正、负离子周围可以安排 8 个负离子与其配位。由此可见，正离子配位数为 6 的条件，其半径比必须是 $0.414<\frac{r_+}{r_-}<0.732$。正、负离子半径比决定了离子晶体中正离子的配位数。按这种几何关系计算下去，可得出晶体结构中正、负离子半径比值与配位数之间的关系，见表 1.7。

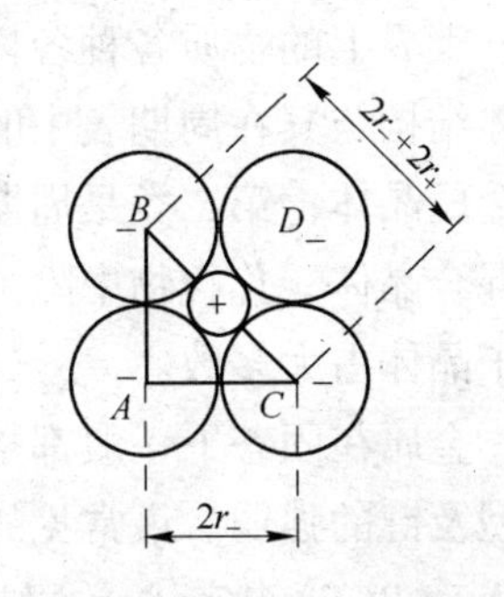

图 1.30 正八面体中正负离子在平面上的排列

表 1.7 正、负离子半径比值与配位数的关系

r_+/r_-	正离子配位数	负离子多面体形状	实 例
0.000 ~ 0.155	2	哑铃形	干冰
0.155 ~ 0.225	3	三角形	B_2O_3
0.225 ~ 0.414	4	四面体	SiO_2
0.414 ~ 0.732	6	八面体	NaCl、MgO
0.732 ~ 1.000	8	立方体	CsCl、ZrO_2
1	12	立方八面体	Cu

决定离子配位数的因素较多，除正、负离子半径比外，还与温度、压力、正离子类型、极化性能有关，对典型离子化合物晶体而言，常温常压下，配位数主要取决于正、负

离子半径比及极化。

在晶体结构研究中，还常常通过配位多面体之间的连接关系来分析。

B 配位多面体（Coordination polyhedron）

晶体结构中，对离子晶体结构，正离子周围配位负离子中心连线构成的多面体称为配位多面体。对金属晶体结构，原子周围配位原子中心连线构成的多面体。

在离子晶体中，正离子半径较小，负离子半径较大，故一般负离子作紧密排列，正离子有规律地处于负离子多面体中心。

1.2.2 典型的金属晶体结构（Typical metallic crystal structures）

世界上的物质各种各样、千差万别，大体包括单元素和化合物两大类。单元素物质的晶体结构与其在周期表中的位置有关，可分为三类：第一类是周期表左边的金属元素为主的金属晶体；第二类是周期表右边的非金属元素为主的共价晶体；第三类是介于两者之间的混合晶体。化合物中除了上面三种晶体外还有离子晶体，尤其是在无机非金属材料中，离子晶体占大多数。

金属在固态下一般都是晶体，决定晶体结构的内在因素是原子或离子、分子间键合的类型及键的强弱。最常见的金属晶体结构有三种：面心立方结构 A_1（FCC），体心立方结构 A_2（BCC），密排六方结构 A_3（HCP）。由于金属键无方向性和饱和性，所以金属原子的排列趋于尽可能地紧密，构成高度对称性的晶体结构。因此除少数十几种金属以外，绝大多数的金属都具有密堆积、高对称的简单晶体结构，如面心立方结构、体心立方结构和密排六方结构。而非金属元素都具有较复杂的晶体结构。

1.2.2.1 面心立方结构（Face-centred cubic structure）A_1

面心立方结构的晶胞如图1.31所示，在晶胞的8个角上各有1个原子，在晶胞6个面的中心各有1个原子。

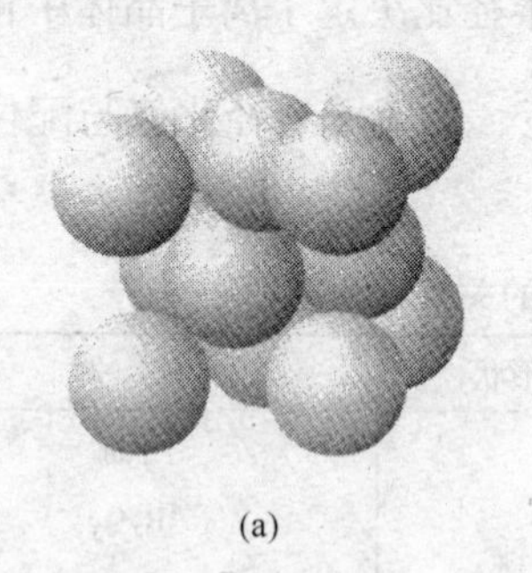
(a)

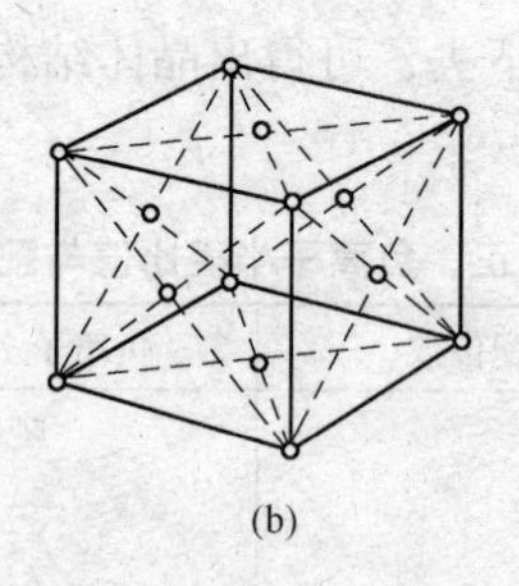
(b)

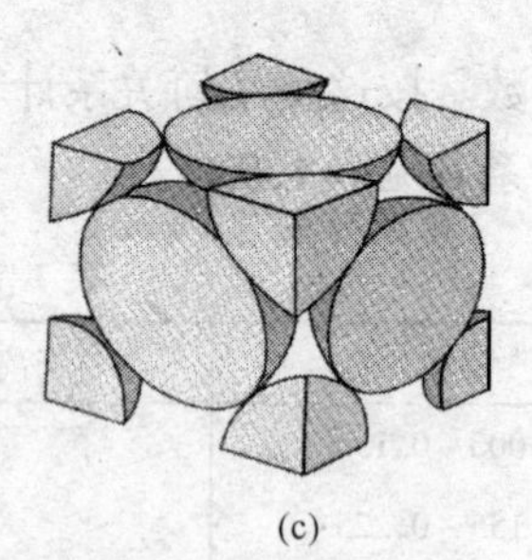
(c)

图1.31 面心立方晶胞

（a）刚球模型；（b）晶胞模型；（c）晶胞中的原子数

（1）晶胞中的原子数。由于晶体可看作是由许多晶胞堆积而成，所以每个晶胞角上的原子不能只属于这一个晶胞，而是被相邻的8个晶胞所共有，每个晶胞实际上只占有该原子的$\frac{1}{8}$，面心的原子则属于两个晶胞所共有，每个晶胞占有该原子的$\frac{1}{2}$，因此，面心立方晶胞中包含的原子数为$\frac{1}{8}\times 8+6\times\frac{1}{2}=4$。

（2）晶格常数和原子半径的关系。对于面心立方晶胞而言，3 个棱边的长度相等，即 $a=b=c$，因此它的晶格常数只有一个数值 a，以 nm 为单位。晶胞的晶格常数并不等于原子的直径，由图 1.31 中可以看出，沿面心立方晶胞的面对角线方向，即［110］方向，原子排列最紧密，彼此互相接触，则面对角线的长度为$\sqrt{2}\,a$，恰好等于 4 个原子半径，所以面心立方晶胞的原子半径与晶格常数的关系为 $R=\frac{\sqrt{2}}{4}a$。

（3）原子排列的紧密程度。晶体中原子排列的紧密程度与晶体的结构类型有关，通常用配位数和致密度两个参数来表征它。配位数是指晶体结构中任一原子周围最邻近的，并且与之距离相等的原子数目。配位数越大，原子排列越紧密。在面心立方晶格中，每个原子周围都有 12 个最邻近原子，所以配位数是 12。

由于把原子看作刚性小球，即使它们互相接触紧密地排列在一起，原子之间还是存在空隙，不可能把晶胞的空间全部占满。致密度 K 就是原子所占实际体积与晶胞整个体积的比值。显然 K 的值越大，原子排列越紧密。面心立方晶胞包含有 4 个原子，原子半径为 $R=\frac{\sqrt{2}}{4}a$，所以它的致密度为

$$K=\frac{n\nu}{\nu}=\frac{原子体积}{晶胞体积}=\frac{4\times\frac{4}{3}\pi r^3}{a^3}=\frac{4\times\frac{4}{3}\pi r^3}{8r^3\times 2\sqrt{2}}=\frac{\pi}{3\sqrt{2}}=74.05\%$$

（4）间隙。由致密度的讨论可以看到，原子不可能把整个晶胞空间都占满，原子之间存在着许多间隙，因此，一些直径很小的非金属原子有可能进入这些间隙中，形成合金相。所以，分析晶体结构中间隙的大小、数量和位置，对于了解金属的性能、合金的相结构及扩散、相变等问题都是很重要的。

面心立方结构中有两种间隙，一种是八面体间隙，另一种是四面体间隙，如图 1.32 所示。

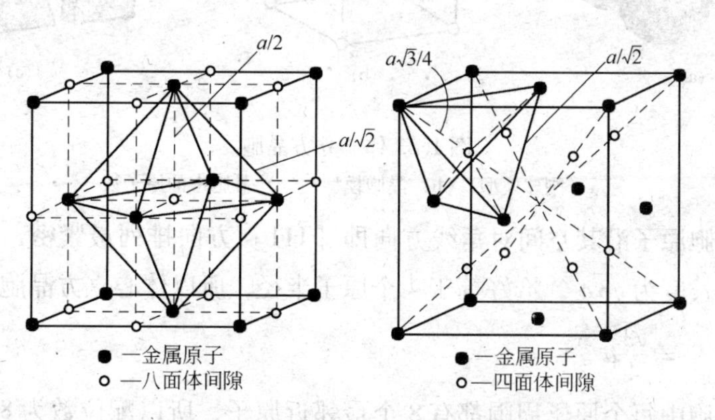

图 1.32 面心立方结构中的间隙

八面体间隙是由 6 个面心原子所围成的，每条棱边的长度都是 $\frac{\sqrt{2}}{2}a$，是个正八面体。通常把间隙中能够容纳的最大圆球的半径称作间隙半径，显然，这个八面体间隙的半径为

$r = \frac{a}{2} - \frac{\sqrt{2}}{4}a \approx 0.146a$，间隙半径与原子半径的比值为 $\frac{r}{R} = \frac{\frac{2-\sqrt{2}}{4}a}{\frac{\sqrt{2}}{4}a} = 0.414$，八面体间隙的位置不只是存在于晶胞的中心，而且还分布在 12 条棱的中心，因此每个晶胞拥有的间隙数为 $1 + 12 \times \frac{1}{4} = 4$，间隙数目与原子数目的比值为 $\frac{4}{4} = 1$。

四面体间隙是由晶胞角上的 1 个原子与 3 个面心原子所围成的，每条棱边的长度都是 $\frac{\sqrt{2}}{2}a$，四面体间隙的间隙半径为 $r = \frac{\sqrt{3}}{4}a - \frac{\sqrt{2}}{4}a = \frac{\sqrt{3}-\sqrt{2}}{4}a \approx 0.08a$，间隙半径与原子半径的比值为 $\frac{r}{R} = \frac{\frac{\sqrt{3}-\sqrt{2}}{4}a}{\frac{\sqrt{2}}{4}a} \approx 0.225$，由此可见，四面体间隙比八面体间隙小得多。四面体间隙分布在体对角线上，间隙数目为 $2 \times 4 = 8$，间隙数目与原子数目的比值为 $\frac{8}{4} = 2$。

1.2.2.2　体心立方结构（Body-centred cubic structure）A_2

体心立方结构的晶胞如图 1.33 所示，在晶胞的 8 个角上各有 1 个原子，在晶胞的中心还有 1 个原子。晶胞角上的每个原子被 8 个晶胞所共有，晶胞中心的原子属于该晶胞所独有，因此体心立方晶胞中包含的原子数为 $\frac{1}{8} \times 8 + 1 = 2$。

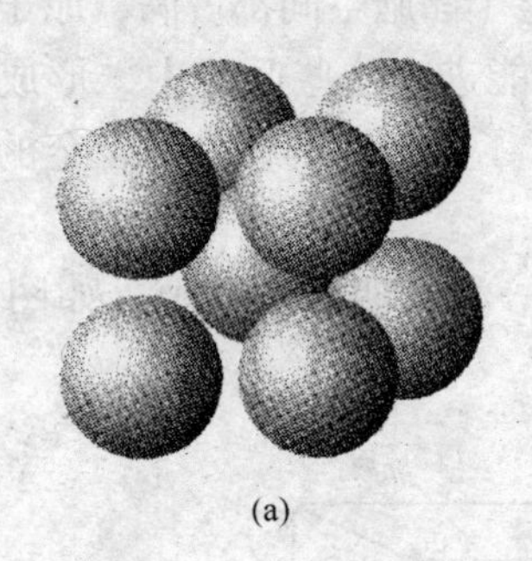

(a)

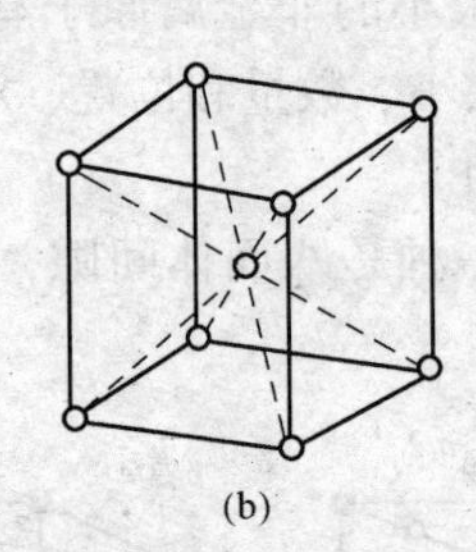

(b)

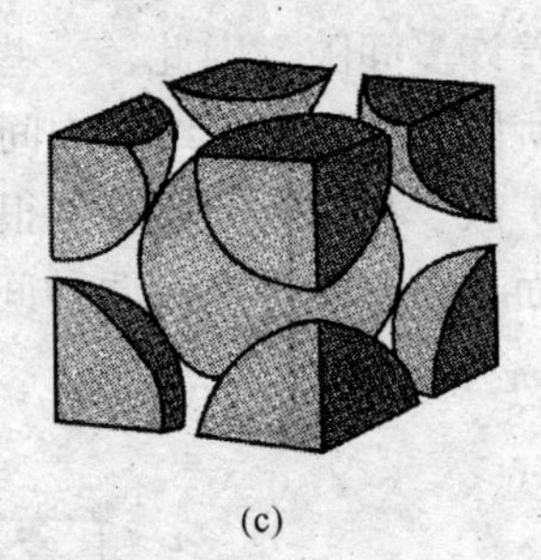

(c)

图 1.33 体心立方晶胞

（a）刚球模型；（b）晶胞模型；（c）晶胞中的原子数

体心立方晶胞原子沿其空间对角线方向即［111］方向排列最紧密，原子彼此互相接触。体对角线的长度为 $\sqrt{3}a$，恰好等于 4 个原子半径，所以体心立方晶胞的原子半径与晶格常数的关系为 $R = \frac{\sqrt{3}}{4}a$。

体心立方晶胞中每个原子周围都有 8 个最邻近原子，所以配位数为 8。体心立方晶胞的致密度为 $K = \frac{n\nu}{V} = \frac{2 \times \frac{4}{3}\pi r^3}{a^3} = \frac{2 \times \frac{4}{3} \times \pi(\frac{\sqrt{3}}{4})a^3}{a^3} \approx 0.68$，由配位数和致密度可以看出，体心立方晶胞中原子排列的紧密程度要比面心立方晶胞差一些。

体心立方晶胞中也存在有八面体和四面体两种间隙，如图 1.34 所示，八面体间隙是由 4 个角上的原子与上、下两个体心原子围成的，是偏八面体间隙，其半径为 $r = a/2 - \frac{\sqrt{3}}{4}a \approx 0.067a$，间隙半径与原子半径的比值 $\frac{r}{R} = \frac{\frac{2-\sqrt{3}a}{4}}{\frac{\sqrt{3}a}{4}} = \frac{2\sqrt{3}}{3} - 1 \approx 0.155$，每个晶胞具有的八面体间隙数目为 $6 \times \frac{1}{2} + 12 \times \frac{1}{4} = 6$，间隙数目与原子数目的比值为 $\frac{6}{2} = 3$。

四面体间隙是由一条棱边两端的原子与上、下两个体心原子围成的，其间隙半径 $r = \frac{\sqrt{5}}{4}a - \frac{\sqrt{3}}{4}a = \frac{\sqrt{5}-\sqrt{3}}{4}a \approx 0.126a$，间隙半径与原子半径的比值为 $\frac{r}{R} = \frac{\frac{\sqrt{5}-\sqrt{3}a}{4}}{\frac{\sqrt{3}a}{4}} = \sqrt{\frac{5}{3}} - 1 \approx 0.291$。由此可见，体心立方晶胞的四面体间隙比八面体间隙大很多。每个晶胞具有的四面体间隙数目为 $4 \times \frac{1}{2} \times 6 = 12$。间隙数目与原子数目的比值为 $\frac{12}{2} = 6$。

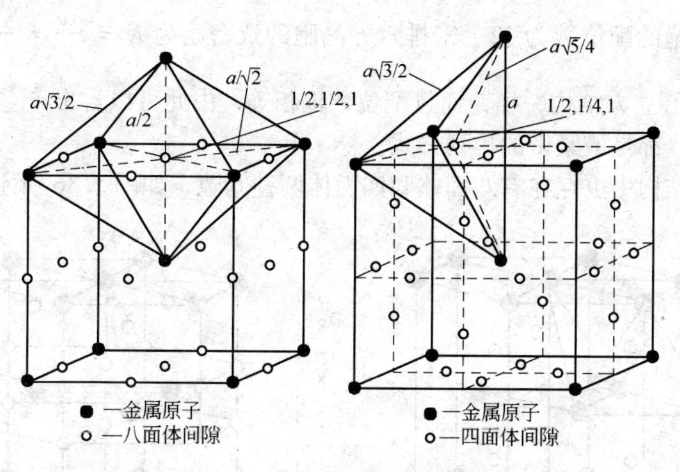

图 1.34 体心立方结构中的间隙

1.2.2.3 密排六方结构（Hexagonal close-packed structure）A_3

密排六方结构的晶胞如图 1.35 所示，在晶胞的 12 个角上各有 1 个原子，构成六棱柱体，上下底面中心各有 1 个原子，晶胞内部还有 3 个原子，密排六方晶胞也可以看成是由两个简单六方晶胞穿插而成。六棱柱体每个角上的原子被 6 个相邻的晶胞所共有，上、下底面中心的原子属于两个晶胞所共有，内部的 3 个原子完全属于这一个晶胞，因此每个晶胞中包含的原子数为 $\frac{1}{6} \times 12 + 2 \times \frac{1}{2} + 3 = 6$，密排六方晶胞的晶格常数有两个，一个是正六边形底面的边长 a，另一个是上、下底面之间的距离（即六棱柱体的高度）c。c 与 a 之比值称为轴比。对于一个理想的密排六方晶胞，底面中心的原子不仅与周围 6 个角上的原子相接触，而且与晶胞内部的 3 个原子相接触，同时还与上方相邻晶胞内部的 3 个原子相接触，在这种理想的密排情况下，其轴比为 $\frac{c}{a} = \sqrt{\frac{8}{3}} \approx 1.633$。

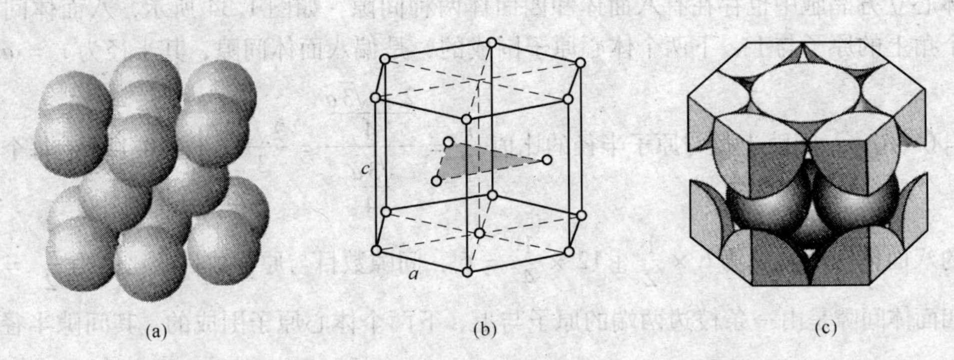

图 1.35　密排六方晶胞

(a) 刚球模型；(b) 晶胞模型；(c) 晶胞中的原子数

密排六方晶胞中原子的半径为 $\frac{a}{2}$ 。

由于底面中心的原子（晶胞中其他每个原子也都是如此）同时与 12 个原子相接触，所以密排六方晶胞的配位数为 12。密排六方晶胞的致密度为 $K = \frac{n\nu}{V} = \frac{6 \times \frac{4}{3}\pi\left(\frac{a}{2}\right)^3}{3\sqrt{2}a^3} \approx$ 0.74，其值与面心立方结构一样，而且配位数也相等，由此可以看出，它们的原子排列紧密程度是相同的，都是最紧密的排列方式。

在密排六方结构中也存在有八面体和四面体两种间隙，如图 1.36 所示，

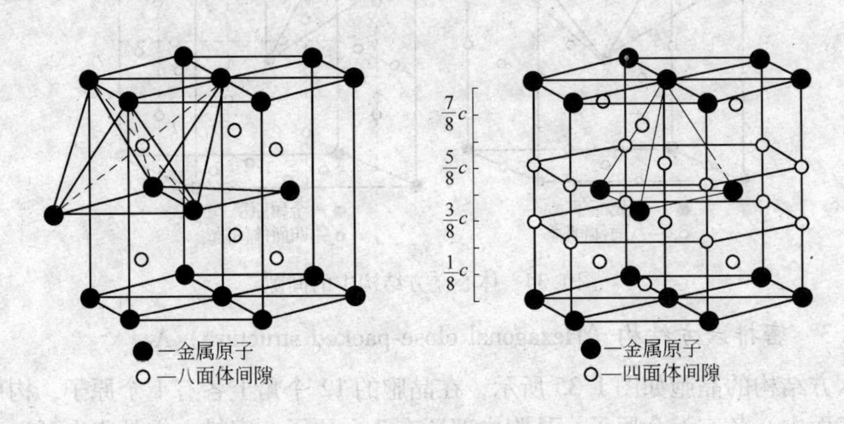

图 1.36　密排六方结构中的间隙

八面体间隙是个正八面体，其间隙半径为 $r = \frac{\sqrt{2}}{2}a - \frac{a}{2} \approx 0.207a$

间隙半径与原子半径的比值为 $\frac{r}{R} = \frac{\frac{\sqrt{2}-1}{2}a}{\frac{1}{2}a} \approx 0.414$，间隙数目为 6。间隙数目与原子数目的比值为 1。四面体间隙是正四面体，其间隙半径为 $r = \frac{\sqrt{6}}{4}a - \frac{1}{2}a \approx 0.122a$，间隙

半径与原子半径的比值为 $\frac{r}{R} = \frac{\frac{\sqrt{6}-2}{4}a}{\frac{1}{2}a} \approx 0.225$，间隙数目为12，间隙数目与原子数目的比值为2。

1.2.2.4 原子堆垛（Stockpiling of atom）

面心立方和密排六方结构的配位数和致密度都一样，它们都是原子最紧密的排列方式，但是它们的晶格类型却大不相同，其原因在于原子的堆垛方式不同。

面心立方结构的密排面是（111）面，密排六方结构的密排面是（0001）面，在这两个晶面上原子的排列情况是完全相同的。如图1.37所示，现假定这层原子为*A*层原子。

在*A*层中每三个相邻原子之间有一个凹坑。正好可以排放第二层原子。但这些凹坑有两种，一种形状为“▽”，称为*B*位置；另一种形状为“△”，称为*C*位置。显然，排列第二层原子只能占据两种位置中的一种，现在假定都排在*B*位置上。

*B*层原子面上也存在两种可用来排列第三层的凹坑。一种凹坑分布为*A*位置，与*A*层原子是对应的，另一种凹坑分布为*C*位置。第三层原子既可以放在*C*位置上，也可以放在*A*位置上，如果第三层原子放在*C*位置上，第四层原子又放在*A*位置上，以此类推。即每层原子以*ABCABC*……的次序堆垛起来，就形成面心立方结构。如果第三层原子放在*A*位置上，第四层原子放在*B*位置上，即每层原子按*ABAB*……的次序堆垛起来，就形成了密排六方结构，虽然这两种结构的原子堆垛次序不同，但并不影响原子排列的紧密程度，它们都是最紧密的堆垛。

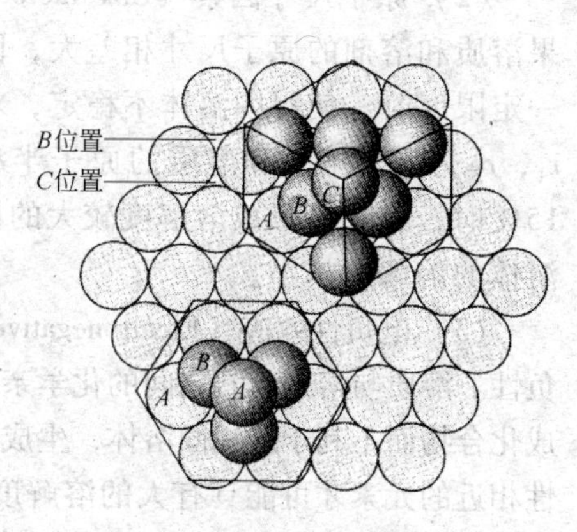

图1.37 原子的堆垛方式

1.2.3 合金相结构（Structures of alloy phase）

纯金属强度低，工业上广泛使用的金属材料大多数是合金。合金是由两种或两种以上的金属或金属与非金属经熔炼、烧结或其他方法组合而成并具有金属特性的物质。如碳钢和铸铁是铁和碳所组成的合金，黄铜是铜和锌的合金。改变和提高金属材料性能，合金化是最主要的途径，根据合金组成元素及其原子相互作用的不同，固态下所形成的合金相分为固溶体和中间相两大类。

1.2.3.1 固溶体（Solid solution）

固溶体结构的最大特点是保持着原溶剂的晶体结构。根据溶质原子在溶剂点阵中所处的位置，可将固溶体分为置换型固溶体和间隙型固溶体两类。

A 置换型固溶体（Substitutional solid solution）

当溶质原子溶入溶剂中形成固溶体时，溶质原子占据溶剂点阵的阵点，或者说溶质原子置换了溶剂点阵的部分溶剂原子，这种固溶体称为置换型固溶体。置换进去的原子或离子全部在正常位置上，不存在间隙或缺位情况，置换之后，除了晶胞大小、密度都有些变化之外，晶体结构形式、点阵排列等都无多大变化。影响置换型固溶体的因素包括：

（1）晶体结构类型（Type of crystal structure）。晶体结构相同是组元间形成无限固溶体的必要条件，只有当组元 A 和 B 的结构类型相同时，B 原子才有可能连续不断地置换 A 原子，如图 1.38 所示。如果组元的晶体结构类型不同，组元间的溶解度只能是有限的。

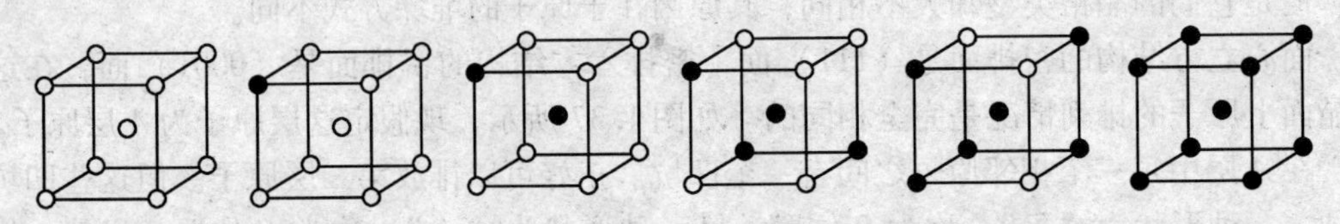

图 1.38　无限置换固溶体中两元素原子置换示意图

（2）原子尺寸因素（Size factor）。大量实验表明，在其他条件相近的情况下，如果溶质和溶剂的原子尺寸相差大，固溶度则低。因为溶质加入引起的弹性畸变能达到一定限度时，使得固溶体不稳定，对应的原子大小越相近，则固溶体越稳定。如：设 r_1，r_2 分别为溶剂和溶质的原子半径，则有经验规律：当原子半径 $(r_1 - r_2) / r_1 < 15\%$ 时，有利于形成溶解度较大的固溶体；当 $(r_1 - r_2) / r_1 > 15\%$ 时，比值越大，固溶体的溶解度越小。

（3）电负性效应（Electronegative valency effect）。元素的原子吸引电子的能力称为电负性。溶质与溶剂元素之间的化学亲和力越强，即合金组元间电负性相差越大，倾向于生成化合物而不利于形成固溶体，生成的化合物越稳定，则固溶体的溶解度越小。只有电负性相近的元素才可能具有大的溶解度。各元素的电负性是有一定规律性的，在同一周期内，电负性自左向右逐渐增大，在同一族中，电负性由上到下逐渐减小。

（4）原子价因素（Valence factor）。实验结果表明，当原子尺寸因素较为有利时，在某些以一价金属为基的固溶体中，溶质的原子价越高，其溶解度越小，如 Zn、Ga、Ge 和 As 在 Cu 中的最大溶解度分别为 38%、20%、12% 和 7%（见图 1.39）。进一步分析得出，溶质原子价的影响实质是电子浓度所决定的，所谓电子浓度就是合金中价电子数目与原子数目的比值，即 $\frac{e}{a}$。合金中的电子浓度可按下式计算：

$$\frac{e}{a} = \frac{A(100 - x) + Bx}{100}$$

式中，A、B 分别为溶剂和溶质的原子价；x 为溶质的原子分数，%。如果分别算出上述合金在最大溶解度时的电子浓度，可发现他们的数值都接近 1.4。这就是极限电子浓度，超过此值时，固溶体就不稳定而要形成另外的相。极限电子浓度与溶剂晶体结构类型有关。

影响固溶度的因素除了上述讨论的因素外，还与温度有关，在大多数情况下温度升高，固溶度升高，对少数含有中间相的复杂合金，情况相反。

以上各因素并非孤立的，能否形成固溶体是这些影响因素共同作用的结果，以上因素为定性分析，定量很难。

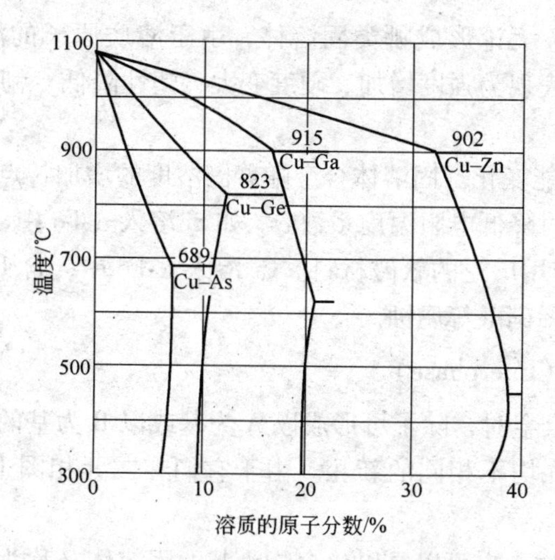

图 1.39 铜合金的固相线和固溶度曲线

B 间隙固溶体（Interstitial solid solution）

溶质原子分布于溶剂晶格间隙而形成的固溶体称为间隙固溶体。当溶质原子半径很小时，它溶入溶剂基体中时，处在晶胞的间隙位置，形成间隙固溶体，金属大多具有紧密堆积结构，它的间隙尺寸比金属原子尺寸小得多，通常是原子半径小于 0.1nm 的一些非金属元素。如 H、B、C、N、O 等（它们的原子半径分别为 0.046nm，0.097nm，0.077nm，0.071nm 和 0.060nm）才可能作为溶质与金属构成间隙固溶体。

在间隙固溶体中，由于溶质原子一般都比晶格间隙的尺寸大，所以当它们溶入后，都会引起溶剂点阵畸变，点阵常数变大，畸变能升高。因此，间隙固溶体都是有限固溶体，而且溶解度很小。

间隙固溶体的溶解度不仅与溶质原子的大小有关，还与溶剂晶体结构中间隙的形状和大小等因素有关。例如，C 在 γ-Fe 中的最大溶解度为 $w(C)=2.11\%$，而在 α-Fe 中的最大溶解度为 $w(C)=0.0218\%$。这是因为固溶于 γ-Fe 和 α-Fe 中的碳原子均处于八面体间隙中，而 γ-Fe 的八面体间隙尺寸比 α-Fe 的大的缘故。另外，α-Fe 为体心立方晶格，而在体心立方晶格中四面体和八面体间隙均是不对称的，尽管在 <100> 方向上八面体间隙比四面体间隙的尺寸小，仅为 $0.154R$，但它在 <110> 方向上却为 $0.633R$，比四面体间隙 $0.291R$ 大得多。因此，当碳原子挤入时只要推开 z 轴方向的上下两个铁原子即可，这比挤入四面体间隙同时推开四个铁原子更容易。

C 固溶体的性质（Property of solid solution）

和纯金属相比，由于溶质原子、离子的溶入导致固溶体的点阵常数、力学性能、物理和化学性能产生不同程度的变化。

（1）点阵常数改变。形成固溶体时，虽然仍保持着溶剂的晶体结构，但由于溶质与溶剂原子大小不同，总会引起点阵畸变并导致点阵常数发生变化。对置换固溶体而言，当原子半径 $r_{溶质} > r_{溶剂}$ 时，溶质原子周围点阵膨胀，平均点阵常数增加；当 $r_{溶质} < r_{溶剂}$ 时，溶质原子周围点阵收缩，平均点阵常数减小。对间隙固溶体而言，点阵常数随溶质原子的溶入总是增大的，这种影响比置换固溶体大得多。

（2）产生固溶强化。无论形成哪类固溶体，由于溶质原子的溶入，都使晶格产生畸变，使塑变抗力增加，表现为强度增加、硬度变大、塑性降低、韧性降低，这种现象称为固溶强化。

（3）物理和化学性能变化。固溶体合金随着固溶度的增加，点阵畸变增大，一般固溶体的电阻率 ρ 升高，同时降低电阻温度系数 α。如 Si 溶入 α-Fe 中，磁导率增加，含 2% ~ 4% Si 的硅钢片是一种应用广泛的软磁材料。Cr 溶入 α-Fe 中，含 13% 以上 Cr 的不锈钢可有效抵抗空气、水汽、稀硝酸等腐蚀。

1.2.3.2　中间相（Interphase）

两组元 A、B 组成合金时，除了可形成以 A 为基或以 B 为基的固溶体外，还可能形成晶体结构与 A、B 两组元均不相同的新相。由于它们在二元相图上的位置总是位于中间，故把这些相称为中间相。

中间相可以是化合物，也可以是以化合物为基的固溶体（称为第二类固溶体或称为二次固溶体）。中间相可用化合物的化学分子式表示。大多数中间相中，原子间的结合方式属于金属键与其他典型键相混合的结合方式。因此，它们都具有金属性。正是由于中间相中各组元间的结合含有金属的结合方式，所以表示它们组成的化学分子式不一定符合化合价规律，如 Fe_3C、CuZn 等。

和固溶体一样，电负性、电子浓度和原子尺寸对中间相的形成及晶体结构都有影响。中间相分为正常价化合物、电子化合物、与原子尺寸因素有关的化合物和超结构（有序固溶体）。

A　正常价化合物（Valence compound）

正常价化合物中正离子的价电子数正好使负离子具有稳定的电子层结构，在元素周期表中，一些金属与电负性较强的Ⅳ、Ⅴ、ⅥA 族的一些元素按照化学上的原子价规律所形成的化合物称为正常价化合物。它们的成分可用分子式表达，一般为 AB 型、AB_2 型（或 A_2B 型）、A_2B_3 型。如二价的 Mg 与四价的 Pb、Sn、Ge、Si 形成 Mg_2Pb、Mg_2Sn、Mg_2Ge、Mg_2Si。

正常价化合物的晶体结构通常对应于同类分子式的离子化合物结构，如 NaCl 型、ZnS 型、CaF_2 型等。正常价化合物的稳定性与组元间电负性差有关。电负性差越小，化合物越不稳定，越趋于金属键结合；电负性差越大，化合物越稳定，越趋于离子键结合。如上例中由 Pb 到 Si 电负性逐渐增大，因此上述四种正常价化合物中 Mg_2Si 最稳定，熔点为 1102℃，而且是典型的离子型化合物，而 Mg_2Pb 熔点为 550℃，且显示出典型的金属性质，其电阻率随温度升高而增大。

B　电子化合物（Electron compound）

Hume-Rothery 等人发现很多化合物当它的价电子浓度相同时会出现相同的结构，这类化合物称为电子化合物或休姆-罗瑟里（Hume-Rothery）相。电子化合物是在研究ⅠB 的贵金属（Ag、Au、Cu）与ⅡB、ⅢA、ⅣA 族元素（如 Zn、Ga、Ge）所形成的合金时发现的，后来在 Te-Al、Ni-Al、Co-Zn 等其他合金中也有发现。

电子浓度用化合物中每个原子平均占有的价电子数（e/a）来表示。计算不含Ⅰ

B、ⅡB 的过渡元素时，其价电子数视为零。因其 d 层的电子未被填满，在组成合金时它们实际上不贡献电子。电子浓度为 21/12 的电子化合物称为 ε 相，具有密排六方结构；电子浓度为 21/13 的电子化合物称为 γ 相，具有复杂立方结构；电子浓度为 21/14 的电子化合物称为 β 相，具有体心立方结构，但有时还可能呈复杂立方的 β-Mn 结构或密排六方结构。这是由于除主要受电子浓度影响外，其晶体结构也同时受尺寸因素及电化学因素影响。

电子化合物虽然可用化学分子式表示，但不符合化合价规律，实际上其成分是在一定范围内变化的，可视其为以化合物为基的固溶体，其电子浓度也在一定范围内变化。

电子化合物中原子间的结合方式以金属键为主，故具有明显的金属特性。

C　原子尺寸因素有关的化合物（Size-Factor compound）

一些化合物的类型与组成元素的原子尺寸差别有关，当两种原子半径差很大的元素形成化合物时，倾向形成间隙相和间隙化合物，而中等程度差别时则倾向形成拓扑密排相，下面对它们进行分别讨论。

（1）间隙相和间隙化合物。原子半径较小的非金属元素如 C、H、N、B 等可与金属元素（主要是过渡族金属）形成间隙相或间隙化合物，这主要取决于非金属（X）和金属（M）原子半径的比值 $\frac{r_X}{r_M}$，当 $\frac{r_X}{r_M} < 0.59$ 时，形成具有简单晶体结构的相，称为间隙相；当 $\frac{r_X}{r_M} > 0.59$ 时，形成复杂晶体结构的相，称为间隙化合物。

由于 H、N 的原子半径较小，分别为 0.046nm、0.071nm，与所有过渡族金属都满足 $\frac{r_X}{r_M} < 0.59$ 的条件，因此过渡族元素的氢化物和氮化物都为间隙相。而 B 的原子半径为 0.097nm，尺寸较大，所以过渡族金属的硼化物均为间隙化合物。C 则处于中间状态，某些碳化物如 TiC、VC、NbC、WC 等为结构简单的间隙相，而 Fe_3C、Cr_7C_3、Fe_3W_3 等则是结构复杂的间隙化合物。

1）间隙相。在间隙相中，金属原子组成简单点阵类型的结构，此结构与其为纯金属时的结构不同。例如 V 在纯金属时为体心立方点阵，而在间隙相 VC 中，金属 V 的原子形成面心立方点阵，碳原子存在于其间隙位置，如图 1.40 所示。

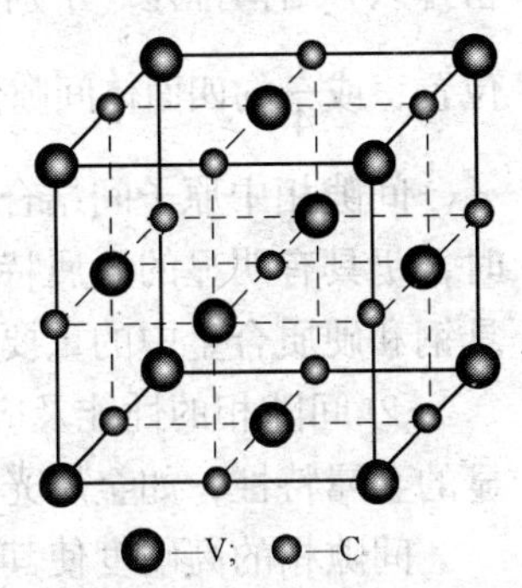

图 1.40　间隙相 VC 的晶体结构

间隙相一般可以用简单的化学式表达，而且一定的化学表达式对应着一定的晶体结构类型，如表 1.8 所示。从表中可知，除氢原子比较小，有可能填入四面体空隙以外，其他非金属原子均占据八面体空隙位置。氢原子也有可能成对地填入八面体空隙。

间隙相的分子式一般为 M_4X、M_2X、MX 和 MX_2 四种。常见的间隙相及晶体结构见表 1.8。

表 1.8 间隙相及晶体结构

分子式	间隙相举例	金属原子排列类型
M_4X	Fe_4N，Mn_4N	面心立方
M_2X	Ti_2H，Zr_2H，Fe_2N，Cr_2N，V_2N，W_2C，Mo_2C，V_2C	密排六方
MX	TaC，TiC，ZrC，VC，ZrN，VN，TiN，CrN，ZrH，TiH	面心立方
	TaH，NbH	体心立方
	WC，MoN	简单六方
MX_2	TiH_2，ThH_2，ZrH_2	面心立方

尽管间隙相可以用化学分子式表示，但其成分也是在一定范围内变化的，可视为以化合物为基的固溶体（称为第二类固溶体或缺位固溶体）。间隙相不仅可以溶解其组成元素，而且间隙相之间还可以相互溶解。如果两种间隙相具有相同的晶体结构，且这两种间隙相中的金属原子半径差小于15%，它们还可以形成无限固溶体，例如 TiC-ZrC、TiC-VC、ZrC-NbC、VC-NbC 等。

在间隙相中虽然非金属元素含量高，甚至可能超过50%（原子分数），但他们仍具有明显的金属特性，例如金属光泽、良好的导电性、正的电阻温度系数等。在温度为0K附近，很多间隙相具有超导性。而且间隙相几乎全部具有高熔点和高硬度，这表明间隙相的结合键较强，且金属原子之间存在一定的金属键结合。

① 间隙相的晶体结构。在密排结构（FCC 和 HCP）中，八面体和四面体间隙数与晶胞内原子数的比值分别为1和2。当非金属原子填满八面体间隙时，间隙相的成分恰好为MX，结构为 NaCl 型（MX 化合物也可呈闪锌矿结构），非金属原子占据了四面体间隙的半数；当非金属原子填满四面体间隙时（仅在氢化物中出现），则形成 MX_2 间隙相，如 TiH_2（在 MX_2 结构中，氢原子也可成对地填入八面体间隙中，如 ZrH_2）；在 M_4X 中，金属原子组成面心立方结构，而非金属原子在每个晶胞中占据一个八面体间隙；在 M_2X 中，金属原子按密排六方结构排列（个别也有 FCC，如 W_2N、MoN 等），非金属原子占据一半的八面体间隙位置，或$\frac{1}{4}$的四面体间隙位置。M_4X 和 M_2X 可认为是非金属原子填满间隙的结构。

间隙相中原子间结合键为共价键和金属键，即使在非金属组元的原子分数大于50%时，仍具有明显的金属特性，而且间隙相几乎全部具有高熔点和高硬度的特点，是合金工具钢和硬质合金中的重要组成相。

② 间隙相的性能及应用。间隙相具有极高的硬度和熔点，但很脆。许多间隙相具有明显的金属特性，如金属光泽、较高的导电性、正的电阻温度系数。

间隙相的高硬度使其成为一些合金工具钢和硬质合金中的重要相。有时通过化学热处理的方法在工件表面形成薄层的间隙相，以此达到表面强化的目的。如在钢基体上沉积 TiC 可以用来制造工具，也可用来制造太空中使用的轴承，因为这种轴承不能用润滑剂，而 TiC 与钢之间的摩擦系数极小。TiN 可用来制造手表外壳、眼镜框的表面装饰覆层，因为它具有与黄金近似的色泽，又具有很高的硬度。

2）间隙化合物。间隙化合物具有复杂的晶体结构，它的类型较多。当非金属原子半径与过渡族原子半径之比 r_X/r_M >0.59 时所形成的相往往具有复杂的晶体结构，这就是间隙化合物。通常过渡族金属 Cr、Mn、Fe、Co、Ni 与碳元素所形成的碳化物都是间隙化合物。常见的间隙化合物有 M_3C 型（如 Fe_3C、MnC）、M_7C_3 型（如 Cr_7C_3）、$M_{23}C_6$ 型（如 $Cr_{23}C_6$）和 M_6C 型（如 Fe_3W_3C、Fe_4W_2C）等。式中 M 可表示一种元素，也可以表示有几种金属元素固溶在内。例如，在渗碳体 Fe_3C 中，一部分铁原子若被锰原子置换，则形成合金渗碳体 $(Fe、Mn)_3C$。

① M_3C（Fe_3C）型结构。Fe_3C 是铁碳合金中的一个基本相，称为渗碳体。C 与 Fe 的原子半径之比为 0.63，为正交晶系，$a \neq b \neq c$，$\alpha = \beta = \gamma = 90°$，其晶体结构如图 1.41 所示。晶胞中共有 16 个原子，其中 4 个碳原子，12 个铁原子，符合 x（Fe）：x（C）=3∶1 的关系。在 Fe_3C 晶体结构中，铁原子接近于密排排列，碳原子位于其间隙位置。每个碳原子周围有 6 个相邻的铁原子，铁原子的配位数接近于 12。Fe_3C 硬度为 HV950～1050。Fe_3C 中的铁原子可以被 Mn、Cr、Mo、W、V 等金属原子所置换形成合金渗碳体；而 Fe_3C 中的 C 可被 B 置换，但不能被 N 置换。

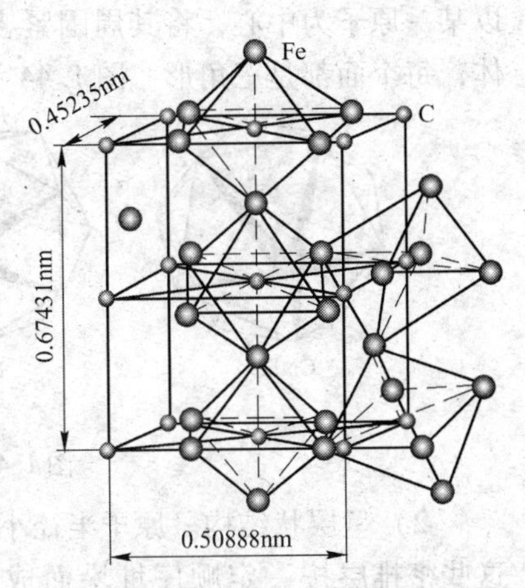

图 1.41 Fe_3C 晶体结构

② $M_{23}C_6$（$Cr_{23}C_6$）型结构。$Cr_{23}C_6$ 为复杂的立方结构，如图 1.42 所示。一个大晶胞中包含 116 个原子，其中 92 个金属原子，24 个碳原子。为了看清楚，将一个大晶胞分为 8 个小立方体，即分为 8 个亚晶胞，在每个亚晶胞的顶角上交替分布着十四面体和正六面体。92 个金属原子分布在大晶胞的 8 个顶点、面心位置、每个亚晶胞的体心位置以及每个十四面体和正六面体的顶点位置。在 $M_{23}C_6$ 中，碳原子位于立方八面体和小立方体之间的大立方体的棱边上。每个碳原子有 8 个相邻的金属原子，如图 1.43 所示。分布在每个亚胞棱边的中点，即十四面体和正六面体之间。

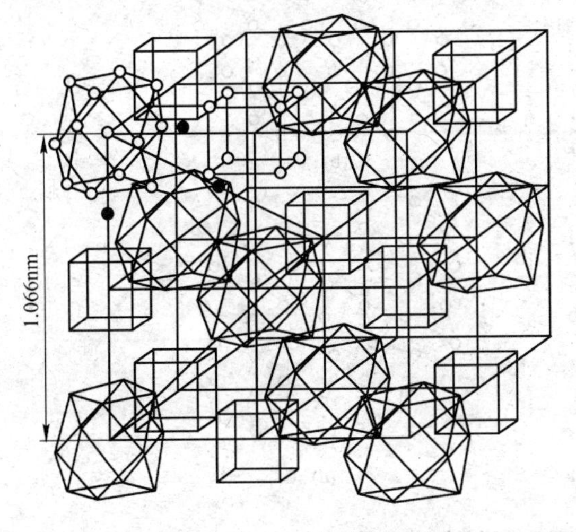

图 1.42 $M_{23}C_6$ 的晶体结构

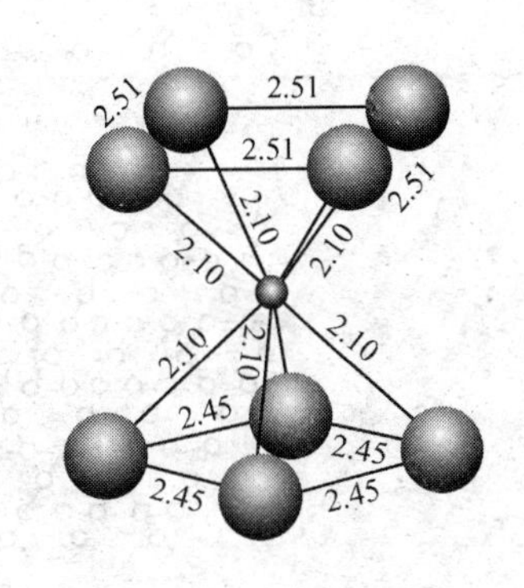

图 1.43 $M_{23}C_6$ 中金属原子和碳原子之间的相互位置（0.1nm）

$Cr_{23}C_6$ 的熔点较低，与铁的熔点在同一数量级，硬度约为1050HV。它是不锈钢中的主要碳化物，在铁基或镍基合金中也经常存在。

（2）拓扑密堆相。拓扑密堆相是由大小不同的金属原子所构成的一类中间相，其中大小原子通过适当的配合构成空间利用率和配位数都很高的复杂结构。由于这类结构具有拓扑特征，故称这些相为拓扑密堆相，简称TCP相，以区别于通常的具有FCC和HCP的几何密堆相。这种结构的特点如下：

1）由配位数（CN）为12、14、15、16的配位多面体堆垛而成。所谓配位多面体是以某一原子为中心，将其周围紧密相邻的各原子中心用一些直线连接起来所构成的多面体，每个面都是三角形。图1.44为拓扑密堆相中的配位多面体。

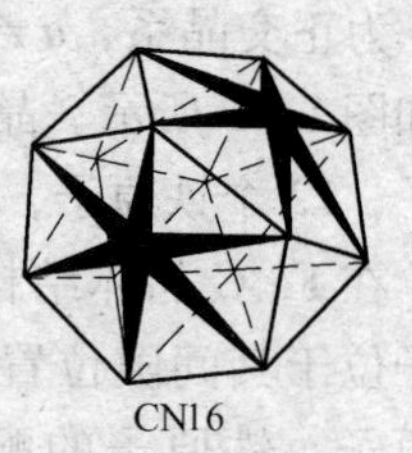

图1.44　拓扑密堆相中的配位多面体

2）呈层状结构。原子半径小的原子构成密排面，其中镶嵌有原子半径大的原子，由这些密排层按一定顺序堆垛而成，从而构成空间利用率很高，只有四面体间隙的密排结构。

原子密排层是由三角形、正方形或六角形组合起来的网络结构。网络结构通常可用一定的符号加以表示，取网络中的任一原子，依次写出围绕着它的多层类型。图1.45为几种类型的原子密排层的网络结构。

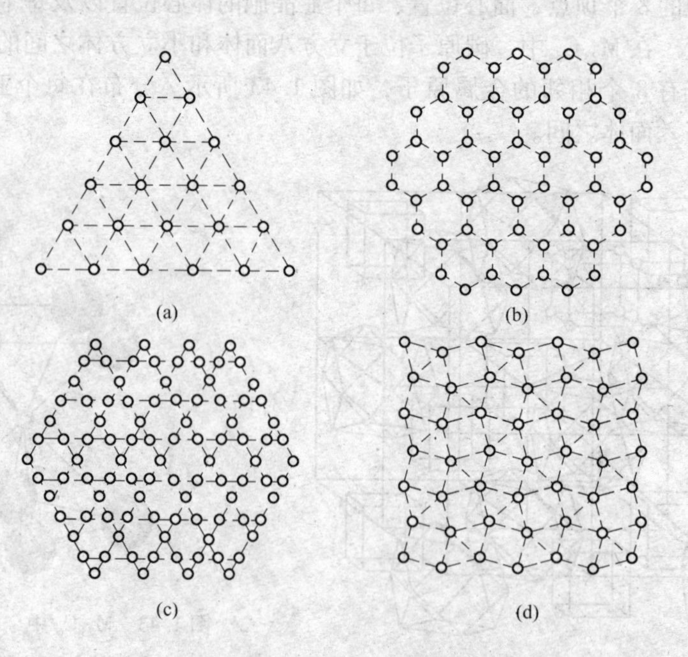

图1.45　原子密排层的网络结构

拓扑密堆相的种类很多，已发现拉弗斯相（如 $MgCu_2$、$MgZn_2$、$MgNi_2$、$TiFe_2$ 等），σ 相（如 FeCr、FeV、FeMo、CrO、WCo 等），μ 相（如 Fe_7W_6、Co_7Mo_6 等），Cr_3Si 型相（如 Cr_3Si、Nb_3Sn、Nb_3Sb 等），R 相（如 $Cr_{18}Mo_{31}Co_{51}$等），P 相（如 $Cr_{18}Ni_{40}Mo_{42}$等）。

拉弗斯相。许多金属之间形成的金属间化合物均属于此相。二元合金拉弗斯相的典型分子式为 AB_2，形成条件为：

① 原子尺寸因素。A 原子半径略大于 B 原子半径，理论比值为 $r_A/r_B = 1.255$，实际比值约在 1.05~1.68 之间。

② 电子浓度。一定的结构类型对应着一定的电子浓度。

拉弗斯相的晶体结构类型有三种，代表化合物为 $MgCu_2$、$MgZn_2$ 和 $MgNi_2$。

例：$MgCu_2$，晶胞结构如图 1.46（a）所示，$MgCu_2$ 是立方结构，一个晶胞中含有 8 个镁（A）原子，16 个铜（B）原子。（110）面上原子排列如图 1.46（b）所示。晶胞中原子半径小的 Cu 位于小四面体的顶点，一正一反排成长链，从［111］方向看，是 3·6·3·6 型密排层，如图 1.47（a）所示。而原子半径大的镁原子位于各小四面体之间的空隙中，本身又组成一种金刚石型结构的四面体网络，如图 1.47（b）所示，两者穿插构成整个晶体结构。A 原子周围有 12 个 B 原子和 4 个 A 原子，故配位多面体为 CN16；而 B 原子周围是 6 个 A 原子和 6 个 B 原子，即 CN12。因此，该拉弗斯相结构可看成 CN16 和 CN12 两种配位多面体相互配合而成。

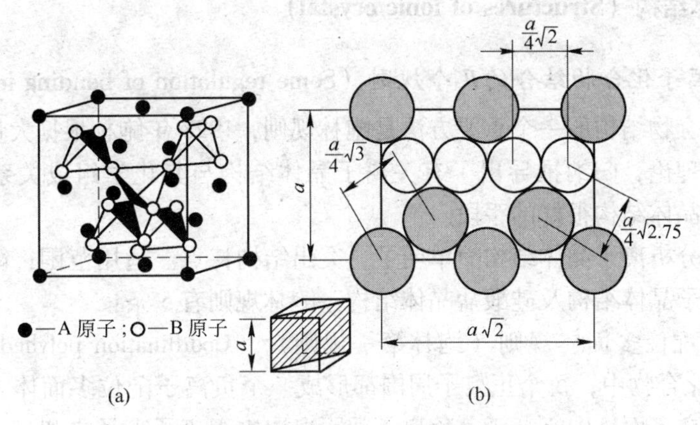

图 1.46 $MgCu_2$ 立方晶胞中 A、B 原子的分布

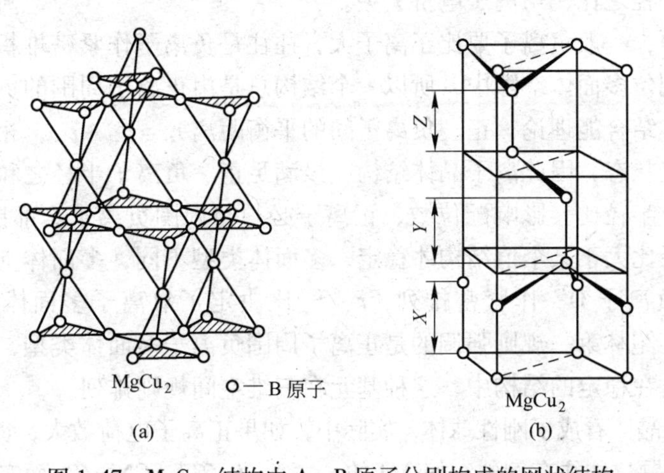

图 1.47 $MgCu_2$ 结构中 A、B 原子分别构成的网状结构

拉弗斯相是镁合金中的重要强化相。在高合金不锈钢和铁基、镍基高温合金中，有时也会以针状的拉弗斯相分布在固溶体基体上，当其数量较多时会降低合金性能，故应适当控制。

σ 相分子式写作 AB 或 A_xB_y，因 σ 相有一定的成分范围，所以其分子式只是大致的比值。组元 A 为ⅤB、ⅥB、Ⅷ族过渡族金属，组元 B 为ⅦA、Ⅷ族元素，如 FeCr、FeV、FeMo、MoCrNi、$(Cr、Wo、W)_x(Fe、Co、Ni)_y$ 等。

σ 相具有复杂的四方结构，其轴比 $c/a \approx 0.52$，每个晶胞中有 30 个原子，如图 1.48 所示。

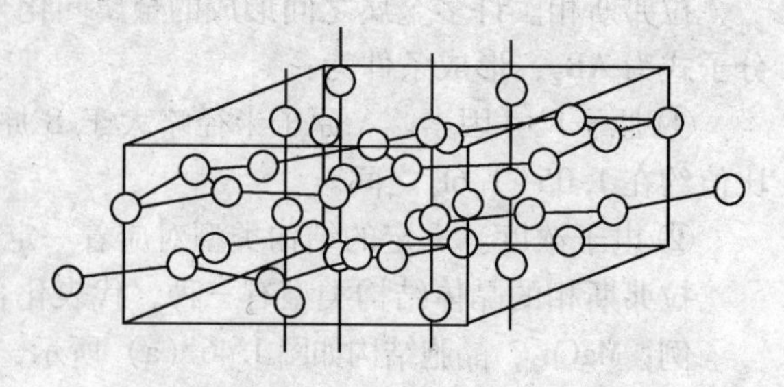

图 1.48 σ 相的晶体结构

σ 相在常温下硬而脆，它的存在通常对合金性能有害。在不锈钢中出现 σ 相会引起晶间腐蚀和脆性；在 Ni 基高温合金和耐热钢中，如果成分或热处理控制不当，则会发生片状的硬而脆的 σ 相沉淀，而使材料变脆，故应避免出现这种情况。

1.2.4 离子晶体结构（Structures of ionic crystal）

1.2.4.1 离子化合物结合的几个规则（Some regulation of bending ionic compound）

研究离子化合物结构的一个重要方法是鲍林规则，1928 年鲍林根据大量的实验数据和离子晶体结合能理论，归纳推导出了有关离子晶体结构与其化学组成关系的一些基本规律，是分析离子晶体结构很好的手段。

用鲍林规则分析离子晶体结构简单明了，突出结构特点。适用范围：简单的离子晶体结构、复杂的离子晶体结构及硅酸盐晶体结构。鲍林规则有 5 条：

（1）负离子配位多面体规则（鲍林第一规则）（Coordination polyhedron regulation of anion）。在离子化合物中，每个正离子周围都形成一个负离子配位多面体，负离子在多面体角顶，正离子在多面体中心，正、负离子间距离取决于离子半径之和，正离子配位数取决于正、负离子半径之比，与离子电价无关。

在晶体结构中，一般负离子要比正离子大，往往是负离子作紧密堆积，而正离子填充于负离子形成的配位多面体空隙中，所以一个结构总是由正离子周围的负离子配位情况决定的。按离子晶体结合能理论，正、负离子间的平衡距离 $r_0 = r_+ + r_-$，相当于能量最低状态，即能量最稳定状态，因此离子晶体结构应该满足正、负离子半径之和等于平衡距离这个条件。两种离子半径比会影响配位数，正离子必须与周围负离子全部接触结构才稳定，即正、负离子半径比大于某个值结构才稳定，多面体类型不同，多面体空隙也不同。对氧化物晶体结构，负离子 O^{2-} 作紧密排列，r_+/r_- 比决定了氧离子多面体类型，如 Al_2O_3、SiO_2、MgO 等等。鲍林第一规则强调的是正离子周围负离子多面体类型，并把它看成是离子晶体结构基元，在稳定的结构中，这种基元在三维空间规则排列。

注意：把离子晶体看成了刚性球体，实际中，如果正离子电荷数大，负离子半径大，还要考虑极化变形问题，往往有例外，如 AgI 的 $r_+/r_- = 0.577$，CN = 6，而实际上其 CN = 4。

（2）电价规则（鲍林第二规则）（Electrovalent regulation）。在一个稳定的离子型晶体结构中，每一个负离子的电价 Z_- 应该等于（或近似等于）其邻近的正离子到该负离子的各静电键强度 S 的总和 $Z_- = \sum_i S \cdot i = \sum (\frac{Z_+}{CN}) \cdot i$。静电键强度 $S = \frac{Z_+}{CN}$，式中，CN 为正离子配位数；Z_+ 为正电荷数；S 为正离子平均分配给它周围每个配位负离子的价电荷数；i 为负离子周围的正离子数，即负离子的配位数。

上式表示对与一个负离子相连的所有正离子 i 求和。这一规则指明了一个负离子与几个正离子相连。或者说，第二规则是关于几个配位多面体共用同一顶点的规则，即配位多面体在空间可能的连接方式问题。

例如 MgO 晶体，Mg^{2+} 的配位数为6，镁离子和氧离子间的静电键强度 $S = \frac{Z_+}{CN} = \frac{2}{6} = \frac{1}{3}$，即 Mg^{2+} 给每个周围 O^{2-} $\frac{1}{3}$价，因此 O^{2-} 与6个 Mg^{2+} 形成静电键，所以 $Z_{O^{2-}} = i \times S = 2$，$i=6$，故每个 O^{2-} 为6个配位八面体［MgO_6］的公共顶点，即一个 O^{2-} 与6个 Mg^{2+} 相连。

电价规则适用于全部离子化合物，在许多情况下也适用离子性不完全的晶体结构中，它的作用是可以帮助我们推测负离子多面体之间的连接方式，如在硅酸盐结构中，Si^{4+} 的配位多面体都是正四面体，由电价规则 $S = \frac{4}{4} = 1$，O^{2-} 是二价的，$Z_{O^{2-}} = 2 = \sum S \cdot i = 1 \cdot i$，$i = 2$，即每个 O^{2-} 同时与两个 Si^{4+} 形成静电键，即两个［SiO_4］四面体共顶相连，各种硅酸盐结构，虽然很复杂，但利用这个规则有助于我们对复杂结构的分析。

（3）负离子多面体共用顶点、棱和面规则（鲍林第三规则）（Common apex、arris、plane regulation of anion）。在鲍林第二规则中指出了离子晶体结构中，每个负离子被几个多面体共用，但没有指出每个负离子多面体中有几个顶点被共用，即没有指出两个负离子多面体共用一个顶点（共顶）、两个顶点（共棱）还是三个顶点（共面）。

在一配位结构中，配位多面体共用棱，特别是共用面的存在，会降低这个结构的稳定性，特别是对高电价低配位的正离子，这个效应更显著。这即为鲍林第三规则。

对于一个配位多面体，正离子居中，负离子占据顶角，当两个配位体由共顶到共棱、共面时，两个正离子间距离不断缩短。如图1.49所示，两个四面体中心距离，当共用一个顶点时设为1时，共用两个、三个顶点，距离分别为0.58、0.33，对两个八面体中心距共顶为1时，共棱为0.71，共面为0.58，可见随共顶、共棱、共面，两个正离子间距离缩短，静电斥力增加，结构稳定性降低。这种效应四面体连接比八面体连接突出，半径小电价高的正离子比半径大电价低的正离子显著（电场强度前者大）。

在硅酸盐结构中，［SiO_4］间只能共顶相连，不能共棱、共面，对八面体可共棱，在某些情况也可共面。如金红石中［TiO_6］为共棱连接，在刚玉中［AlO_6］八面体有共面连接情况，结构也是稳定的。

（4）不同种类正离子配位多面体间连接规则（鲍林第四规则）（Conterminal regulation of different kinds posion）。当晶体中存在一种以上的正离子时，就会产生一种以上的配位多面体，这些正离子的电价有高有低，配位数有多有少，那么它们之间是怎样连接的呢？根据鲍林第三规则，高电价、低配位的正离子配位多面体应尽量互不连接，由此引出鲍林第

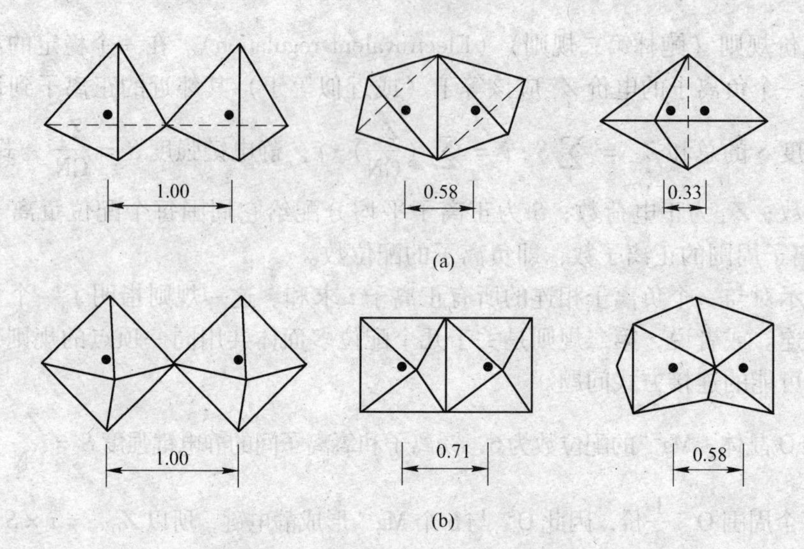

图 1.49 四面体、八面体共用顶点、棱、面时中心距离的变化

(a) 四面体；(b) 八面体

四规则：在含有一种以上正离子的晶体中，电价大、配位数小的那些正离子之间，有尽量互不结合的趋势（特别倾向于共顶相连）。这一规则总结了不同种类正离子配位多面体的连接规则。如硅酸盐晶体，M_2S 存在［MgO_6］八面体，［SiO_4］四面体，因为 $Si^{4+}-Si^{4+}$ 斥力 $>Mg^{2+}-Mg^{2+}$ 斥力，所以［SiO_4］孤立存在，［SiO_4］与［MgO_6］共顶、共棱相连，结构才稳定。

（5）节约规则（鲍林第五规则）（Economizing regulation）。在同一晶体中，同种正离子与同种负离子的结合方式应最大限度地趋于一致。因为在一个均匀的结构中，不同形状的配位多面体很难有效地堆积在一起。例如，在含有硅氧和其他正离子的晶体中，不会同时出现［SiO_4］和［Si_2O_7］。

1.2.4.2 典型离子晶体结构（Typical ionic crystal structure）

晶体结构分类：按化学式可分为单质、二元化合物（AB、AB_2、A_2B_3 等）、多元化合物（ABO_3、AB_2O_4 等）。有些化合物的化学成分虽然不同，但有类同的晶体结构，如 MgO 和 NaCl、$BaTiO_3$ 和 $CaTiO_3$ 等，这样我们只研究一些典型的离子晶体结构，然后去命名那些具有与典型晶体结构类同的晶体，如把 MgO 结构称为 NaCl 型结构。

A AB 型化合物结构（Structure of AB type compound）

利用鲍林规则分析离子型化合物：CsCl、NaCl、立方 ZnS、六方 ZnS。

（1）CsCl 型结构。CsCl 型结构是简单离子结构中最简单的一种，属立方晶系，简单立方格子，P_{m3m}空间群，晶格常数 $a_0=0.411$nm，Cs^+ 半径（$r_{Cs^+}=0.169$nm）和 Cl^- 半径（$r_{Cl^-}=0.181$nm）的正负离子半径比 $\frac{r_+}{r_-}=0.933$，故负离子构成了正六面体，Cs^+ 在其中心，形成了［$CsCl_8$］正六面体，由电价规则，$S=\frac{1}{8}$，$1=\frac{1}{8}\times i$，$i=8$，Cl^- 周围有 8 个 Cs^+，8 个［$CsCl_8$］共面相连。一个晶胞内含有一个 Cs^+ 和一个 Cl^-，即一个晶胞内含一个 CsCl “分

子”，Cl^-坐标（000），Cs^+坐标（$\frac{1}{2}\frac{1}{2}\frac{1}{2}$），如图 1.50 所示。属于该结构的化合物有 CsBr、CsI。

（2）NaCl 型结构。NaCl 型结构属立方晶系，面心立方点阵，F_{m3m}空间群，晶格常数 $a=0.5628\text{nm}$。Cl^-作立方最紧密堆积，由 $\frac{r_+}{r_-}=0.525$ 可知，Na^+配位数为6，其填充于 Cl^- 形成的八面体空隙中，构成［$NaCl_6$］八面体，由电价规则，$S=\frac{1}{6},1=\frac{1}{6}\times i,i=6$，故每个 Cl^-由 6 个 Na^+提供电价，即每 6 个［$NaCl_6$］八面体共用 1 个 Cl^-，八面体共棱连接，NaCl 结构可以看作 Cl^-和 Na^+各构成一套面心立方格子，相互在棱边上穿插而成，一个晶胞内有 4 个 NaCl“分子”，如图 1.51 所示。

属于 NaCl 型结构的化合物很多，如二价氧化物 MgO、CaO、SrO、BaO、CdO、MnO、FeO、CoO、NiO，还有氮化物，碳化物等。

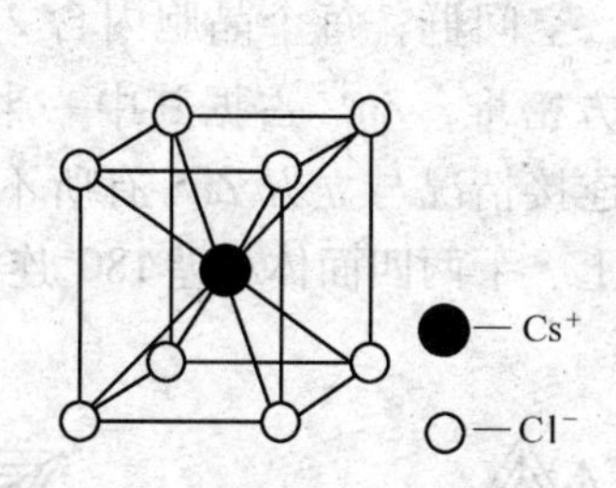

图 1.50 CsCl 晶体结构

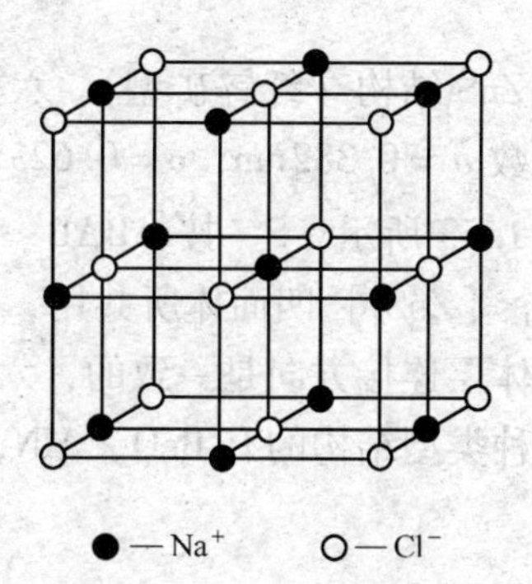

图 1.51 NaCl 晶体结构

（3）立方 ZnS 型结构。立方 ZnS 结构类型又称闪锌矿型（β-ZnS），属于立方晶系，面心立方格子，$F_{\bar{4}3m}$空间群，晶格常数为 0.542nm，如图 1.52 所示。

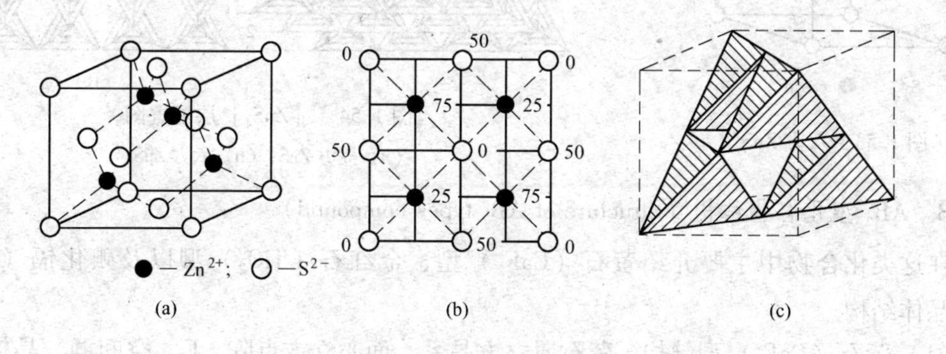

图 1.52 立方 ZnS 型结构

（a）晶胞结构；（b）（001）面的投影图；（c）多面体

图 1.52 中所标注的数字是以 z 轴晶胞高度为 100，其他离子根据各自位置标注为 75、50、25、0。从图 1.52 中可以看出 S^{2-} 位于立方晶胞的角顶及面心上，构成一套完整的面心立方格子，而 Zn^{2+} 也构成了一套面心立方格子，在体对角线 1/4 处互相穿插而成。从投

影图中可以看出，若将25位置的Zn^{2+}作为立方体的顶角，则另两个75位置的Zn^{2+}就是该立方体侧面面心位置，另一个25位置的Zn^{2+}就是底面面心位置。由点阵平移概念25位置的Zn^{2+}平移100，则在125位置一定有一个Zn^{2+}。同理175位置也有一个Zn^{2+}，若将25位置的Zn^{2+}定为0，其他Zn^{2+}就分别在50和100位置，由此可明显看出Zn^{2+}也是呈面心立方分布。

从离子堆积的角度来看，S^{2-}作面心立方最紧密堆积，Zn^{2+}填在密堆体1/2的四面体空隙中，形成了［ZnS_4］四面体。Zn^{2+}配位数为4，四面体共顶连接。理论上$\frac{r_+}{r_-}=0.414$，CN =6，由于Zn^{2+}极化作用较强，S^{2-}易变形，导致CN =4，形成［ZnS_4］四面体，四个［ZnS_4］共顶相连。

属于立方ZnS结构的化合物有SiC，其特点：质点间键力强、熔点高、硬度大、抗热震稳定性好，是很有前途的高温结构材料。还有Be、Cd的硫化物、硒化物、碲化物、CuCl等。

（4）六方ZnS结构（纤锌矿型）。六方ZnS型又称纤锌矿型，属六方晶系，六方原始格子，晶格常数$a=0.382$nm，$c=0.625$nm，P_{63mc}空间群，每个晶胞内含2个ZnS分子，晶胞结构如图1.53所示。S^{2-}按ABAB……作六方密堆，Zn^{2+}占据其中一半四面体空隙，每个S^{2-}被4个［ZnS_4］四面体所共用，但它的连接情况与立方ZnS有所不同，立方ZnS上、下两四面体层连接方向是一致的，六方ZnS上、下两四面体相差180°连接，如图1.54所示。属于该种类型结构的有BeO，AlN，ZnO等。

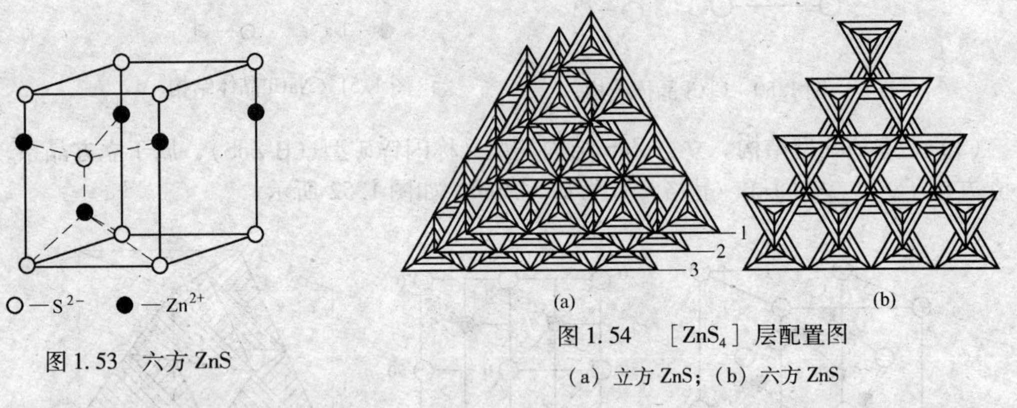

图1.53 六方ZnS

图1.54 ［ZnS_4］层配置图
（a）立方ZnS；（b）六方ZnS

B AB_2型化合物结构（Structure of AB_2 types compound）

在这类化合物中主要介绍萤石（CaF_2）型、金红石（TiO_2）型以及碘化镉（CdI_2）型的晶体结构。

（1）萤石（CaF_2）型结构。萤石属立方晶系，面心立方点阵，F_{m3m}空间群，晶格常数$a=0.545$nm。结构如图1.55所示。

从图1.55（a）中可见，Ca^{2+}处在立方体的角顶和各面心位置，形成面心立方结构，F^-位于立方体内8个小立方体的中心位置，即填充了全部的四面体空隙，构成了［FCa_4］四面体，如图1.55（c）所示，若F^-简单立方堆积，则立方体空隙只有半数被Ca^{2+}充填，则构成了［CaF_8］立方体，故Ca^{2+}配位数为8，立方体之间共棱连接，如图1.55（b）所

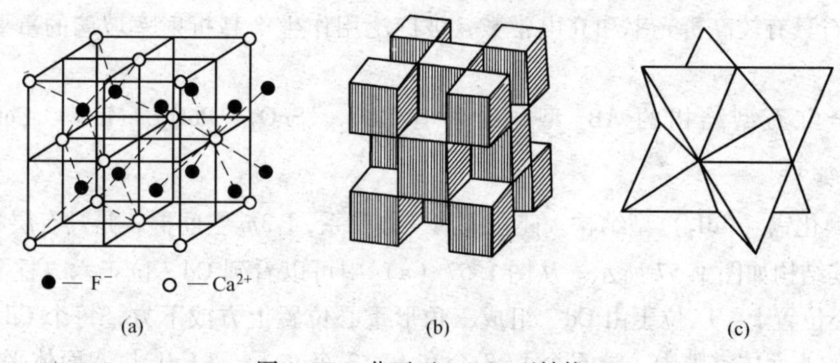

图 1.55 萤石（CaF_2）型结构

（a）晶胞图；（b）［CaF_8］多面体图；（c）［FCa_4］多面体图

示。从空间格子看，Ca^{2+}构成一套完整的面心立方格子，F^-构成两套面心立方格子，它们在体对角线 1/4 和 3/4 处互相穿插而成。

属于 CaF_2 型结构有 UO_2、CeO_2、HfO_2、ThO_2 等。

另外一些碱金属氧化物 Li_2O、Na_2O、K_2O 结构中正、负离子分布刚好与 CaF_2 相反，阳离子占据 F^- 位置，O^{2-} 占据 Ca^{2+} 位置。这种正、负离子位置与 CaF_2 型相反的结构类型称为反萤石型结构。

无论是 CaF_2 型结构，还是反萤石型结构，晶胞中均有较大的空隙没有填满，有利于离子迁移，可用作新型的电介质材料，另外，在工业上常用作助熔剂、晶核剂、矿化剂等。

（2）金红石（TiO_2）型结构。金红石是 TiO_2 的一种通常的稳定型结构，在 TiO_2 晶体中，正、负离子半径比为 0.45，CN = 6，故负离子配位多面体为钛氧八面体［TiO_6］，Ti^{4+} 的 $S = 2/3$，O^{2-} 是二价，$i = 3$，故 O^{2-} 的配位数为 3，每个 O^{2-} 同时与 3 个 Ti^{4+} 相连，即每三个［TiO_6］共用一个 O^{2-}，如图 1.56（a）所示，从结构中可以明显看出，以 Ti^{4+} 为角顶的简单四方点阵的晶胞（中心的 Ti^{4+} 属于另一套格子），如图 1.56（b）所示，所以金红石属四方晶系，四方原始点阵，$P_{\frac{3}{4}nm}$ 空间群。晶胞内有 2 个 TiO_2 “分子”，点阵常数 $a = b = 0.458nm$，$c = 0.295nm$。整个金红石结构也可以看作是由 O^{2-} 近似形成稍有变形的六方最紧密堆积，Ti^{4+} 填充半数的八面体空隙中。

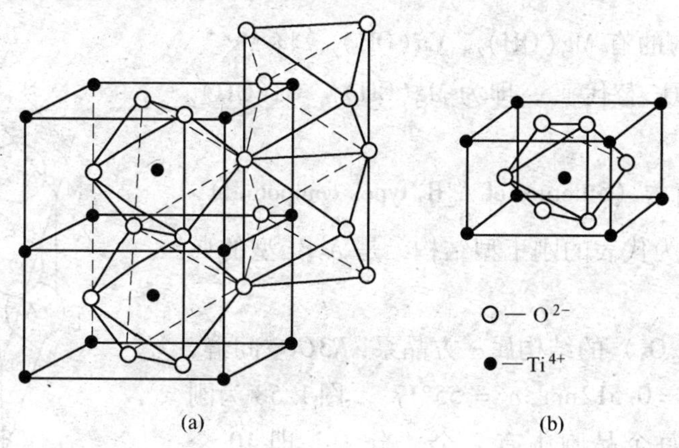

图 1.56 金红石（TiO_2）型结构

（a）负离子多面体图；（b）晶胞图

金红石具有较高折光率和介电常数，被广泛用作生产高折射率玻璃的重要的电容器原料。

属于金红石型结构的 AB_2 型化合物有 GeO_2、SnO_2、PbO_2、MnO_2、CoO_2、MnF_2、FeF_2、MgF_2 等。

(3) 碘化镉（CdI_2）型结构。碘化镉属三方晶系，$P\bar{3}m$ 空间群，是具有层状结构的晶体之一，其结构如图 1.57 所示。从图 1.57（a）中可以看到 Cd^{2+} 位于六方柱晶胞的各个角顶和底心位置上，I^- 位于由 Cd^{2+} 组成三角形重心位置上方或下方，每个 Cd^{2+} 处在由 6 个 I^- 构成的八面体空隙中，这 6 个 I^- 3 个在上，3 个在下。[CdI_6] 八面体平行（0001）面，以共棱方式连接成层，每个 I^- 与同一边的 3 个 Cd^{2+} 相连，如图 1.57（b）所示。从离子堆积角度看，I^- 近似六方最紧密堆积，Cd^{2+} 则相间成层地填充在八面体空隙中，这样就构成了与（0001）面平行的层状结构。用八面体表示的层间结构如图 1.57（c）所示。层间力很弱，故晶体出现了平行于（0001）面的完全解理。CdI_2 中垂直于层方向的重复周期为一个层型分子。

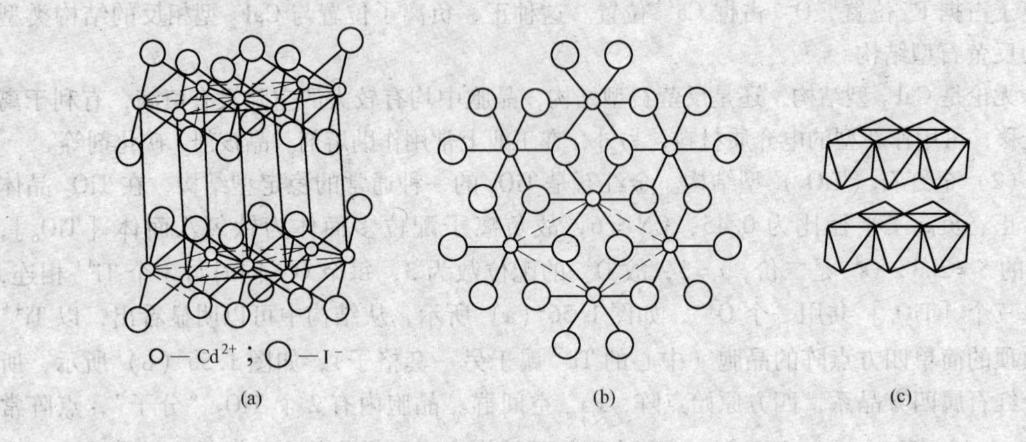

图 1.57 碘化镉型结构（CdI_2）

（a）CdI_2 晶胞；（b）（0001）面投影图；（c）八面体表示的层间结构

属于这类结构的有 $Mg(OH)_2$、$Ca(OH)_2$，将 Mg^{2+}、Ca^{2+} 替代 Cd^{2+}，OH^- 替代 I^-，即为 $Mg(OH)_2$、$Ca(OH)_2$ 的晶体结构。

C A_2B_3 型结构（Stucture of A_2B_3 types compound）

以 $\alpha-Al_2O_3$ 为代表的刚玉型结构，是 A_2B_3 型的典型结构类型。

刚玉（$\alpha-Al_2O_3$）的结构属三方晶系，$R3\bar{C}$ 空间群，晶格常数 $a=b=c=0.512$nm，$\alpha = 55°17'$。图 1.58 为刚玉的一个晶胞，每个晶胞中有 2 个“分子”即 10 个离子。

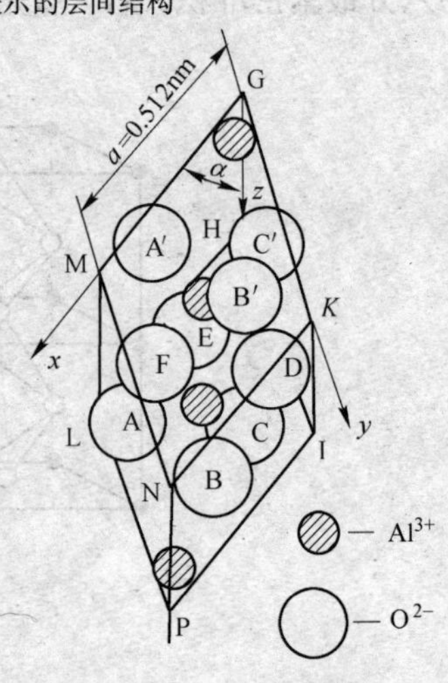

图 1.58 α-Al_2O_3 晶胞

刚玉结构中的 O^{2-} 是按 ABABAB……六方密堆排列的。按正负离子半径比，CN =6，形成［AlO_6］八面体；由电价规则 $S = \frac{3}{6} = \frac{1}{2}, 2 = \frac{1}{2} \times i, i = 4$，即每个 O^{2-} 将与4个 Al^{3+} 连接。也就是在结构中要求4个 Al^{3+} 与1个 O^{2-} 直接相邻。按 Al^{3+} 与 O^{2-} 的比例，Al^{3+} 只填充了 O^{2-} 密堆体的2/3八面体空隙，其余的1/3间隙是空着的，Al^{3+} 的排列应使 Al^{3+} 间距最大，因此，每3个相邻的八面体空隙（垂直和水平方向）就有一个有规则空着，这样 Al^{3+} 在间隙中就可能有三种排法：称 Al_D、Al_E、Al_F，如图1.59所示，因此在刚玉结构中，O^{2-} 与 Al^{3+} 的排列顺序可写成 $O_A Al_D O_B Al_F O_A Al_F O_B Al_D O_A Al_E O_B Al_F O_A$……重复，第十三层与第一层重复。

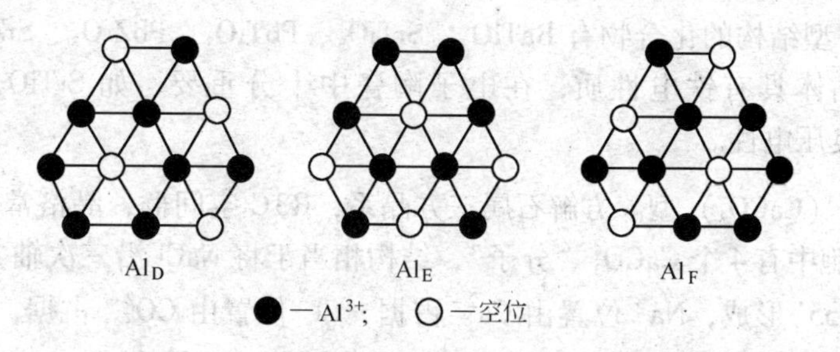

图1.59　α－Al_2O_3 中铝离子的三种不同排列

刚玉极硬，莫氏硬度9级，不易破碎，熔点为2050℃。这与结构中Al—O键的牢固性有关。因此α-Al_2O_3 是构成高温耐火材料和高温无线电陶瓷中的主要矿相，可作激光材料。

属于刚玉型结构的化合物有 Cr_2O_3、α-Fe_2O_3、V_2O_3 等。

D　ABO_3 型结构（Structure of ABO_3 type compound）

ABO_3 型结构，常以钙钛矿（$CaTiO_3$）和方解石（$CaCO_3$）为例。通式中A、B代表正离子，一般A代表二价金属正离子，如 Ca^{2+}、Pb^{2+}、Ba^{2+} 等，B代表四价正离子如 C^{4+}、Ti^{4+} 等，有时A为一价正离子 K^+ 等，B为五价正离子 Nb^{5+} 等。

（1）钙钛矿型（$CaTiO_3$）结构。钙钛矿结构为假立方体晶系，在低温时转变为斜方晶系，P_{Cmn} 空间群。图1.60为理想的钙钛矿型结构的立方晶胞。在这个晶胞中较大的 Ca^{2+} 和 O^{2-} 一起作立方最紧密堆积排列，Ca^{2+} 在立方体的顶角，O^{2-} 在立方体6个面的面心，而较小的 Ti^{4+} 填于由6个 O^{2-} 所构成的八面体空隙中，这个位置刚好在由 Ca^{2+} 构成的立方体中心。由组成可知，Ti^{4+} 只填于八面体空隙的1/2，构成［TiO_6］八面体，Ti^{4+} 配位数为6。［TiO_6］八面体相互以顶点相连接形成了三维空间结构，Ca^{2+} 就填在［TiO_6］八面体形成的空隙中，并被12个 O^{2-} 所包围，因此 Ca^{2+} 的配位数为12，如图1.61所示。按鲍林规则分析，Ti—O间的静电键强度为 $S = \frac{4}{6} = \frac{2}{3}$，Ca—O间静电键强度 $S = \frac{2}{12} = \frac{1}{6}$，每个 O^{2-} 被2个［TiO_6］和4个［CaO_{12}］立方八面体所共用。

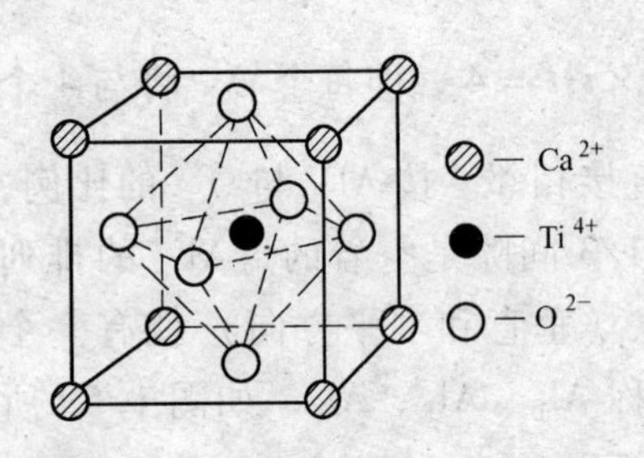

图 1.60　钙钛矿型（$CaTiO_3$）结构

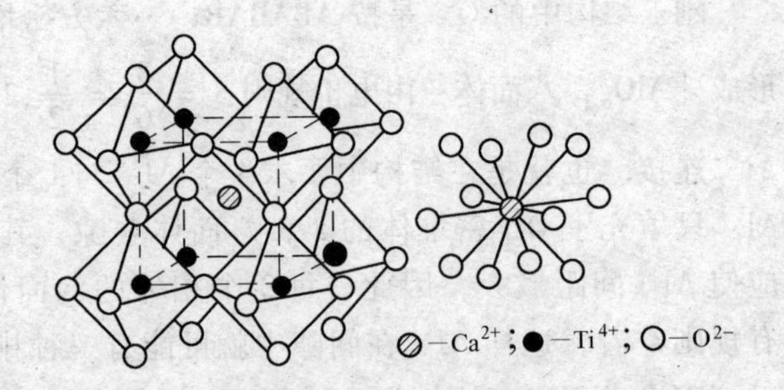

图 1.61　钙钛矿结构中配位多面体的连接和 Ca^{2+} 配位数为 12 的情况

属于钙钛矿型结构的化合物有 $BaTiO_3$、$SrTiO_3$、$PbTiO_3$、$PbZrO_3$、$SrZrO_3$ 等。

这一类型晶体具有铁电性质，在电子陶瓷中十分重要，如 $SrTiO_3$ 具有高介电性，$PbZrO_3$ 具有优良压电性。

（2）方解石（$CaCO_3$）型。方解石属三方晶系，$R\bar{3}C$ 空间群，晶格常数 $a = 0.641\text{nm}$，$\alpha = 101°55'$，晶胞中有 4 个 $CaCO_3$"分子"，结构相当于将 NaCl 沿三次轴方向压扁，使边间角由 $90° \rightarrow 101°55'$ 形成，Na^+ 位置由 Ca^{2+} 占据，Cl^- 位置由 CO_3^{2-} 占据，CO_3^{2-} 中，C 在中心，三个 O^{2-} 围绕 C 在一平面上成一等边三角形，如图 1.62 所示。

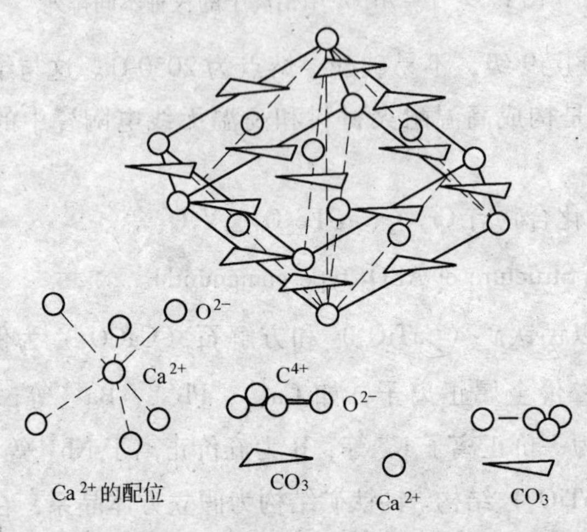

图 1.62　方解石（$CaCO_3$）型结构

Ca^{2+} 配位数为 6，若结构中全部 Ca^{2+} 被 Mg^{2+} 取代，则成为菱镁矿（$MgCO_3$）结构，若一半被 Mg^{2+} 取代，则成为白云石［$CaMg(CO_3)_2$］结构，菱镁矿、白云石是碱性耐火材料的重要原料。

E　尖晶石型（AB_2O_4）结构（Spinel（AB_2O_4）structure）

在 AB_2O_4 型化合物中最重要一种结构就是尖晶石，属于尖晶石结构的化合物有 100 多种，一般 A 是二价金属离子 Mg^{2+}、Mn^{2+}、Fe^{2+}、Co^{2+}、Ni^{2+}、Zn^{2+}、Cd^{2+} 等，B 是三价金属离子 Al^{3+}、Cr^{3+}、Ga^{3+}、Fe^{3+}、Co^{3+} 等。正离子 A、B 总电价为 8，氧离子作立方密堆，A、B 则充填在氧离子间隙中。镁铝尖晶石（$MgO \cdot Al_2O_3$）为这一类代表。

在尖晶石结构中 Al^{3+} 的配位数为6，形成铝氧配位八面体［AlO_6］，Al^{3+} 填充在 O^{2-} 形成的八面体中。而 Mg^{2+} 一般配位数为6，但由于正离子相互影响，半径减小其配位数降低为4，故形成［MgO_4］配位四面体，Mg^{2+} 填充在 O^{2-} 形成的四面体空隙中。按电价规则，$S_{Al\to O}=\frac{3}{6}=\frac{1}{2}$，$S_{Mg\to O}=\frac{2}{4}=\frac{1}{2}$，因此每个 O^{2-} 的电价要由四个正离子提供，其中三个为 Al^{3+}，一个为 Mg^{2+}，即三个［AlO_6］八面体与一个［MgO_4］四面体共顶相连，此结构可以看成是［AlO_6］八面体以边棱连接成一条条"八面体链"，然后各"八面体链"纵横搭接，链间通过［MgO_4］四面体连接，而［MgO_4］之间并不直接连接。

在这种结构中取出尖晶石的大晶胞，可以看成是由八个小块拼合而成，小块中 Al^{3+}、Mg^{2+}、O^{2-} 的排布分 A、B 两种情况，如图 1.63 所示。其中共面小块是不同类型，而共棱小块是相同类型。A 块显示出 Mg^{2+} 占有四面体空隙，B 块则显示出 Al^{3+} 占有八面体间隙的情况。将 AB 块按图中位置堆积起来，即可获得尖晶石的完整晶胞，属立方晶系，面心立方点阵，F_{d3m}空间群，$a=0.808$nm。

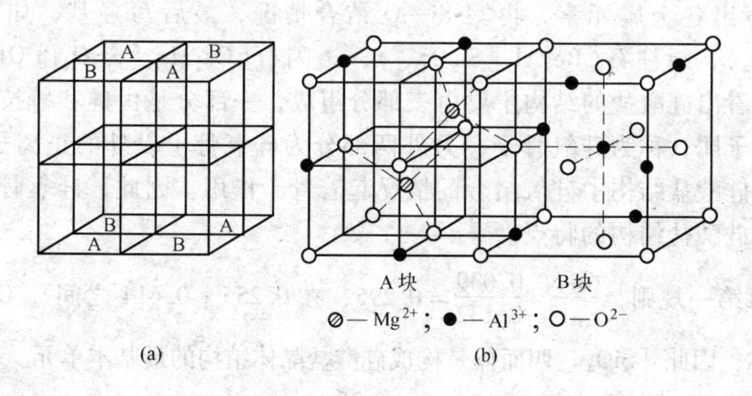

图 1.63 尖晶石型（$MgAl_2O_4$）结构

下面分别分析 A、B 块离子的情况。

(1) A 块离子排列情况：4 个 O^{2-} 位于顶角和面心处，即 O^{2-} 作面心立方堆积，3/2 个 Al^{3+} 位于 6 条边中心，即处于 O^{2-} 堆积体的八面体空隙中，2 个 Mg^{2+} 在一条对角线方向，与三个面心处和一个顶角的 O^{2-} 相连，即处于 O^{2-} 堆积体的四面体空隙中。

(2) B 块离子堆积情况：4 个 O^{2-} 位于面心和顶角处与 A 块一样，5/2 个 Al^{3+} 位于体心和六条边中心，在 O^{2-} 八面体空隙中，B 块中没有 Mg^{2+}。

在一个尖晶石晶胞中，共有 32 个 O^{2-}、16 个 Al^{3+}、8 个 Mg^{2+}，含有 8 个"分子"MA。而离子数之比为 $x(Mg^{2+}):x(Al^{3+}):x(O^{2-})=8:16:32=1:2:4$。在这个结构中，$O^{2-}$ 作立方密排，Mg^{2+} 只充填四面体间隙的 1/8，Al^{3+} 充填八面体间隙的 1/2，每个 O^{2-} 总是与 3 个 Al^{3+} 和 1 个 Mg^{2+} 相连，电价饱和，结构稳定，且结构中的 Al—O 键、Mg—O 键均为较强的离子键，结合牢固，无解理，硬度大，熔点高（2135℃），化学稳定性好，且热膨胀系数小（7.6×10^{-6}），具有良好的热稳定性。

如果 16 个 Al^{3+} 中有 8 个 Al^{3+} 占据 8 个四面体空隙，另外 8 个 Al^{3+} 与 8 个 Mg^{2+} 占据 16 个八面体空隙，形成的结构称为反尖晶石结构，通式为 B(AB) O_4。

如镁铁尖晶石（$Fe^{3+}(Mg^{2+}Fe^{3+})O_4 - MgO \cdot Fe_2O_3$），磁铁矿（$Fe^{3+}(Fe^{2+}Fe^{3+})O_4 - FeO \cdot Fe_2O_3$）。

1.2.4.3 硅酸盐晶体结构（Silicate crystal structure）

A 硅酸盐晶体结构的一般特点和分类（Common characteristics and classification of silicate crystal structure）

（1）硅酸盐晶体结构的特点。硅酸盐是化学成分复杂的无机化合物，氧和硅在地壳中分布相当广，氧的分布量达50%，硅的分布量达25%，硅在地壳中存在的主要形式是硅酸盐和硅石，很多无机非金属材料都经常用到一些天然矿物作原料，其中最重要的是硅酸盐矿物，如长石、高岭土、滑石、镁橄榄石等。这一类矿物的化学组成是比较复杂的，结构形式多种多样，表达方式有化学式和结构式两种写法，化学表示法习惯上以氧化物形式表示，按由低价到高价最后是 H_2O 顺序，如高岭土（$Al_2O_3 \cdot 2SiO_2 \cdot 2H_2O$），绿柱石（$3BeO \cdot Al_2O_3 \cdot 6SiO_2$），透闪石（$2CaO \cdot 5MgO \cdot 8SiO_2 \cdot H_2O$）。结构表示法，按电价高低写出各金属元素，再写 Si—O 结合情况，最后写羟基，如高岭土（$Al_2[Si_2O_5](OH)_4$），绿柱石（$Be_3Al_2[Si_6O_{18}]$），透闪石（$Ca_2Mg_5[Si_8O_{22}](OH)_2$）。从上面的例子可以看出硅酸盐的结构主要由三部分组成，一部分是由硅和氧按不同比例组成的各种负离子团，称为硅氧骨干；另外两部分为硅氧骨干以外的正离子和负离子。由此可见，在硅酸盐结构中硅氧结合的情况起着骨干作用。因此，硅氧骨干及其连接方式最能表达硅酸盐结构的特点。

1）由鲍林第一规则，$\frac{r_{Si^{4+}}}{r_{O^{2-}}} = \frac{0.039}{0.132} = 0.295$，在 0.255 ~ 0.414 之间，CN = 4，形成 $[SiO_4]$ 四面体，因此 $[SiO_4]$ 四面体是构成硅酸盐晶体结构的最基本单元。

2）按电价规则，$S = \frac{4}{4} = 1$，$2 = 1 \times i$，$i = 2$，即每个 O^{2-} 同时与两个 Si^{4+} 相连，或与两个 $[SiO_4]$ 四面体共顶相连，如果在结构中，只有一个 Si^{4+} 给 O^{2-} 提供一价，那么 O^{2-} 的另一个未饱和的电价将由其他正离子如 K^+、Na^+、Al^{3+}、Mg^{2+}、Ca^{2+} 等提供，这就形成了各种不同类型的硅酸盐。在硅酸盐化合物中，经常有 Al^{3+} 存在，$\frac{r_{Al^{3+}}}{r_{O^{2-}}} = \frac{0.057}{0.132} = 0.432$，接近 0.414，可有两种配位 CN = 4 和 6，即 $[AlO_4]$ 和 $[AlO_6]$，这样 $[SiO_4]$ 四面体中的 Si^{4+} 可能被 Al^{3+} 所取代，其他正离子间也可能互相取代。

3）按鲍林第三规则，可知 $[SiO_4]$ 四面体可孤立存在，或两个 $[SiO_4]$ 四面体间共顶相连，不能共棱、共面相连，且同一类型硅酸盐中，$[SiO_4]$ 四面体间的连接方式一般只有一种。

4）Si—O—Si 的结合键不形成一直线，而是折线，键角接近145°。

（2）硅酸盐晶体结构分类。在硅酸盐晶体结构中，Si—O 全部形成 $[SiO_4]$ 四面体，其 $[SiO_4]$ 四面体是所有硅酸盐化合物的基本构造单位，对硅酸盐结构的分类有很多方法，这里按 $[SiO_4]$ 四面体在空间发展维数来分。单个 $[SiO_4]$ 四面体孤立存在属孤岛状，在一维空间发展可以形成链状，在二维空间发展成层状，在三维空间发展成架状。

$[SiO_4]$ 四面体在空间连接过程中，由于共用 O^{2-} 的数目不同，可形成不同的硅氧骨干。每种不同结构类型的硅酸盐都对应不同的硅氧骨干和相应的硅氧比。硅酸盐晶体结构分类见表1.9，部分硅氧骨干的结构示意图如图1.64所示。

表1.9 硅酸盐晶体结构分类

结构类型		硅氧骨干	$[SiO_4]$ 共用 O^{2-} 数	Si∶O	实 例
有限硅氧团	孤岛状	$[SiO_4]^{4-}$	0	1∶4	镁橄榄石 $Mg_2[SiO_4]$
	双四面体	$[Si_2O_7]^{6-}$	1	1∶3.5	硅钙石 $Ca_3[Si_2O_7]$
	三元环	$[Si_3O_9]^{6-}$	2	1∶3	兰锥矿 $BaTi[Si_3O_9]$
	四元环	$[Si_4O_{12}]^{8-}$	2	1∶3	
	六元环	$[Si_6O_{18}]^{12-}$	2	1∶3	绿柱石 $Be_3Al_2[Si_6O_{18}]$
单 链		$[Si_2O_6]^{4-}$	2	1∶3	透辉石 $CaMg[Si_2O_6]$
双 链		$[Si_4O_{11}]^{6-}$	2，3	1∶2.75	透闪石 $Ca_2Mg_5[Si_4O_{11}]_2(OH)_2$
层 状		$[Si_4O_{10}]^{4-}$	3	1∶2.5	高岭石 $Al_4[Si_4O_{10}](OH)_8$
架 状		$[SiO_2]$	4	1∶2	石英 SiO_2

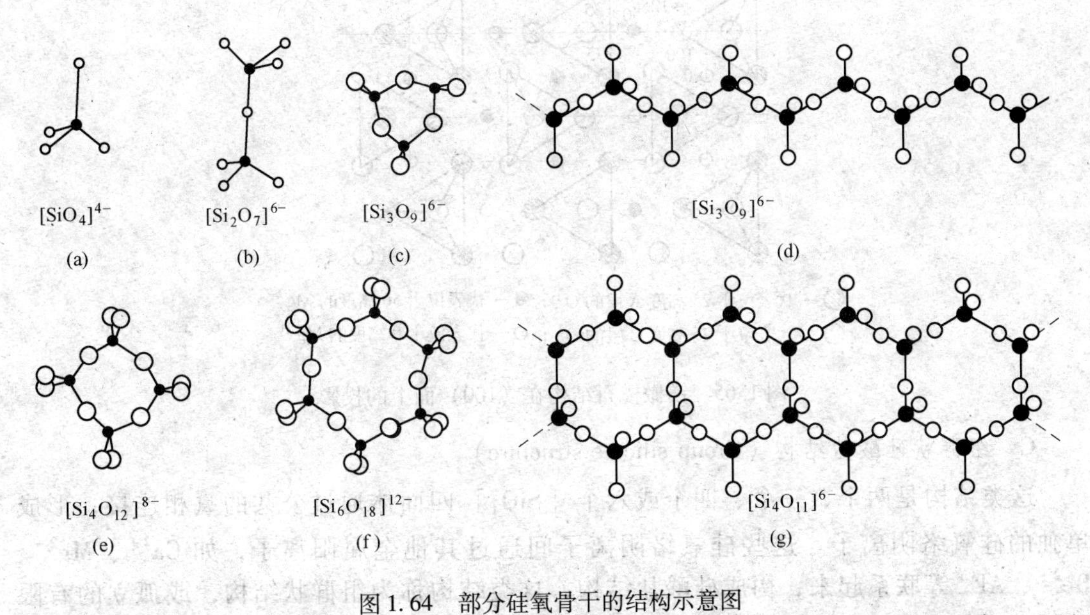

图1.64 部分硅氧骨干的结构示意图

（a）单四面体；（b）双四面体；（c）三元环；（d）单链；（e）四元环；（f）六元环；（g）双链

B 孤岛状结构（Nesosillicate）

孤岛状结构是指 $[SiO_4]$ 四面体在结构中以孤立态存在，即无 Si—O—Si 键，每个 O^{2-} 只与一个 Si^{4+} 相连，这样每个 O^{2-} 都剩一个负电价，可与其他离子相配位而得到中和，使化合价达到饱和。

在硅酸盐晶体结构中属于孤岛状结构的矿物有镁橄榄石（$Mg_2[SiO_4]$），锆英石（$Zr[SiO_4]$）等，以镁橄榄石为例，说明孤岛状结构的特点。

镁橄榄石属斜方晶系，Pbnm 空间群，晶格常数 $a=0.467$nm，$b=1.020$nm，$c=0.598$nm，

每个晶胞有4个“分子”。在镁橄榄石结构中，由鲍林第一规则，$\frac{r_{Si^{4+}}}{r_{O^{2-}}} = \frac{0.39}{1.32} = 0.29$，$\frac{r_{Mg^{2+}}}{r_{O^{2-}}} = \frac{0.78}{1.32} = 0.59$，形成［$SiO_4$］四面体和［$MgO_6$］八面体，由鲍林第二规则，$S_{Si\to O} = \frac{4}{4} = 1$，$S_{Mg\to O} = \frac{2}{6} = \frac{1}{3}$，$2 = S_{Si\to O} \cdot i + S_{Mg\to O} \cdot \beta, i = 1, \beta = 3$，一个$O^{2-}$同时连接一个$Si^{4+}$和三个$Mg^{2+}$或三个［$MgO_6$］八面体和一个［$SiO_4$］四面体共顶相连。这个结构在（100）面上的投影如图1.65所示。它的特点是O^{2-}近似按ABAB……六方密堆，密堆层平行于（100）面，Si^{4+}填入1/8的四面体空隙中，Mg^{2+}填入1/2的八面体空隙中，每个［SiO_4］四面体为［MgO_6］八面体隔开，呈孤岛状。

镁橄榄石结构紧密，静电键较强，晶格能高，结构稳定，熔点为1890℃。硬度高，各方向结合力差异不大，不完全解理，常显粒状。

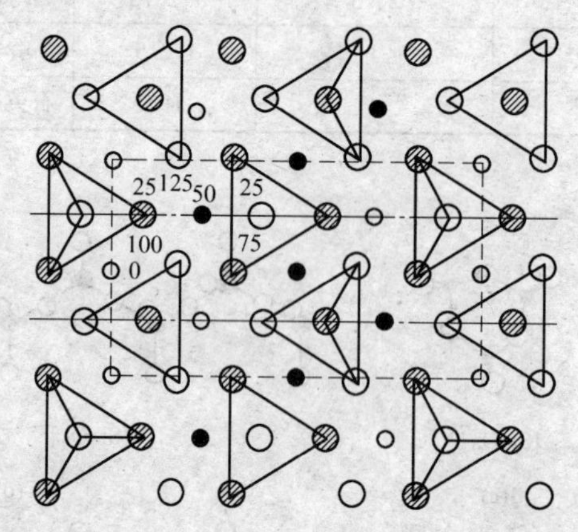

图1.65 镁橄榄石结构在（100）面上的投影

C 组群状硅酸盐结构（Group silicate structure）

这类结构是两个、三个、四个或六个［SiO_4］四面体通过公共的氧相连接，形成单独的硅氧络阴离子。这些硅氧络阴离子间通过其他金属阳离子，如Ca^{2+}、Mg^{2+}、Be^{2+}、Al^{3+}等联系起来，构成硅酸盐结构，这类结构称为组群状结构，或孤立的有限硅氧四面体群。在这类结构中常见的有硅钙石（Ca_3［Si_2O_7］），镁方柱石（Ca_2Mg［Si_2O_7］）以及兰锥矿（BaTi［Si_3O_9］），绿柱石（Be_3Al_2［Si_6O_{18}］）等，以绿柱石为例来说明这类结构的特点。

绿柱石属六方晶系，$P\frac{6}{m}cc$空间群，一个晶胞中含有2个Be_3Al_2［Si_6O_{18}］“分子”，在结构中，6个［SiO_4］四面体组成一个六元环，沿着c轴平行排列，环与环之间不直接相连，通过Al^{3+}和Be^{2+}联系起来，环与环相叠，上下两层相差30°。图1.66为绿柱石结构在（0001）面的投影，图中菱形内表示了绿柱石的晶胞，有些Be^{2+}未表示出来，因此实际上仅表示了半个晶胞。图中粗线的六元环是上面一层，细线的六元环是下面一层，上下层投影不重叠。结构中Al^{3+}位于O^{2-}形成的八面体空隙中，Be^{2+}位于O^{2-}形成的四面体空隙中，Al^{3+} 和 Be^{2+} 并不直接相连，［AlO_6］八面体和［BeO_4］四面体共棱连接。图中可以见到5个 Be^{2+}，它们的标高均是以 c 轴为100的75处，分布在菱形的中心和4条边上。这5个 Be^{2+} 实际计算起来，只有中心的一个是完整的。边上的4个 Be^{2+} 中有2个是完整的。因此，图中反映的只有10个 Be^{2+}。一个晶胞内有2个 Be_3Al_2［Si_6O_{18}］，应该有6个 Be^{2+}，因此图中画的只是半个晶胞。结构中 Al^{3+} 的位置在投影图的菱形内标高为75处2个，与3个85位置 O^{2-} 和3个65位置 O^{2-} 形成［AlO_6］八面体，当然这些 O^{2-} 也与 Be^{2+} 形成［BeO_4］四面体。这样，四面体和八面体将每一层上的 O^{2-} 与上一层或下一层的 O^{2-} 都连接起来，构成了一个稳定的绿柱石结构。

绿柱石结构存在大的环形孔腔，当有低价小半径的阳离子存在（如 Na^+）时，将呈现显著的离子电导，且介电损耗大。

陶瓷中常见的堇青石（Mg_2Al_3［$AlSi_5O_{18}$］）结构与绿柱石相似，即 Al^{3+} 取代了六节环中一个 Si^{4+}，造成六元环增加负一价，则 Mg_2Al_3 取代 Be_3Al_2 保持电中性。

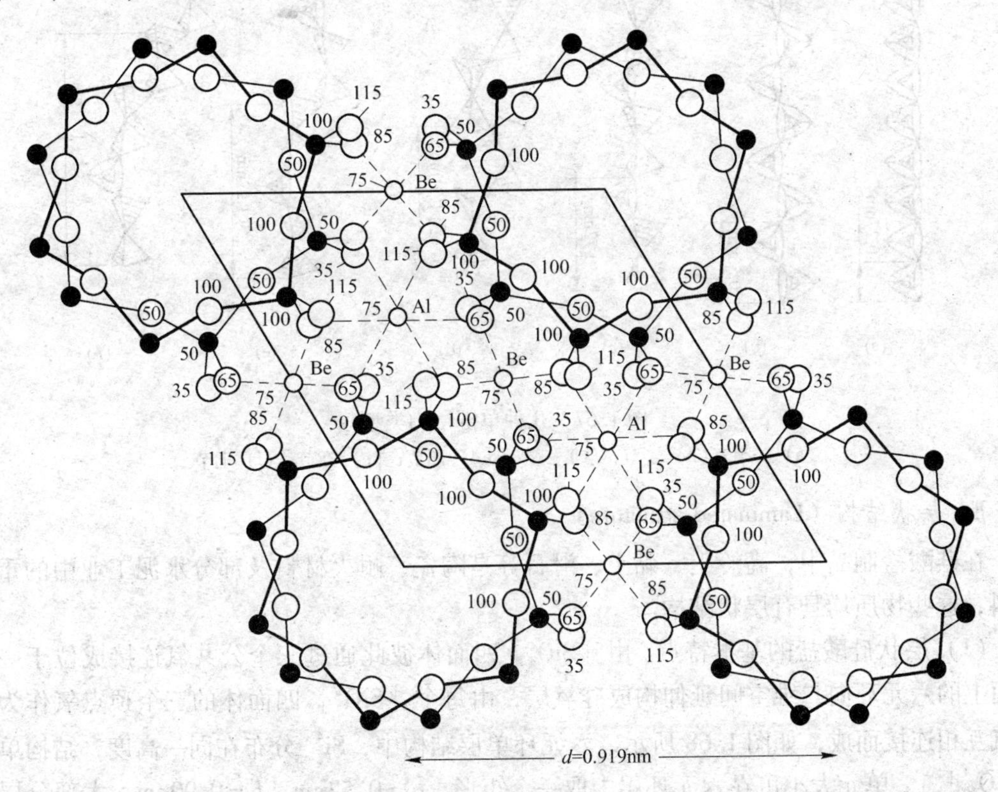

图1.66 绿柱石的结构

D 链状结构（Chain structure）

在链状结构的硅酸盐中，硅氧四面体通过公共氧连起来组成连续的链。若硅氧四面体向一维空间发展，就构成了无限延伸的链状结构，称为单链。在单链中，每个［SiO_4］四面体中有两个氧离子被共用，因此单链的结构单元为［Si_2O_6］$^{4-}$。两条相同的单链通过未共用的氧组成双链，它是以［Si_4O_{11}］$^{6-}$ 为结构单元向一维空间发展，因此一般双链的化学式可以写成 n［Si_4O_{11}］$^{6-}$。

在单链结构中，目前已有六种类型，如图 1.67 所示。由图可知，硅氧四面体的位置沿着链的方向上重复出现的周期不同，按周期内硅氧四面体数目的不同分别命名为一节链、二节链……七节链等。在硅酸盐中顽火辉石（$Mg_2[Si_2O_6]$）、透辉石（$CaMg[Si_2O_6]$）是二节链结构；硅灰石（$Ca_2[Si_2O_6]$）属三节链结构；蔷薇辉石（$Mg_4Ca[SiO_3]_5$）属五节链结构。透闪石（$Ca_2Mg_5[Si_4O_{11}]_2(OH)_2$）属双链结构。

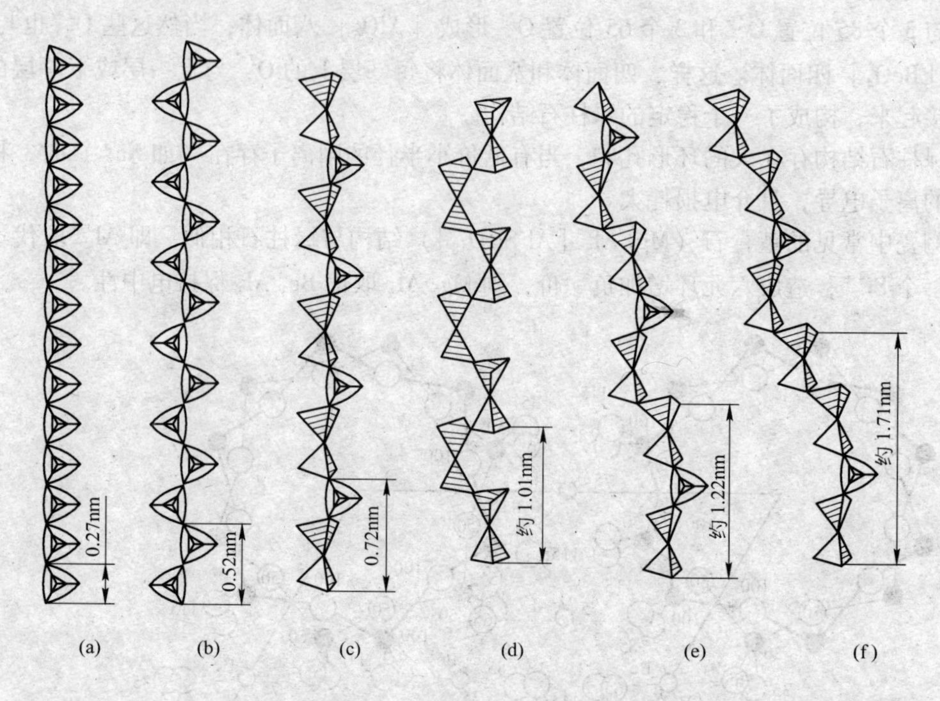

图 1.67　几种单链结构类型
(a) 一节；(b) 二节；(c) 三节；(d) 四节；(e) 五节；(f) 七节

E　层状结构（Laminated structure）

在硅酸盐制品中，高岭土、黏土、滑石等是陶瓷、耐火材料及部分水泥工业中的重要原料，这些物质均具有层状结构。

(1) 层状硅酸盐的基本特点。由［SiO_4］四面体彼此通过三个公共氧连接成位于一个平面上的六元环向二维空间延伸构成硅氧层，由每个［SiO_4］四面体的三个顶点氧作为共用氧互相连接而成，如图 1.68 所示，六元环单层结构中，Si^{4+}分布在同一高度，结构单元$[Si_4O_{10}]^{4-}$，单元大小可在六元环层中取一个矩形，$a=0.52$nm，$b=0.90$nm。大部分层状硅酸盐结构均是由这种二节层状结构重叠而成的。每个［SiO_4］四面体有一个自由顶端，即有一个 O^{2-} 的价态未饱和，称之为活性氧。在六元层状结构中，每一个［SiO_4］的活性氧是指向同一方向的，这个活性氧可与其他负离子一起，与金属正离子如 Al^{3+}、Mg^{2+}、Ca^{2+}、Fe^{2+}、Li^+、Na^+、K^+等相连接，构成$[M(O,OH)_6]$八面体层，它与四面体相连接构成双层结构。八面体层中若二价金属正离子全部填充于八面体空隙中，此层称为三八面体型；若三价金属正离子只填充于 2/3 的八面体空隙中，称此层为二八面体型。

由单层四面体和一层八面体结合的硅酸盐结构，称为双层结构；若八面体层的两侧各与四面体层结合形成的硅酸盐结构称为三层结构，如图 1.69 所示。

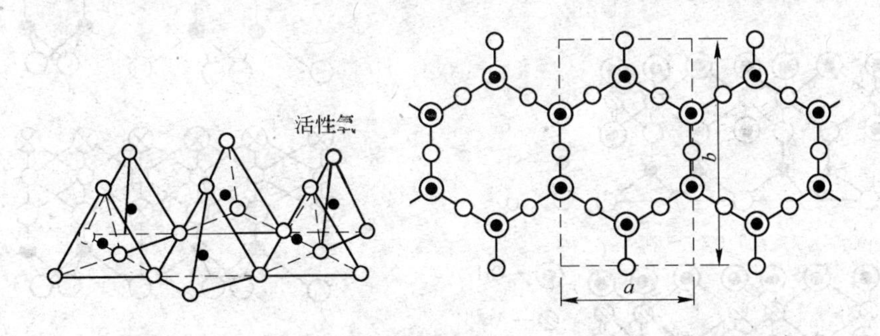

图 1.68 层状硅酸盐中的四面体

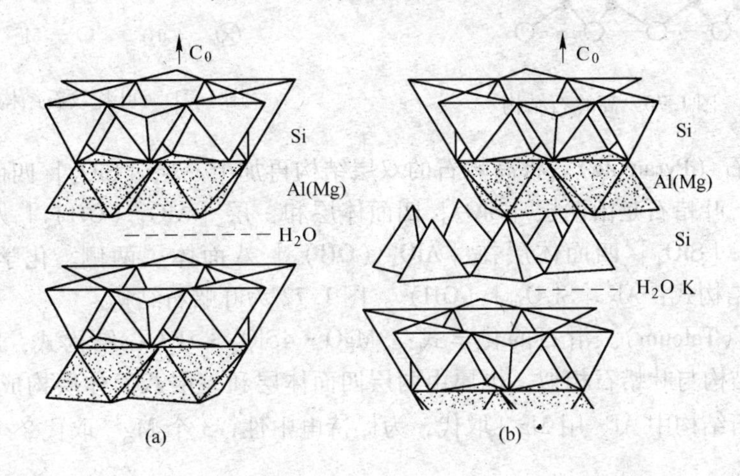

图 1.69 层状硅酸盐结构及四面体与八面体连接方式

（a）双层型结构单元；（b）三层型结构单元

在层状硅酸盐结构中，层内 Si—O 键和 Mg—O 键要比层与层之间分子力大得多，因此这种结构容易从层间劈开，形成完全的片状解理。在层状硅酸盐结构中，大多都含有结合水，以 $(OH)^-$ 形式存在。存在于复网层之间的水，结合不牢固，除去时，不会使晶格破坏。

层状结构硅酸盐很多，下面主要介绍三大类：高岭石、叶蜡石、云母类。

（2）高岭石（Kaolinite）。高岭石是自然界黏土中的主要矿物，三斜晶系，C_1 空间群，晶格常数 $a=0.514$nm，$b=0.893$nm，$c=0.737$nm，$\alpha=91.8°$，$\beta=104.7°$，$\gamma=90°$，单位晶胞含有一个分子。化学式：$Al_2O_3 \cdot 2SiO_2 \cdot 2H_2O$，结构式：$Al_4[Si_4O_{10}](OH)_8$，图 1.70 为高岭石结构。从图 1.70 中可以看出，一层硅氧四面体层与一层 $[Al(OH)_6]$ 八面体层结合，两层结合时，$[SiO_4]$ 层中活性氧进入 $[Al(OH)_6]$ 中，取代 1/2 $(OH)^-$ 形成 $[AlO_2(OH)_4]$ 八面体。

（3）叶蛇纹石（Antigorite）。如果将高岭石八面体空隙中所有 Al^{3+} 用 Mg^{2+} 取代，为保持电中性，需用 3 个 Mg^{2+} 取代 2 个 Al^{3+}，这样八面体空隙全部为 Mg^{2+} 所占据，成为三八面体，如图 1.71 所示。化学式：$3MgO \cdot 2SiO_2 \cdot 2H_2O$，结构式：$Mg_6[Si_4O_{10}](OH)_8$。

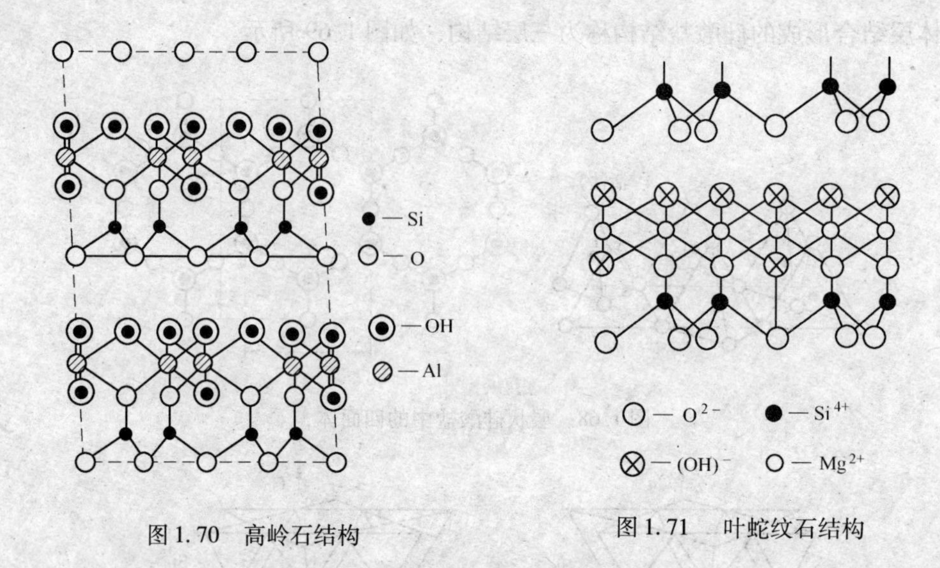

图 1.70 高岭石结构　　图 1.71 叶蛇纹石结构

（4）叶蜡石（Pyrauxite）。将高岭石的双层结构再加上一层［SiO_4］四面体层就演变成叶蜡石结构，叶蜡石是由两层［SiO_4］四面体层和一层［$AlO_4(OH)_2$］八面体层所构成的三层结构，［SiO_4］四面体层在［$AlO_4(OH)_2$］八面体层两侧。化学式：$Al_2O_3 \cdot 4SiO_2 \cdot H_2O$，结构式：$Al_2[Si_4O_{10}](OH)_2$。图 1.72 为叶蜡石结构。

（5）滑石（Talcum）。滑石的化学式：$3MgO \cdot 4SiO_2 \cdot H_2O$，结构式：$Mg_3[Si_4O_{10}](OH)_2$，滑石结构与叶蜡石相似，也属由两层四面体层和一层八面体层构成的三层结构。不同的是叶蜡石结构中 Al^{3+} 用 Mg^{2+} 取代，为保持电中性，3 个 Mg^{2+} 取代 2 个 Al^{3+}，简图如图 1.73 所示。

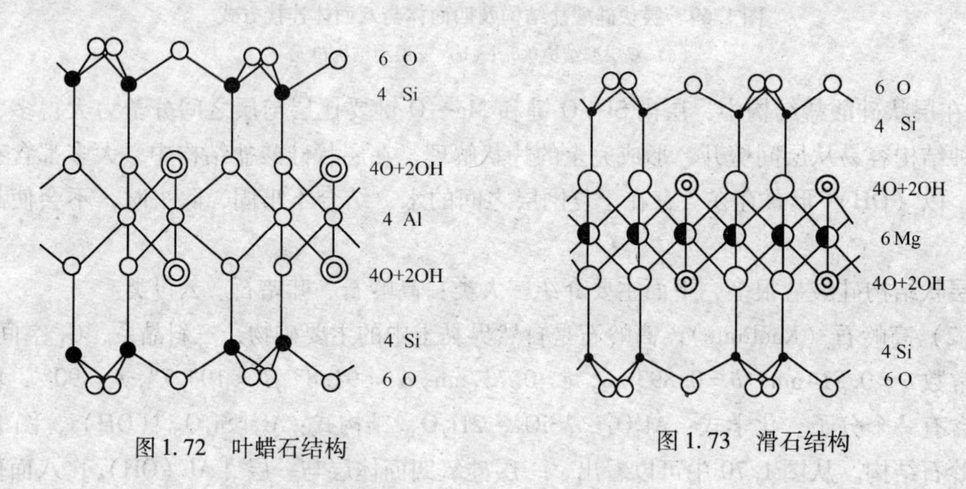

图 1.72 叶蜡石结构　　图 1.73 滑石结构

F 架状硅酸盐（Tectosillicate）

当［SiO_4］连成无限六元环状，层中未饱和氧离子交替指向上或指向下，把两片活性氧更迭地指向上和指向下的硅氧层叠置起来，使每两个活性氧被一个公共氧所替代，并把两片连接起来，就可以得到架状硅酸盐。这个结构的最大特点是每个［SiO_4］中的 O^{2-} 均为桥氧，无活性氧，电中性，实际上是氧化物 SiO_2。若［SiO_4］中 Si^{4+} 可被 Al^{3+} 取代，形成［$AlSiO_4$］，x（Al + Si）：x（O）= 1∶2。

石英为硅质耐火材料及玻璃工业的主要原料，属于架状结构的化合物还有铝硅酸盐矿物，如霞石（Na［$AlSiO_4$］）、长石（(K, Na)［$AlSi_3O_8$］）和沸石（Na［$AlSi_2O_6$］· H_2O）等。

（1）石英。石英分为三类晶型（石英、鳞石英、方石英）和七种变体，它们之间的转化关系如下：

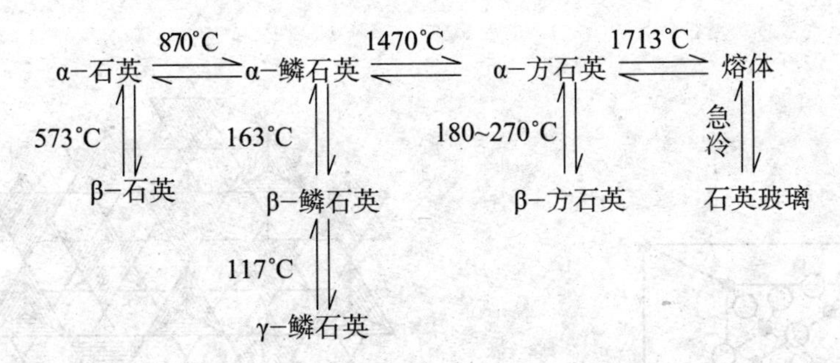

在晶态 SiO_2 的三类晶型中，虽然都是以［SiO_4］连接成的架状结构，但［SiO_4］间连接方式不同，构成各类晶型具有不同结构形式，如图 1.74 所示。由图 1.74 可见，α-方石英中两个［SiO_4］之间有一对称中心的关系；α-鳞石英中则有一对称面，两者之间的 Si—O—Si 键角均为 180°，β-石英的键角为 150°，但将键拉直时，则与 α-方石英中的结合方式相同。由此可见，各类晶型之间发生转化时，晶体的结构也要发生变化。在不同晶型晶体间转化时（如 α-石英转变成 α-鳞石英），由于结构中 Si^{4+} 与 O^{2-} 排列方式区别很大，必须将 Si—O 键拆开，重新组合形成新的骨架，因此，转化缓慢需要较高能量。然而在同一晶型硅氧的高低温变体之间的转化，仅仅是 Si—O 键发生了一些扭转，键与键之间的角度稍有变动，因此转化就比较容易进行。前者为重建型转变，后者为位移型转变。

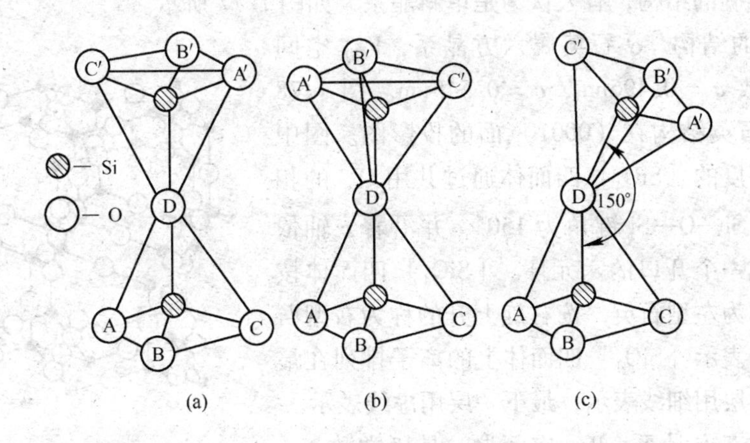

图 1.74　SiO_2 三类晶型中［SiO_4］四面体的结合方式

（a）α-方石英结构；（b）α-鳞石英结构；（c）β-石英结构

对于位移型转变，属于一系列高低温变体间转化，转化时仅仅是 Si—O—Si 键发生一些扭转，不需将 Si—O—Si 键拆开，转化容易。

下面介绍几种主要变体的晶体结构。

1）α-方石英结构。

α-方石英属立方晶系，F_{d3m}空间群，晶格常数 $a=0.705$nm，图 1.75 为 α-方石英晶胞图，Si^{4+}在立方晶胞中角顶位置，［SiO_4］四面体占据了立方晶胞中八个四面体空隙的四个位置。实际上，它是由更迭的一上一下活性氧的硅氧层相互堆放起来而形成的结构，如图 1.76 所示。

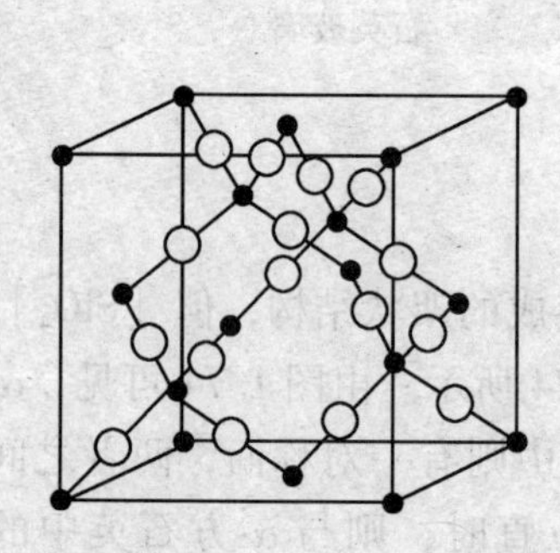

图 1.75　α-方石英结构

图 1.76　α-方石英结构中［SiO_4］四面体间的连接

2）α-鳞石英结构。α-鳞石英属六方晶系，$P_{6\frac{3}{m}mc}$空间群，晶格常数 $a=0.53$nm，$c=0.822$nm，［SiO_4］四面体组成六方片状网络，构成无限骨架，六方网层平行于（0001）面，每层［SiO_4］四面体顶角交替地向上、向下排列，各层间顶角对顶角相互连接组成空心结构网架，Si^{4+}和 O^{2-}都按六方底心格子排列，这是比较理想的，对低温鳞石英至今还没有得出其准确的结构，有人认为是单斜晶系，如图 1.77 所示。

3）石英的结构。α-石英属六方晶系，P_{6222}空间群，晶格常数 $a=0.496$nm，$c=0.545$nm。图 1.78（a）示出 α-石英结构在（0001）面的投影图。图中标注了不同高度的［SiO_4］四面体通过共用 O^{2-}的相互连接情况，Si—O—Si 键角为 150°，并沿着 c 轴依次螺旋上升成一个开口的六元环。［SiO_4］四面体按左旋上升的称为左型石英，按右旋上升的称为右型石英。图中粗线表示［SiO_4］四面体上的离子排列在最上一层，中间层用细线表示，最下一层用虚线表示。

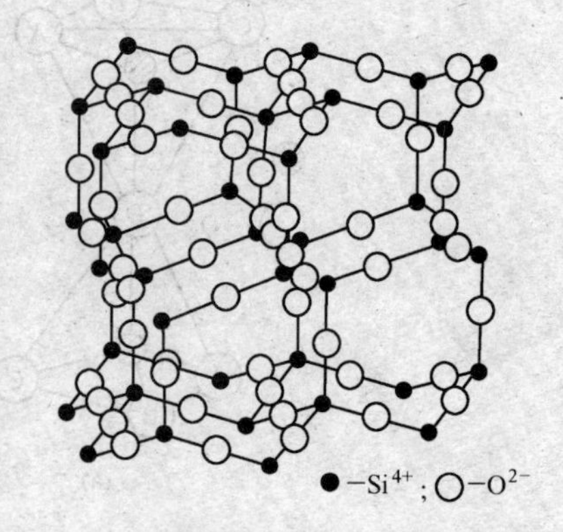

图 1.77　α-鳞石英结构

β-石英属三方晶系，P_{3_121}空间群，晶格常数 $a=0.49$nm，$c=0.539$nm，它与 α-石英相似，只是 Si—O—Si 位置略有改动，键角发生变化，晶格发生变形，使对称性下降，将六次轴转变为三次对称轴，这个差异如图 1.78（b）所示。

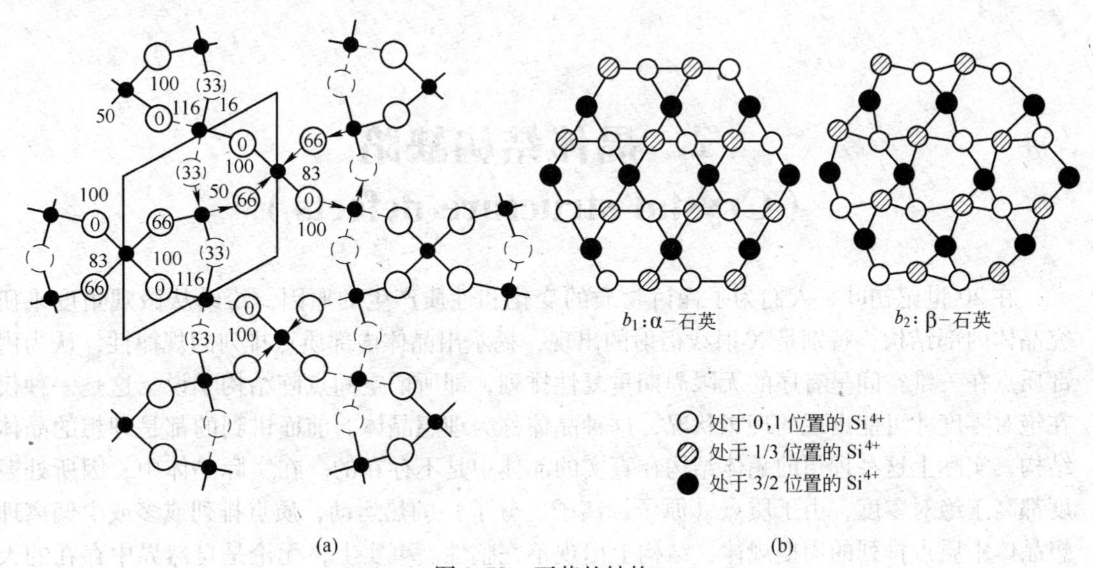

图 1.78　石英的结构

（a）α-石英的结构；（b）α-石英与 β-石英的差异

习　题

1-1　在立方晶系中，一晶面在 x 轴的截距为 1，在 y 轴的截距为 1/2，且平行于 z 轴，一晶向上某点坐标为 $x=1/2$，$y=0$，$z=1$，求出其晶面指数和晶向指数，并绘图示之。

1-2　画出立方晶系中下列晶面和晶向：（010），（011），（111），（231），（$\bar{3}$21），[010]，[011]，[111]，[231]，[$\bar{3}$21]。

1-3　纯铝晶体为面心立方点阵，已知铝的相对原子质量为 27，原子半径 $r=0.143$nm，求铝晶体的密度。

1-4　何谓晶体，晶体与非晶体有何区别？

1-5　试举例说明晶体结构与空间点阵、单位空间格子与空间点阵的关系。

1-6　什么叫离子极化，极化对晶体结构有什么影响？

1-7　何谓配位数（离子晶体/单质）？

1-8　何谓对称操作，对称要素？

1-9　计算面心立方结构（111）与（100）晶面的面间距及原子密度（原子个数/单位面积）。

1-10　已知室温下 α-Fe（体心）的点阵常数为 0.286nm，分别求（100）、（110）、（123）的晶面间距。

1-11　已知室温下 γ-Fe（面心）的点阵常数为 0.365nm，分别求（100）、（110）、（112）的晶面间距。

1-12　已知 Cs^+ 半径为 0.170nm，Cl^- 半径为 0.181 nm，计算堆积系数。

1-13　MgO 属 NaCl 型结构，若 $r_{O^{2-}}=0.140$nm，$r_{Mg^{2+}}=0.072$nm：（1）试用鲍林规则分析氧化镁晶体；（2）计算堆积密度；（3）画出氧化镁在（100）、（110）、（111）晶面上的结点和离子排布图。

2　晶体结构缺陷
(Crystal structure defects)

在20世纪初叶，人们为了探讨物质的变化和性质产生的原因，纷纷从微观角度来研究晶体内部结构，特别是X射线衍射的出现，揭示出晶体内部质点排列的规律性，认为内部质点在三维空间呈有序的无限周期重复性排列，即所谓空间点阵结构学说。这是一种仅在绝对零度才可能出现的理想状况，这种晶体称为理想晶体。前面讲到的都是理想的晶体结构，实际上这种理想的晶体结构在真实的晶体中是不存在的。在实际晶体中，因所处温度都高于绝对零度，由于质点（原子、离子、分子）的热运动，质点排列或多或少偏离理想晶体中质点排列的周期规律，结构上出现不完整性。事实上，无论是自然界中存在的天然晶体，还是在实验室（或工厂中）培养的人工晶体或是陶瓷和其他硅酸盐制品中的晶相，都或多或少存在某些缺陷，这是因为：首先，晶体在生长过程中，总是不可避免地受到外界环境中各种复杂因素不同程度影响，不可能理想发育，即质点排列不严格服从空间格子规律，可能存在空位、间隙离子、位错、镶嵌结构等缺陷，外形可能不规则。另外，晶体形成后，还会受到外界各种因素作用，如温度、溶解、挤压、扭曲等等。我们把各种偏离晶体结构中质点周期重复排列的因素，严格说，造成晶体点阵结构周期势场畸变的一切因素称为晶体缺陷。晶体中缺陷的存在，对晶体的许多物理化学性质会产生很大影响，有些是决定性的，如半导体导电性质，几乎完全是由外来杂质原子和缺陷决定的。另外，许多离子晶体的颜色、发光性、固体的强度、塑性、电阻率、材料的扩散、相变、固相反应、烧结等都与缺陷有密切的关系。了解掌握缺陷的形成、特点及变化规律，对设计、控制材料结构，改变材料性能具有重要的实际意义。

根据缺陷的作用范围把真实晶体缺陷分四类：

（1）点缺陷：在三维尺寸均很小，只在某些位置发生，只影响邻近几个原子。

（2）线缺陷：在二维尺寸小，在另一维尺寸大，可被电镜观察到。

（3）面缺陷：在一维尺寸小，在另二维尺寸大，可被光学显微镜观察到。

（4）体缺陷：在三维尺寸较大，如镶嵌块、沉淀相、空洞、气泡等。

2.1　点缺陷（Point defects）

点缺陷范围在三维尺寸都比较小，只在某些位置发生，影响的范围只局限于临近几个原子。点缺陷包括空位、间隙原子、杂质、空位对等。按形成原因的不同分为三类：

（1）热缺陷（晶格位置缺陷）。在晶体点阵的正常格点位出现空位，不该有质点的位置出现了质点（间隙质点）。

（2）组成缺陷 。外来质点（杂质）取代正常质点位置或进入正常结点的间隙位置。

（3）电荷缺陷 。晶体中某些质点个别电子处于激发状态，有的离开原来质点，形成自由电子，在原来电子轨道上留下了电子空穴。

2.1.1 点缺陷符号及缺陷反应方程式（Point defects symbol and defect reaction equation）

离子晶体的点缺陷种类多、繁杂，点缺陷之间会发生类似化学反应的缺陷化学反应，如何去描绘这些缺陷的存在以及它们之间的平衡关系是非常重要的。克留格－乌因克提出了一套描述这种缺陷的方法，并发展和应用质量作用定律来处理晶格缺陷间关系的缺陷化学。为正确写出缺陷反应方程式，下面介绍一下各种缺陷反应符号。

2.1.1.1 点缺陷符号（Point defects symbol）

以二元离子晶体化合物 MX（M 代表正离子，X 代表负离子）为例说明。

（1）正常结点位离子。M、X 分别占据在自己正常结点位置上，分别表示为 M_M、X_X，大写 M、X 为离子晶体中正离子和负离子，右下角 M、X 为离子晶体中正、负离子结点位。

（2）晶格空位。正常结点位没有离子占据，分别表示为 V_M、V_X，V 表示空位，V_M、V_X 表示 M、X 位置是空的。

（3）间隙离子。除正常结点位置外的位置出现了质点，分别表示为 M_i、X_i，i 表示间隙，M_i、X_i 表示 M、X 位于晶格间隙位置。

（4）错位离子。M 排列在 X 位置上，表示为 M_X，X 排列在 M 位置上，表示为 X_M。

（5）取代离子。外来杂质 L 进入晶体中，若取代 M，则表示为 L_M，若取代 X，则表示为 L_X，若占据间隙位，则表示为 L_i。

（6）自由电子和电子空穴。一般情况下，在离子晶体中，电子受原子核作用在原子核周围特定位置上，若其获得足够大能量，电子受到激发就会脱离电子核束缚成为自由电子，用 e'表示，其中右上角的一撇代表 1 个有效负电荷。失去电子的位置为电子空穴，用 $h^{\bullet}$ 表示，其中右上角的一个圆点代表 1 个有效正电荷。

（7）复合缺陷。若同时出现正、负离子空位时，可形成复合缺陷，表示为 $V_M + V_X \longrightarrow (V_M - V_X)$。

2.1.1.2 点缺陷化学反应表示法（Representation of point defect reaction）

若点缺陷可以认为是化学物质，则点缺陷之间就可以发生一系列类似于化学物质间的化学反应，描述材料中点缺陷之间的相互关系就可以用类似于化学反应方程式的缺陷反应方程式表示，同时可以利用质量作用定律来进行缺陷浓度的计算，这对研究材料中缺陷的产生、变化规律以及其对材料结构及性能的影响，带来很大的方便，同时对了解和有效利用缺陷，改善材料性能有重要意义。

写好缺陷反应方程式必须遵循下面三个原则：

（1）位置平衡。要求反应前后位置数不变（相对溶剂物质位置而言）。对于一个离子晶体结构，不管是否存在缺陷，其正、负离子位置数之比始终为一常数，是固定不变的，因此反应前后都必须保持这种比例。如 MgO 结构中，Mg 与 O 的格点数之比，在反应前后都必须是 1:1，而在 Al_2O_3 结构中，Al 与 O 的格点数之比，在反应前后都必须是 3:2。

例：将少量 MgO（一般称为溶质物质）引入到多量 Al_2O_3（一般称为溶剂物质）中，可形成有限置换固溶体，其缺陷反应方程式可写成下式：

$$2MgO \xrightarrow{Al_2O_3} 2Mg'_{Al} + V_O^{\bullet\bullet} + 2O_O$$

将少量 MgO 引入到多量 Al_2O_3 中后，Mg^{2+} 将置换 Al^{3+}，由于 Mg^{2+} 是正二价，当一个 Mg^{2+} 置换一个 Al^{3+} 后，在原来 Al^{3+} 位置上产生一个有效负电荷，引入 2 个 MgO，有 2 个 Mg^{2+} 置换 2 个 Al^{3+} 将产生 2 个有效负电荷。2 个 MgO 中 O^{2-} 置换 Al_2O_3 中 2 个 O^{2-}，没有产生电价变化，为考虑反应前后电价平衡，整个晶体为电中性，在 Al_2O_3 结构中必然产生 1 个 O^{2-} 空位，出现 2 个有效正电荷，这样反应前后溶剂 Al_2O_3 结构中，Al^{3+}: O^{2-} =3:2，位置保持不变，即反应后，$2Mg'_{Al}$ 为 2 个 Al^{3+} 位置，$V_0^{\cdot\cdot}$ 为 1 个 O^{2-} 位置，$2O_0$ 为 2 个 O^{2-} 位置，则 Al^{3+}: O^{2-} =3:2。

(2) 质量平衡。要求反应前后质量不变（相对加入物而言）。与化学反应式相同，缺陷反应式两边的质量也要相等。注意，空位不计质量。如上面的缺陷反应式，方程式左面有 2 个 MgO，方程式右面也必须有 2 个 MgO 才能质量平衡。$V_0^{\cdot\cdot}$ 处为 O^{2-} 空位，质量为零。

(3) 电价平衡。要求缺陷反应前后晶体呈电中性，即缺陷方程式两边有效正、负电荷数必须相等。如上面缺陷反应式，方程式右边有 2 个有效负电荷、2 个有效正电荷，有效正、负电荷数相等，与方程式左边一样，反应前后呈电中性。下面举 2 个例子说明。

例 1 写出 $CaCl_2$ 加入到 KCl 中的缺陷反应式。

根据写缺陷反应要遵循的 3 个基本原则，可写出下面 3 个方程式：

$$CaCl_2 \xrightarrow{KCl} Ca_K^{\cdot} + V'_K + 2Cl_{Cl}$$

$$CaCl_2 \xrightarrow{KCl} Ca_K^{\cdot} + Cl'_i + Cl_{Cl}$$

$$CaCl_2 \xrightarrow{KCl} Ca_i^{\cdot\cdot} + 2V'_K + 2Cl_{Cl}$$

第一种情况，引入 1 个 $CaCl_2$ 分子，即引入 1 个 Ca^{2+}、2 个 Cl^-，1 个 Ca^{2+} 将取代 1 个 K^+，造成出现 1 个有效正电荷，$Ca_K^{\cdot}$；为平衡电价，必然出现 1 个有效负电荷，即产生 1 个 K^+ 空位，V'_K；2 个 Cl^- 仍占据 Cl^- 格点位置，$2Cl_{Cl}$。这样这个方程同时满足 3 个原则。第二种情况，引入 1 个 $CaCl_2$ 分子，1 个 Ca^{2+} 将取代 1 个 K^+，造成出现 1 个有效正电荷，$Ca_K^{\cdot}$；为平衡电价，引入的 1 个 Cl^- 进入到 KCl 晶格间隙位，Cl'_i，产生 1 个有效负电荷；另 1 个 Cl^- 占据 Cl^- 格点位，Cl_{Cl}，整个方程同时满足 3 个原则。第三种情况，引入 1 个 $CaCl_2$ 分子，Ca^{2+} 进入到 KCl 晶格间隙位，形成间隙离子，$Ca_i^{\cdot\cdot}$，产生 2 个有效正电荷；为平衡电价，必然出现 2 个有效负电荷，则产生出现 K^+ 空位，V'_K，且出现 2 个；引进的 2 个 Cl^- 仍占据 2 个 Cl^- 位置，$2Cl_{Cl}$，整个方程同时满足 3 个原则。

简单分析一下，上面 3 个缺陷反应方程式，第一个容易实现，而第二、第三个均不易实现，因为 KCl 结构比较致密，Ca^{2+}、Cl^- 半径较大，进入到 KCl 晶格间隙位比较困难，也就是说将少量 $CaCl_2$ 引入到 KCl 中，往往形成的是阳离子（K^+）缺位型缺陷。上面例子是高价离子取代低价离子形成的缺陷，下面举一例说明低价离子取代高价离子情况。

例 2 写出 CaO 加入到 ZrO_2 中的缺陷反应式。

根据写缺陷反应要遵循的 3 个基本原则，可写出下面 3 个方程式：

$$CaO \xrightarrow{ZrO_2} Ca''_{Zr} + V_0^{\cdot\cdot} + O_0$$

$$2CaO \xrightarrow{ZrO_2} Ca''_{Zr} + Ca_i^{\cdot\cdot} + 2O_0$$

$$2CaO \xrightarrow{ZrO_2} 2Ca_i^{\cdot\cdot} + V''''_{Zr} + 2O_0$$

第一种情况，引入 1 个 CaO 分子，1 个 Ca^{2+} 置换 1 个 Zr^{4+}，Ca_{Zr}''，产生 2 个有效负电荷；为平衡电价，必然出现 2 个有效正电荷，即产生 1 个 O^{2-} 空位，$V_O^{\cdot\cdot}$；引入的 O^{2-} 仍占据 O^{2-} 格点位 O_O，整个方程同时满足 3 个原则。第二种情况，引入 2 个 CaO 分子，其中 1 个 Ca^{2+} 置换 1 个 Zr^{4+}，Ca_{Zr}''，产生 2 个有效负电荷；另一个 Ca^{2+} 进入 ZrO_2 晶格间隙位，$Ca_i^{\cdot\cdot}$，形成间隙 Ca^{2+}，出现 2 个有效正电荷；2 个 O^{2-} 占据 O^{2-} 的格点位 O_O，整个方程同时满足 3 个原则。第三种情况，引入 2 个 CaO 分子，2 个 Ca^{2+} 均进入 ZrO_2 晶格间隙位，$2Ca_i^{\cdot\cdot}$，产生 4 个有效正电荷；为平衡电价，必然出现 4 个有效负电荷，则产生 Zr^{4+} 空位 V_{Zr}''''，生成 4 个有效负电荷，整个方程同时满足 3 个原则。

注意：以上 2 个例子，各写出了 3 个缺陷反应方程式，只从缺陷反应方程式来看，只要符合 3 个原则就是对的，还可写出多种，但实际上往往只有一种是对的，这要知道其他条件才能确定哪个缺陷反应是正确的。

2.1.2 热缺陷（晶格位置缺陷）(Thermal defect)

只要晶体的温度高于绝对零度，原子就要吸收热能而运动，但由于固体质点是牢固结合在一起的，或者说晶体中每一个质点的运动必然受到周围质点结合力的限制而只能以质点的平衡位置为中心作微小运动，振动的幅度随温度升高而增大，温度越高，平均热能越大，而相应一定温度的热能是指原子的平均动能，当某些质点大于平均动能就要离开平衡位置，在原来的位置上留下一个空位而形成缺陷，实际上在任何温度下总有少数质点摆脱周围离子的束缚而离开原来的平衡位置，这种由于热运动而产生的点缺陷称为热缺陷。

热缺陷有两种基本形式：

(1) 弗仑克尔缺陷。具有足够大能量的原子（离子）离开平衡位置后，挤入晶格间隙中，形成间隙原子（离子），在原来位置上留下空位，如图 2.1（a）所示。

特点：空位与间隙粒子成对出现，数量相等，晶体体积不发生变化。

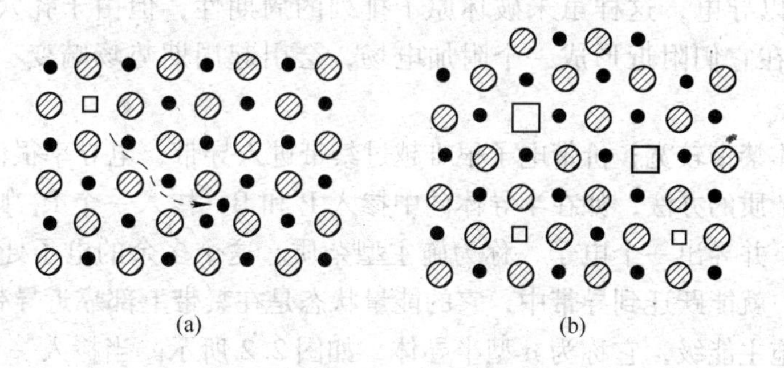

图 2.1 两种基本热缺陷形式
(a) 弗仑克尔缺陷；(b) 肖特基缺陷

在晶体中弗仑克尔缺陷的数目多少与晶体结构有很大关系，格点位质点要进入间隙位，间隙必须要足够大，如萤石（CaF_2）型结构的物质空隙较大，易形成，而 NaCl 型结构不易形成。总的来说，离子晶体，共价晶体不易形成该缺陷。

(2) 肖特基缺陷。表面层原子获得较大能量，离开原来格点位跑到表面外新的格点位，原来位置形成空位，这样晶格深处的原子就依次填入，结果表面上的空位逐渐转移到内部去，如图2.1（b）所示。

特点：体积增大，对离子晶体，正负离子空位成对出现，数量相等。结构致密的晶体易形成肖特基缺陷。

晶体热缺陷的存在对晶体性质及一系列物理化学过程，如导电、扩散、固相反应、烧结等产生重要影响，适当提高温度，可提高缺陷浓度，有利于扩散、烧结作用，外加少量添加剂也可提高热缺陷浓度，有些过程需要最大限度避免缺陷产生，如单晶生产，则需要非常慢地进行冷却。

2.1.3 组成缺陷（Composition defect）

组成缺陷主要是一种杂质缺陷，在原晶体结构中进入了杂质原子，它与固有原子性质不同，破坏了原子排列的周期性，造成晶格畸变。根据杂质原子与原晶体中原子的大小，其可占据两种位置格点位和间隙位。当杂质原子与原晶体中原子大小相近时，将置换原晶体中原子，占据格点位；当杂质原子较小，原晶体结构间隙较大时，将进入间隙位，成为间隙原子。不管哪种，都会破坏原晶体结构周期势场。在陶瓷工业中，经常利用这种组成缺陷，来降低烧结温度。如，在烧结氧化铝时，加入少量二氧化钛，由于离子半径不同，当钛离子进入氧化铝晶格后，造成晶格畸变，使杂质离子附近区域的离子具有较高能量，降低激活能、增加缺陷浓度有利于质点扩散，加速固相反应，降低烧结温度。

2.1.4 电荷缺陷（Charge defect）

从物理学中固体的能带理论来看，非金属固体具有价带、禁带和导带，当在0K时，导带全部空着，价带全部被电子填满，由于热能作用或其他能量传递过程，价带中电子得到一能量E_g而被激发入导带，这时在导带中存在一个电子，在价带留一孔穴，孔穴也可以导电，这样虽未破坏原子排列的周期性，但由于孔穴和电子分别带有正、负电荷，在它们附近形成一个附加电场，会引起周期势场畸变，造成晶体不完整性称电荷缺陷。

例：纯半导体禁带较宽，价带电子很难越过禁带进入导带，电导率很低，为改善导电性，可采用掺加杂质的办法，如在半导体硅中掺入P和B，掺入一个P，则与周围硅原子形成四对共价键，并导出一个电子，称为施主型杂质。这个多余的电子处于半束缚状态，只需很少的能量，就能跃迁到导带中，它的能量状态是在禁带上部靠近导带下部的一个附加能级上，称为施主能级，它称为n型半导体，如图2.2所示。当掺入一个B，少一个电子，不得不向其他硅原子夺取一个电子补充，这就在硅原子中造成空穴，称为受主型杂质，这个空穴也仅增加一点能量就能把价带中电子吸过来，它的能量状态在禁带下部靠近价带顶部一个附加能级，称为受主能级，它称为P型半导体，如图2.3所示。自由电子、空穴都是晶体一种缺陷。

点缺陷对实际中有重要意义：如在烧结、固相反应、扩散、半导体、电绝缘用陶瓷、使晶体着色等方面。

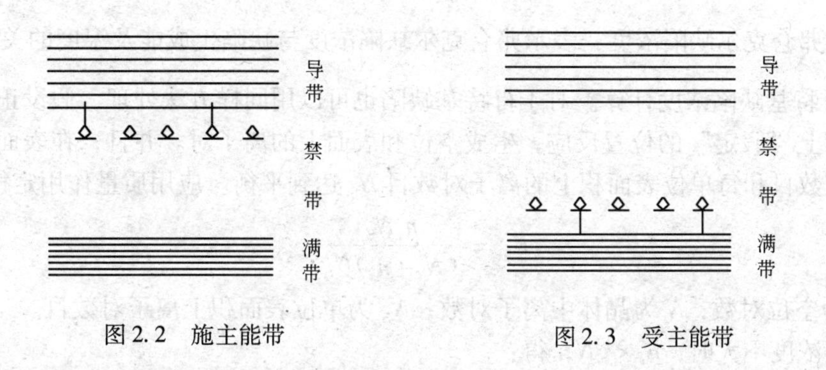

图 2.2 施主能带　　　　图 2.3 受主能带

2.1.5 点缺陷平衡浓度计算（Equilibrium concentration calculation of point defects）

在一定温度下，当晶体中的质点获得足够大的能量时，就可能脱离周围质点对它的束缚，离开原来的位置，形成弗仑克尔缺陷或肖特基缺陷，形成的这种热缺陷浓度与温度和激活能有关，在一定温度、系统达到平衡时，热缺陷的数目保持不变，这种缺陷的产生过程，可以看作是一种化学反应过程，可以用化学反应平衡的质量作用定律处理。下面举例说明。

（1）弗仑克尔缺陷浓度计算（利用化学反应推导）。弗仑克尔缺陷可以看作是正常格点离子和间隙位置反应生成间隙离子和空位的过程：

（正常格点离子）＋（未被占据的间隙位置）$\rightleftharpoons$（间隙离子）＋（空位）

例如：在 AgBr 中，弗仑克尔缺陷的生成可写成：

$$\mathrm{Ag_{Ag}} + \mathrm{V_i} \rightleftharpoons \mathrm{Ag_i^{\bullet}} + V'_{\mathrm{Ag}} \tag{2-1}$$

式中，$\mathrm{Ag_{Ag}}$ 为 Ag 在 Ag 位置上；$\mathrm{V_i}$ 为未被占据的空隙位。

根据质量作用定律可知：

$$K_{\mathrm{F}} = \frac{[\mathrm{Ag_i^{\bullet}}][V'_{\mathrm{Ag}}]}{[\mathrm{Ag_{Ag}}][\mathrm{V_i}]} \tag{2-2}$$

式中，K_{F} 为弗仑克尔缺陷平衡常数；$[\mathrm{Ag_i^{\bullet}}]$ 为间隙银离子浓度。

令：N 为在单位体积中正常格点总数；N_{i} 为在单位体积中可能的间隙位置总数；n_{i} 为在单位体积中平均的间隙离子数目；n_{v} 为在单位体积中平均的空位数目。

则式（2-2）可写为：

$$K_{\mathrm{F}} = \frac{n_{\mathrm{i}} n_{\mathrm{v}}}{(N - n_{\mathrm{v}})(N_{\mathrm{i}} - n_{\mathrm{i}})} \tag{2-3}$$

显然，$n_{\mathrm{i}} = n_{\mathrm{v}}$，如果缺陷数目很小（一般情况），则 $n_{\mathrm{i}} \ll N$ 和 N_{i}。因而，

$$n_{\mathrm{i}}^2 = N N_{\mathrm{i}} K_{\mathrm{F}}$$

若 E_{f} 为生成弗仑克尔缺陷所需要的能量，且反应过程中体积不变，根据热力学原理，有：$K_{\mathrm{F}} = \exp(-E_{\mathrm{f}}/kT)$，式中，$k$ 为玻耳兹曼常数。则得：

$$n_{\mathrm{i}} = \sqrt{N N_{\mathrm{i}} K_{\mathrm{F}}} = \sqrt{N N_i} \exp(-E_{\mathrm{f}}/2kT) \tag{2-4}$$

在晶体中，$N \approx N_{\mathrm{i}}$，则式（2-4）可写为：

$$\frac{n_{\mathrm{i}}}{N} = \exp(-E_{\mathrm{f}}/2kT) \tag{2-5}$$

式中，$\frac{n_i}{N}$ 为弗仑克尔缺陷浓度，表示弗仑克尔缺陷浓度与缺陷生成能及温度的关系。

（2）肖特基缺陷浓度计算。对于肖特基缺陷也可以用同样方法处理。假设正离子和负离子与表面上“假定”的位置反应，生成空位和表面上的离子对。并且，在表面上有反应能力的结点数目和每单位表面积上的离子对数目 N_S 达到平衡。应用质量作用定律：

$$K_S = \frac{n_v N_S}{(N - n_v) N_S} \tag{2-6}$$

式中，n_v 为空位对数；N 为晶体中离子对数；N_S 为单位表面积上离子对数目。

当缺陷浓度不大时，$n_v \ll N$，得：

$$\frac{n_v}{N} = \exp\left(-\frac{E_s}{2kT}\right) \tag{2-7}$$

式中，E_s 为肖特基缺陷生成能，表示同时生成一个正离子和负离子空位所需要的能量。

比较式（2-5）和式（2-7）可知，弗仑克尔缺陷和肖特基缺陷浓度公式具有相同形式。因此，可把热缺陷浓度与生成能及温度的关系归纳为：

$$\frac{n}{N} = \exp\left(-\frac{E}{2kT}\right) \tag{2-8}$$

式中，n/N 为缺陷浓度；E 为缺陷生成能。

晶体中热缺陷的存在，对晶体的性质以及一系列物理化学过程，如导电性、扩散过程、固相反应、烧结等产生重要影响。如利用添加外来离子，可增加热缺陷浓度，加速固相反应，降低烧结温度。另外，适当提高温度，也可增加缺陷浓度，加速过程进行。有些过程不需要缺陷产生，如单晶和某些多晶材料的生产，在析晶过程中，要慢慢析晶，控制冷却速度，尽量避免产生缺陷，抑制缺陷浓度的增加。总之，了解热缺陷浓度与温度和缺陷生成能的关系，对生产实践和科学实验都有重要的指导意义。

2.2 线缺陷（Line defects）

实际晶体在结晶时，受到杂质、温度变化或振动产生的应力作用，或由于受到打击、切割等机械应力作用，使晶体内部质点排列变形，原子行列间相互滑移，不再符合理想晶体的有序排列，形成线状缺陷，这种线缺陷又称位错。注意：位错不是一条几何线，而是一个有一定宽度的管道，位错区域质点排列严重畸变，有时造成晶体面网发生错动，对晶体强度有很大影响。

2.2.1 位错的基本类型及特征（Basic types and characteristics of dislocations）

位错是晶体原子排列的一种特殊组态。从位错的几何结构来看，可将它们分为两种基本类型，即刃型位错和螺型位错。已滑移区（Slip zone）与未滑移区在滑移面（Slip plane）上的交界线，称为位错线，一般简称为位错。

2.2.1.1 刃型位错（Edge dislocation）

刃型位错的晶体结构如图 2.4 所示。设该晶体结构为简单立方晶体，在其晶面 *ABCD* 上半部存在有多余的半片原子面 *EFGH*，这个半原子面中断于 *ABCD* 面上的 *EF* 处，它好像一把刀刃插入晶体中，使 *ABCD* 面上下两部分晶体之间产生了原子错排，故称刃型位错，多余半原子面与滑移面的交线 *EF* 就称作刃型位错线。

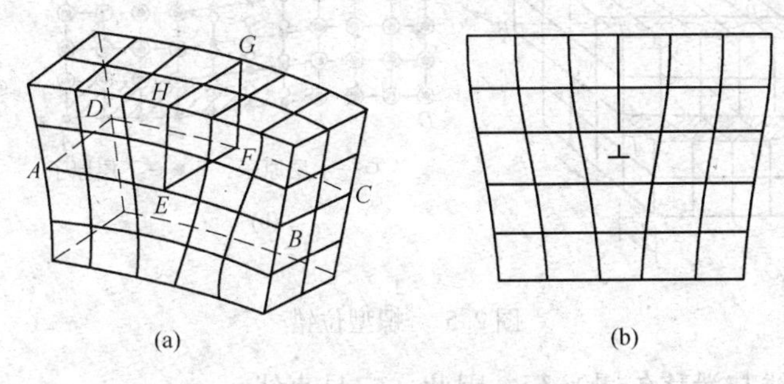

图 2.4 刃型位错的晶体结构

(a) 立体模型；(b) 平面图

刃型位错的特征如下：

(1) 刃型位错有一个多余的半原子面。一般把多余的半原子面在滑移面上边的称为正刃型位错，记为“⊥”；而把多余的半原子面在滑移面下边的称为负刃型位错，记为“⊤”。其实这种正、负之分只具相对意义，而无本质的区别。

(2) 刃型位错线可理解为晶体中已滑移区与未滑移区的边界线。它不一定是直线，可以是折线或曲线，但它必与滑移方向（slip direction）垂直，也垂直于滑移矢量（slip vector）。

(3) 滑移面必是同时包含有位错线和滑移矢量的平面，在其他面上不能滑移。由于刃型位错中，位错线与滑移矢量互相垂直，因此由它们所构成的平面只有一个。

(4) 晶体中存在刃型位错之后，位错周围的点阵发生弹性畸变（elastic distortion），既有切应变，又有正应变。就正刃型位错而言，滑移面上方点阵受到压应力，下方点阵受到拉应力；负刃型位错与此相反。

(5) 在位错线周围的过渡区每个原子具有较大的平均能量，但该区只有几个原子间距宽，所以它是线缺陷（line defect）。

2.2.1.2 螺型位错（Screw dislocation）

螺型位错的晶体结构如图 2.5 所示。设立方晶体右侧受到切应力 τ 的作用，其右侧上下两部分晶体沿滑移面 *ABCD* 发生了错动，如图 2.5（a）所示，这时已滑移区和未滑移区的边界线 bb' 平行于滑移方向。图 2.5（b）是 bb' 附近原子排列的俯视图，图中圆点“·”表示滑移面 *ABCD* 下层原子，圆圈“◦”表示滑移面 *ABCD* 上层原子。可以看出，在 aa' 右边的晶体上下层原子相对错动了一个原子间距，而在 bb' 和 aa' 之间出现一个约有几个原子间距宽的、上下层原子位置不吻合的过渡区，原子的正常排列遭到破坏。如果以 bb' 为轴线，从 a 开始，按顺时针方向依次连接此过渡区的各原子，则其走向与一个右螺旋线的前进方向一样，如图 2.5（c）所示。这就是说，位错线附近的原子是按螺旋形排列的，所以把这种位错称为螺型位错。

螺型位错的特征如下：

(1) 螺型位错无多余半原子面，原子错排是呈轴对称的。根据位错线附近呈螺旋形排列的原子旋转方向不同，螺型位错可分为右旋和左旋螺型位错。

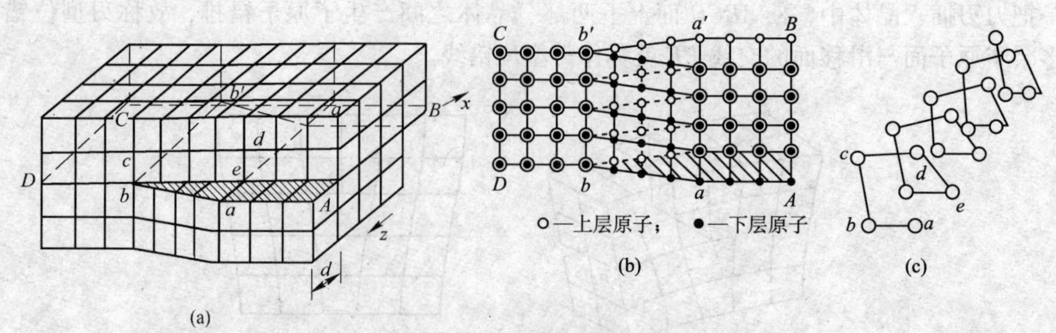

图 2.5 螺型位错

（2）螺型位错线与滑移矢量平行，因此一定是直线。

（3）纯螺型位错的滑移面不是唯一的。凡是包含螺型位错线的平面都可以作为它的滑移面。但实际上，滑移通常是在那些原子密排面上进行的。

（4）螺型位错线周围的点阵也发生了弹性畸变，但只有平行于位错线的切应变而无正应变，即不会引起体积膨胀和收缩，且在垂直于位错线的平面投影上，看不到原子的位移，看不到有缺陷。

（5）螺型位错周围的点阵畸变随离位错线距离的增加而急剧减少，故它也是包含几个原子宽度的线缺陷。

2.2.1.3 混合型位错（Mixed dislocation）

除了上面介绍的两种基本型位错外，还有一种形式更为普遍的位错，其滑移矢量既不平行也不垂直于位错线，而与位错线相交成任意角度，这种位错称为混合型位错，如图 2.6 所示。混合型位错线是一条曲线，在 *A* 处位错线与滑移矢量平行，因此是螺型位错；而在 *C* 处位错线与滑移矢量垂直，因此是刃型位错。*A* 与 *C* 之间，位错线既不垂直也不平行于滑移矢量，每一小段位错线都可分解为刃型和螺型两个部分。

由于位错线是已滑移区与未滑移区的边界线，因此一根位错线不能终止于晶体内部，而只能露头于晶体表面或晶界。它若终止于晶体内部，则必与其他位错线相连接，或在晶体内部形成封闭线即位错环，如图 2.7 所示。图中的阴影区是滑移面上一个封闭的已滑移区即位错环，位错环各处的位错结构类型可按各处的位错线方向与滑移矢量的关系分析，如 *A*、*B* 两处是刃型位错，*C*、*D* 两处是螺型位错，其他各处均为混合型位错。

有纯刃型位错环，无纯螺型位错环。即：刃型位错线可以是直线、曲线；而螺型位错线只能是直线，不能是曲线。

2.2.2 柏氏矢量（Burgers vector）

为了便于描述晶体中的位错，更确切地表征不同类型位错的特征，1939 年柏格斯（J. M. Burgers）提出了采用柏氏回路（Burgers circuit）来定义位错，借助一个规定的矢量即柏氏矢量来揭示位错的本质。

2.2.2.1 柏氏矢量的确定（Determine of burgers vector）

柏氏矢量可以通过柏氏回路来确定，图 2.8（a）、（b）分别为含有一个刃型位错的实际晶体和用作参考的不含位错的完整晶体。确定该位错柏氏矢量的方法如下：

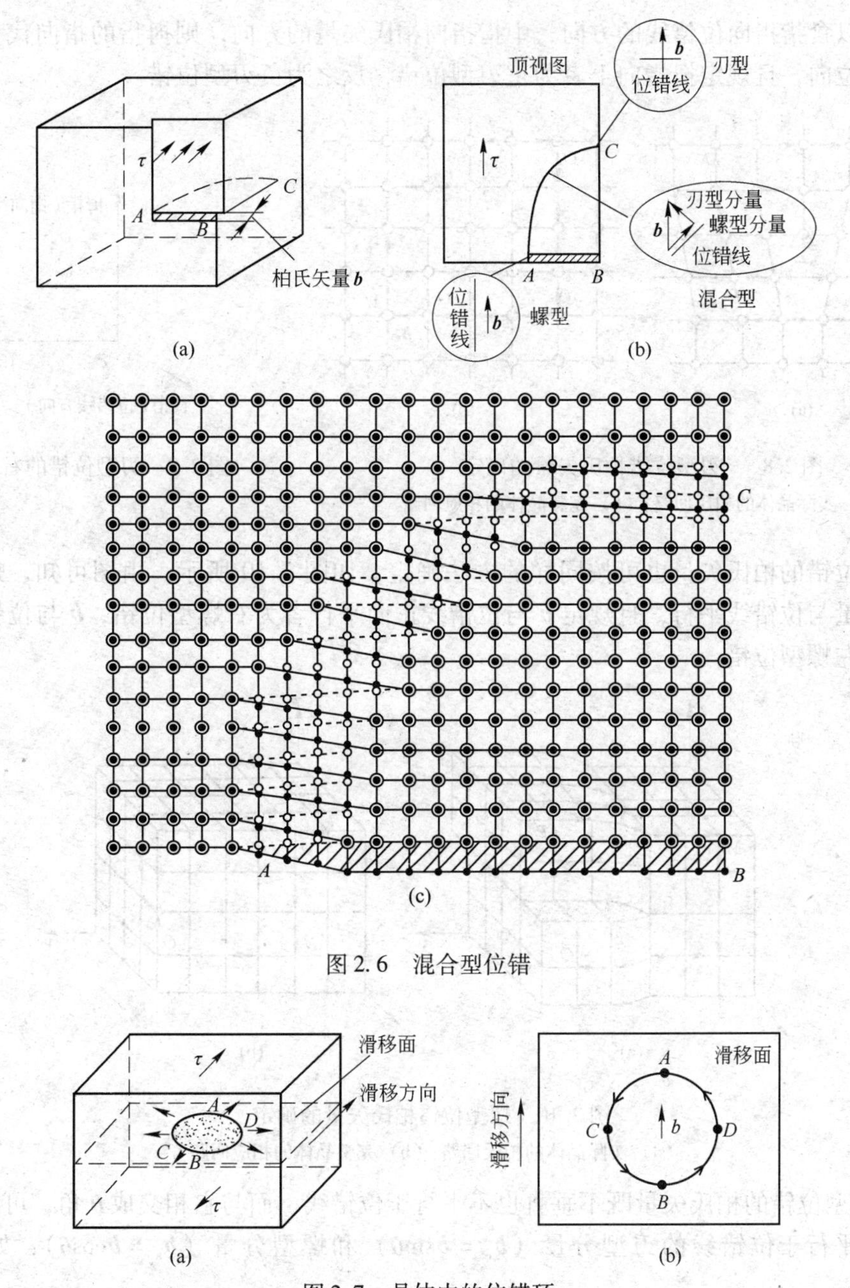

图 2.6　混合型位错

图 2.7　晶体中的位错环

（1）首先选定位错线（ξ）的正向，通常规定出纸面的方向为位错线的正方向。

（2）在实际晶体中，从任一原子出发，围绕位错以一定的步数作一逆时针闭合回路 *MNOPQ*，称为柏氏回路，如图 2.8（a）所示。

（3）在完整晶体中按同样的方向和步数作相同的回路，该回路并不闭合，由终点 *Q* 向起点 *M* 引一矢量 ***b***，使该回路闭合，如图 2.8（b）所示。这个矢量 ***b*** 就是实际晶体中位错的柏氏矢量。

由图 2.8 可知，刃型位错的柏氏矢量与位错线垂直，这是刃型位错的一个重要特征。刃型位错的正负可用右手法则来确定，如图 2.9 所示。用右手的拇指、食指和中指构成直角坐标，以食指指向位错线的方向，中指指向柏氏矢量的方向，则拇指的指向代表多余半原子面的位向，且规定拇指向上者为正刃型位错，反之为负刃型位错。

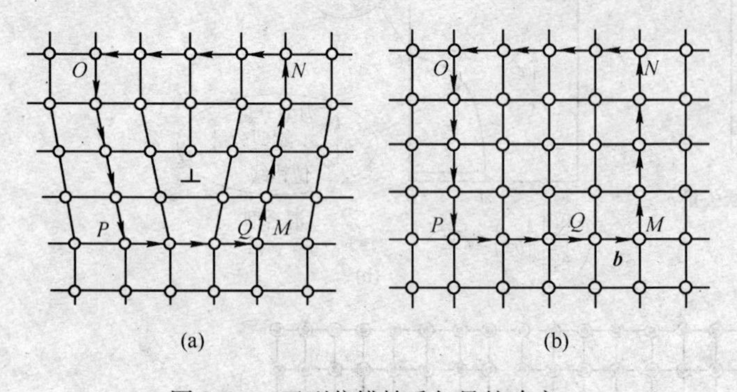

图 2.8　刃型位错柏氏矢量的确定

（*a*）实际晶体的柏氏回路；（*b*）完整晶体的相应回路

拇指（指向半原子面）
中指(*b*)
食指（位错线方向）

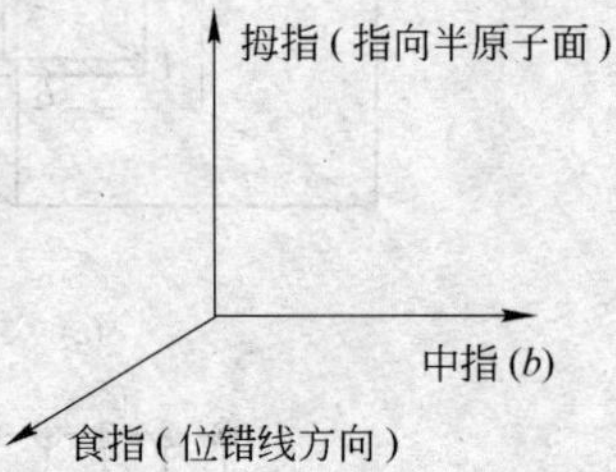

图 2.9　刃型位错的右手法则

螺型位错的柏氏矢量也可按同样的方法确定，如图 2.10 所示。由图可知，螺型位错的柏氏矢量与位错线平行，且规定 $\boldsymbol{b}$ 与位错线正向平行者为右螺型位错，$\boldsymbol{b}$ 与位错线反向平行者为左螺型位错。

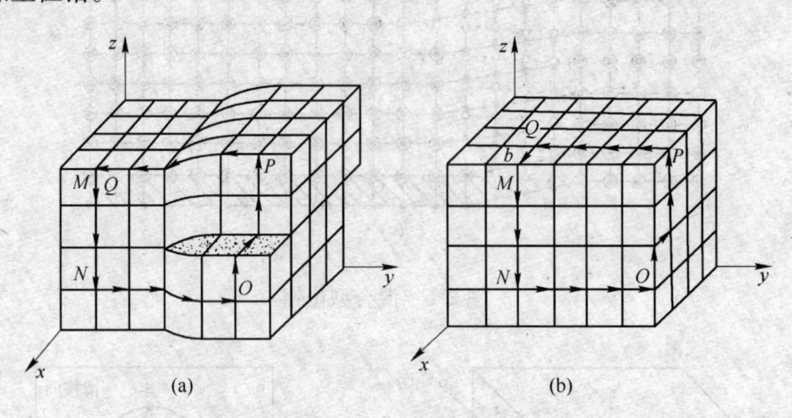

图 2.10　螺型位错柏氏矢量的确定

（a）实际晶体的柏氏回路；（b）完整晶体的相应回路

混合型位错的柏氏矢量既不垂直也不平行于位错线，而与它相交成 θ 角，可将其分解成垂直和平行于位错线的刃型分量（$\boldsymbol{b}_{e}=\boldsymbol{b}\sin\theta$）和螺型分量（$\boldsymbol{b}_{s}=\boldsymbol{b}\cos\theta$），如图 2.11 所示。

用矢量图解法可形象地概括出三种类型位错的主要特征：

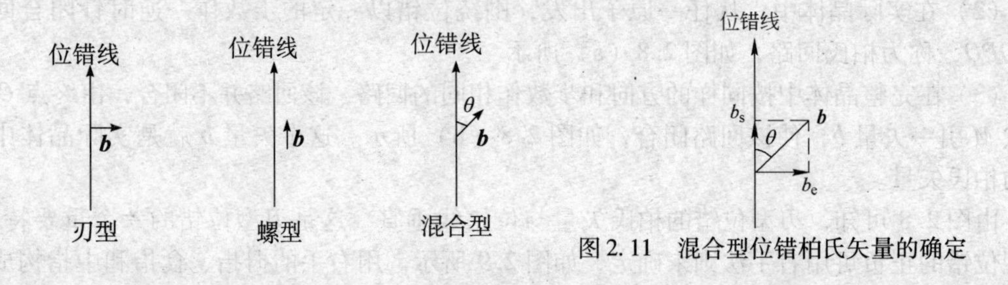

图 2.11　混合型位错柏氏矢量的确定

2.2.2.2 柏氏矢量的表示法（Representation of burgers vector）

柏氏矢量的大小和方向可以用它在晶轴（crystallographic axis）上的分量，即用点阵矢量 $\boldsymbol{a}$、$\boldsymbol{b}$ 和 $\boldsymbol{c}$ 来表示。对于立方晶系晶体，由于 $\boldsymbol{a}=\boldsymbol{b}=\boldsymbol{c}$，故可用与柏氏矢量 $\boldsymbol{b}$ 同向的晶向指数（orientation index）来表示。例如柏氏矢量等于从体心立方晶体的原点到体心的矢量来表示，则 $\boldsymbol{b}=\frac{\boldsymbol{a}}{2}+\frac{\boldsymbol{b}}{2}+\frac{\boldsymbol{c}}{2}$，可写成 $\boldsymbol{b}=\frac{a}{2}[111]$。一般立方晶系中柏氏矢量可表示为 $\boldsymbol{b}=\frac{a}{n}<uvw>$，其中 n 为正整数。

通常还用 $|\boldsymbol{b}|=\frac{a}{n}\sqrt{u^2+v^2+w^2}$ 来表示柏氏矢量的大小，即位错强度。同一晶体中，柏氏矢量越大，表明该位错导致点阵畸变越严重，它所处的能量也越高。

2.2.2.3 柏氏矢量的守恒性（Conservation of burgers vector）

对于一定的位错其柏氏矢量是固定不变的，称为守恒性。反映在三个方面：

（1）一条位错线只有一个柏氏矢量。

证明：如图 2.12 所示，设有一条位错线 AO，柏氏回路为 B_1，其柏氏矢量为 $\boldsymbol{b}_1$，移动到结点 O 后，分为两个位错 OB 和 OC，其柏氏矢量分别为 $\boldsymbol{b}_2$ 和 $\boldsymbol{b}_3$，$\boldsymbol{b}_2$ 和 $\boldsymbol{b}_3$ 的柏氏回路为 B_2 和 B_3 合成为 B_{2+3}，B_1 应与 B_{2+3} 等价，所以 $\boldsymbol{b}_1=\boldsymbol{b}_2+\boldsymbol{b}_3$。表明一条位错线分为两根时，其柏氏矢量只有一个。

（2）一个位错环只有一个柏氏矢量。

证明：如图 2.13 所示，设有一个位错环（loop）$ABCD$，将它分为两部分 $ABCEA$ 和 $AECDA$，其柏氏矢量分别为 $\boldsymbol{b}_1$ 和 $\boldsymbol{b}_2$，这表明两部分晶体变形不同，那么中间就要出现一个柏氏矢量为 $\boldsymbol{b}_3$ 的位错。

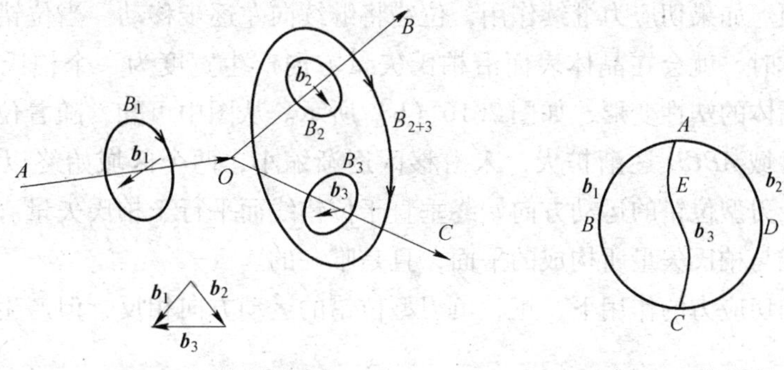

图 2.12 位错线分解　　图 2.13 位错环

现设：CDA 动，ABC 不动，出现了 $\boldsymbol{b}_3$，在 A 处 $\boldsymbol{b}_1$ 分解为 $\boldsymbol{b}_2$ 和 $\boldsymbol{b}_3$，$\boldsymbol{b}_3=\boldsymbol{b}_1-\boldsymbol{b}_2$；同理：$CDA$ 不动，ABC 动，也出现了 $\boldsymbol{b}_3$，在 A 处 $\boldsymbol{b}_2$ 分解为 $\boldsymbol{b}_1$ 和 $\boldsymbol{b}_3$，$\boldsymbol{b}_3=\boldsymbol{b}_2-\boldsymbol{b}_1$。因为实际上没有 AEC，只有 $ABCD$ 位错环，所以 $\boldsymbol{b}_3=0$，故 $\boldsymbol{b}_1=\boldsymbol{b}_2$，即一个位错环只有一个柏氏矢量。

（3）多个位错相遇指向同一个结点或都离开同一个结点，它们的 $\boldsymbol{b}$ 之和等于 0。

证明：如图 2.14 所示，四根位错线均指向 O 点，则有 $\boldsymbol{b}_1+\boldsymbol{b}_2+\boldsymbol{b}_3+\boldsymbol{b}_4=0$，即 $\sum\boldsymbol{b}_i=0$。

（4）推论：晶体中的位错，或自由封闭，或终止在晶体表面或晶界处，不能在晶体中中断（不可能中止在晶体内部）。

证明：如图 2.15 所示，设位错 AB 的柏氏矢量为 $\boldsymbol{b}$，中断于 B 点。根据位错的定义：

设Ⅰ区为已滑移区，Ⅱ区为未滑移区，则Ⅲ区有两种情况：1）Ⅲ区为已滑移区，则Ⅱ-Ⅲ区的界线 *BC* 必是一段位错线；2）Ⅲ区为未滑移区，则Ⅰ-Ⅲ区的界线 *BC'* 必是一段位错线。所以无论是哪种情况，*BC* 或 *BC'* 都是 *AB* 伸向晶体表面的延伸线，柏氏矢量也为 $\boldsymbol{b}$，这就证明了位错线不能中断在晶体内部。

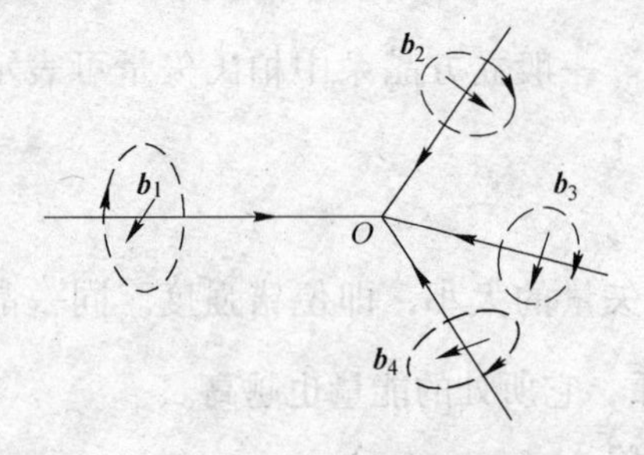

图 2.14 位错线相交

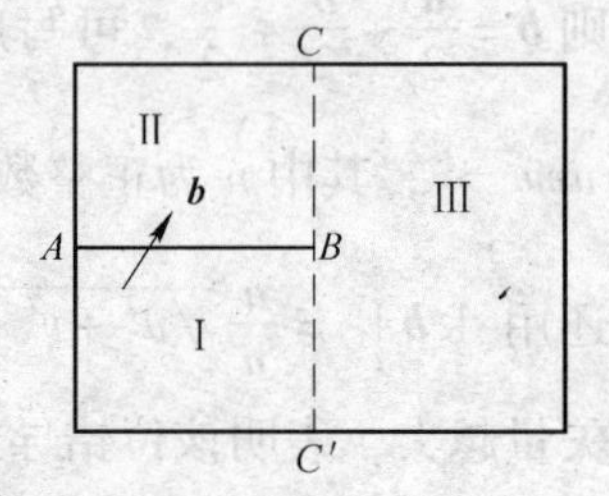

图 2.15 位错线 *AB* 中断于 *B* 点示意图

2.2.3 位错的运动（Movement of dislocations）

2.2.3.1 刃型位错的滑移运动（Slipping motion of edge dislocation）

如果在刃型位错的滑移面上施加一个垂直于位错线的切应力，这个位错线就很容易在滑移面上运动起来，当然这种运动只牵涉到靠近位错心部不多的一些原子，而离位错心部较远的原子不受位错移动的影响，因此使位错移动的切应力是很小的。

图 2.16 为刃型位错滑移的示意图。在外加切应力 τ 的作用下位错中心附近的原子由“•”位置移动小于一个原子间距的距离到达“•”的位置，使位错在滑移面上向左移动了一个原子间距。如果切应力继续作用，位错将继续向左逐步移动。当位错线沿滑移面滑移通过整个晶体时，就会在晶体表面沿柏氏矢量方向产生宽度为一个柏氏矢量大小的台阶，即造成了晶体的塑性变形，如图 2.16（b）所示。从图中可知，随着位错的移动，位错线所扫过的区域 *ABCD* 逐渐扩大，未滑移区逐渐缩小，两个区域始终以位错线为分界线。在滑移时，刃型位错的运动方向始终垂直于位错线而平行于柏氏矢量。刃型位错的滑移面是由位错线与柏氏矢量所构成的平面，且是唯一的。

在相同外加切应力的作用下，正、负刃型位错的运动方向相反，但产生的变形却完全相同。

两排符号相反的刃型位错，在距离小于 1nm 的两个滑移面上运动，相遇后对消而产生裂纹萌芽，如图 2.17 所示。

2.2.3.2 螺型位错及混合型位错的滑移运动（Slipping motion of screw dislocation and mixed dislocation）

因螺型位错有无数多个滑移面，所以它的位错线在晶体中可以平行于它的柏氏矢量作任意移动。图 2.18 为螺型位错滑移的示意图。图 2.18（a）表示螺型位错运动时，位错线周围原子的移动情况，图中“◦”表示滑移面以下的原子，“•”表示滑移面以上的原子。由图 2.18 可知，同刃型位错一样，滑移时位错线附近原子的移动量很小，所以使螺型位错运动所需的力也很小。当位错线沿滑移面滑过整个晶体时，同样会在晶体表面沿柏氏矢量方向产生宽度为一个柏氏矢量的台阶，如图 2.18（b）所示。在滑移时，螺型位错的移动方向与位错线垂直，也与柏氏矢量垂直，其滑移过程如图 2.18（c）所示。

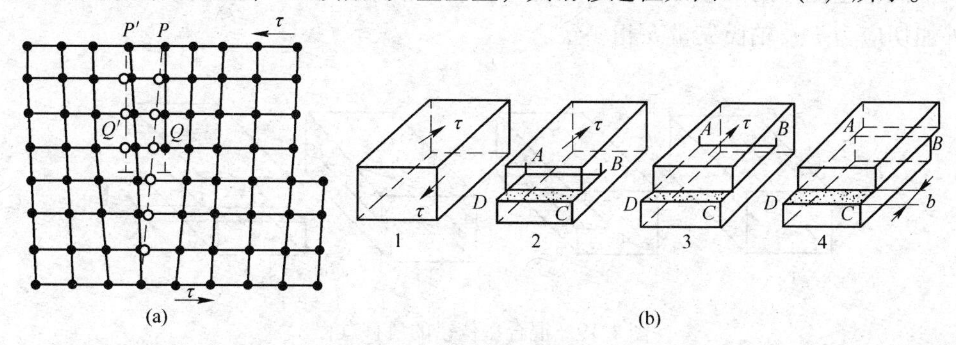

图 2.16　刃型位错滑移的示意图

（a）滑移时周围原子的位移；（b）滑移过程

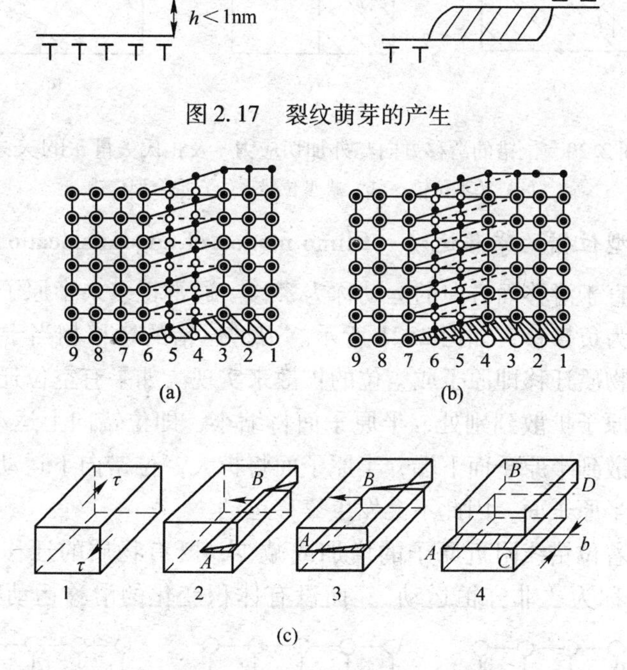

图 2.17　裂纹萌芽的产生

图 2.18　螺型位错滑移的示意图

（a）原始位置；（b）位错向左移动了一个原子间距；（c）滑移过程

混合型位错的滑移过程如图 2.19 所示。根据确定位错线运动方向的右手法则，即以拇指代表沿着柏氏矢量 $\boldsymbol{b}$ 移动的那部分晶体，食指代表位错线方向，则中指就表示位错线移动方向，该混合位错在外加切应力 $\boldsymbol{\tau}$ 作用下，将沿其各点的法线方向在滑移面上向外扩展，最终使上下两块晶体沿柏氏矢量方向移动一个 b 大小的距离。

通过上述分析可知，不同类型位错的滑移方向与外加切应力和柏氏矢量的方向不同，如图 2.20 所示。刃型位错的滑移方向与外加切应力 τ 及柏氏矢量 $\boldsymbol{b}$ 一致，正、负刃型位错方向相反；螺型位错的滑移方向与外加切应力 τ 及柏氏矢量 $\boldsymbol{b}$ 垂直，左、右螺型位错方向相反；混合型位错的滑移方向与外加切应力 τ 及柏氏矢量 $\boldsymbol{b}$ 成一定角度，晶体的滑移方向与外加切应力 τ 及柏氏矢量 $\boldsymbol{b}$ 相一致。

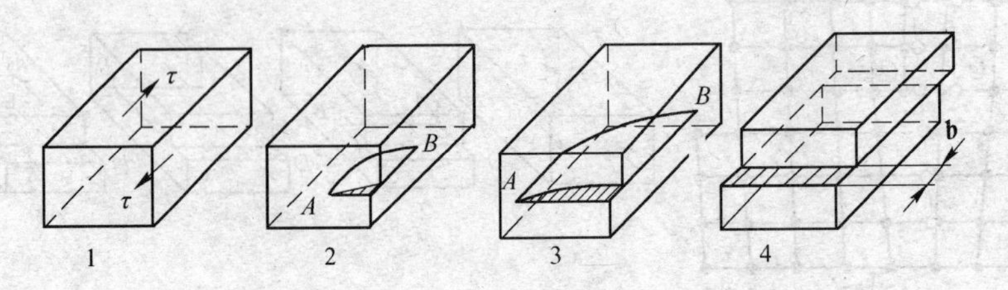

图 2.19　混合型位错的滑移过程

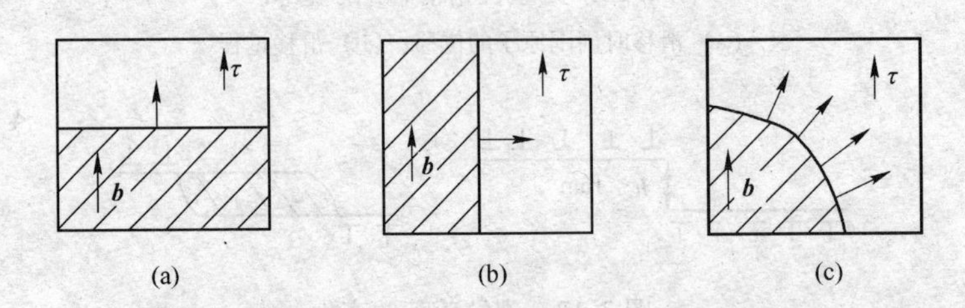

图 2.20　位错的滑移方向与外加切应力 τ 及柏氏矢量 $\boldsymbol{b}$ 的关系

（a）刃型位错；（b）螺型位错；（c）混合型位错

2.2.3.3　刃型位错的攀移运动（Climb motion of edge dislocation）

刃型位错在垂直于滑移面方向的运动称为攀移。通常把多余半原子面向上运动称为正攀移，向下运动称为负攀移，如图 2.21 所示。刃型位错的攀移相当于多余半原子面的伸长或缩短，可通过物质迁移即原子或空位的扩散来实现。如果有空位迁移到半原子面下端或半原子面下端的原子扩散到别处，半原子面将缩小，即位错向上运动，则发生正攀移；反之，若有原子扩散到半原子面下端，半原子面将扩大，位错向下运动，发生负攀移。螺型位错没有多余的半原子面，因此不会发生攀移运动。

由于攀移伴随着位错线附近原子的增加或减少，既有物质的迁移，也就有体积的变化，故把攀移运动称为“非守恒运动”；而没有体积变化的滑移运动称为“守恒运动”。

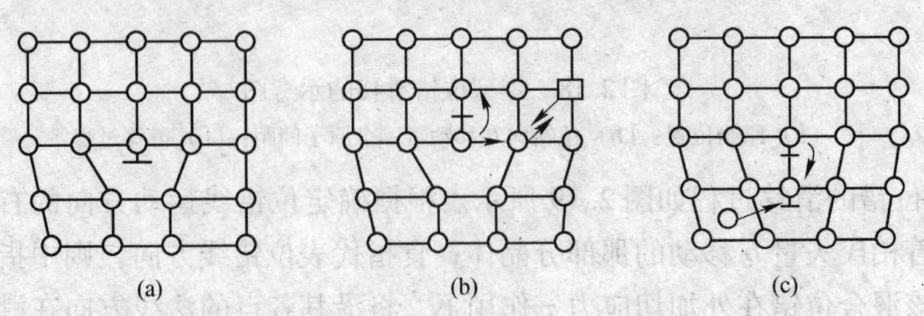

图 2.21　刃型位错的攀移运动示意图

（a）未攀移的位错；（b）空位引起的正攀移；（c）间隙原子引起的负攀移

位错攀移需要热激活，较滑移所需的能量更大，所以对大多数材料，在室温下很难进行位错的攀移，而在较高温度下，攀移较易实现。

2.2.3.4 螺型位错的交滑移（Cross slip of screw dislocation）

对于螺型位错，由于所有包含位错线的晶面都可成为其滑移面，因此，当某一螺型位错在原滑移面上运动受阻时，有可能从原滑移面转移到与之相交的另一滑移面上去继续滑移，这一过程称为交滑移。如果交滑移后的位错再转回和原滑移面平行的滑移面上继续运动，则称为双交滑移，如图2.22所示。

面心立方晶体中的交滑移是由不同的{111}面沿同一 <110> 方向滑移，如图2.23所示，$[\bar{1}01]$ 是 $(1\bar{1}\bar{1})$ 和 (111) 两个密排面的共同方向。在 (111) 面上有一小位错环，$b = \frac{1}{2}[\bar{1}01]$，在切应力作用下，这个位错环不断扩大，位错线的方向是 *WXYZ*，*W* 处为正刃型位错，*Y* 处为负刃型位错，*X* 处为左螺型位错，*Z* 处为右螺型位错。如果应力适宜，当右螺型位错 *Z* 接近交线 $[\bar{1}01]$ 时，可转移到 $(1\bar{1}\bar{1})$ 面上进行滑移，*A*、*B*、*C* 位置为交滑移，*D* 位置位错又回到 (111) 面上滑移，即为双交滑移。

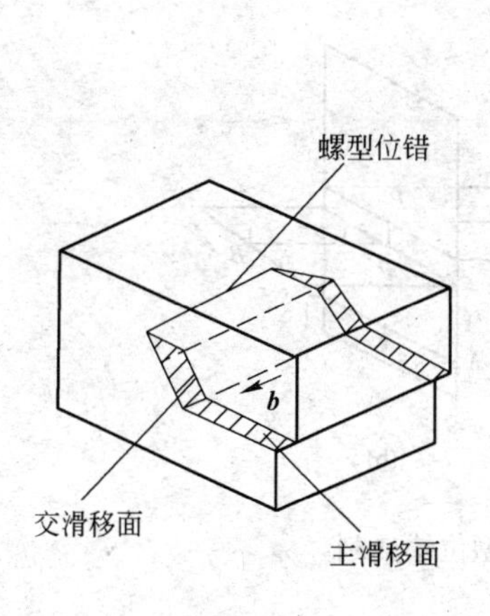

图2.22 螺型位错的交滑移

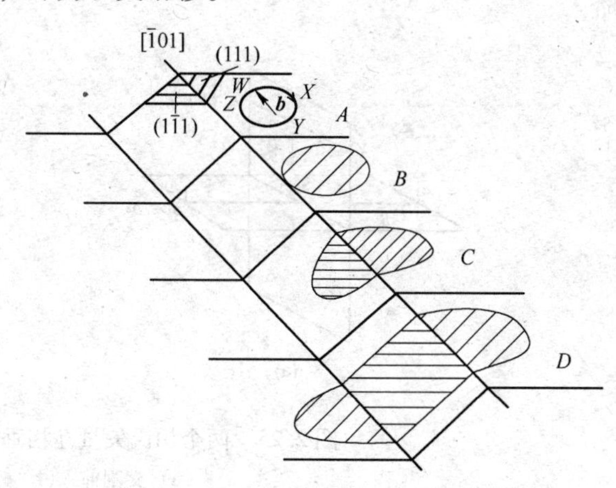

图2.23 面心立方晶体中的双交滑移示意图

体心立方晶体中的螺型位错也有交滑移，它是 {110}、{112} 和 {123} 面同时沿 <111>方向滑移，如纯铁的 $(\bar{1}10)$、$(11\bar{2})$ 和 $(21\bar{3})$ 面可同时沿 [111] 方向滑移，如图2.24所示，$ab \parallel a'b' \parallel a''b'' \parallel [111]$，*ab* 为 $(21\bar{3})$ 面上的 [111] 方向；*a′b′* 为 $(11\bar{2})$ 面上的 [111] 方向；*a″ b″* 为 $(\bar{1}10)$ 面上的 [111] 方向。因此晶体中的滑移线常呈波浪形。

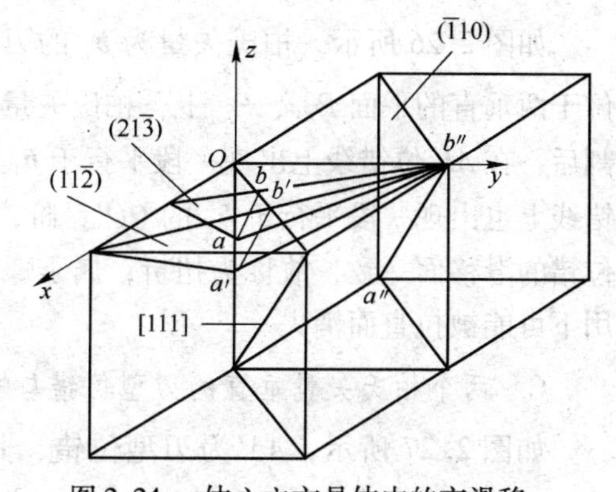

图2.24 体心立方晶体中的交滑移

2.2.3.5 运动位错的交割（Delivery of dislocation）

当一位错在某一滑移面上运动时，会与穿过滑移面的其他位错交割。位错交割时会发生相互作用，这对材料的强化、点缺陷（point defect）的产生有重要意义。

在位错的滑移过程中，其位错线很难同时实现全长的运动，因而一个运动的位错线，特别是在受到阻碍的情况下，有可能通过其中一部分线段首先进行滑移。若由此形成的曲折线段在位错的滑移面上时，称为扭折（kink）；若该曲折线段垂直于位错的滑移面时，称为割阶。扭折和割阶也可由位错之间的交割而形成。

A 两个柏氏矢量互相垂直（Vertical）的刃型位错交割

如图 2.25 所示，柏氏矢量为 $\boldsymbol{b}_1$ 的刃型位错 XY 和柏氏矢量为 $\boldsymbol{b}_2$ 的刃型位错 AB 分别位于两垂直的平面 P_{XY}、P_{AB}上，柏氏矢量 $\boldsymbol{b}_1$ 与 $\boldsymbol{b}_2$ 相互垂直。若 XY 向下运动与 AB 交割，由于 XY 扫过的区域，其滑移面 P_{XY}两侧的晶体将发生 $\boldsymbol{b}_1$ 距离的相对位移，因此交割后，在位错线 AB 上产生 PP'小台阶。显然，PP'的大小和方向取决于 $\boldsymbol{b}_1$。由于位错的柏氏矢量的守恒性，PP'的柏氏矢量仍为 $\boldsymbol{b}_2$，$\boldsymbol{b}_2$ 垂直于 PP'，因而 PP'是刃型位错，且不在原位错线的滑移面上，故是割阶。至于位错 XY，由于它平行 $\boldsymbol{b}_2$，因此交割后不会在 XY 上形成割阶。

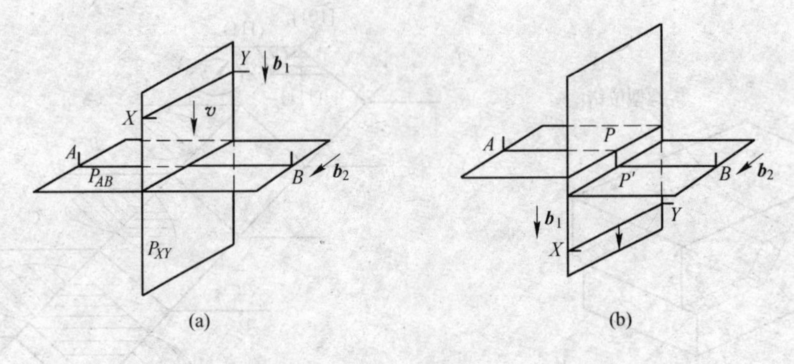

图 2.25 两个柏氏矢量互相垂直的刃型位错交割

（a）交割前；（b）交割后

B 两个柏氏矢量互相平行（Parallel）的刃型位错交割

如图 2.26 所示，柏氏矢量为 $\boldsymbol{b}_1$ 的刃型位错 XY 和柏氏矢量为 $\boldsymbol{b}_2$ 的刃型位错 AB 分别位于两垂直的平面 P_{XY}、P_{AB}上，柏氏矢量 $\boldsymbol{b}_1$ 与 $\boldsymbol{b}_2$ 相互平行。AB 不动，XY 向右运动，交割后，在 AB 位错线上出现一段平行于 $\boldsymbol{b}_1$ 的 PP'台阶，其大小和方向与 $\boldsymbol{b}_1$ 相同；在 XY 位错线上也出现一段平行于 $\boldsymbol{b}_2$ 的 QQ'台阶，其大小和方向与 $\boldsymbol{b}_2$ 相同。但它们的滑移面和原位错的滑移面一致，故称为扭折，属于螺型位错。在运动过程中，这种扭折在线张力的作用下可能被拉直而消失。

C 两个柏氏矢量垂直的刃型位错与螺型位错的交割

如图 2.27 所示，AA'为刃型位错，其柏氏矢量为 $\boldsymbol{b}_1$，π_1、π'_1 为其滑移面；BB'为螺型位错，其柏氏矢量为 $\boldsymbol{b}_2$，其滑移面为纸面。BB'不动，AA'向左运动，交割后，在刃型位错 AA'上形成大小和方向与 $\boldsymbol{b}_2$ 相同的割阶 MM'，其柏氏矢量为 $\boldsymbol{b}_1$。由于该割阶的滑

移面与原刃型位错 AA' 的滑移面不同，因而当带有这种割阶的位错继续运动时，将受到一定的阻力。同样，交割后在螺型位错 BB' 上也形成大小和方向与 $\boldsymbol{b}_1$ 相同的一段折线 NN'，由于它垂直于 $\boldsymbol{b}_2$，故属于刃型位错；又由于它位于螺型位错 BB' 的滑移面上，因此 NN' 为扭折。

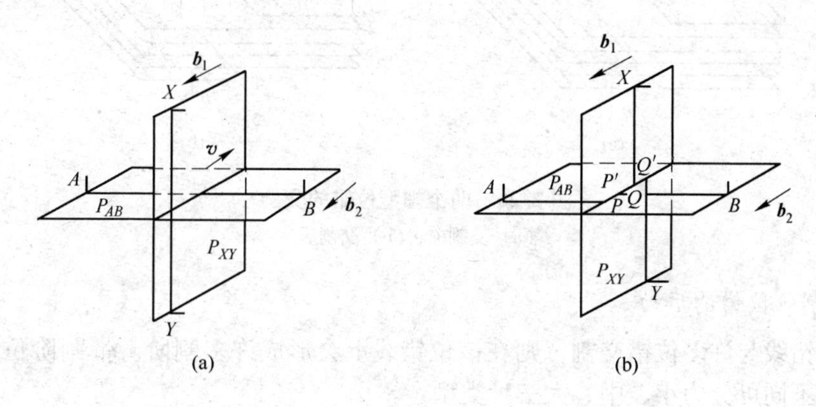

图 2.26 两个柏氏矢量互相平行的刃型位错交割
（a）交割前；（b）交割后

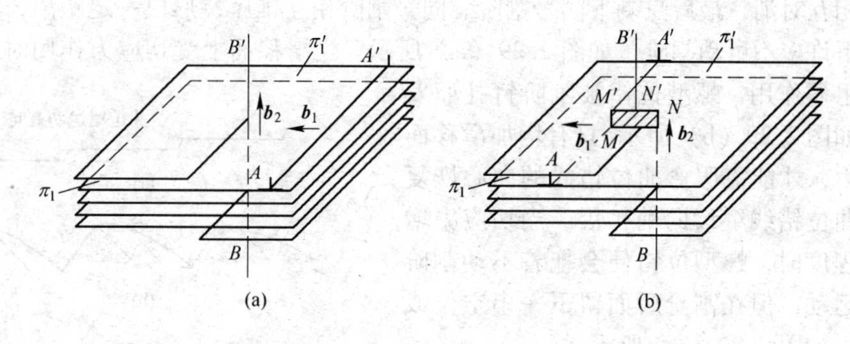

图 2.27 刃型位错与螺型位错的交割
（a）交割前；（b）交割后

D 两个柏氏矢量互相垂直的螺型位错交割

如图 2.28 所示，AA' 为螺型位错，其柏氏矢量为 $\boldsymbol{b}_1$，$\boldsymbol{\pi}_1'$、$\boldsymbol{\pi}_1$ 为其滑移面；BB' 也为螺型位错，其柏氏矢量为 $\boldsymbol{b}_2$，其滑移面为纸面。BB' 不动，AA' 向左运动，交割后，在刃型位错 AA' 上形成大小和方向与 $\boldsymbol{b}_2$ 相同的割阶 MM'，其柏氏矢量为 $\boldsymbol{b}_1$，其滑移面不在 AA' 的滑移面上，是刃型割阶。同样在位错线 BB' 上也形成一刃型割阶 NN'。这种刃型割阶都阻碍螺型位错的移动。

综上所述，运动的位错交割后，每根位错线上都可能产生一扭折或割阶，其大小和方向取决于另一位错的柏氏矢量，但具有原位错线的柏氏矢量。所有的割阶都是刃型位错，而扭折可以是刃型也可以是螺型的。另外，扭折与原位错线在同一滑移面上，可随主位错线一起运动，几乎不产生阻力，而且扭折在线张力作用下易于消失。但割阶则与原位错线不在同一滑移面上，故除非割阶产生攀移，否则割阶就不能随主位错线一起运动，成为位错运动的障碍。

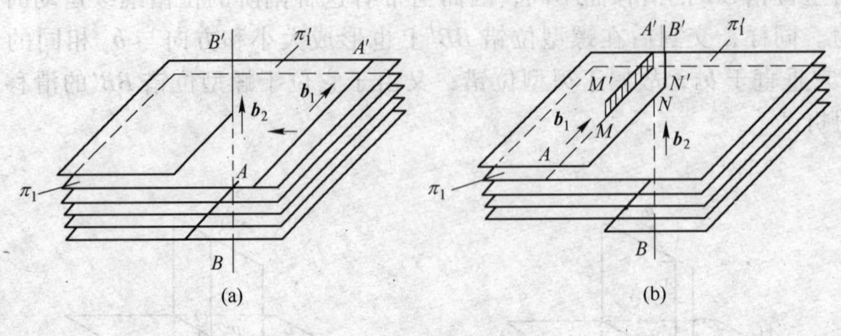

图 2.28　两个螺型位错的交割

（a）交割前；（b）交割后

E　带割阶位错的运动

一条位错线与许多位错交割，则在该位错线上会形成许多割阶。带割阶位错的运动，按割阶高度不同可分为小、中、大三种类型。

（1）小割阶。小割阶的高度一般只有 1~2 个原子间距。图 2.29 为带割阶的螺型位错的运动。螺型位错在滑移面上与其他位错交割，在其位错线上产生许多割阶，异号割阶反向运动，相互对消，最后只剩下同号割阶。同号割阶相互排斥，形成一定距离，最后在位错线上留下许多不可动割阶，如图 2.29（a）所示。当滑移面上受切应力作用时，由于不动割阶的阻碍作用，螺型位错被割阶钉扎而发生弯曲，如图 2.29（b）所示。只有增加滑移面上的切应力，才能克服弯曲位错线的向心恢复力，使弯曲位错线继续向前扩展。当切应力增加到一定程度时，螺型位错便会拖着不动割阶向前一起运动，但在割阶后面留下一串空位或间隙原子，如图 2.29（c）所示。

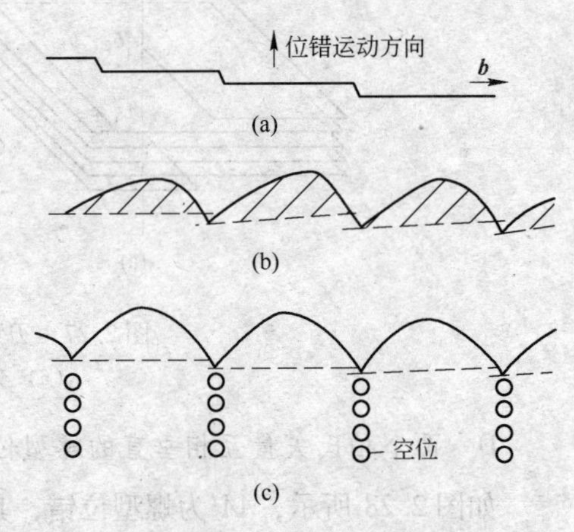

图 2.29　带割阶的螺型位错的运动

（2）中割阶。中割阶的高度从几个到 20 个原子间距，这时位错不可能拖着割阶一起运动。当滑移面上作用的切应力大到一定值时，位错自己向前滑移，位错与割阶联结点 O、P 被拉长，形成两条符号相反的刃型位错线 OO' 与 PP'，称为位错偶（dislocation couple），如图 2.30 所示。位错偶达到一定长度，即与原位错脱离，形成一个长位错环，并分裂成若干小的位错环。原位错又恢复到带割阶的原来状态。

（3）大割阶。大割阶的长度在 20 个原子间距以上，它对位错线的钉扎作用更明显。由于割阶较长，割阶两端的位错相距较远，彼此间相互作用较小，在切应力作用下，它们可以在各自的滑移面上以割阶为轴而发生滑移运动，如图 2.31 所示。

对刃型位错，其割阶与柏氏矢量所组成的面，一般都与原位错线的滑移方向一致，能与原位错一起运动。但此时割阶的滑移面并不一定是晶体的最密排面，故运动时割阶所受到的晶格阻力较大，但螺型位错的割阶阻力则相对要小得多。

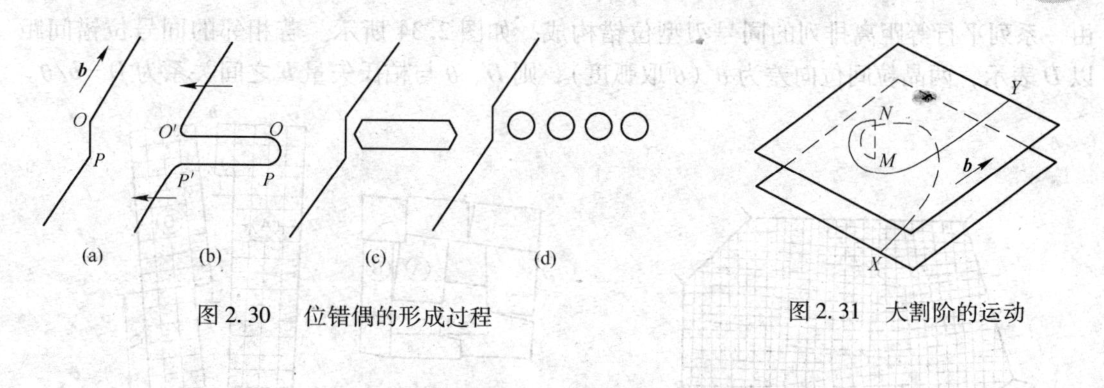

图 2.30 位错偶的形成过程

图 2.31 大割阶的运动

2.3 面缺陷（Plane defects）

面缺陷是在二维方向尺寸较大，在另一维方向尺寸较小的一种缺陷。固体材料界面主要包括表面（固体与气体的界面）、晶界（晶体结构相同，取向不同区域间界面）、相界（不同相之间的界面）。一般来说，在界面处质点排列处于"混乱"状态，是一种缺陷。如，晶体表面质点排列，不同于内部质点排列，它是内部质点周期性重复排列的中断，处于能量较高状态。界面不是几何平面，是具有几个原子厚度的。研究晶体面缺陷，对塑性变形与断裂、固态相变、材料的物理化学和力学性能有较大实际意义。

2.3.1 表面（Surface）

在前面讨论晶体时，没有考虑到界面情况，所研究的质点（原子、离子、分子）周围对它的作用是完全相同的，即其处于三维无限延续的空间中。事实上，物体表面粒子的境遇是与内部不同的。晶体中每个质点周围都存在一个力场，由于晶体内部质点排列是有序和周期重复的，故每个质点力场是对称的，但在固体表面，质点排列周期重复性中断，表面上质点力场对称性破坏，表现出剩余的键力，由于存在这种表面力，使物体表面呈现出一系列特殊的性质，如，固体表面吸附、反应能力等。这些界面行为对于固体材料的物理化学性质和工艺过程都有重要意义。

2.3.2 晶界（Grain boundary）

陶瓷材料大都为多晶体，是由很多晶粒组成的集合体，每个晶粒是一个小单晶，单晶结构相同，但相邻晶粒的取向不同，出现晶粒间界，晶粒之间交界面称为晶界。质点在晶粒界面上的排列是一种过渡状态，与两晶粒都不相同，如图 2.32 所示。

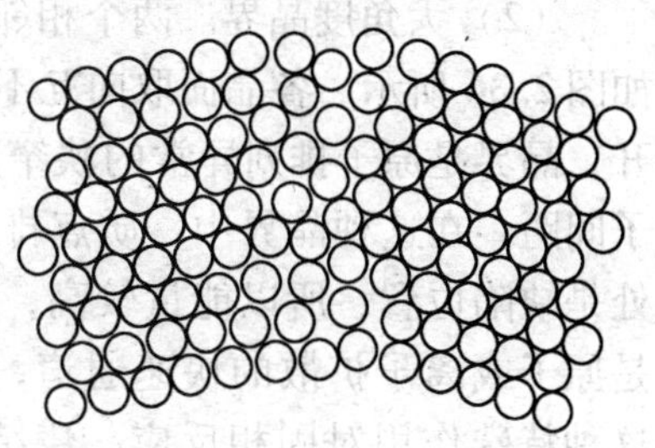

图 2.32 晶粒间的过渡结构

根据相邻晶粒间的取向不同，晶界分为小角度晶界和大角度晶界。

（1）小角度晶界。两个相邻晶粒的位向差小于10°，称为小角度晶界，若位向差很小，小于2°~3°，称为亚晶界，如图 2.33 所示。

小角度晶界又分倾斜晶界和扭转晶界。倾斜晶界是由一系列平行等距离排列的同号刃型位错构成，如图 2.34 所示。若相邻的同号位错间距以 D 表示，两晶粒间位向差为 θ（θ 取弧度），则 D、θ 与柏氏矢量 $\boldsymbol{b}$ 之间关系为 $D=\boldsymbol{b}/\theta$。

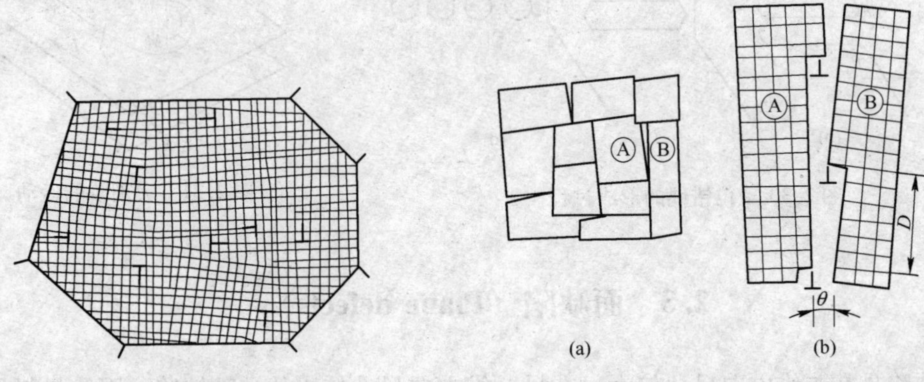

图 2.33 亚结构与亚晶界

图 2.34 小角度晶界图

（a）小角度晶粒晶界；（b）A 和 B 晶粒小角度晶界

扭转晶界示意图如图 2.35 所示。将一晶体沿中间切开，绕 Y 轴转过 θ 角，再与左半晶体会合在一起，形成扭转晶界模型如图 2.35（a）所示。图 2.35（b）表示两个简单立方晶粒之间的扭转晶界，是由两组相互垂直的螺位错构成的网络。

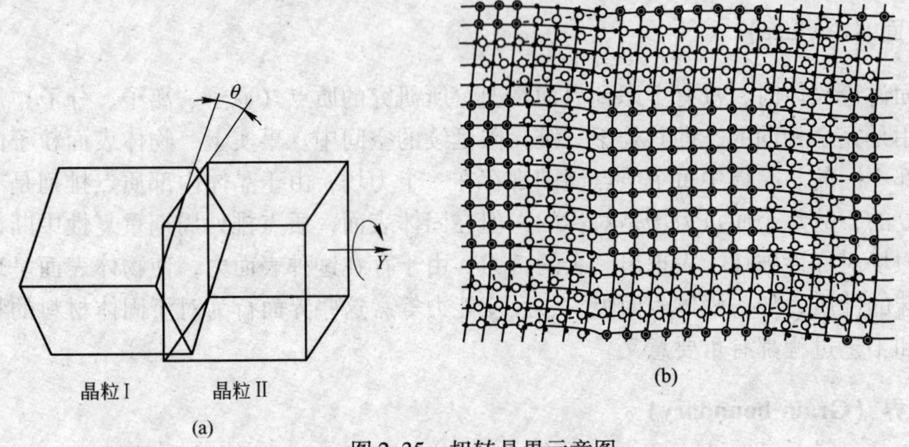

图 2.35 扭转晶界示意图

（a）扭转晶界形成模型；（b）扭转晶界的结构

（2）大角度晶界。两个相邻晶粒的位向差大于 10°，如图 2.36 所示。各晶面取向互不相同，晶界把各晶粒分开，晶界是原子排列异常的狭窄区域，一般仅为几个原子间距。在这种晶界中，质点排列接近无序状态，晶界处是缺陷位置，所以能量较高，可吸附外来质点。晶界是原子或离子扩散的快速通道，也是空位消除的地方，这种特殊作用对固相反应、烧结起重要作用，对陶瓷、耐火材料等多晶材料性能如蠕变、强度等力学性能和极

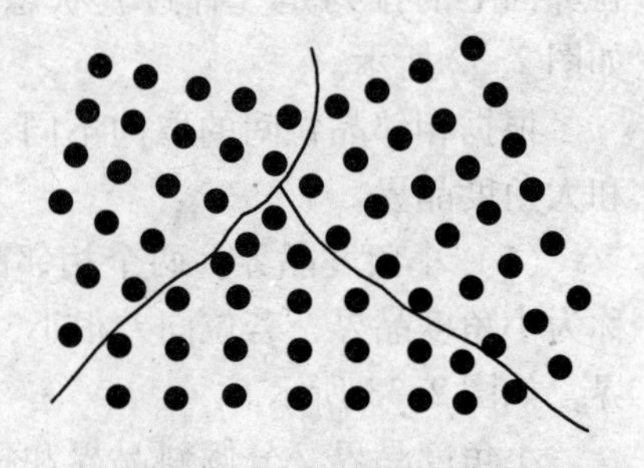

图 2.36 大角度晶界示意图

化、损耗等介电性能影响较大。

(3) 晶界特征。由于晶界的结构与晶内不同，使晶界具有一系列不同于晶粒内部的特殊性质。

1) 由于界面能的存在，晶体中杂质往往会富集在晶界上，使晶界比晶内更易氧化和优先腐蚀。

2) 由于晶界上原子排列混乱，存在较多缺陷，能量高，使晶界处原子的扩散速度比晶内快得多，新相易于在晶界处优先形核。

3) 常温下晶界对空位运动起阻碍运动，使晶界具有较高强度和硬度。

2.3.3 相界 (Phase boundary)

具有不同结构的两相之间的分界面称为相界。相界结构有三种：共格相界、半共格相界和非共格相界。

(1) 共格相界。界面上所有原子同时位于两相晶格的阵点上，两相晶格彼此衔接(见图2.37 (a))，这是一种理想的共格相界。实际即使两相结构相同，点阵常数总有些差别，在共格相界阵点总要发生畸变 (见图2.37 (b))。

(2) 半共格相界。若两相的晶体结构或点阵常数相差较大，则界面上只有部分原子位于两相晶格的阵点上，这样的相界称为半共格相界 (见图2.37 (c))。

(3) 非共格相界。当两相在相界面处的原子排列相差很大时，形成非共格相界 (见图2.37 (d))。这种相界与大角度晶界类似，是原子不规则排列的过渡层。

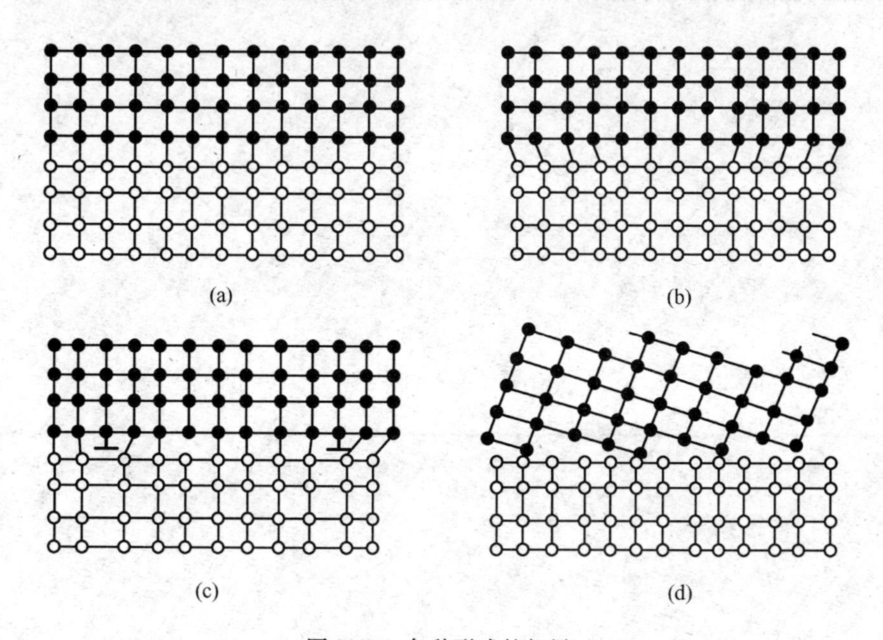

图2.37 各种形式的相界

(a) 具有完善的共格关系的相界；(b) 具有弹性畸变的共格相界；(c) 半共格相界；(d) 非共格相界

以上三种相界结构是不一样的，界面能也是不同的，界面能由低到高依次为：理想共格相界、非理想共格相界、半共格相界、非共格相界，在非共格相界处，质点排列最“混乱”，能量最高。

习　　题

2-1　什么是晶体缺陷，缺陷分为几类？

2-2　试比较弗仑克尔和肖特基缺陷的特点。

2-3　写出下列缺陷反应方程：(1) $Al_2O_3 \xrightarrow{MgO}$；(2) $ThF_4 \xrightarrow{CaF_2}$；(3) $YF_3 \xrightarrow{CaF_2}$；(4) $CaO \xrightarrow{ZrO_2}$。

2-4　MgO 和 Li_2O 均以氧的立方密堆为基础，而且阳离子都在这种排列的间隙中，但在 MgO 晶体中主要的点缺陷是肖特基型，而在 Li_2O 中是弗仑克尔型，试解释这种现象。

2-5　在 Fe 中形成 1mol 空位的能量为 104.675kJ，试计算从 20℃升温至 850℃时空位数目增加多少倍？

2-6　什么是刃型位错和螺型位错，其各自特征是什么？

2-7　如何确定柏氏矢量，研究柏氏矢量的意义？

2-8　指出下图中各段位错的性质，并说明刃型位错部分的多余半原子面。

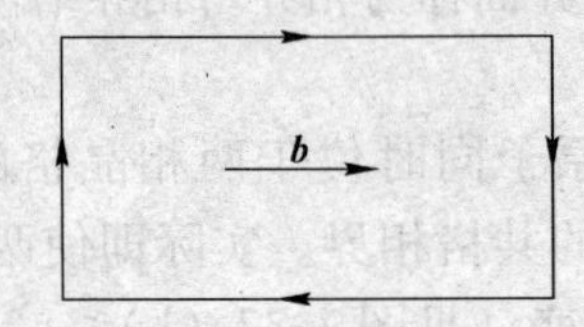

2-9　什么是滑移、攀移和交滑移？

2-10　试分析在（111）面上运动的柏氏矢量为 $\boldsymbol{b} = \frac{a}{2}[\bar{1}10]$ 的螺型位错受阻时，能否通过交滑移转移到 $(1\bar{1}1)$、$(11\bar{1})$、$(\bar{1}11)$ 面中的某个面上继续运动？为什么

2-11　根据晶粒的位相差及其结构特点，晶界有哪些类型，有何特点属性？

3 固体中的扩散
(Diffusion in solids)

扩散是物质内部由于热运动而导致原子或分子迁移的过程。在固体中，扩散是原子迁移的唯一方式。固态物质中的扩散与温度有很强的依赖关系，温度越高，原子扩散越快。实验表明：物质在高温下的许多物理及化学过程均与扩散有关，因此研究物质中的扩散无论在理论上还是在应用上都具有重要意义。

物质中的原子在不同情况下可以按不同方式扩散，可以分为以下几种类型：

（1）化学扩散和自扩散（chemical diffusion and self-diffusion）：由浓度梯度引起的扩散称为化学扩散，由热振动而引起的扩散称为自扩散。

（2）上坡扩散和下坡扩散（uphill diffusion and downhill diffusion）：由浓度低处向浓度高处的扩散称为上坡扩散，由浓度高处向浓度低处的扩散称为下坡扩散。

（3）短路扩散（short-circuit diffusion）：原子沿晶体中缺陷进行的扩散称为短路扩散，包括表面扩散、晶界扩散、位错扩散等。

（4）反应扩散（reaction diffusion）：原子在扩散过程中由于固溶体过饱和而生成新相的扩散称为反应扩散或相变扩散。

本章主要讨论扩散的宏观规律、微观机制和影响扩散的因素。

3.1 扩散定律及其应用（Diffusion law and application）

3.1.1 菲克第一定律（Fick's first law）

在纯金属中，原子的跳动是随机的，形成不了宏观的扩散流；在合金中，虽然单个原子的跳动也是随机的，但是在有浓度梯度的情况下，就会产生宏观的扩散流。当固态中存在成分差异时，原子将从浓度高处向浓度低处扩散，如何描述原子的迁移速率呢？菲克（A. Fick）于1855年参考导热方程，通过实验确立了扩散物质量与其浓度梯度之间的宏观规律，即单位时间内通过垂直于扩散方向的单位截面积的物质量（扩散通量）与该物质在该面积处的浓度梯度（concentration gradient）成正比，数学表达式为

$$J = -D\frac{\partial \rho}{\partial x} \tag{3-1}$$

上式称为菲克第一定律或扩散第一定律。式中，J 为扩散通量（diffusion flux），表示单位时间内通过垂直于扩散方向 x 的单位面积的扩散物质质量，kg/（$m^2 \cdot s$）；D 为扩散系数（diffusion coefficient），m^2/s；而 ρ 是扩散物质的质量浓度，kg/m^3。负号表示物质的扩散方向与质量浓度梯度$\frac{\partial \rho}{\partial x}$方向相反，即表示物质从高的质量浓度区向低的质量浓度区方向

迁移。

菲克第一定律是扩散理论的基础，它没有给出扩散与时间的关系，故此定律只适合于描述$\frac{\partial \rho}{\partial t}=0$的稳态扩散（steady-state diffusion），即质量浓度不随时间而变化的扩散。菲克第一定律不仅适用于固体，也适用于液体和气体中原子的扩散。实际上稳态扩散的情况很少，大部分都是非稳态扩散，这就需要用到菲克第二定律。

3.1.2 菲克第二定律（Fick's second law）

大多数扩散属于非稳态扩散（nonsteady-state diffusion），即质量浓度随时间而变化的扩散。对于这种非稳态扩散可以通过扩散第一定律和物质平衡原理来解决，即需要用菲克第二定律处理。

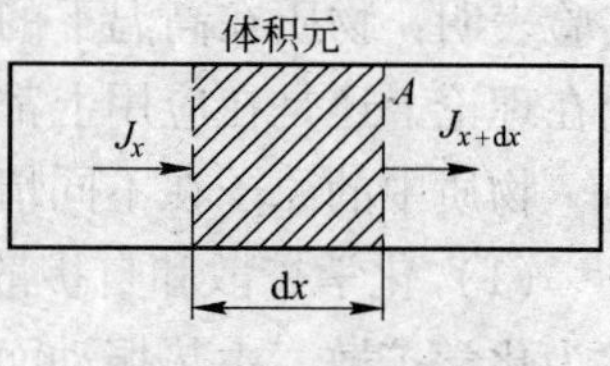

图 3.1 表示在垂直于物质运动的方向 x 上，取一个横截面积为 A，长度为 dx 的体积元，设流入及流出此体积元的通量分别为 J_x 和 J_{x+dx}，作质量平衡，可得

图 3.1 物质通过体积元的变化情况

流入质量 - 流出质量 = 积存质量

即在 Δt 时间内体积元中累积的扩散物质量为

$$\Delta m = (J_x A - J_{x+dx} A)\Delta t$$

$$\frac{\Delta m}{dx A \Delta t} = \frac{J_x - J_{x+dx}}{dx}$$

当 $dx \to 0$，$\Delta t \to 0$ 时，则

$$\frac{\partial \rho}{\partial t} = -\frac{\partial J}{\partial x} \tag{3-2}$$

将扩散第一方程式（3-1）代入上式，得

$$\frac{\partial \rho}{\partial t} = \frac{\partial}{\partial x}\left(D\frac{\partial \rho}{\partial x}\right) \tag{3-3}$$

上式称为菲克第二定律或扩散第二定律。扩散系数 D 一般是浓度的函数，当它随浓度变化不大或浓度很低时，可以视为常数，则式（3-3）可写为

$$\frac{\partial \rho}{\partial t} = D\frac{\partial^2 \rho}{\partial x^2} \tag{3-4}$$

式中，ρ 为扩散物质的质量浓度，kg/m^3；t 为扩散时间，s；x 为扩散距离，m。

对三维扩散，在直角坐标系下的扩散第二定律可由式（3-3）拓展得到

$$\frac{\partial \rho}{\partial t} = \frac{\partial}{\partial x}\left(D_x\frac{\partial \rho}{\partial x}\right) + \frac{\partial}{\partial y}\left(D_y\frac{\partial \rho}{\partial x}\right) + \frac{\partial}{\partial z}\left(D_z\frac{\partial \rho}{\partial x}\right) \tag{3-5}$$

当扩散系统为各向同性时，如立方晶系，有 $D_x = D_y = D_z = D$，若扩散系数与浓度无关，则菲克第二定律的普遍式为

$$\frac{\partial \rho}{\partial t} = D\left(\frac{\partial^2 \rho}{\partial x^2} + \frac{\partial^2 \rho}{\partial y^2} + \frac{\partial^2 \rho}{\partial z^2}\right) \tag{3-6}$$

3.1.3 菲克第二定律的解及其应用（Solution and application of Fick's second law）

对于非稳态扩散，可以先求出菲克第二定律的通解，再根据问题的初始条件和边界条件，求出问题的特解。为了方便应用，下面介绍两种常见的特解。

3.1.3.1 误差函数解

误差函数解适合于无限长或半无限长物体的扩散。无限长的意义是相对于原子扩散区长度而言，只要扩散物体的长度比扩散区长得多，就可以认为物体是无限长的。

A 无限长扩散偶的扩散

将两根质量浓度分别为 ρ_1 和 ρ_2、横截面积和浓度均匀的金属棒沿着长度方向焊接在一起，形成无限长扩散偶，然后将其加热到一定温度保温，考察浓度沿长度方向随时间的变化，如图 3.2 所示。

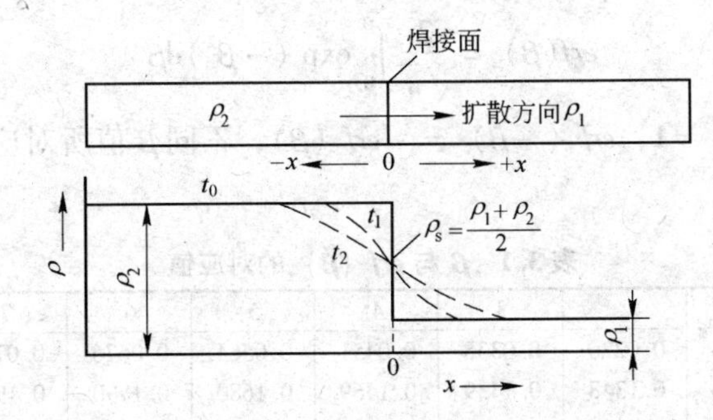

图 3.2 无限长扩散偶中的溶质原子分布

将焊接面作为坐标原点，扩散沿 x 轴方向，列出扩散问题的初始条件：

$t = 0$ $\qquad x > 0$，则 $\rho = \rho_1$

$\qquad\qquad x < 0$，则 $\rho = \rho_2$

边界条件：

$t \geqslant 0$ $\qquad x = \infty$，则 $\rho = \rho_1$

$\qquad\qquad x = -\infty$，则 $\rho = \rho_2$

为得到满足上述条件的扩散第二方程的解 $\rho(x, t)$，采用变量代换法，令 $\beta = \frac{x}{2\sqrt{Dt}}$，目的是将浓度由二元函数转化为 β 的单变量函数，从而使式（3-4）变为常微分方程。将 $\beta = \frac{x}{2\sqrt{Dt}}$ 代入式（3-4），则有

$$\frac{\partial\rho}{\partial t} = \frac{\mathrm{d}\rho}{\mathrm{d}\beta}\frac{\partial\beta}{\partial t} = -\frac{\beta}{2t}\frac{\mathrm{d}\rho}{\mathrm{d}\beta}$$

$$\frac{\partial^2\rho}{\partial x^2} = \frac{\partial^2\rho}{\partial\beta^2}\left(\frac{\partial\beta}{\partial x}\right)^2 = \frac{\partial^2\rho}{\partial\beta^2}\frac{1}{4Dt}$$

将以上两式代入式（3-4），得

$$-\frac{\beta}{2t}\frac{\mathrm{d}\rho}{\mathrm{d}\beta}=D\frac{1}{4Dt}\frac{\mathrm{d}^2\rho}{\mathrm{d}\beta^2}$$

整理为

$$\frac{\mathrm{d}^2\rho}{\mathrm{d}\beta^2}+2\beta\frac{\mathrm{d}\rho}{\mathrm{d}\beta}=0 \tag{3-7}$$

可解得

$$\frac{\mathrm{d}\rho}{\mathrm{d}\beta}=A_1\exp(-\beta^2) \tag{3-8}$$

再积分，通解为

$$\rho=A_1\int_0^{\beta}\exp(-\beta^2)\mathrm{d}\beta+A_2 \tag{3-9}$$

式中，A_1 和 A_2 为积分常数。

根据误差函数定义

$$erf(\beta)=\frac{2}{\sqrt{\pi}}\int_0^{\beta}\exp(-\beta^2)\mathrm{d}\beta \tag{3-10}$$

可以证明，$erf(+\infty)=1$，$erf(-\beta)=-erf(\beta)$，不同 β 值所对应的误差函数 $erf(\beta)$ 值见表 3. 1。

表 3. 1 β 与 $erf(\beta)$ 的对应值

β	0	1	2	3	4	5	6	7	8	9
0. 0	0. 0000	0. 0113	0. 0226	0. 0338	0. 0451	0. 0564	0. 0676	0. 0789	0. 0901	0. 1013
0. 1	0. 1125	0. 1236	0. 1348	0. 1439	0. 1569	0. 1680	0. 1790	0. 1900	0. 2009	0. 2118
0. 2	0. 2227	0. 2335	0. 2443	0. 2550	0. 2657	0. 2763	0. 2869	0. 2974	0. 3079	0. 3183
0. 3	0. 3286	0. 3389	0. 3491	0. 3593	0. 3684	0. 3794	0. 3893	0. 3992	0. 4090	0. 4187
0. 4	0. 4284	0. 4380	0. 4475	0. 4569	0. 4662	0. 4755	0. 4847	0. 4937	0. 5027	0. 5117
0. 5	0. 5204	0. 5292	0. 5379	0. 5465	0. 5549	0. 5633	0. 5716	0. 5798	0. 5879	0. 5979
0. 6	0. 6039	0. 6117	0. 6194	0. 6270	0. 6346	0. 6420	0. 6494	0. 6566	0. 6638	0. 6708
0. 7	0. 6778	0. 6847	0. 6914	0. 6981	0. 7047	0. 7112	0. 7175	0. 7238	0. 7300	0. 7361
0. 8	0. 7421	0. 7480	0. 7358	0. 7595	0. 7651	0. 7707	0. 7761	0. 7864	0. 7867	0. 7918
0. 9	0. 7969	0. 8019	0. 8068	0. 8116	0. 8163	0. 8209	0. 8254	0. 8249	0. 8342	0. 8385
1. 0	0. 8427	0. 8468	0. 8508	0. 8548	0. 8586	0. 8624	0. 8661	0. 8698	0. 8733	0. 8168
1. 1	0. 8802	0. 8835	0. 8868	0. 8900	0. 8931	0. 8961	0. 8991	0. 9020	0. 9048	0. 9076
1. 2	0. 9103	0. 9130	0. 9155	0. 9181	0. 9205	0. 9229	0. 9252	0. 9275	0. 9297	0. 9319
1. 3	0. 9340	0. 9361	0. 9381	0. 9400	0. 9419	0. 9438	0. 9456	0. 9473	0. 9490	0. 9507
1. 4	0. 9523	0. 9539	0. 9554	0. 9569	0. 9583	0. 9597	0. 9611	0. 9624	0. 9637	0. 9649
1. 5	0. 9661	0. 9673	0. 9687	0. 9695	0. 9706	0. 9716	0. 9726	0. 9736	0. 9745	0. 9755
β	1. 55	1. 6	1. 65	1. 7	1. 75	1. 8	1. 9	2. 0	2. 2	2. 7
$erf(\beta)$	0. 9716	0. 9763	0. 9804	0. 9838	0. 9867	0. 9891	0. 9928	0. 9953	0. 9981	0. 9999

注：β 为 0 ~ 2. 7。

根据误差函数的定义和性质，当 $\beta\to\pm\infty$ 时，有

$$\int_0^{\pm\infty}\exp(-\beta^2)\mathrm{d}\beta=\pm\frac{\sqrt{\pi}}{2}$$

利用上式和初始条件，当 $t=0$ 时，$x<0$，$\beta=-\infty$；$x>0$，$\beta=+\infty$。将它们代入式

(3-9)，得

$$\rho_1 = \frac{\sqrt{\pi}}{2}A_1 + A_2, \quad \rho_2 = -\frac{\sqrt{\pi}}{2}A_1 + A_2$$

解出积分常数

$$A_1 = \frac{\rho_1 - \rho_2}{\sqrt{\pi}}, \quad A_2 = \frac{\rho_1 + \rho_2}{2}$$

代入式 (3-9)，得

$$\rho(x,t) = \frac{\rho_1 + \rho_2}{2} + \frac{\rho_1 - \rho_2}{2}\frac{2}{\sqrt{\pi}}\int_0^{\beta}\exp(-\beta^2)\mathrm{d}\beta$$

$$= \frac{\rho_1 + \rho_2}{2} + \frac{\rho_1 - \rho_2}{2} erf\left(\frac{x}{2\sqrt{Dt}}\right) \tag{3-11}$$

在界面处 ($x=0$)，则 $erf(0)=0$，所以

$$\rho_s = \frac{\rho_1 + \rho_2}{2}$$

即界面上的质量浓度始终保持不变。若焊接面右侧棒的原始质量浓度 $\rho_1=0$，则式 (3-11) 简化为

$$\rho(x,t) = \frac{\rho_2}{2}\left[1 - erf\left(\frac{x}{2\sqrt{Dt}}\right)\right] \tag{3-12}$$

而界面上的浓度 $\rho_s = \frac{\rho_2}{2}$。

B 半无限长物体的扩散

钢的渗碳是将零件置于活性碳介质中，在一定温度下，碳原子由零件表面向内部扩散，从而改变零件表层的组织、结构及性能，在生产中得到广泛应用。

将原始碳质量浓度为 ρ_0 的渗碳件视为半无限长的扩散体，放入含有渗碳介质的渗碳炉中，在一定温度下渗碳。渗碳开始后，零件的表面碳浓度很快达到该温度下奥氏体的饱和浓度 ρ_s，随后表面碳浓度保持不变。随着时间的延长，碳原子不断由表面向内部扩散，渗碳层中的碳浓度不断向内部延伸。远离渗碳源一端的碳浓度在整个渗碳过程中始终保持原始碳浓度 ρ_0。将坐标原点 $x=0$ 放在表面上，x 轴的正方向由表面垂直向内，即碳原子的扩散方向。列出此问题的初始条件：

$t=0$ 时， $x>0$，$\rho=\rho_0$

$t>0$ 时， $x=0$，$\rho=\rho_s$

边界条件：

$$x=+\infty, \quad \rho=\rho_0$$

将上述条件代入式 (3-9)，确定积分常数 A_1 和 A_2，就可求出渗碳层中碳浓度的分布函数

$$\rho(x,t) = \rho_s - (\rho_s - \rho_0) erf\left(\frac{x}{2\sqrt{Dt}}\right) \tag{3-13}$$

若渗碳件为纯铁（$\rho_0=0$），则上式简化为

$$\rho(x,t)=\rho_s\left[1-erf\left(\frac{x}{2\sqrt{Dt}}\right)\right] \tag{3-14}$$

在渗碳中，常需要估算满足一定渗碳层深度所需要的时间，可根据式（3-13）求出。

例：碳质量分数为0.1%的低碳钢，置于碳质量分数为1.2%的碳气氛中，在920℃下进行渗碳，如要求离表面0.002m处碳质量分数为0.45%，问需要多少渗碳时间？

解：已知扩散系数$D=2\times10^{-11}\text{m}^2/\text{s}$，由式（3-13）得

$$\frac{\rho_s-\rho(x,t)}{\rho_s-\rho_0}=erf\left(\frac{x}{2\sqrt{Dt}}\right)$$

将质量浓度转换成质量分数，得

$$\frac{w_s-w(x,t)}{w_s-w_0}=erf\left(\frac{x}{2\sqrt{Dt}}\right)$$

代入数值，可得

$$erf\left(\frac{224}{\sqrt{t}}\right)=\frac{1.2-0.45}{1.2-0.1}\approx0.682$$

由误差函数表可查得

$$\frac{224}{\sqrt{t}}\approx0.71$$

所以，$t\approx27.6\text{h}$。

3.1.3.2 高斯函数解

在金属的表面上沉积一层扩散元素薄膜，然后将两个相同的金属沿沉积面对焊在一起，形成两个金属中间夹着一层无限薄的扩散元素薄膜的扩散偶。若扩散偶沿垂直于薄膜源的方向上为无限长，则其两端浓度不受扩散影响。将扩散偶加热到一定温度，扩散元素开始沿垂直于薄膜方向同时向两侧扩散，考察扩散元素的浓度随时间的变化。因为扩散前扩散元素集中在一层薄膜上，故高斯函数解也称为薄膜解。

将坐标原点$x=0$选在薄膜处，原子扩散方向x垂直于薄膜，确定薄膜解的初始和边界条件分别为

$t=0$时，$|x|\neq0$，$\rho(x,t)=0$；$x=0$，$\rho(x,t)=+\infty$

$t\geqslant0$时，$x=\pm\infty$，$\rho(x,t)=0$

可以验证满足扩散第二方程和上述初始、边界条件的解为

$$\rho(x,t)=\frac{k}{\sqrt{t}}\exp\left(-\frac{x^2}{4Dt}\right) \tag{3-15}$$

式中，k为待定常数。从式（3-15）可知，溶质质量浓度是以原点为中心成左右对称分布的。假设扩散物质的单位面积质量为M，则

$$M=\int_{-\infty}^{+\infty}\rho(x,t)\,\mathrm{d}x \tag{3-16}$$

与误差函数解一样，采用变量代换，$\beta=\dfrac{x}{2\sqrt{Dt}}$，微分有$\mathrm{d}x=2\sqrt{Dt}\,\mathrm{d}\beta$，将其和式（3-15）

同时代入式（3-16），得

$$M = 2k\sqrt{D}\int_{-\infty}^{+\infty}\exp(-\beta^2)\mathrm{d}\beta = 2k\sqrt{\pi D}$$

由高斯误差函数可知

$$\int_0^{\pm\infty}\exp(-\beta^2)\mathrm{d}\beta = \pm\frac{\sqrt{\pi}}{2}$$

则待定常数

$$k = \frac{M}{2\sqrt{\pi D}} \tag{3-17}$$

将式（3-17）代入式（3-15）就获得高斯函数解，即薄膜扩散源随扩散时间衰减后的分布

$$\rho(x,t) = \frac{M}{2\sqrt{\pi Dt}}\exp\left(-\frac{x^2}{4Dt}\right) \tag{3-18}$$

式中，令 $A = \dfrac{M}{2\sqrt{\pi Dt}}$，$B = 2\sqrt{Dt}$，它们分别表示浓度分布曲线的振幅和宽度。当 $t=0$ 时，$A=\infty$，$B=0$；当 $t=\infty$ 时，$A=0$，$B=\infty$。因此，随着时间延长，浓度曲线的振幅减小，宽度增加，这就是高斯函数解的性质，图 3.3 给出了不同扩散时间的浓度分布曲线。

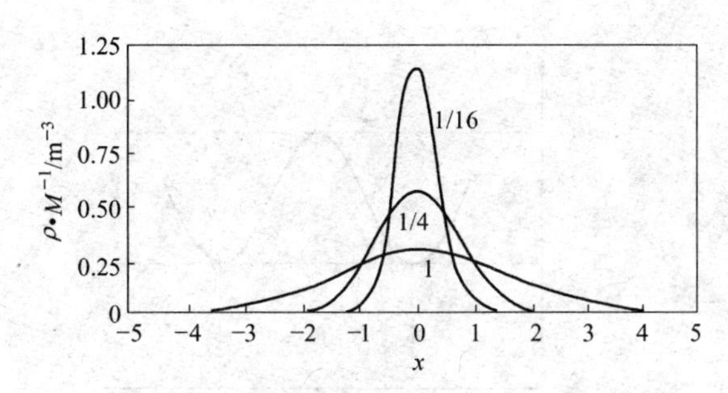

图 3.3 薄膜扩散源的浓度随距离及时间的变化
（图中数字表示不同的 Dt 值）

3.2 扩散微观理论与机制（Microscopic theory and mechanism of diffusion）

扩散第一及第二定律及其在各种条件下的解反映了原子扩散的宏观规律，这些规律为解决许多与扩散有关的实际问题奠定了基础。在扩散定律中，扩散系数是衡量原子扩散能力非常重要的参数，为了求出扩散系数，要建立扩散系数与扩散的其他宏观量和微观量之间的联系。事实上，宏观扩散现象是微观中大量原子无规则跳动的统计结果。本节主要从原子的微观跳动出发，研究扩散的原子理论、微观机制等。

3.2.1 原子跳动和扩散系数（Atoms jumping and diffusion coefficient）

大量原子的微观跳动决定了宏观扩散距离，而扩散距离又与原子的扩散系数有关，故原子跳动与扩散系数间存在内在的联系。

以间隙固溶体为例，溶质原子的扩散一般是从一个间隙位置跳到其近邻的另一个

间隙位置。图 3.4 为面心立方结构的八面体间隙位置和（100）晶面上的原子排列。图中 1 代表间隙原子的原来位置，2 代表跳跃后的位置。在跳跃时，必须推开原子 3 与 4 或这个晶面上下两侧的相邻原子，从而使晶格发生局部瞬时畸变，瞬时畸变就是间隙原子跳跃的阻力，即间隙原子跳跃时所必须克服的能垒，如图 3.5 所示。间隙原子从位置 1 跳到位置 2 的能垒 $\Delta G = G_2 - G_1$，只有那些自由能超过 G_2 的原子才能发生跳跃。

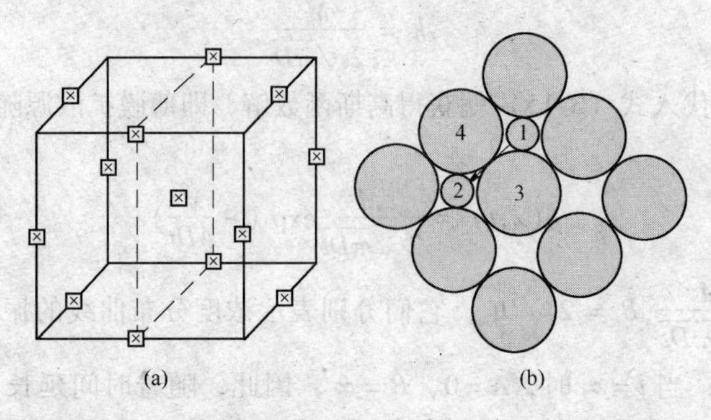

图 3.4　面心立方结构的八面体间隙位置和（100）晶面上的原子排列

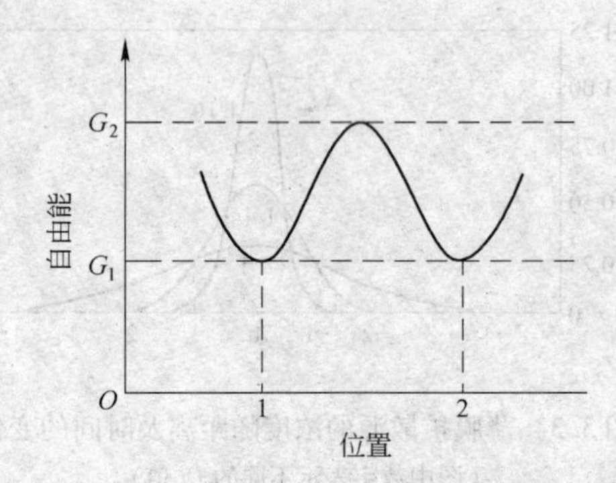

图 3.5　原子的自由能与其位置的关系

根据麦克斯韦-玻耳兹曼（Maxwell-Boltzmann）统计分布定律，在 N 个溶质原子中，自由能大于 G_2 的原子数

$$n(G > G_2) = N\exp\left(\frac{-G_2}{kT}\right)$$

同样，自由能大于 G_1 的原子数

$$n(G > G_1) = N\exp\left(\frac{-G_1}{kT}\right)$$

则

$$\frac{n(G > G_2)}{n(G > G_1)} = \exp\left(\frac{-G_2}{kT} - \frac{-G_1}{kT}\right)$$

由于 G_1 处于平衡位置，即最低自由能的稳定状态，故 $n(G > G_1) \approx N$，上式变为

$$\frac{n(G > G_2)}{N} = \exp\left(-\frac{G_2 - G_1}{kT}\right) = \exp\left(-\frac{\Delta G}{kT}\right) \tag{3-19}$$

式（3-19）表示在 T 温度下具有跳跃条件的原子分数，或称原子跳跃几率。

在晶体中考虑两个相邻并且平行的晶面，如图 3.6 所示。由于原子跳动的无规则性，溶质原子即可由晶面 1 跳向晶面 2，也可由晶面 2 跳向晶面 1。在浓度均匀的固溶体中，在同一时间内，溶质原子由晶面 1 跳向晶面 2 或由晶面 2 跳向晶面 1 的次数相同，不会产生宏观的扩散。但在浓度不均匀的固溶体中会因为溶质原子朝两个方向的跳动次数不同而形成原子的净输出。

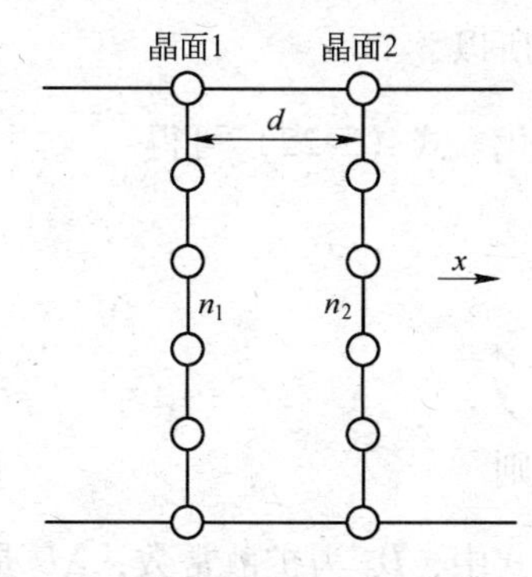

图 3.6　相邻晶面间原子的跳动

设溶质原子在晶面 1 和晶面 2 处的面密度分别为 n_1 和 n_2，两面间距离为 d，原子的跳动频率为 Γ，跳动几率无论由晶面 1 跳向晶面 2，还是由晶面 2 跳向晶面 1 都为 P，则在 Δt 时间内，单位面积上由晶面 1 跳向晶面 2 或由晶面 2 跳向晶面 1 的溶质原子数分别为

$$N_{1-2} = n_1 P\Gamma\Delta t$$

$$N_{2-1} = n_2 P\Gamma\Delta t$$

如果 $n_1 > n_2$，在晶面 2 上得到间隙溶质原子的净值

$$N_{1-2} - N_{2-1} = (n_1 - n_2)P\Gamma\Delta t$$

按扩散通量的定义得到

$$J = (n_1 - n_2)P\Gamma \tag{3-20}$$

设溶质原子在晶面 1 和晶面 2 处的质量浓度分别为 ρ_1 和 ρ_2，则

$$\rho_1 = \frac{n_1}{d},\ \rho_2 = \frac{n_2}{d} = \rho_1 + \frac{\partial\rho}{\partial x}d$$

式中，ρ_2 相对于以晶面 1 的浓度 ρ_1 作为标准，如果改变单位距离引起的浓度变化为 $\frac{\partial\rho}{\partial x}$，那么改变 d 距离的浓度变化为 $\frac{\partial\rho}{\partial x}d$。由上面两式可得

$$n_1 - n_2 = -\frac{\partial\rho}{\partial x}\cdot d^2$$

将其代入式（3-20），则

$$J = -d^2 P\Gamma\frac{\partial\rho}{\partial x} \tag{3-21}$$

与菲克第一定律比较，可得原子的扩散系数为

$$D = d^2 P\Gamma \tag{3-22}$$

式中，d 和 P 取决于晶体结构类型；Γ 除了与晶体结构有关外，还与温度关系极大。式（3-22）也适用于置换型扩散，其重要意义在于：建立了扩散系数与原子的跳动频率、跳动几率以及晶体几何参数等微观量之间的关系。

对间隙型扩散，设原子的振动频率为 ν，溶质原子最近邻的间隙位置数为 z，则 Γ 应是 ν、z 和具有跳跃条件原子分数 $\exp\left(-\frac{\Delta G}{kT}\right)$ 的乘积，即

$$\Gamma = \nu z\exp\left(-\frac{\Delta G}{kT}\right)$$

因为 $$\Delta G = \Delta H - T\Delta S \approx \Delta U - T\Delta S$$

所以 $$\Gamma = \nu z\exp\left(\frac{\Delta S}{k}\right)\exp\left(-\frac{\Delta U}{kT}\right)$$

代入式（3-22）可得

$$D = d^2 P\nu z\exp\left(\frac{\Delta S}{k}\right)\exp\left(-\frac{\Delta U}{kT}\right)$$

令 $$D_0 = d^2 P\nu z\exp\left(\frac{\Delta S}{k}\right)$$

则 $$D = D_0\exp\left(-\frac{\Delta U}{kT}\right) = D_0\exp\left(-\frac{Q}{kT}\right) \tag{3-23}$$

式中，D_0 为扩散常数；ΔU 是间隙扩散时溶质原子跳跃所需额外的热力学内能，该迁移能等于间隙原子的扩散激活能 Q。

对置换型扩散或自扩散，原子迁移主要是通过空位进行，除了需要原子从一个空位跳跃到另一个空位时的迁移能外，还需要扩散原子近旁空位的形成能。

在温度 T 时，晶体中平衡的空位摩尔分数为

$$X_v = \exp\left(-\frac{\Delta U_v}{kT} + \frac{\Delta S_v}{k}\right)$$

式中，ΔU_v 为空位形成能；ΔS_v 为熵增值。若配位数为 Z_0，则空位周围原子所占的分数为

$$Z_0 X_v = Z_0\exp\left(-\frac{\Delta U_v}{kT} + \frac{\Delta S_v}{k}\right)$$

设扩散原子跳入空位所需的自由能 $\Delta G \approx \Delta U - T\Delta S$，那么，原子跳跃频率 Γ 应是原子的振动频率 ν 及空位周围原子所占的分数 $Z_0 X_v$ 和具有跳跃条件原子所占的分数 $\exp\left(-\frac{\Delta G}{kT}\right)$ 的乘积，即

$$\Gamma = \nu Z_0\exp\left(-\frac{\Delta U_v}{kT} + \frac{\Delta S_v}{k}\right)\exp\left(-\frac{\Delta U}{kT} + \frac{\Delta S}{k}\right)$$

将上式代入式（3-22），得

$$D = d^2 P\nu Z_0\exp\left(\frac{\Delta S_v + \Delta S}{k}\right)\exp\left(\frac{-\Delta U_v - \Delta U}{kT}\right)$$

令扩散常数 $$D_0 = d^2 P\nu Z_0\exp\left(\frac{\Delta S_v + \Delta S}{k}\right)$$

所以

$$D = D_0\exp\left(\frac{-\Delta U_v - \Delta U}{kT}\right) = D_0\exp\left(-\frac{Q}{kT}\right) \tag{3-24}$$

式中，$Q = \Delta U_v + \Delta U$，这表明置换型扩散或自扩散除了需要原子迁移能 ΔU 外，还比间隙型扩散增加了一项空位形成能 ΔU_v。实验表明，置换型扩散或自扩散的激活能均比间隙型扩散的激活能大，见表 3.2。

式（3-23）和式（3-24）的扩散系数都遵循阿累尼乌斯（Arrhenius）方程

$$D = D_0\exp\left(-\frac{Q}{RT}\right) \tag{3-25}$$

式中，R 为气体常数，8.314J/(mol·K)；Q 代表每摩尔原子的激活能；T 为绝对温度。表

明不同扩散机制的扩散系数表达式相同，但 D_0 和 Q 值不同。

表 3.2 某些扩散常数 D_0 和扩散激活能 Q 的近似值

扩散元素	基体金属	$D_0/\times10^{-5}m^2\cdot s^{-1}$	$Q/\times10^3J\cdot mol^{-1}$
C	γ－Fe	2.0	140
N	γ－Fe	0.33	144
C	α－Fe	0.20	84
N	α－Fe	0.46	75
Fe	α－Fe	19	239
Fe	γ－Fe	1.8	270
Ni	γ－Fe	4.4	283
Mn	γ－Fe	5.7	277
Cu	Al	0.84	136
Zn	Cu	2.1	171
Ag	Ag（晶内扩散）	7.2	190
Ag	Ag（晶界扩散）	1.4	90

3.2.2 扩散激活能（Activation energy of diffusion）

当晶体中的原子以不同方式扩散时，所需的扩散激活能 Q 值是不同的。在间隙扩散机制中，$Q=\Delta U$；在空位扩散机制中，$Q=\Delta U+\Delta U_v$。此外，还有晶界扩散、表面扩散、位错扩散等，它们的扩散激活能也都各不相同，因此，求出某种条件下的扩散激活能，对于了解扩散机制是非常重要的。

扩散激活能一般靠实验测量。首先将式（3-25）两边取对数，有

$$\ln D = \ln D_0 - \frac{Q}{RT} \tag{3-26}$$

然后由实验测定在不同温度下的扩散系数，并以 $1/T$ 为横轴，$\ln D$ 为纵轴绘图，一般认为 D_0 和 Q 值的大小与温度无关，只与扩散机制和材料相关，这种情况下的 $\ln D$ 与 $1/T$ 作图为一直线，如图 3.7 所示。图中直线的斜率为 $-Q/R$ 值，与纵轴的截距为 $\ln D_0$ 值，从而用图解法可求出扩散常数 D_0 和扩散激活能 Q。

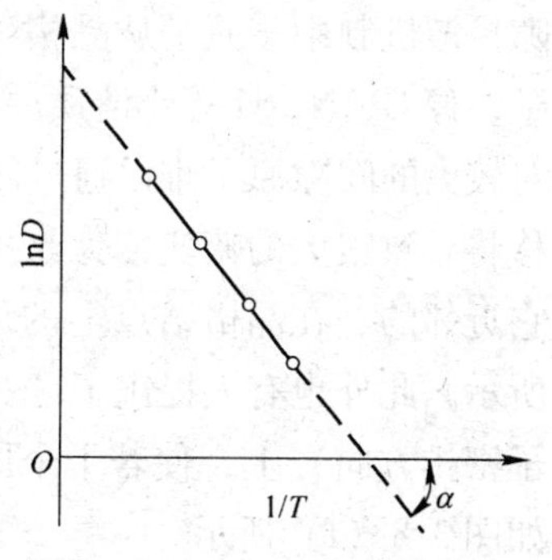

图 3.7 $\ln D-1/T$ 的关系图

但值得注意的是，在用 $Q=-R\tan\alpha$ 求 Q 值时，不能通过测量图中的 α 角来求 $\tan\alpha$ 值，而必须用 $\dfrac{\Delta(\ln D)}{\Delta(1/T)}$ 来求 $\tan\alpha$ 值，因为在 $\ln D-1/T$ 图中横坐标和纵坐标是用不同量的单位表示的。

3.2.3 扩散机制（Mechanisms of diffusion）

在晶体中原子在其平衡位置作热振动，并会从一个平衡位置跳到另一个平衡位置，即

发生了扩散，一些可能的扩散机制总结在图3.8中。

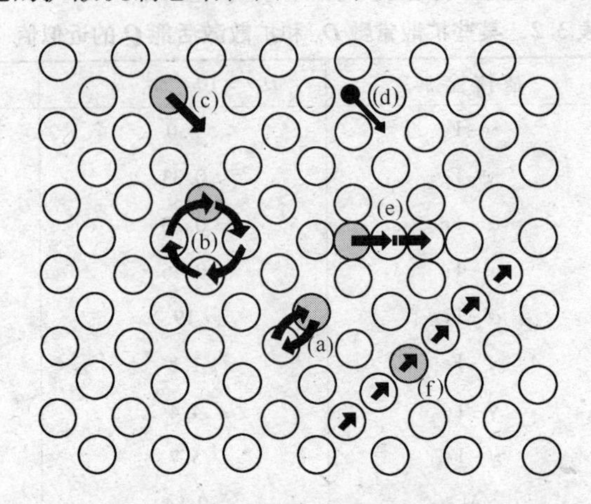

图3.8 晶体中的扩散机制

(a) 直接交换；(b) 环形交换；(c) 空位；(d) 间隙；(e) 推填；(f) 挤列

3.2.3.1 换位机制（Conversion mechanism）

通过两个相邻原子间直接调换位置的方式进行扩散，如图3.8（a）所示。这种换位方式，原子在换位过程中，势必要推开周围原子以让出路径，结果引起很大的点阵膨胀畸变，原子按这种方式迁移的能垒太高，可能性不大，到目前为止尚未得到实验证实。为了降低扩散的能垒，提出4个原子同时交换即环形交换机制，如图3.8（b）所示。由于环形换位时原子经过的路径呈圆形，对称性比较高，引起的点阵畸变小一些，扩散的能垒有所降低。无论是直接交换还是环形交换，均使扩散原子通过垂直于扩散方向平面的净通量为零，即扩散原子是等量互换的，不出现柯肯达尔效应。

3.2.3.2 间隙机制（Interstitial mechanism）

间隙机制适合于间隙固溶体中间隙原子的扩散，这一机制已被大量实验所证实。在间隙扩散机制中，原子从晶格中的一个间隙位置迁移到另一个间隙位置。对较小的间隙原子，像C、N、H等小溶质原子易以这种方式在晶体中扩散，如图3.8（d）为间隙扩散。对较大的间隙原子难以通过间隙机制从一个间隙位置迁移到相邻的间隙位置，因为这种迁移将导致很大的畸变，为此提出了“推填”（interstitialcy）机制，即一个填隙原子可以把它近邻的、在晶格结点上的原子“推”到被推出去的原子的原来位置上，如图3.8（e）所示。此外也有人提出了“挤列”机制，即一个间隙原子挤入体心立方晶体对角线（原子密排方向）上，使若干个原子偏离其平衡位置，形成一个集体，该集体称为“挤列”，如图3.8（f）所示。

3.2.3.3 空位机制（Vacancy mechanism）

空位扩散机制适合于纯金属的自扩散和置换固溶体中原子的扩散，这种机制也已被实验所证实。空位扩散与晶体中的空位浓度有直接关系。晶体在一定温度下总存在一定数量的空位，而且温度越高，空位数量越多。这些空位的存在使原子迁移更容易，故大多数情况下，原子扩散都是借助空位扩散机制进行的，如图3.8（c）所示。

柯肯达尔效应就支持了空位扩散机制。例如：把 Cu、Ni 两根金属棒对焊在一起，在焊接面上镶嵌上几根钨丝作为界面标志（见图 3.9），然后加热到高温并保温很长时间后，令人惊异的事情发生了：作为界面标志的钨丝竟向纯 Ni 一侧移动了一段距离 δ。经分析，界面的左侧（Cu）含有镍原子，而界面的右侧（Ni）也含有铜原子，但是左侧 Ni 的浓度大于右侧 Cu 的浓度，这表明，Ni 向左侧扩散过来的原子数目大于 Cu 向右侧扩散过去的原子数目，即 $J_{Ni} > J_{Cu}$。过剩的镍原子将使左侧的点阵膨胀，而右边原子减少的地方将发生点阵收缩，其结果必然导致界面向右漂移。这就是著名的柯肯达尔效应。

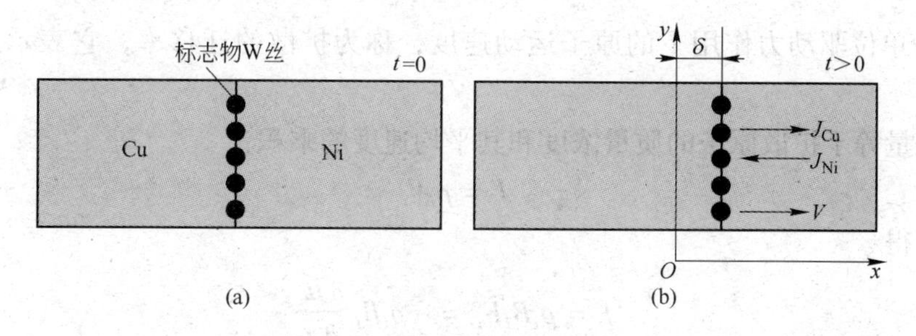

图 3.9　置换固溶体中的互扩散

（a）扩散前；（b）扩散后

3.2.3.4　晶界扩散及表面扩散（Grain-boundary diffusion and surface diffusion）

对多晶体材料，扩散物质可沿三种不同路径进行，即晶体内扩散、晶界扩散和样品自由表面扩散，并用 D_L、D_B、D_S 表示三者的扩散系数，且 $D_L < D_B < D_S$。由于晶界、表面及位错等都可视为晶体中的缺陷，缺陷产生的畸变使原子迁移比完整晶体内容易，导致缺陷中的扩散速率大于完整晶体内的扩散速率。常把缺陷中的扩散称为“短路”扩散。

3.3　扩散的热力学分析（Thermodynamic analysis of diffusion）

菲克第一定律描述了物质从高浓度向低浓度扩散的现象，扩散结果导致浓度梯度减小，使成分趋于均匀。但实际上，物质也可能从低浓度区向高浓度区扩散，扩散的结果提高了浓度梯度，这种扩散称为上坡扩散或逆向扩散。例如：弹性应力场，晶界内吸附，大的电场或温度场均会引起上坡扩散。

（1）扩散的驱动力（Driving force of diffusion）。根据热力学理论，在恒温、恒压条件下，系统变化的方向总是向吉布斯自由能降低的方向进行，自由能最低态是系统的平衡态，过程的自由能变化 $\Delta G < 0$ 是系统变化的驱动力。

合金中的扩散也是一样，原子总是从化学位高的地方向化学位低的地方扩散，当各相中同一组元的化学位相等（多相合金），或者同一相中组元在各处的化学位相等（单相合金），则达到平衡态，宏观扩散停止。因此，原子扩散的真正驱动力是化学位梯度。如果合金中 i 组元的原子由于某种外界因素的作用（如温度、压力、应力、磁场等），沿 x 方向运动 ∂x 距离，其化学位降低 $\partial \mu_i$，则该原子受到的驱动力为

$$F_i = -\frac{\partial \mu_i}{\partial x} \tag{3-27}$$

式中，负号表示驱动力与化学位降低的方向一致，也就是扩散总是向化学位减小的方向进行，即不管是上坡扩散还是下坡扩散，只要两个区域中 i 组元存在化学位差 $\Delta\mu_i$ 就能产生扩散，直至 $\Delta\mu_i = 0$。

(2) 扩散系数的普遍形式 (General form of diffusion coefficient)。原子在晶体中扩散时，若作用在原子上的驱动力等于原子的点阵阻力时，则原子的运动速度达到极限值，设为 V_i，该速度正比于原子的驱动力

$$V_i = B_i F_i \tag{3-28}$$

式中，B_i 为单位驱动力作用下的原子运动速度，称为扩散的迁移率，它表示原子的迁移能力。

扩散通量等于扩散原子的质量浓度和其平均速度的乘积：

$$J = \rho_i V_i \tag{3-29}$$

由此可得

$$J = \rho_i B_i F_i = -\rho_i B_i \frac{\partial \mu_i}{\partial x} \tag{3-30}$$

由菲克第一定律

$$J = -D\frac{\partial \rho_i}{\partial x} \tag{3-31}$$

比较 (3-30) 和 (3-31) 两式，可得

$$D = \rho_i B_i \frac{\partial \mu_i}{\partial \rho_i} = B_i \frac{\partial \mu_i}{\partial \ln \rho_i} = B_i \frac{\partial \mu_i}{\partial \ln x_i} \tag{3-32}$$

式中 $x_i = \frac{\rho_i}{\rho}$。在热力学中，$\partial\mu_i = kT\partial\ln a_i$，$a_i$ 为组元 i 在固溶体中的活度，并有 $a_i = \gamma_i x_i$，γ_i 为活度系数，故 (3-32) 式为

$$D = kTB_i \frac{\partial \ln a_i}{\partial \ln x_i} = kTB_i\left(1 + \frac{\partial \ln \gamma_i}{\partial \ln x_i}\right) \tag{3-33}$$

该式为扩散系数的一般表达式，式中 $\left(1 + \frac{\partial \ln \gamma_i}{\partial \ln x_i}\right)$ 称为热力学因子。

(3) 讨论 (Discussion)。当 $\left(1 + \frac{\partial \ln \gamma_i}{\partial \ln x_i}\right) = 1$ 时，$D = kTB_i$，表明在理想或稀固溶体中，不同组元的扩散速率仅取决于迁移率 B_i 的大小；

当 $\left(1 + \frac{\partial \ln \gamma_i}{\partial \ln x_i}\right) > 0$ 时，$D > 0$，表明组元是从高浓度区向低浓度区迁移的"下坡扩散"；

当 $\left(1 + \frac{\partial \ln \gamma_i}{\partial \ln x_i}\right) < 0$ 时，$D < 0$，表明组元是从低浓度区向高浓度区迁移的"上坡扩散"。

综上所述，决定组元扩散的基本因素是化学位梯度，不管是上坡扩散还是下坡扩散，

其结果总是导致扩散组元化学位梯度的减小，直至化学位梯度为零。

3.4 影响扩散的因素（Influencing factors of diffusion）

（1）温度（Temperature）。温度越高，原子热激活能量越大，越易发生迁移，扩散系数越大。例如，C 在 γ-Fe 中扩散时，$D_0 = 2.0 \times 10^{-5}\,m^2/s$，$Q = 140 \times 10^3\,J/mol$，计算出 927℃和 1027℃时 C 的扩散系数分别为 $1.76 \times 10^{-11}\,m^2/s$ 和 $5.15 \times 10^{-11}\,m^2/s$。温度升高 100℃，扩散系数增加 3 倍多，说明在高温下发生与扩散有关的过程，温度是最重要的影响因素。

（2）固溶体类型（Solid solution style）。不同类型的固溶体，原子的扩散机制不同，间隙固溶体的扩散激活能比置换固溶体的扩散激活能小得多，即原子在间隙固溶体中的扩散比在置换固溶体中的扩散要快得多。如，C、N 等溶质原子在铁中的间隙扩散激活能比 Cr、Al 等溶质原子在铁中的置换扩散激活能要小得多，因此钢件在进行表面热处理时，要获得同样渗层浓度，渗 C、N 比渗 Cr、Al 等的周期短。

（3）晶体结构（Crystal structure）。有些金属存在同素异构转变，当它们的晶体结构改变后，扩散系数也发生较大的改变，例如，铁在 912℃时发生 γ-Fe⇔α-Fe 转变，α-Fe 的自扩散系数大约是 γ-Fe 的 240 倍。合金元素在不同结构的固溶体中扩散也有差别，例如，在置换固溶体中，镍于 900℃时在 α-Fe 中比在 γ-Fe 中的扩散系数高约 1400 倍；在间隙固溶体中，氮于 527℃时在 α-Fe 中比在 γ-Fe 中的扩散系数约大 1500 倍。所有元素在 α-Fe 中的扩散系数都比在 γ-Fe 中大，其原因是体心立方结构的致密度比面心立方结构的致密度小，原子较易迁移。

结构不同的固溶体对扩散元素的溶解限度不同，造成浓度梯度不同，也会影响扩散速率。例如，钢渗碳都在高温奥氏体状态下进行，除了考虑温度因素外，还因碳在 γ-Fe 中的溶解度远大于在 α-Fe 中的溶解度，使碳在奥氏体中形成较大的浓度梯度，有利于加速碳原子的扩散。

（4）晶体缺陷（Crystal defect）。若以 Q_L、Q_B 和 Q_S 分别表示晶内、晶界和表面扩散激活能；D_L、D_B 和 D_S 分别表示晶内、晶界和表面的扩散系数，则一般规律是：$Q_L > Q_B > Q_S$，$D_S > D_B > D_L$。即晶界、表面和位错等缺陷对扩散起着快速通道的作用，这是由于晶体缺陷处点阵畸变较大，原子处于较高的能量状态，易于跳跃，故各种缺陷处的扩散激活能均比晶内扩散激活能小，从而加快了原子的扩散。

（5）化学成分（Chemical composition）。组元的性质（熔点、熔化潜热、升华潜热以及膨胀系数和压缩系数等）会影响原子结合键的强弱。无论组元是在纯金属还是在合金中，原子结合键越弱，Q 越小，D 越大。一般来说，熔点、熔化潜热、升华潜热越小或者膨胀系数、压缩系数越大，原子的 Q 越小，D 越大。

组元的浓度对扩散系数的影响比较复杂，若增加浓度使原子的 Q 减小，而 D_0 增加，则 D 增大。但通常是 Q 减小，D_0 也减小；Q 增加，D_0 也增加，使得组元浓度对扩散系数的影响并不是很激烈。

第三组元对二元合金扩散系数的影响更为复杂，可能提高其扩散速率，也可能降低其扩散速率，或者几乎无作用。其根本原因是加入第三组元改变了原有组元的化学位，从而改变了组元的扩散系数，需具体情况具体分析。例如，不同合金元素对 C 在奥氏体中扩散的影响如图 3.10 所示。按合金元素作用的不同可将其分为三种类型：（1）强碳化物形成元素（Nb、Zr、Ti、V、W、Mo、Cr 等）：与 C 的亲和力较大，阻碍 C 的扩散，降低 C 在奥氏体中的扩散系数；（2）弱碳化物形成元素（Mn）：对 C 的扩散影响不大；（3）非碳化物形成元素（Co、Ni、Si 等）：其中 Co 增大 C 的扩散系数，Si 减小 C 的扩散系数，而 Ni 的作用不大。

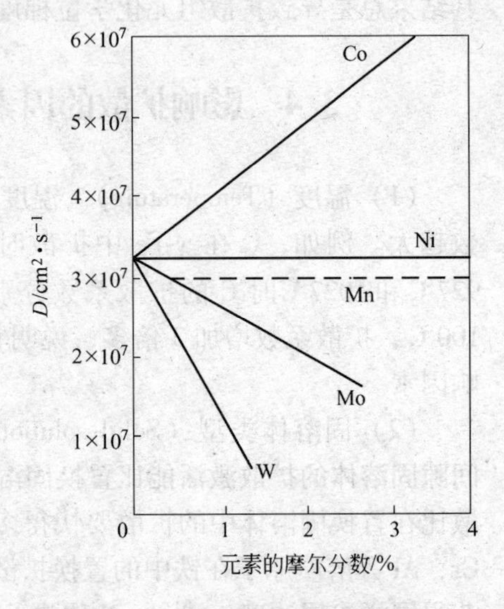

图 3.10 合金元素对 C 在奥氏体中扩散系数的影响

（6）应力的作用（Action of stress）。如果合金内部存在应力梯度，应力会提供原子扩散的驱动力，即使溶质分布是均匀的，也可能出现化学扩散现象。如果在合金外部施加应力，使合金中产生弹性应力梯度，也会促进原子向晶体点阵伸长部分迁移，产生扩散现象。即应力越大，原子扩散的驱动力越大，原子扩散的速度越大。

3.5 反应扩散（Reactive diffusion）

当某种元素通过扩散，自金属表面向内部渗透时，若该扩散元素的含量超过基体金属的溶解度，则随着扩散的进行会在金属表面形成中间相或固溶体，这种通过扩散形成新相的现象称为反应扩散或相变扩散。

反应扩散时，基体表面中的溶质原子的浓度分布随扩散时间和扩散距离的变化以及在表层中出现何种相和相的数量，这些均与基体和渗入元素间组成的合金相图有关。钢铁材料的渗氮、渗碳都是典型的反应扩散。现结合 Fe-N 二元合金相图（见图 3.11（a）），分析纯铁的氮化过程。将纯铁放入氮化罐中在 520℃ 下经长时间保温，当表面氮浓度超过 8% 时，便会在表面形成 ε 相。ε 相是以 Fe_3N 为基的固溶体，氮原子有序地分布在铁原子构成的密排六方点阵的间隙位置。ε 相的含氮量范围很宽，大约在 8.25% ~ 11.0% 之间变化，氮浓度由表面向里逐渐降低。在 ε 相的内侧是 γ′相，它是以 Fe_4N 为基的固溶体，氮原子有序地分布在铁原子构成的面心立方点阵的间隙位置。γ′相的含氮量范围很窄，在 5.7% ~ 6.1% 之间变化。在 γ′相的内侧是含氮的 α 固溶体，而远离表面的中心部才是纯铁。氮化层中的相分布和相应的浓度分布如图 3.11（b）、（c）所示。

又如铁-碳相图及不同时刻铁棒的成分分布如图 3.12 所示。将一根纯铁棒，一端与石墨装在一起然后加热到 T_1 = 780℃ 保温，发现铁棒在靠近石墨一侧出现了新相 γ 相（纯铁 780℃ 时应为 α 相），γ 相右侧为 α 相，且随渗碳时间的延长 γ-α 界面不断向右侧移动。由图 3.12 可知，与石墨平衡的 γ 相浓度为 C_3，所以石墨-γ 界面上 γ 相浓度必为 C_3；与 α 相平衡的 γ 相浓度为 C_2，所以在 γ-α 界面上 γ 相的浓度必为 C_2；同理，γ-α 界面上的 α 相

浓度必为 C_1。

在二元系中反应扩散不可能产生两相混合区，因为二元系中若两相平衡共存，则两相区中扩散原子在各处的化学位 μ_i 相等，根据 $F_i = -\frac{\partial \mu_i}{\partial x}$ 可知，扩散驱动力为零，所以在两相区扩散不能进行。同理，三元系中渗层的各部分都不能有三相平衡共存，但可以有两相区。

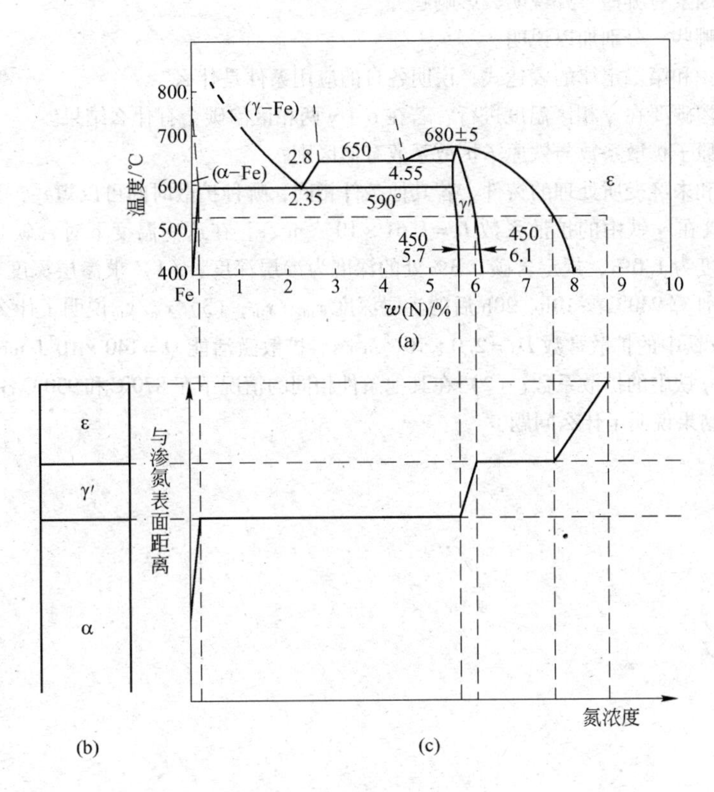

图 3.11 纯铁的表面氮化

(a) Fe-N 相图；(b) 相分布；(c) 氮浓度分布

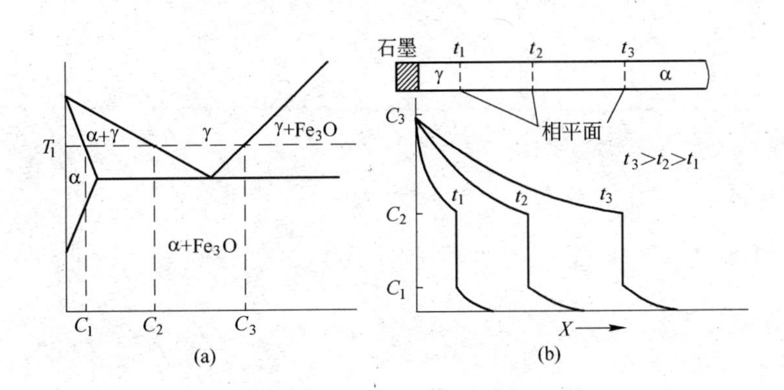

图 3.12 纯铁的表面渗碳

(a) 铁-碳相图有关部分；(b) 在 T_1 温度下渗碳铁棒中的成分分布

习　题

3-1 说明下列基本概念：扩散通量、稳态扩散、非稳态扩散、化学扩散、自扩散、上坡扩散、反应扩散。

3-2 说明扩散系数、扩散常数及扩散激活能的物理意义及其影响因素。写出扩散系数的一般表达式，说明 Q 的意义。

3-3 影响扩散的因素有哪些？并说明其影响趋势。

3-4 扩散机制有哪些？分别加以说明。

3-5 写出菲克第一和第二定律的表达式，说明各自的应用条件是什么？

3-6 为什么钢件渗碳要在 γ 相区温度进行？若在 $\alpha+\gamma$ 两相区渗碳会有什么结果？

3-7 奥氏体中碳原子扩散系数与铁原子扩散系数有何区别？

3-8 经变质处理和未经变质处理的铸件，若其他条件相同，哪种扩散时间可以短些？为什么？

3-9 已知930℃碳在 γ 铁中的扩散系数 $D=1.61\times10^{-12}\,m^2/s$，在这一温度下对含碳0.1%的碳钢渗碳，若表面碳浓度为1.0%，规定含碳0.3%处的深度为渗层深度：（1）求渗层深度 x 与渗碳时间的关系式；（2）计算930℃渗10h、20h后的渗层深度 x_{10}、x_{20}；（3）x_{20}/x_{10} 说明了什么问题？

3-10 已知碳在 γ 铁中的扩散常数 $D_0=2.0\times10^{-5}\,m^2/s$，扩散激活能 $Q=140\times10^3\,J/mol$，（1）求870℃、930℃碳在 γ 铁中的扩散系数；（2）在其他条件相同的情况下于870℃和930℃各渗碳10h，求 x_{930}/x_{870}，这个结果说明了什么问题？

4　纯金属的凝固
（Solidification of pure metals）

物质由液态到固态的转变过程称为凝固。如果凝固后的固体是晶体，又称之为结晶。了解物质的凝固过程，掌握其规律，对控制铸件质量，提高制品性能有重要意义。

4.1　结晶的过冷现象（Undercooling phenomenon of crystallization）

用图4.1所示的装置，将金属加热使之熔化成液体，然后缓慢冷却，并用 x-y 记录仪将冷却过程中的温度与时间记录下来，所获得的温度-时间关系曲线如图4.2所示。这种实验方法称为热分析实验法。

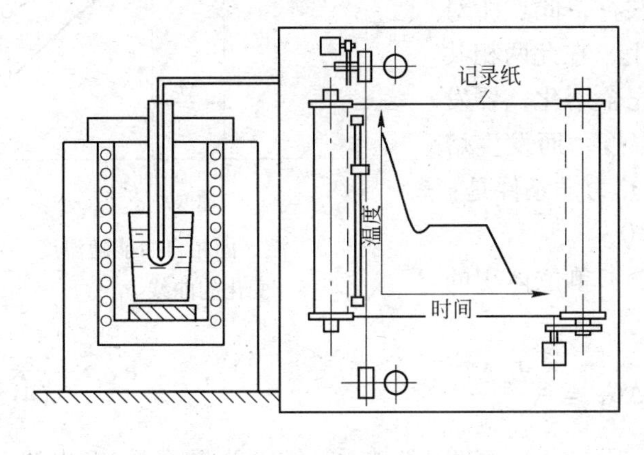

图4.1　热分析设备示意图

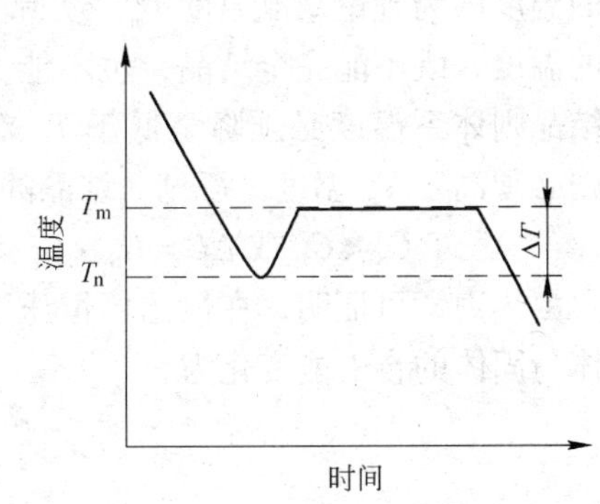

图4.2　纯金属的冷却曲线

由图4.2可见，液态金属开始随时间延长温度逐渐降低，当降到理论结晶温度（T_m）时并不发生结晶，而降到实际结晶温度（T_n）时才开始结晶；结晶过程中放出结晶潜热补偿了冷却时散失的热量，使温度保持不变，曲线上出现“平台”；结晶完毕后，温度又开始随时间延长而不断下降。

实验表明，纯金属的实际结晶温度 T_n 总是低于理论结晶温度 T_m，这种现象称为过冷。金属的实际结晶温度（T_n）与理论结晶温度（T_m）之差，称为过冷度，用 ΔT 表示。

$$\Delta T = T_m - T_n \tag{4-1}$$

不同金属的过冷倾向不同，同一种金属的过冷度也不是恒定值，它取决于金属的纯度和冷却速度。金属的纯度越高，冷却速度越快，ΔT 越大。可见，过冷是金属结晶的必要条件（即不过冷就不能结晶）。

4.2 结晶的热力学条件（Thermodynamic conditions of crystallization）

由热力学第二定律可知，在等温等压条件下，一切自发过程都朝着使系统自由能降低的方向进行。自由能 G 可用下式表示：

$$G = H - TS \tag{4-2}$$

式中，H 为焓；T 为绝对温度；S 为熵。可推导出

$$dG = Vdp - SdT \tag{4-3}$$

在等压时，$dp = 0$，故式（4-3）简化为

$$\frac{dG}{dT} = -S \tag{4-4}$$

由于熵 S 恒为正值，所以自由能随温度升高而减小。

纯晶体液、固两相的自由能随温度的变化规律如图4.3所示。由于液相的自由能随温度变化曲线的斜率大于固相的自由能随温度变化曲线的斜率，使两条斜率不同的曲线必然相交于一点，该点表示液、固两相的自由能相等，故两相处于平衡而共存，此点所对应的温度即为理论结晶温度 T_m。实际上，在此两相共存的温度，既不能完全结晶，也不能完全熔化，要发生结晶则体系温度必须降至低于 T_m 温度，而发生熔化则必须高于 T_m 温度。可见，结晶的热力学条件是：

$$G_S < G_L \text{ 或 } \Delta G = G_S - G_L < 0$$

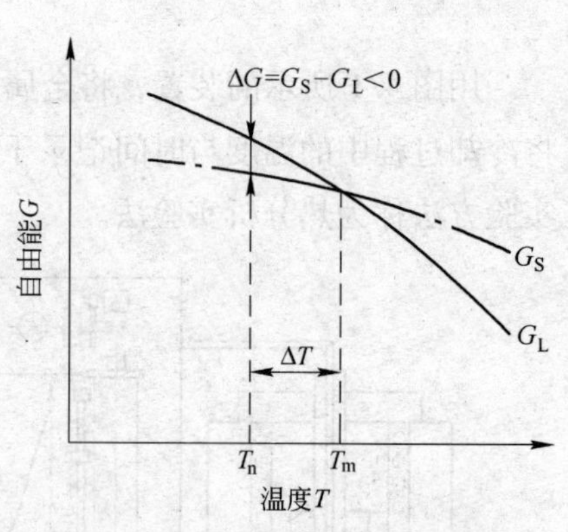

图4.3 液、固相自由能随温度变化的曲线

由热力学可证明，在恒温、恒压下，单位体积的液体与固体的自由能变化为

$$\Delta G_V = -\frac{L_m \Delta T}{T_m} \tag{4-5}$$

式中，ΔT 为过冷度；L_m 为熔化潜热。式（4-5）表明 ΔT 越大，结晶的驱动力 ΔG 也越大。即 ΔT 是结晶的必要条件（外因），ΔG 是结晶的驱动力（内因）。

由此可见，结晶都发生在过冷的液态金属中，因此我们必须对液态金属的结构加以研究。

4.3 液态金属的结构（Stucture of liquid metal）

液态金属的结构可通过对比液、固、气态的特性间接分析、推测，也可用 X 射线衍射方法直接研究。根据三种状态下形状和体积的性质可以看出，液体有一定的体积，无固定的形状，而固体形状、体积都固定，气体二者全不固定，说明液体更接近固体，原子间有较强的结合力，原子排列较为致密，与气体截然不同，如图4.4所示。

固态金属（solid metal）原子间结合方式为金属键；原子呈规则排列，这种特征称为“远程规则排列”。液态金属（liquid metal）有好的导电性，正的电阻温度系数，表

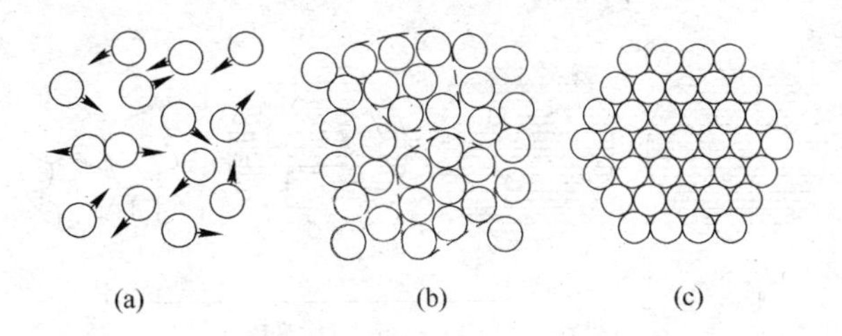

图 4.4 气体、液体和晶体结构示意图
（a）气体；（b）液体；（c）晶体

明也存在金属键；同时液态金属的原子不是完全无序、混乱的分布，而是在微小区域内存在着有序、规则排列的原子集团，称为“近程规则排列”。液态金属中“近程规则排列”的原子集团是不稳定的，时而形成，时而消失，处于不断的变化之中，将它们称为结构起伏。

在过冷的液态金属中，每一瞬间都出现大量尺寸不同的结构起伏，这种过冷液态中的结构起伏，是固态晶核的胚芽，称为晶胚（embryo）。晶胚达到一定尺寸，能稳定成长而不再消失，称为晶核（crystalline nucleus）。

总之，液态金属的结构特点是：存在金属键及结构起伏。这说明结晶的实质就是由不稳定的具有近程规则排列原子集团的液体变为稳定的远程规则排列的固体。

4.4 纯金属的结晶过程（Crystallization process of pure metals）

结晶（crystallization）是晶体在液相中从无到有，从小变大的过程。从无到有可看作是晶体由“胚胎”到“出生”的过程，称为生核；由小变大可看作是晶体出生后的成长过程，称为长大。

对一微小体积且内部温度 T 均匀的液态金属的结晶过程可描述如下：当液态金属冷却到 T_m 以下的某一温度开始结晶时，在液体中首先形成一些稳定的微小晶体，称为晶核（见图 4.5），随后这些晶核逐渐长大，与此同时，在液态金属中又有一些新的稳定的晶核形成并长大。这一过程一直延续到液体全部耗尽为止，形成了固态金属的晶粒组织。各晶核长大至互相接触后形成的外形不规则的小晶体称为晶粒。晶粒之间的界面称为晶界。单位时间、单位液态金属中形成的晶核数称为形核率，用 $\dot{N}$ 表示，单位为 $cm^{-3} \cdot s^{-1}$。单位时间内晶核增长的线长度称为长大速度，用 v 表示，单位为 $cm \cdot s^{-1}$。

总之，结晶的一般过程是由形核和长大两个过程交错重叠组合而成的过程。液态金属结晶时形成的晶核越多，结晶后的晶粒就越细小，反之晶粒就越粗大。

4.5 形核规律（Rule of nucleation）

结晶条件不同，会出现两种不同的形核方式：一种是均匀形核（uniform nucleation），即新相晶核是在母相中均匀生成，不受杂质粒子的影响。另一种是非均匀形核（nonuniform nucleation），即新相优先在母相中存在的杂质处形核。

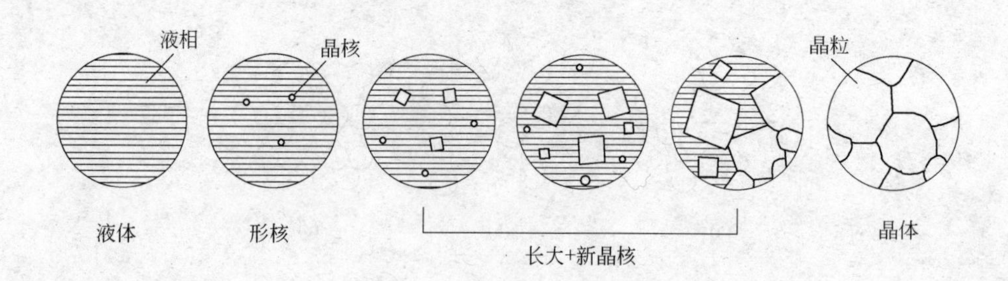

图 4.5 纯金属结晶过程示意图

实际金属的结晶多以非均匀形核为主，但研究均匀形核可以从本质上揭示形核规律，而且这种规律又适用于非均匀形核，所以我们先从均匀形核开始研究。

4.5.1 均匀形核（Uniform nucleation）

金属晶核从过冷液相中以结构起伏为基础直接涌现自发形成，这种方式为均匀形核。在过冷液态金属中以结构起伏为基础，先形成晶胚，晶胚能否成为晶核，由晶核形成时的能量变化所决定。

4.5.1.1 晶核形成时的能量变化（Energy change in the process of formation of crystalline nucleus）

当过冷液体中出现晶胚时，一方面，由于在这个区域中原子由液态的聚集状态转变为晶态的有序排列状态，使体系内的自由能降低，这是相变的驱动力（$\Delta G_V^{\text{L-S}}$）；另一方面，由于晶胚构成新的表面，又会引起表面自由能的增加，这构成相变的阻力（ΔG_A）。当过冷液相中出现一个晶胚时，总的自由能变化 ΔG 为

$$\Delta G = \Delta G_V^{\text{L-S}} + \Delta G_A = V\Delta G_V + A \cdot \sigma \tag{4-6}$$

式中，ΔG_V 为单位体积的 L→S 相自由能差，$\Delta G_V = G_S - G_L < 0$；$\sigma$ 为单位面积的表面能，可用表面张力表示。假设晶胚为球形，半径为 r，则

$$\Delta G = \frac{4}{3}\pi r^3 \Delta G_V + 4\pi r^2 \sigma \tag{4-7}$$

在一定温度下，ΔG_V 和 σ 是确定值，所以 ΔG 是 r 的函数。ΔG 随 r 变化的曲线如图 4.6 所示。由图可知，ΔG 随 r 的变化曲线有一最大值，用 ΔG^* 表示。与 ΔG^* 相对应的晶胚半径称为临界晶核半径，用 r^* 表示。$\Delta G = 0$ 的晶核半径用 r_0 表示。

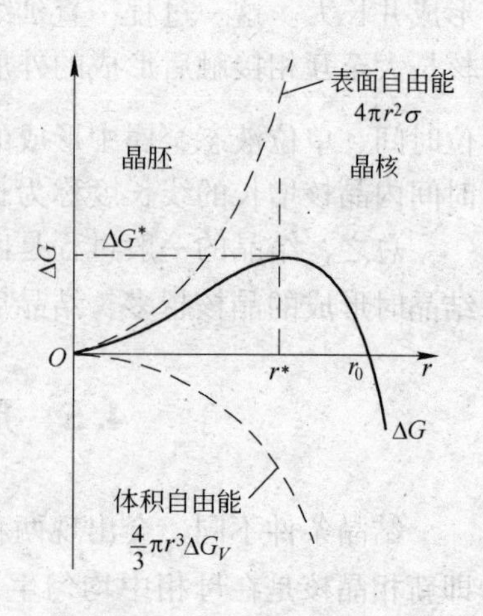

图 4.6 ΔG 随 r 变化的曲线

根据热力学第二定律，只有当系统的自由能降低时，晶胚才能稳定地存在并长大。下面分析 $\Delta G - r$ 曲线：

（1）$r < r^*$ 的晶胚（crystals germ），因为一切自发过程都朝着 ΔG 降低的方向进行，$r < r^*$ 的晶胚长大，使 ΔG 升高，只有重新熔化才能使 ΔG 降低，所以这种尺寸的晶胚不稳定，不能长大。

（2）$r > r^*$ 的晶胚，因为长大，使 ΔG 降低能自发进

行，所以这种尺寸的晶胚一旦出现，不再消失，能长大成为晶核。当 $r > r_0$ 时，因为 $\Delta G < 0$ 为稳定晶核；当 r 在 $r^* \sim r_0$ 之间时，长大使 ΔG 降低，但 $\Delta G > 0$ 为亚稳定晶核。

（3）$r = r^*$ 的晶胚，长大与消失的趋势相等，这种晶胚称为临界晶核，r^* 为临界晶核半径。

可见，在过冷液体中，不是所有的晶胚都能成为稳定晶核，只有达到临界半径的晶胚才可能成为晶核。

4.5.1.2 求临界晶核半径 r^* 的大小（用求最大值法）

因为 $r^* \rightarrow \Delta G^*$，所以有 $\frac{\mathrm{d}\Delta G}{\mathrm{d}r} = 0$。

$$\Delta G = \frac{4}{3}\pi r^3 \Delta G_V + 4\pi r^2 \sigma$$

求导

$$\frac{\mathrm{d}\Delta G}{\mathrm{d}r} = 4\pi r^2 \Delta G_V + 8\pi r\sigma = 0$$

则

$$r^* = -\frac{2\sigma}{\Delta G_V} \tag{4-8}$$

将式（4-5）代入式（4-8）可得

$$r^* = \frac{2\sigma T_m}{L_m \Delta T} \tag{4-9}$$

由式（4-9）可见，r^* 与 ΔT 成反比，即随 ΔT 增加，r^* 减小，如图 4.7 所示为 $r^* - \Delta T$ 的关系曲线。但过冷液体中各种尺寸的晶胚分布也随 ΔT 变化，ΔT 增大晶胚分布中最大尺寸的晶胚半径 r_{max} 增大，如图 4.8 所示为 $r_{max} - \Delta T$ 的关系曲线。两图结合，得到图 4.9。

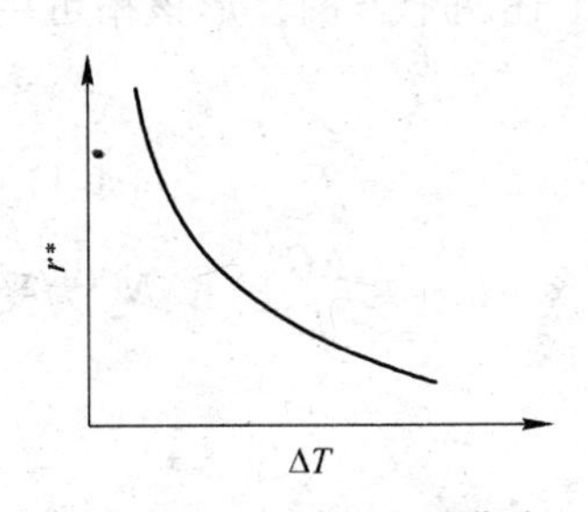

图 4.7 $r^* - \Delta T$ 的关系曲线

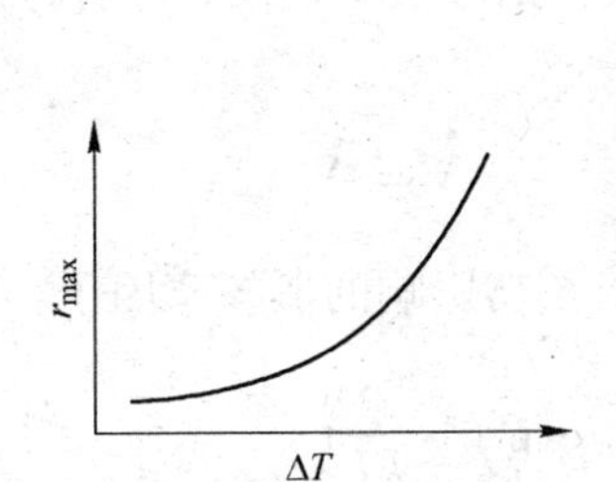

图 4.8 $r_{max} - \Delta T$ 的关系曲线

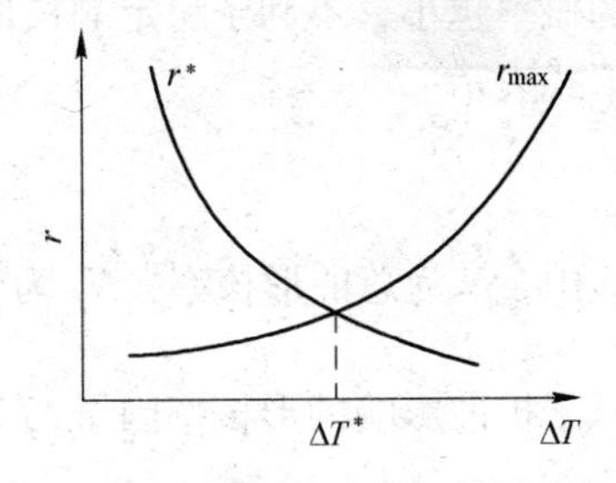

图 4.9 r^*、$r_{max} - \Delta T$ 的关系曲线

由图 4.9 可见，两条曲线有一个交点，其交点所对应的过冷度 ΔT^* 为临界过冷度（critical degree of supercooling），即结晶可能开始进行的最小过冷度，其大小为 $\Delta T^* \approx 0.2T_m$（K）。

讨论：当 $\Delta T < \Delta T^*$ 时，$r_{max} < r^*$，难以形核，结晶不能进行。

当 $\Delta T = \Delta T^*$ 时，$r_{max} = r^*$，晶胚可能转变为晶核。

当 $\Delta T > \Delta T^*$ 时，$r_{max} > r^*$，结晶易于进行。

4.5.1.3 形核功（Nucleation work）

由 $\Delta G - r$ 曲线可知：在 $r > r^*$ 时，晶核长大使 ΔG 降低，但在 r^* 与 r_0 之间，ΔG 为正

值，说明 ΔG_V^{L-S} 降低还不能完全补偿 ΔG_A 的增加，还需要系统提供一定的能量，这部分为形核而提供的能量称为形核功。形成临界晶核所需要的能量称为临界形核功（critical nucleation work），其在数值上等于 ΔG^*。

将 $r^* = \dfrac{-2\sigma}{\Delta G_V}$ 代入式（4-7）得

$$\Delta G^* = -\frac{4}{3}\pi r^{*3}\frac{2\sigma}{r^*} + 4\pi r^{*2}\sigma = \frac{1}{3}4\pi r^{*2}\sigma = \frac{1}{3}A^*\sigma \tag{4-10}$$

式中，A^* 为临界晶核的表面积。

式（4-10）表明，形成临界晶核时，体积自由能 ΔG_V^{L-S} 的降低只能补偿 2/3 表面能 ΔG_A 的增加，还有 1/3 的表面能必须由系统的能量起伏来提供。即系统的能量是各小体积能量的平均值，是一定的；各小体积能量并不相等，有的高、有的低，总是在变化之中。系统中各微小体积的能量偏离系统平均能量的现象，称为能量起伏（energy fluctuation）。

总之，均匀形核是在过冷液相中靠结构起伏和能量起伏来实现的。

4.5.1.4 形核率（Nucleation rate）$\dot{N}$

当温度低于 T_m 时，单位时间、单位体积液相中形成的晶核数目，称为形核率，即晶核数目/$cm^3 \cdot s$。

$\dot{N}$ 对于实际生产非常重要，$\dot{N}$ 高意味着单位体积内的晶核数目多，结晶结束后可以获得细小晶粒的金属材料，这种金属材料不但强度高，塑性、韧性也很好。

形核率受两个相互矛盾的因素控制：一方面从热力学考虑，过冷度越大，晶核的临界半径及临界形核功越小，因而需要的能量起伏小，满足 $r \geqslant r^*$ 的晶胚数越多，稳定晶核容易形成，则形核率越高；另一方面从动力学考虑，晶核形成需要原子从液相转移到临界晶核上才能成为稳定晶核。过冷度越大，原子活动能力越小，原子从液相转移到临界晶核上的概率越小，不利于稳定晶核形成，则形核率越低。综合考虑上述两个方面，形核率可用下式表示

$$\dot{N} = N_1 N_2 \tag{4-11}$$

式中，$\dot{N}$ 为总的形核率；N_1 为受形核功影响的形核率因子，$N_1 \propto \exp\left(-\dfrac{\Delta G^*}{kT}\right)$；$N_2$ 为受原子扩散影响的形核率因子，$N_2 \propto \exp\left(-\dfrac{Q}{kT}\right)$。

所以

$$\dot{N} = N_1 N_2 = K\exp\left(-\frac{\Delta G^*}{kT}\right)\exp\left(-\frac{Q}{kT}\right) \tag{4-12}$$

式中，K 为比例常数；ΔG^* 为形核功；Q 为原子从液相转移到固相的扩散激活能；k 为玻耳兹曼常数；T 为绝对温度。

图 4.10 为 N_1、N_2、$\dot{N}$-T 的关系曲线。由这些曲线可以看出，T 高时，即在过冷度不大时，形核率主要受形核功因子的控制，随过冷度增大，形核率增大；T 低时，即在过冷度非常大时，形核率主要受扩散因子的控制，随过冷度增加，形核率下降。只有 T 适当，N_1、N_2 均较大时，$\dot{N}$ 出现极大值。

对于金属材料，其结晶倾向极大，$\dot{N}$-ΔT 的关系曲线如图 4.11 所示。在达到某一过冷

度之前，$\dot{N}$ 的数值一直保持很小，几乎为零，此时液体不发生结晶，而当温度降至某一过冷度时，$\dot{N}$ 值突然增加。形核率突然增大的温度称为有效形核温度 T^*，对应的过冷度值约为 $0.2T_m$（K）。在此温度以上，液体处于亚稳定状态。由于一般金属的晶体结构简单，凝固倾向大，形核率未达到峰值前，结晶已完毕，看不到曲线的下降部分。

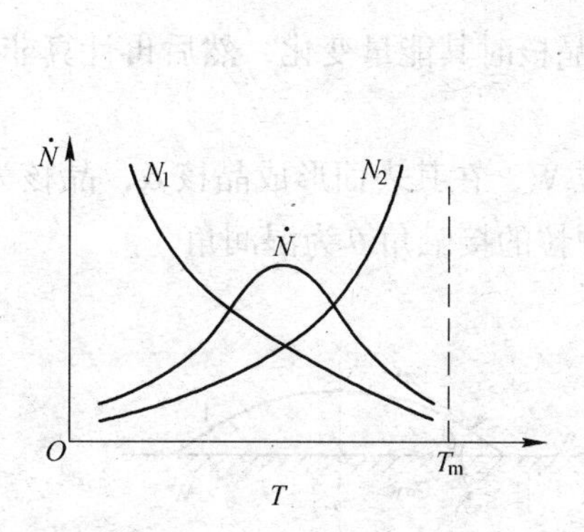

图 4.10　形核率与温度的关系

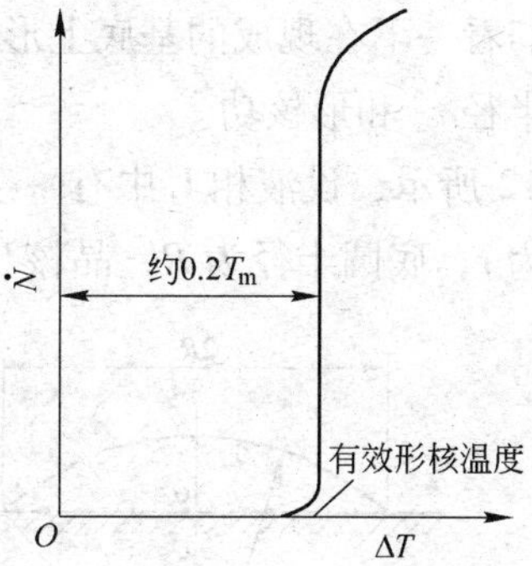

图 4.11　形核率与过冷度的关系

均匀形核所需的过冷度很大，例如铜，其凝固温度 $T_m = 1356$K，$\Delta T = 236$K（见表 4.1），熔化热 $L_m = 1628 \times 10^6 \text{J/m}^3$，比表面能 $\sigma = 177 \times 10^{-3} \text{J/m}^2$，由式（4-9）可得

$$r^* = \frac{2\sigma T_m}{L_m \Delta T} = \frac{2 \times 177 \times 10^{-3} \times 1356}{1628 \times 10^6 \times 236} = 1.249 \times 10^{-9} \text{m}$$

表 4.1　液体金属的最大过冷度及其比表面能

金　属	最大过冷度 /K	比表面能 $\sigma / \times 10^{-3} \text{J} \cdot \text{m}^{-2}$	金　属	最大过冷度 /K	比表面能 $\sigma / \times 10^{-3} \text{J} \cdot \text{m}^{-2}$
Al	195	121	Au	230	132
Mn	308	206	Ga	76	55
Fe	295	204	Ge	227	181
Co	330	234	Sn	118	59
Ni	319	255	Sb	135	101
Cu	236	177	Hg	77	28
Pd	332	209	Bi	90	54
Ag	227	126	Pb	80	33
Pt	370	240			

铜的点阵常数　$a_0 = 3.615 \times 10^{-10}$m

晶胞体积　$V_B = a_0^3 = 4.724 \times 10^{-29} \text{m}^3$

而临界晶核的体积　$V^* = \frac{4}{3}\pi r^{*3} = 8.157 \times 10^{-27} \text{m}^3$

则临界晶核中的晶胞数目　$n = \frac{V^*}{V_B} \approx 173$

因为铜是面心立方结构，每个晶胞中有 4 个原子，因此一个临界晶核中的原子数目为 692。上述计算由于各参数的测定有差异而略有变化，但总的来说，几百个原子自发地聚合在一起形核的几率很小，故均匀形核的难度较大，实际生产条件下都是非均匀形核。

4.5.2 非均匀形核（Nonuniform nucleation）

依附在已存在于液相中的固态现成界面或容器表面上形核的方式称为非均匀形核。非均匀形核规律和均匀形核基本相同，所不同的是：依附于固态现成表面上形核，界面能减小，结晶阻力降低，所需的形核功小了。

下面我们看一下在现成的基底上形成一个晶核时其能量变化，然后再计算非均匀形核的临界晶核半径 r^* 和形核功。

如图 4.12 所示，设液相 L 中有一杂质颗粒 W，在其表面形成晶核 α，晶核为球冠状，其曲率半径为 r，底圆半径为 R，晶核与夹杂颗粒的接触角 θ 为湿润角。

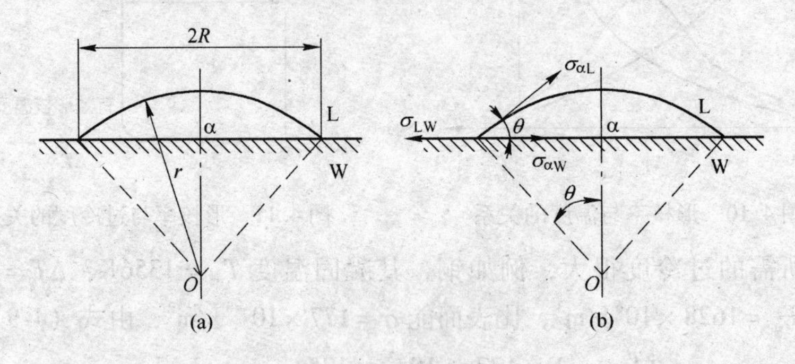

图 4.12 非均匀形核示意图

晶核形成后体系的体积自由能降低值为 $V_\alpha \cdot \Delta G_V$，表面能增加为 ΔG_A，则体系总自由能变化为

$$\Delta G_{非} = V_\alpha \cdot \Delta G_V + \Delta G_A \tag{4-13}$$

式中，V_α 为晶核体积，$V_\alpha = \pi r^3 \left(\dfrac{2 - 3\cos\theta + \cos^3\theta}{3}\right)$ (4-14)

$$\Delta G_A = A_{\alpha L} \cdot \sigma_{\alpha L} + A_{\alpha W} \cdot \sigma_{\alpha W} - A_{LW} \cdot \sigma_{LW} \tag{4-15}$$

式中，$\sigma_{\alpha L}$为晶核与液相之间的表面能；$\sigma_{\alpha W}$为晶核与基底之间的表面能；σ_{LW}为液相与基底之间的表面能。$A_{\alpha L}$为晶核与液体的接触面积：$A_{\alpha L} = 2\pi r^2\ (1 - \cos\theta)$；$A_{\alpha W}$为晶核与杂质的接触面积：$A_{\alpha W} = \pi r^2 \sin^2\theta$；$A_{LW}$为液体与杂质的接触面积：$A_{LW} = A_{\alpha W} = \pi r^2 \sin^2\theta$。

当晶核稳定存在时，三种表面张力在交点处达到平衡，即

$$\sigma_{LW} = \sigma_{\alpha W} + \sigma_{\alpha L}\cos\theta \tag{4-16}$$

将上述各式代入式（4-15）中得：

$$\begin{aligned}
\Delta G_A &= A_{\alpha L} \cdot \sigma_{\alpha L} + A_{\alpha W} \cdot \sigma_{\alpha W} - A_{LW} \cdot \sigma_{LW} \\
&= A_{\alpha L}\sigma_{\alpha L} + A_{\alpha W}(\sigma_{\alpha W} - \sigma_{LW}) \\
&= A_{\alpha L}\sigma_{\alpha L} + A_{\alpha W}(-\sigma_{\alpha L}\cos\theta) \\
&= \sigma_{\alpha L}(A_{\alpha L} - A_{\alpha W}\cos\theta) \\
&= \sigma_{\alpha L}[2\pi r^2(1 - \cos\theta) - \pi r^2\sin^2\theta\cos\theta] \\
&= \pi r^2\sigma_{\alpha L}(2 - 3\cos\theta + \cos^3\theta)
\end{aligned}$$

将式（4-14）及上式代入式（4-13）中得

$$\Delta G_{非} = \left(\frac{1}{3}\pi r^3 \Delta G_V + \pi r^2 \sigma_{\alpha L}\right)(2 - 3\cos\theta + \cos^3\theta)$$

$$= \left(\frac{4}{3}\pi r^3 \Delta G_V + 4\pi r^2 \sigma_{\alpha L}\right)\left(\frac{2 - 3\cos\theta + \cos^3\theta}{4}\right) \tag{4-17}$$

由$\frac{d\Delta G_{非}}{dr}=0$可求得非均匀形核时的临界晶核半径

$$r^*_{非} = -\frac{2\sigma_{\alpha L}}{\Delta G_V} \tag{4-18}$$

将式（4-18）代入式（4-17）可求得非均匀形核时的临界形核功

$$\Delta G^*_{非} = \left[-\frac{4}{3}\pi r^{*3}_{非}\frac{2\sigma_{\alpha L}}{r^*_{非}} + 4\pi r^{*2}_{非}\sigma_{\alpha L}\right]\left(\frac{2-3\cos\theta+\cos^3\theta}{4}\right)$$

$$= \frac{4}{3}\pi r^{*2}_{非}\sigma_{\alpha L}\left(\frac{2-3\cos\theta+\cos^3\theta}{4}\right) \tag{4-19}$$

可见：非均匀形核的$\Delta G^*_{非}$受$r^*_{非}$与θ两个因素的影响。由于$r^*_{非}=r^*$，所以我们只讨论θ不同时的$\Delta G^*_{非}$的变化。当$\theta=0$时，$\cos\theta=1$，则$\Delta G^*_{非}=0$，说明杂质本身就是晶核，不需要形核功，如图4.13（a）所示；当$\theta=180°$时，$\cos\theta=-1$，则$\Delta G^*_{非}=\Delta G^*$，说明杂质本身不起基底作用，相当于均匀形核，如图4.13（c）所示；当θ在0～180°之间变化时，

$$(\Delta G^*_{非})/\Delta G^* = \left(\frac{2-3\cos\theta+\cos^3\theta}{4}\right) = 0 \sim 1 \tag{4-20}$$

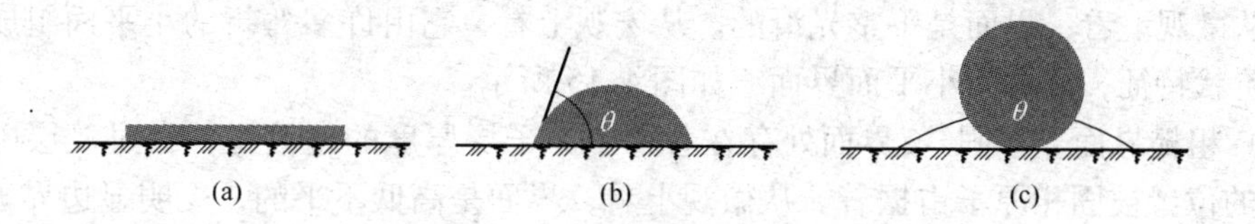

图4.13　不同湿润角的晶核形貌

所以$\Delta G^*_{非}<\Delta G^*$，即非均匀形核所需的$\Delta G^*_{非}$总是小于均匀形核的$\Delta G^*$，表明基底总会促进晶核的形成，如图4.13（b）所示。而θ越小，非均匀形核越容易。那么，影响θ角的因素是什么呢？由式（4-16）可知

$$\cos\theta = \frac{\sigma_{LW} - \sigma_{\alpha W}}{\sigma_{\alpha L}} \tag{4-21}$$

当液态金属确定后，$\sigma_{\alpha L}$值固定不变，那么θ只取决于（$\sigma_{LW}-\sigma_{\alpha W}$）的差值。要使$\theta$减小，应使$\cos\theta\to1$。只有$\sigma_{\alpha W}$减小时，$\sigma_{\alpha L}$才越接近$\sigma_{LW}$，$\cos\theta$才越接近于1。即，固态质点与晶核的表面能越小，它对形核的催化效应就越高。

作为非均匀形核基底是有条件的即结构相似，尺寸相当。人们在这方面的认识还不全面，主要还是靠经验，加一些形核剂，促进非自发形核，来提高N，达到细化组织，改善性能的目的。如：Zr能促进Mg的非均匀形核；Fe能促进Cu的非均匀形核；Ti能促进Al的非均匀形核等。

非均匀形核时的形核率与均匀形核相似，只是由于 $\Delta G^*_{非} < \Delta G^*$，所以非均匀形核可在较小过冷度下获得较高的形核率，如图4.14所示。由图4.14可见，非均匀形核时达到最大形核率所需的过冷度较小，约为$0.02T_m$；而均匀形核所需的过冷度较大，约为$0.2T_m$。此外，非均匀形核的最大形核率小于均匀形核。其原因是非均匀形核需要合适的"基底"，而基底数量是有限的，当新相晶核很快地覆盖基底时，使适合新相形核的基底大为减少。

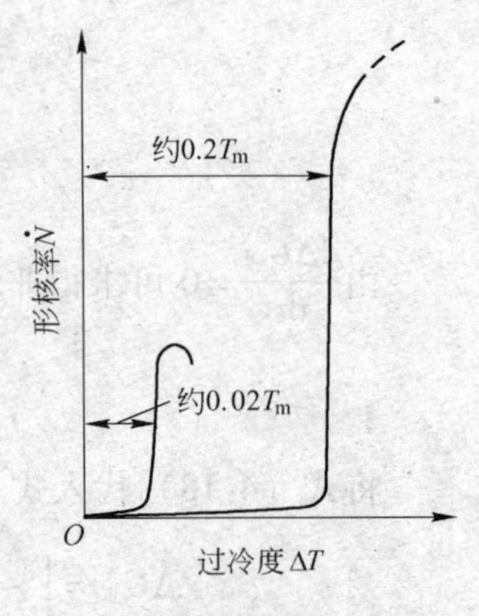

图4.14 均匀形核率和非均匀形核率随过冷度变化的对比

4.6 长大规律（Growth rule）

对一个晶核的发展过程来说，稳定晶核出现后，马上就进入了长大阶段。系统总自由能随晶体体积的增加而下降是晶体长大的驱动力。晶体的长大过程可看作是液相中原子向晶核表面迁移、液-固界面向液相不断推进的过程。界面推进速度与界面处液相的过冷程度有关。晶体生长方式取决于液－固相界面的微观结构，而晶体生长形态取决于界面前沿温度的分布。

4.6.1 固-液界面的微观结构（Solid-liquid interface microstructure）

目前普遍认为，固-液界面的微观结构可以分为两种，即光滑界面和粗糙界面。

（1）光滑界面。在固-液界面处固相和液相截然分开，固相表面为基本完整的原子密排面。从微观上看，界面是平整光滑的。从宏观上看，它由许多弯折的小平面组成，呈小平面台阶状特征，故称为小平面界面，如图4.15所示。

（2）粗糙界面。在固-液界面处存在着几个原子层厚度的过渡层，在过渡层中只有大约50%的位置被固相原子占据着。从微观上看，界面是高低不平的，无明显边界。从宏观上看，界面呈平直状而无曲折的小平面，故称为非小平面界面，如图4.16所示。

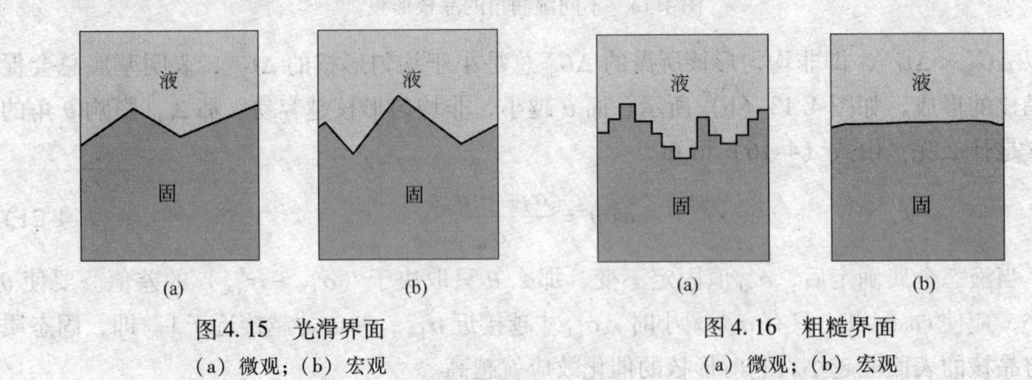

图4.15 光滑界面
（a）微观；（b）宏观

图4.16 粗糙界面
（a）微观；（b）宏观

杰克逊（K. A. Jackson）对固-液界面平衡结构研究表明，界面的平衡结构是界面能最低的结构。如果在光滑界面上任意增加原子，即界面粗糙化时界面自由能的相对变化 ΔG_A 与界面上固相原子所占位置的分数 X 之间的关系可表示为

$$\frac{\Delta G_A}{NkT_m} = \alpha X(1-X) + [X\ln X + (1-X)\ln(1-X)] \quad (4\text{-}22)$$

式中，N 为界面上原子位置总数；k 为玻耳兹曼常数；T_m 为熔点；$\alpha=\xi$（$\Delta S_m/R$），其中 ξ 为晶体表面原子的平均配位数（Z'）与晶体配位数（Z）之比；ΔS_m 为熔化熵；R 为气体常数。$X=N_A/N$，N_A 为界面上被固相原子所占的位置数目，不同的物质具有不同的 α 值。

对应不同的 α 值，$\Delta G_A/$（NkT_m）与 X 的关系如图 4.17 所示。由图可见：

（1）$\alpha<2$ 时，在 $X=0.5$ 处，界面能具有极小值，这意味着界面上约有一半的原子位置被固相原子占据着，形成粗糙界面；

（2）$\alpha\geqslant5$ 时，在 $X=1$ 和 $X=0$ 处，界面能具有两个极小值，这表明界面上绝大多数原子位置被固相原子占据或空着，此时的界面为光滑界面；

（3）对于 $2<\alpha<5$ 的情况比较复杂，往往形成以上两种类型的混合界面。

金属和某些有机化合物的 $\alpha<2$，其固-液相界面为粗糙界面；对于多数无机非金属的 $\alpha>5$，其固-液相界面为光滑界面；而对于某些亚金属的 α 在 2~5 之间，其界面多为混合型。

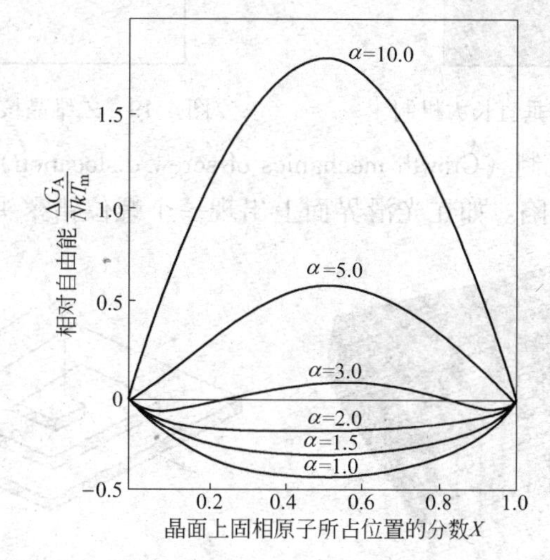

图 4.17 不同 α 值下，$\Delta G_A/$（NkT_m）与 X 的关系

4.6.2 晶体长大机制（Growth mechanics of crystals）

晶体长大机制与固-液界面的微观结构有关，固-液界面的微观结构不同，晶体的长大机制也不同。一般认为晶体长大是通过单个或多个原子同时依附到晶体表面上，并按照规则排列与晶体连接起来。有垂直长大、二维晶核长大、螺型位错长大等机制。

（1）垂直长大机制（Normal growth mechanics）。对于粗糙界面，其固-液界面上约有一半的原子位置是空着的，液相中的原子可以连续、垂直地向界面添加，界面的性质永远不会改变，使晶体连续地在垂直于界面的方向上生长，这种长大方式称为垂直长大机制，如图 4.18 所示。大多数金属晶体均以这种方式长大。它的长大速度（V_g）较快，与过冷度（ΔT）成正比，有

$$V_g=K_1\Delta T \tag{4-23}$$

式中，K_1 为常数，视材料而定，单位是 m/（s·K）。

（2）二维晶核长大机制（Crystal nuclears mechanic of two-dimension）。当固-液界面为光滑界面时，晶体长大只能依靠二维晶核，即依靠液相中的结构起伏和能量起伏，使一定大小的原子集团，落到光滑界面上，形成具有一个原子厚度并且大于临界半径的晶核，即

为二维晶核。二维晶核形成后，四周出现了台阶，液相中的原子靠边缘长上去，长满后再形成一个二维晶核再扩展，如图 4.19 所示。晶体以这种方式长大时，其长大速度（V_g）十分缓慢，由下式决定

$$V_g = K_2 e^{-B/\Delta T} \tag{4-24}$$

式中，K_2 和 B 均为常数。这种长大机制实际上很少见到。

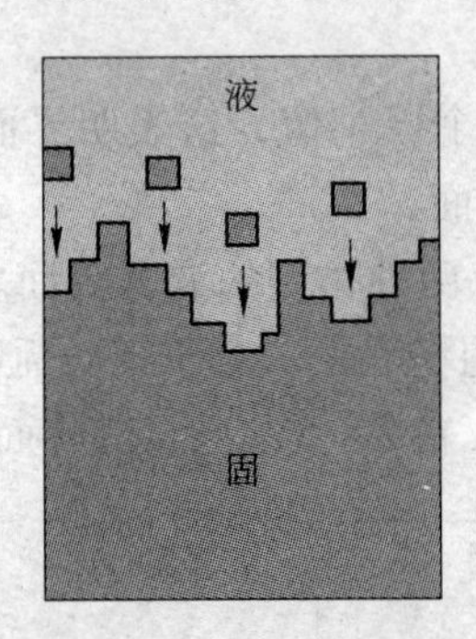

图 4.18　晶体的垂直长大机制

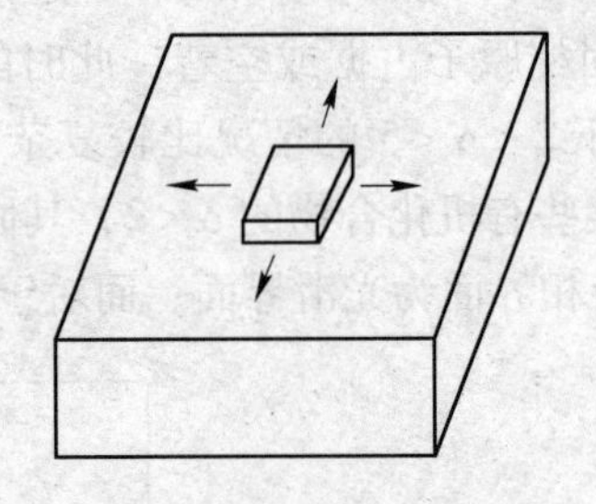

图 4.19　二维晶核机制示意图

（3）螺型位错长大机制（Growth mechanics of screw dislocation）。实际金属都不是理想晶体，内部存在着各种缺陷。如在光滑界面上出现一个螺位错露头，如图 4.20 所示。它

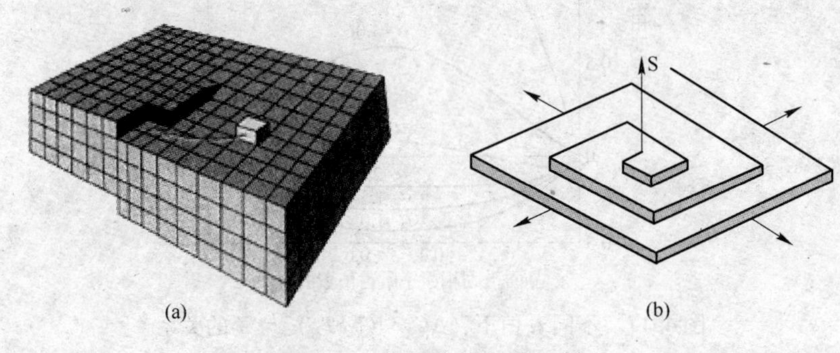

图 4.20　螺型位错长大机制

在晶体表面形成台阶，使液相中原子堆砌到台阶处，每铺一排原子，台阶就向前移动一个原子间距。这种方式的长大速度为

$$V_g = K_3 \Delta T^2 \tag{4-25}$$

式中，K_3 为常数。由于界面上提供的缺陷有限，即添加原子的位置有限，故其长大速度小。图 4.21 显示出上述三种机制的 V_g 与 ΔT 之间的关系。

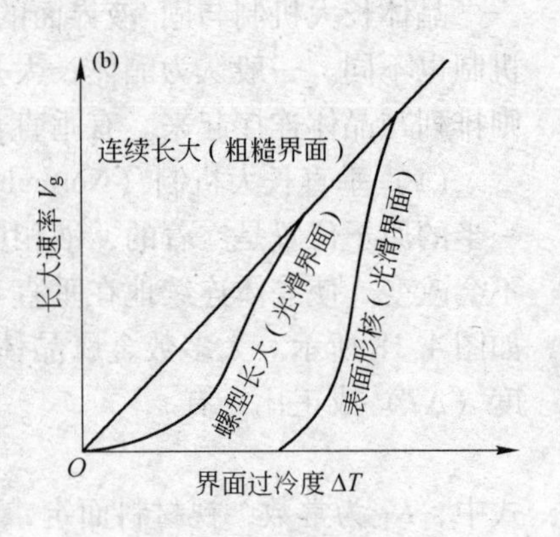

图 4.21　三种机制的 V_g 与 ΔT 之间的关系

4.6.3　纯金属生长形态（Growth shape of pure metal）

根据晶体的界面性质及界面温度分布，纯金属的生长形态主要有两种：

（1）平面生长（Plane growth）。晶体始终保持平的表面向前生长，并保持规则的几何外形。

（2）枝晶生长（Dendritic growth）。晶体像树枝那样

向前生长，不断分枝发展。

晶体是以平面方式生长还是以枝晶方式生长，主要取决于固-液界面前沿液体中的温度梯度。

4.6.3.1 正的温度梯度（Positive temperature gradient）

如固-液界面前沿液体中存在正的温度梯度，晶体以平面方式生长。因为当界面上偶有突出生长部分伸入到温度较高的液相中时，它的生长速度会降低，甚至会停止。而周围晶体会很快赶上来，突出部分消失，恢复到平面生长状态。

对于光滑界面的晶体，其生长界面以小平面台阶生长方式推进。小平面台阶的扩展不能伸入到前方温度高于 T_m 的液体中去，因此，从宏观上看，固-液界面是与 T_m 等温线平行，但小平面与 T_m 等温线呈一定角度，如图 4.22（a）所示。

对于粗糙界面的晶体，其生长界面以垂直长大方式推进。由于液体中温度高，整个固-液相界面保持稳定的平面状态，不产生明显的突起。因此，晶体的生长界面与 T_m 等温线几乎重合，如图 4.22（b）所示。

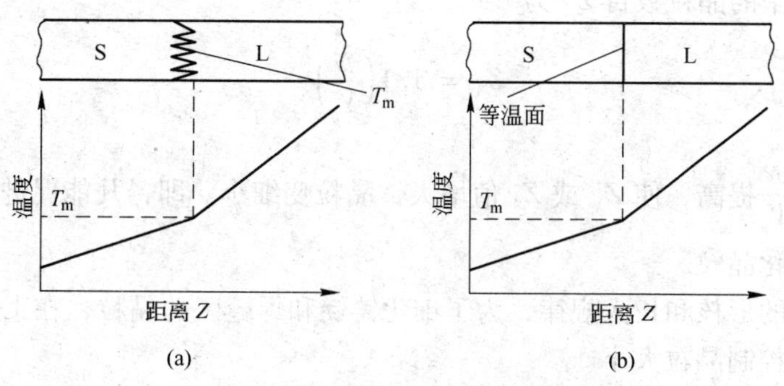

图 4.22 正的温度梯度下两种界面形态

（a）光滑界面；（b）粗糙界面

4.6.3.2 负的温度梯度（Nagative temperature gradient）

如固-液界面前沿液体中存在负的温度梯度，晶体以枝晶方式生长。因为当界面上偶有突出生长部分，它会伸到温度较低的液相中而继续生长，它的生长速度比周围更迅速，而且又会生长出新的枝晶，导致枝晶方式生长，如图 4.23 所示。

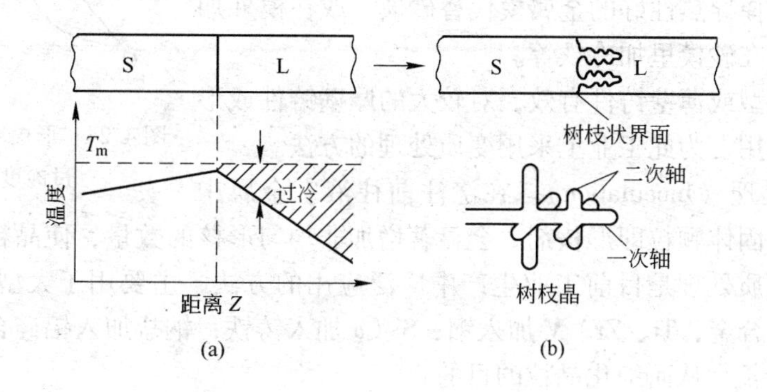

图 4.23 负的温度梯度下界面形态

在负的温度梯度下，对于粗糙界面的晶体，明显以树枝方式生长；对于光滑界面的晶体，仍以平面生长方式为主（即树枝状生长方式不明显），某些亚金属则具有小平面的树枝状结晶特征。

4.7 凝固理论的应用（The application of solidification theory）

4.7.1 晶粒大小的控制（Control of grain size）

晶粒的大小取决于形核率 $\dot{N}$ 和长大速度 V_g 的相对大小，如果金属结晶时单位体积中的晶粒数目为 Z_V，可以计算它们之间的关系

$$Z_V = 0.9\left(\frac{\dot{N}}{V_g}\right)^{3/4} \tag{4-26}$$

而单位面积中的晶粒数目 Z_A 为

$$Z_A = 1.1\left(\frac{\dot{N}}{V_g}\right)^{1/2} \tag{4-27}$$

可见，比值$\frac{\dot{N}}{V_g}$提高，使 Z_V 或 Z_A 值增大，晶粒变细小。即，凡能促进形核，抑制长大的因素，都能细化晶粒。

根据结晶时的形核和长大规律，为了细化铸锭和焊缝区的晶粒，在工业生产中可以采用以下三种方法控制晶粒大小。

（1）控制过冷度（Controlling of supercooling）ΔT。金属结晶时的 $\dot{N}$ 和 V_g 均随着 ΔT 的增加而增大，但形核率的增长速率大于长大速度的增长速率，如图 4.24 所示。增加过冷度会提高 $\dot{N}/V_g$的比值，使 Z_V 或 Z_A 值增大，从而细化晶粒。在实际生产上增加过冷度的工艺措施主要有降低熔液的浇注温度，选择导热性好的金属模代替砂模，或在模外加强冷却装置，或在砂模里加冷铁等。

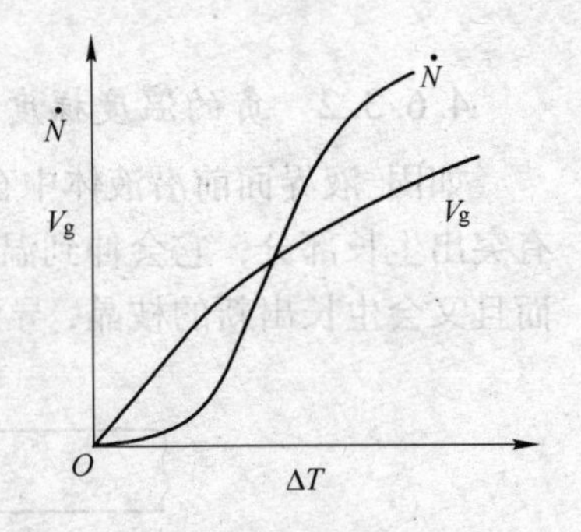

图 4.24 形核率、长大速度与过冷度的关系

此法只对小型或薄壁铸件有效，对较大的厚壁铸件或形状复杂的件不适用，为此工业上采用变质处理的方法。

（2）变质处理（Inoculation）。在浇注前往液态金属中加入某些难熔的固体颗粒即形核剂，会显著增加非均匀形核的数量，使晶粒细化，此法称为变质处理。变质处理是目前工业生产中广泛应用的方法，主要用于大型铸件。如：Zr、Ti 加入 Al 及 Al 合金；Ti、Zr、V 加入钢；Si-Ca 加入铸铁；钠盐加入铝硅合金，都能达到促进形核或抑制长大从而细化晶粒的目的。

（3）振动、搅拌（Virbration and stir）。在浇注和结晶过程中实施振动和搅拌，也可达到细化晶粒的目的。振动和搅拌能向液体中输入额外能量以提供形核功，促进晶核形成；

另外，还可使结晶的枝晶碎化，增加晶核数量。常用的方法有机械振动、超声波振动、电磁搅拌等，主要用于薄壁形状较复杂的铸件。

4.7.2 单晶体的制备（Preparation of single crystals）

单晶体不仅在研究材料的本征特性方面具有科学价值，而且在工业生产中的应用也越来越广泛。如单晶硅和单晶锗是制造大规模集成电路的基本材料，在计算机、激光、光通信等技术领域也有重要应用；在航空喷气发动机叶片等特殊零件上也开始应用金属单晶体，因此单晶体的制备是一项非常重要的技术。

单晶体就是由一个晶粒组成的晶体。制取单晶体的基本原理是保证液体结晶时只形成一个晶核，再由这个晶核长成一块单晶体。其制备方法有两种。

（1）垂直提拉法（Vertical pulling method）。如图4.25（a）所示，用感应加热或电阻加热的方法将坩埚中的材料熔化，然后使熔体保持稍高于材料熔点的温度，再将夹有一个籽晶的杆下移，使籽晶与液面接触，缓慢降低炉内温度，让籽晶杆一边旋转一边提拉，使籽晶作为唯一的晶核在液相中结晶，最后成为一块单晶体。

（2）尖端形核法（Tip-shaped nucleus）。如图4.25（b）所示，将材料装入一个带尖头的容器中熔化，然后将容器从炉中缓慢拉出，容器的尖头首先从炉中移出并缓慢冷却，在尖头部产生一个晶核。容器继续向炉外移动时，这个晶核长成一块单晶体。

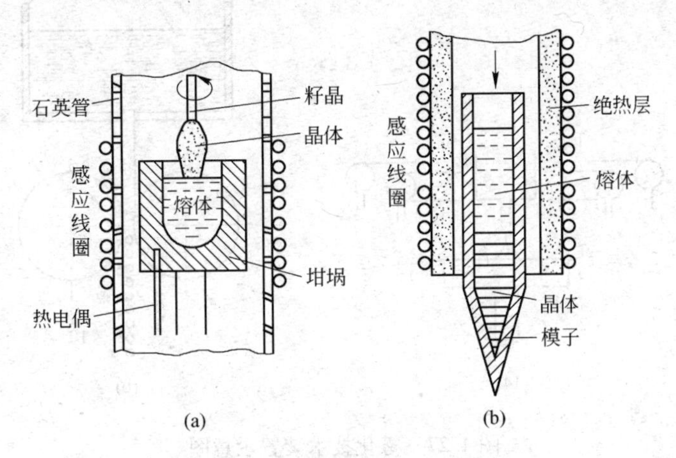

图4.25 单晶体的制备原理图

（a）垂直提拉法；（b）尖端形核法

4.7.3 急冷凝固技术（Quench solidification）

急冷凝固技术是设法将熔体分割成尺寸很小的部分，增大熔体的散热面积，再进行高强度冷却，使熔体在短时间内凝固以获得与模铸材料结构、组织、性能显著不同的新材料的凝固方法。利用急冷凝固技术可制备出非晶态合金、微晶合金及准晶态合金，为获取高技术领域所需的新材料开辟了一条新路。

急冷凝固技术按工艺原理不同可分为三类：

（1）冷模技术（Cold technology）。冷模技术是将熔体分离成连续和不连续的，截面尺寸很小的熔体流，使其与散热条件良好的冷模接触而得到迅速凝固，得到很薄的丝或带。

如平面流铸造法，如图 4.26（a）所示；熔体拖拉法，如图 4.26（b）所示。

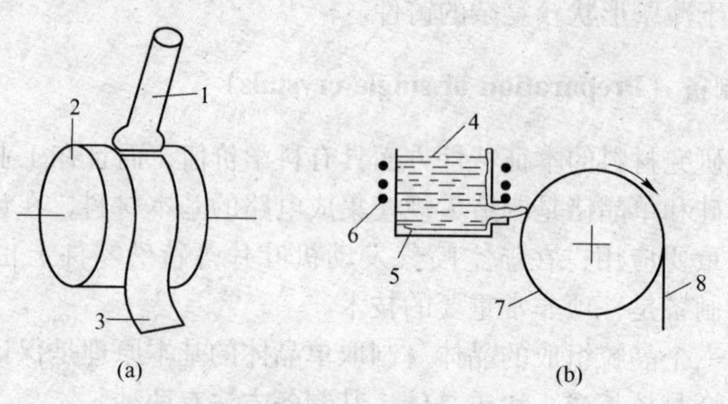

图 4.26　冷模技术装置示意图

（a）平面流铸造法；（b）熔体拖拉法

1，5—石英管；2，7—辊轮；3，8—薄带；4—熔体；6—感应线圈

（2）雾化技术（Atomization）。雾化技术是把熔体在离心力、机械力或高速流体冲击力作用下，分散成尺寸极小的雾状熔滴，并使熔滴在与流体或冷模接触中凝固，得到急冷凝固的粉末。常用的有离心雾化法，如图 4.27（a）所示；双辊雾化法，如图 4.27（b）所示。

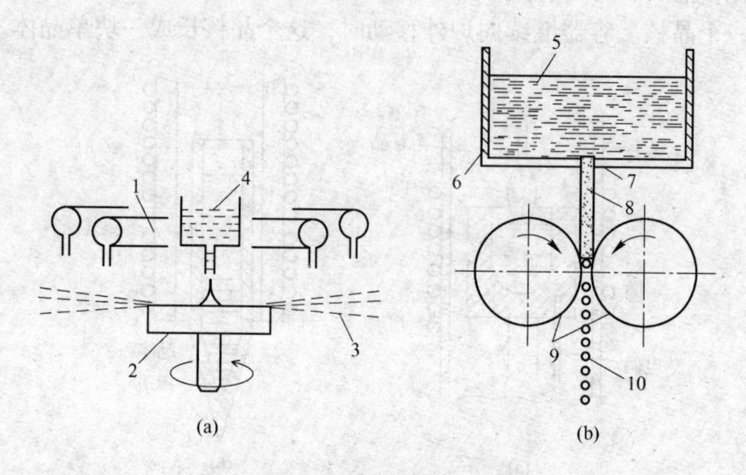

图 4.27　雾化技术装置示意图

（a）离心雾化法；（b）双辊雾化法

1—冷却气体；2—旋转雾化器；3—粉末；4，5—熔体；6—石英管；7—喷嘴；
8—熔体质；9—辊轮；10—雾化熔滴

（3）表面快热技术（Fast heating technology of surface）。表面快热技术是通过高密度的能束（如激光、高能电子束等）扫描工作表面使工件表面熔化，然后通过工件自身吸热、散热使表层得到快速冷却。也可利用高能电子束加热金属粉末使之熔化变成熔滴喷射到工件表面，利用工件自冷，熔滴迅速冷凝沉积在工件表面上，如等离子喷涂沉积法。

利用极冷技术可以获得晶粒尺寸达微米和纳米的超细晶粒材料，称为微晶合金和纳晶合金。作为结构用的微晶合金和纳晶合金的制备都是由极冷产品通过冷热挤压、冲击波压实法来制备的。微晶和纳晶结构材料因晶粒细小，成分均匀，空位、位错、层错密度大，形成了新的亚稳相等因素而具有高强度、高硬度、良好的韧性、较高的耐磨性、耐蚀性及抗氧化性、抗辐射稳定性等优良性能。

若冷却速度足够快，可以将液态结构保留到室温，制得非晶态金属，目前液态极冷法是制备非晶态金属的主要方法，已能制备宽为几个毫米的薄带非晶态金属材料。

习 题

4-1 理解下列概念。

过冷现象，过冷度，临界过冷度，结构起伏，形核功，临界形核功，变质处理。

4-2 分析均匀形核时 $\Delta G-r$ 曲线，求出其临界晶核半径的大小。

4-3 何为临界形核功？求出均匀形核时其大小，并说明其意义。

4-4 非均匀形核时临界形核功受哪些因素的影响？讨论润湿角对临界形核功的影响。

4-5 试比较均匀形核与非均匀形核的异同点，说明为什么非均匀形核往往比均匀形核更容易进行。

4-6 纯金属结晶时以何种方式生长，其条件是什么？

4-7 细化金属铸件晶粒的方法有哪些？说明其用途。

4-8 何谓急冷凝固技术，在急冷条件下会得到哪些不同于一般晶体的组织、结构，能获得何种新材料？

4-9 考虑在一个大气压下液态铝的凝固，对于不同程度的过冷度，即：$\Delta T=1℃$，10℃，100℃和200℃，计算：（1）临界晶核尺寸 r^*；（2）从液态转变到固态时，单位体积的自由能变化 ΔG_V；（3）从液态转变到固态时，临界尺寸 r^* 处的自由能的变化 ΔG^*。铝的熔点 $T_m=993K$，单位体积熔化热 $L_m=1.836\times10^9 J/m^3$，固液界面自由能 $\sigma=93J/m^2$，原子体积 $V_0=1.66\times10^{-29}m^3$。

4-10 纯金属的均匀形核率可以表示为：$N=A\exp(\Delta G^*/(kT))\exp(-Q/(kT))$，式中 $A\approx10^{35}$，$\exp(-Q/kT)\approx10^{-2}$，$\Delta G^*$ 为临界形核功。

（1）假设 ΔT 分别为20℃和200℃，界面能 $\sigma=2\times10^{-5}J/cm^2$，熔化热 $L_m=12600J/mol$，熔点 $T_m=1000K$，摩尔体积 $V_x=6cm^3/mol$，计算均匀形核率。

（2）若为非均匀形核，晶核与杂质的接触角 $\theta=60°$，则 N 如何变化？ΔT 为多少时，$N=1cm^{-3}/s$？

（3）导出 r^* 与 ΔT 的关系式，计算 $r^*=1nm$ 时的 $\Delta T/T_m$。

4-11 试证明在同样过冷度下均匀形核时，球形晶核较立方晶核更易形成。

4-12 证明临界晶核形成功 ΔG^* 与临界晶核体积的关系：$\Delta G^*=-V^*\Delta G_V/2$，$\Delta G_V$ 液固相单位体积自由能差。

5　二元合金相图
（Binary alloy phase diagram）

二元相图是研究二元体系在热力学平衡条件下，相与温度、成分之间关系的有力工具，它已在金属、陶瓷以及高分子材料中得到广泛的应用。

利用相图可了解到不同成分的合金在不同温度下的平衡状态，存在哪些相，相的成分及质量分数以及在加热或冷却时，可能发生哪些转变等；另外相图也是制定物质的各种热加工（铸造、锻造和热处理等）工艺和研究新材料的重要理论依据。因此，对从事材料研究的科学工作者来说，学习和掌握好各种材料的相图，具有十分重要的意义。

5.1　相图的基础知识（Basic knowledge of phase diagrams）

5.1.1　相图的表示方法（Expression of phase diagram）

二元系物质比单元系物质多了一个组元，因此它还有成分的变化，在反映它的状态随成分、温度和压力变化时，必须用三个坐标轴的三维立体相图。由于二元合金的凝固是在一个大气压下进行的，所以二元系相图多用一个温度坐标和一个成分坐标表示，即用一个二维平面表示。该平面内的任一点称为表象点，它反映不同成分的合金在不同温度时所具有的状态。二元相图的纵坐标为温度，横坐标为成分，横坐标的两端分别代表两个纯组元。如以A-B二元系为例，其相图表示法如图5.1所示。纵坐标表示温度，横坐标表示成分，左、右两端点分别表示纯A和纯B，从左至右表示合金中含B的量逐渐增加，含A的量相应地减少。横坐标上任一点即代表某一成分的合金。

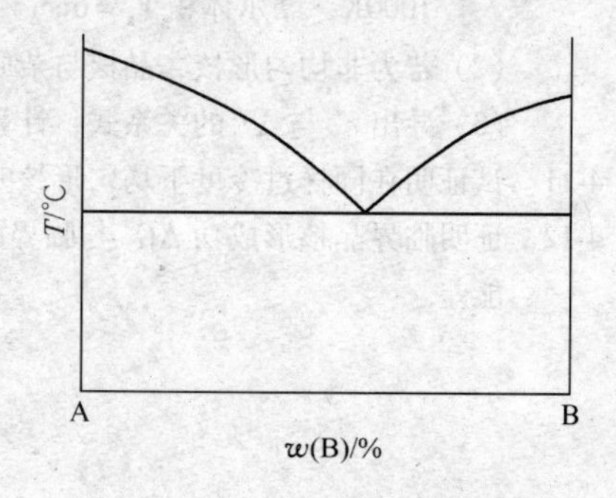

图5.1　A-B二元系相图

二元相图中的成分按现在国家标准有两种表示方法：质量分数（w）和摩尔分数（x），两者的换算关系如下：

$$w_A = \frac{M_A x_A}{M_A x_A + M_B x_B}, \quad w_B = \frac{M_B x_B}{M_A x_A + M_B x_B}$$
$$x_A = \frac{w_A/M_A}{w_A/M_A + w_B/M_B}, \quad x_B = \frac{w_B/M_B}{w_A/M_A + w_B/M_B} \tag{5-1}$$

式中，w_A，w_B分别为组元A，B的质量分数；M_A，M_B分别为组元A，B的相对原子质量；x_A，x_B分别为组元A，B的摩尔分数，并且$w_A + w_B = 1$（或100%），$x_A + x_B = 1$（或100%）。

5.1.2 相图的测定方法（Measurement of phase diagrams）

相图的测定主要是用实验的方法测出各种成分材料的临界点而绘制出来的，临界点表示物质结构状态发生本质转变的相变点。测定材料相变临界点的方法很多，如热分析法、硬度法、膨胀法、电阻法、金相法、X射线分析法等。这些实验方法都是以材料相变时发生某些物理性能的突变为基础而进行的，有时为了测定准确可同时采用几种方法配合使用。下面以Cu-Ni二元合金为例，用一种最常用、最基本的方法——热分析法测定临界点并绘制二元相图，其具体步骤是：

（1）将给定两组元配制成一系列不同成分的合金，如 w（Ni）：0%，30%，50%，70%，100%；

（2）分别测出它们的冷却曲线，得到相变临界点；

（3）将各临界点标注在温度-成分坐标中相应的合金成分线上；

（4）连接具有相同意义的各临界点，标出各相区，即得到Cu-Ni二元相图，如图5.2所示。

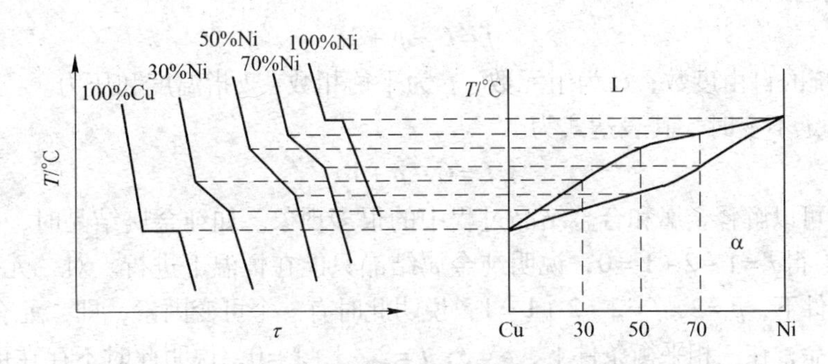

图5.2 用热分析法建立Cu-Ni二元相图

5.1.3 相图的热力学基础（Thermodynamics fundamental of phase diagrams）

5.1.3.1 相平衡的热力学条件（Thermodynamic conditions of equilibrium）

相平衡是指合金系中参与相变过程的各相，长时间不再互相转化时所达到的平衡。而相平衡的热力学条件是，合金系中各组元在各平衡相中的化学势彼此相等。如用 μ 表示化学势，则 μ_A^α 表示α相中A组元的化学势，即上标表示平衡相，下标表示组元。当A-B二元系处于α、β、γ三相平衡时，其热力学条件为 $\mu_A^\alpha = \mu_A^\beta = \mu_A^\gamma$。即当A-B二元合金系实现α、β、γ三相平衡共存时，各平衡相的自由能之和应最低。

设某一合金系含有 C 个组元，组元1的含量为 $n_1$mol，组元2的含量为 n_2 mol，…，组元 C 的含量为 $n_C$mol，当各组元的含量变动时会引起该合金系性质的变化，因吉布斯自由能 G 是温度 T、压力 P 以及各组元含量 n_1，n_2，…，n_C 的函数，则 $G = G$（T，P，n_1，n_2，…，n_C），经微分运算和整理后可得

$$dG = -SdT + VdP + \sum_{i=1}^{C} \mu_i dn_i \tag{5-2}$$

式中，S 和 V 分别为体系的总熵和总体积；$\sum_{i=1}^{C} \mu_i dn_i$ 表示各组元量改变时引起体系自由能

的变化，其中$\mu_i=\frac{\partial G}{\partial n_i}$是组元$i$的偏摩尔自由能，也称为组元$i$的化学势，它代表体系内物质传输的驱动力。当某组元在各相中的化学势相等时，由于没有物质迁移的驱动力，体系处于平衡状态。如多元系各相平衡（有C个组元，p个相的体系）的热力学条件为：

$$\begin{aligned}\mu_1^{\alpha}&=\mu_1^{\beta}=\cdots=\mu_1^{p}\\ \mu_2^{\alpha}&=\mu_2^{\beta}=\cdots=\mu_2^{p}\\ &\vdots\\ \mu_C^{\alpha}&=\mu_C^{\beta}=\cdots=\mu_C^{p}\end{aligned}\tag{5-3}$$

5.1.3.2　相律（Phase rule）

相律表示在平衡条件下，系统的自由度数、组元数和平衡相数之间的关系式。自由度数是指在不改变系统平衡相数目的条件下，可以独立改变的、不影响合金状态的因素（如温度、压力、平衡相成分）的数目。自由度数的最小值为零。

相律的表达式为

$$f=C-p+2\tag{5-4}$$

式中，f为系统的自由度数；C为组元数；p为平衡相数；2指温度和压力。

当压力恒定不变时，其表达式为

$$f=C-p+1\tag{5-5}$$

利用相律可以解释金属和合金结晶过程中的很多现象。如纯金属结晶时，$C=1$，$p=2$，代入式（5-5）得$f=1-2+1=0$，说明纯金属结晶只能在恒温下进行。对二元合金，$C=2$，在两相平衡条件下，$p=2$，$f=2-2+1=1$，说明此时有一个可变因素，即二元合金是在一定温度范围内结晶；在三相平衡条件下，$p=3$，$f=2-3+1=0$，说明此时不存在可变因素，即三相平衡时只能处于一条等温线上。

5.1.3.3　固溶体的自由能-成分曲线（Free-energy of solid solution-component curve）

利用固溶体的准化学模型：（1）对混合焓ΔH_m作近似处理；（2）混合后的体积变化$\Delta V_m=0$；（3）只考虑两组元不同排列方式产生的混合熵，而不考虑温度引起的振动熵。由此可得固溶体的自由能为

$$G=\underbrace{X_A\mu_A^0+X_B\mu_B^0}_{G^0}+\underbrace{\Omega X_A X_B}_{\Delta H_m}+\underbrace{RT(X_A\ln X_A+X_B\ln X_B)}_{-T\Delta S_M}\tag{5-6}$$

式中，X_A和X_B分别表示A、B组元的摩尔分数；μ^0_A和μ^0_B分别表示A、B组元在T（K）温度时的摩尔自由能；R为气体常数；Ω为相互作用参数，其表达式为

$$\Omega=N_A Z\left[e_{AB}-\frac{e_{AA}+e_{BB}}{2}\right]\tag{5-7}$$

式中，N_A为阿伏伽德罗常数；Z为配位数；e_{AA}，e_{BB}和e_{AB}分别为A-A，B-B，A-B对组元的结合能。

以上可见：固溶体的自由能G是G^0、ΔH_m和$-T\Delta S_m$三项综合的结果，是成分（摩尔分数X）的函数，因此可按三种不同的Ω情况，分别作出任意给定温度下的固溶体自由能-成分曲线，如图5.3所示。

图5.3（a）是$\Omega<0$的情况，即$e_{AB}<\frac{e_{AA}+e_{BB}}{2}$，表明A-B对的能量低于A-A和B-B对的平均能量，所以固溶体的A、B组元相互吸引，形成短程有序分布，此时$\Delta H_m<0$；图5.3（b）是$\Omega=0$的情况，即$e_{AB}=\frac{e_{AA}+e_{BB}}{2}$，表明A-B对的能量等于A-A和B-B对的平均能量，组元的配置是随机的，此时$\Delta H_m=0$，为理想固溶体；图5.3（c）是$\Omega>0$的情况，即$e_{AB}>\frac{e_{AA}+e_{BB}}{2}$，表明A-B对的能量高于A-A和B-B对的平均能量，意味着A-B对结合不稳定，A、B组元倾向于分别聚集，形成偏聚状态，此时$\Delta H_m>0$。

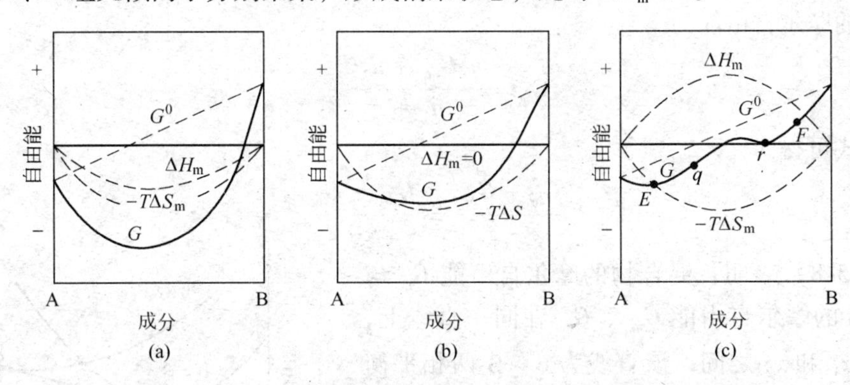

图5.3 固溶体的自由能-成分曲线示意图

（a）$\Omega<0$；（b）$\Omega=0$；（c）$\Omega>0$

5.1.3.4 多相平衡的公切线原理（Common tangent line principle of polyphase equilibrium）

在任意一相的自由能-成分曲线上每一点的切线，其两端分别与纵坐标轴相截，与A组元的截距μ_A表示A组元以固溶体成分为切点成分时的化学势；与B组元的截距μ_B表示B组元以固溶体成分为切点成分时的化学势。

在二元系中，当α、β两相平衡时，其热力学条件为：$\mu_A^\alpha=\mu_A^\beta$，$\mu_B^\alpha=\mu_B^\beta$，即两组元分别在两相中的化学势相等。因此，两相平衡时的成分由两相自由能-成分曲线的公切线所确定，如图5.4所示。

在二元系中，当α、β、γ三相平衡时，其热力学条件为：$\mu_A^\alpha=\mu_A^\beta=\mu_A^\gamma$，$\mu_B^\alpha=\mu_B^\beta=\mu_B^\gamma$，即三相的切线斜率相等，为它们的公切线，切点所示的成分分别表示α、β、γ三相平衡时的成分，切线与A、B组元轴相交的截距就是A、B组元的化学势，如图5.5所示。

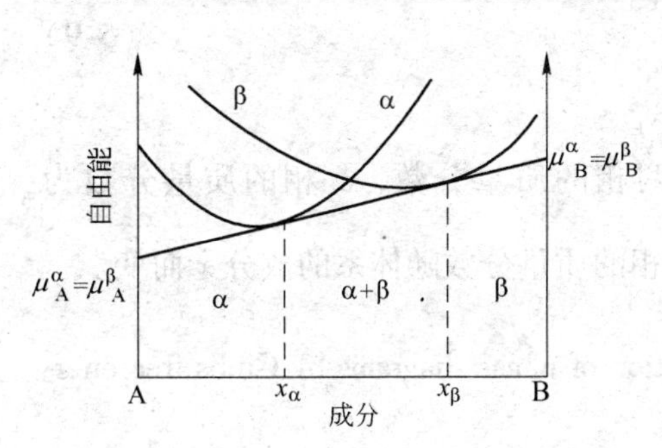

图5.4 两相平衡时的自由能-成分曲线

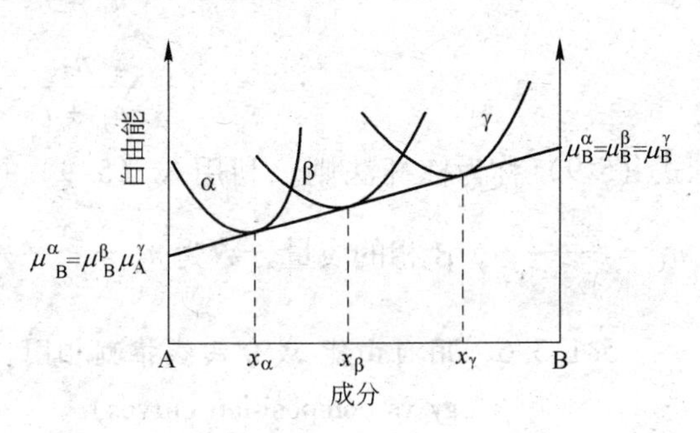

图5.5 二元系中三相平衡时的自由能-成分曲线

分析可知：多相平衡时，利用公切线，可确定多相平衡时各相的成分及 A、B 组元的化学势。

5.1.3.5 混合物的自由能和杠杆法则（Free energy and lever rule of mixture）

A、B 两组元形成 α、β 两相，α 相的量为 $n_1$mol，摩尔自由能为 G_{m_1}，β 相的量为 $n_2$mol，摩尔自由能为 G_{m_2}。设 α 相中 B 组元的摩尔分数为 x_1，β 相中 B 组元的摩尔分数为 x_2，则混合物中 B 组元的摩尔分数为

$$x = \frac{n_1 x_1 + n_2 x_2}{n_1 + n_2}$$

而混合物的摩尔自由能为

$$G_m = \frac{n_1 G_{m_1} + n_2 G_{m_2}}{n_1 + n_2}$$

由上面两式可得

$$\frac{G_m - G_{m_1}}{x - x_1} = \frac{G_{m_2} - G_m}{x_2 - x} \tag{5-8}$$

式（5-8）表明：混合物的摩尔自由能 G_m 与两相 α、β 的摩尔自由能 G_{m_1}、G_{m_2} 在同一直线上，且 x 位于 x_1 和 x_2 之间，该直线为 α、β 两相平衡时的公切线，如图 5.6 所示。

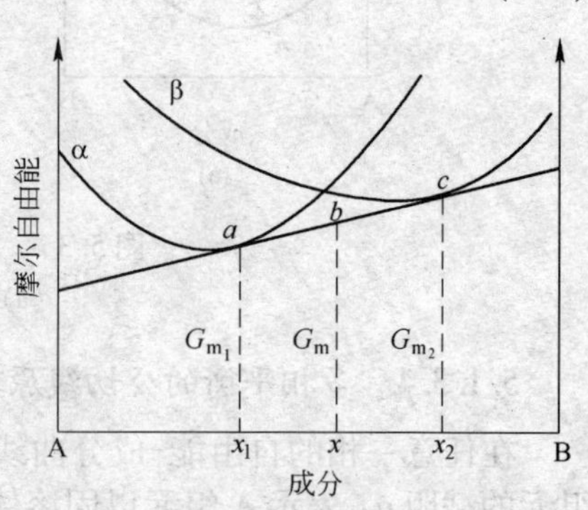

图 5.6 混合物的自由能-成分曲线

当 $x \leqslant x_1$时，$G_{m_\alpha} < G_{m_\beta}$，α 为稳定相，体系处于单相 α 状态；当 $x \geqslant x_2$ 时，$G_{m_\alpha} > G_{m_\beta}$，β 为稳定相，体系处于单相 β 状态；当 $x_1 < x < x_2$ 时，（α + β）混合物的 $G_m < G_{m_\alpha}$ 或 G_{m_β}，故（α + β）混合物的能量最低。

两相平衡时，各相的成分是切点所对应的成分 x_1 和 x_2，是固定不变的，此时有

$$n_1 x_1 + n_2 x_2 = (n_1 + n_2)\ x$$

$$n_1 + n_2 = 1$$

由上述两式可导出

$$\frac{n_1}{n_1 + n_2} = \frac{x_2 - x}{x_2 - x_1}$$
$$\frac{n_2}{n_1 + n_2} = \frac{x - x_1}{x_2 - x_1} \tag{5-9}$$

式（5-9）称为杠杆法则。利用式（5-9）可求出两相的质量分数，α 相的质量分数为 $n_1 = \dfrac{x_2 - x}{x_2 - x_1}$，β 相的质量分数为 $n_2 = \dfrac{x - x_1}{x_2 - x_1}$，两相的质量分数随体系的成分 x 而变。

5.1.3.6 用自由能-成分曲线推测相图（Prediction of phase diagrams by Gibbs free energy vs composition curves）

用热力学计算法绘制相图，是通过计算得出合金系在不同温度时，各相的自由能-成

分曲线，根据能量最小原理，用公切线法找出平衡相的成分和存在的范围，然后将它们对应地画在温度-成分坐标图上，就能得出所求二元相图。

根据公切线可求出体系在某一温度下平衡相的成分。由 T_1、T_2、T_3、T_4、T_5 温度下的自由能-成分曲线可得 A、B 两组元完全互溶的二元匀晶相图，如图 5.7 所示。

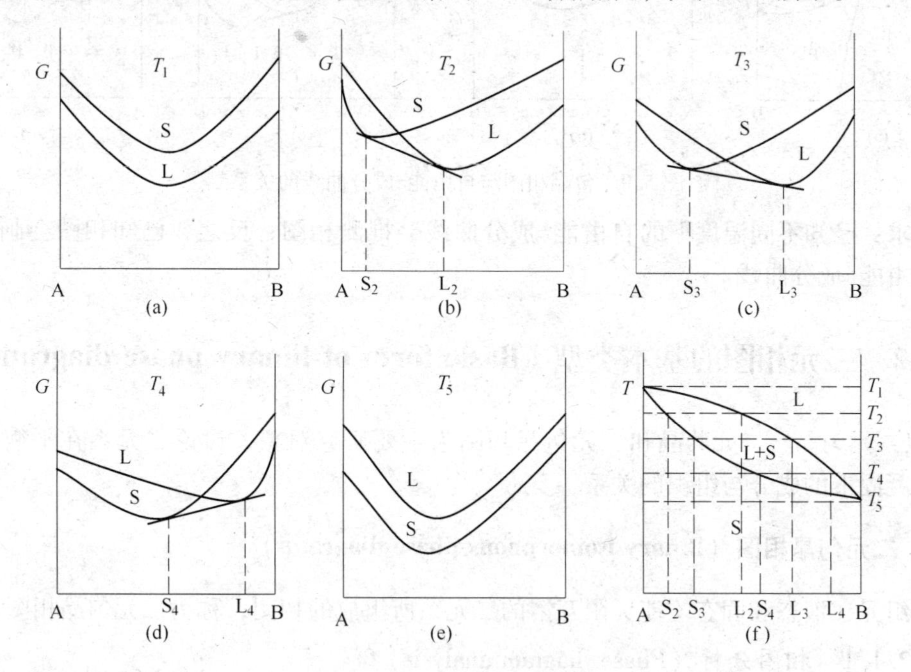

图 5.7 由一系列自由能-成分曲线求得两组元相互完全溶解的相图

同样，由 5 个不同温度下的自由能-成分曲线可得 A、B 两组元形成的二元共晶相图，如图 5.8 所示。

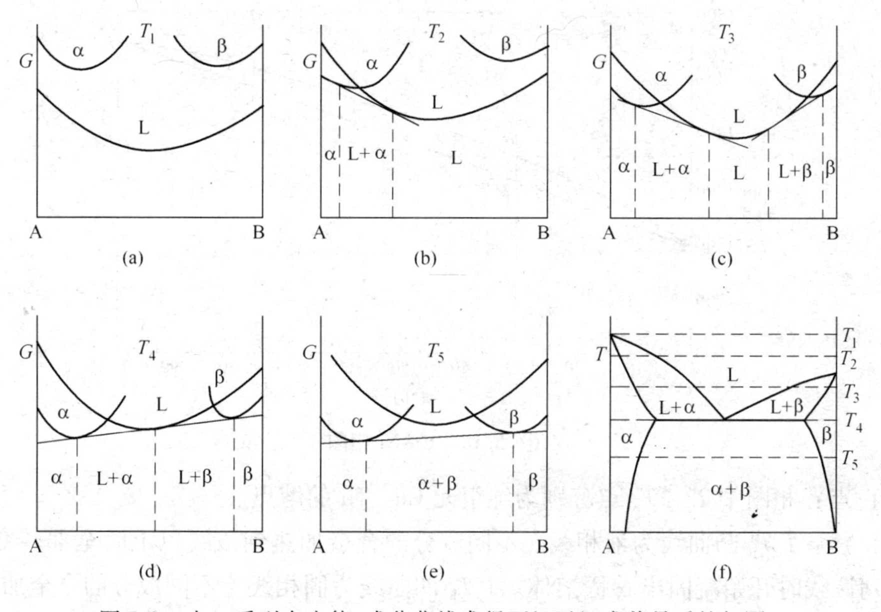

图 5.8 由一系列自由能-成分曲线求得两组元组成共晶系的相图

图 5.9 为包晶相图与自由能-成分曲线的关系。

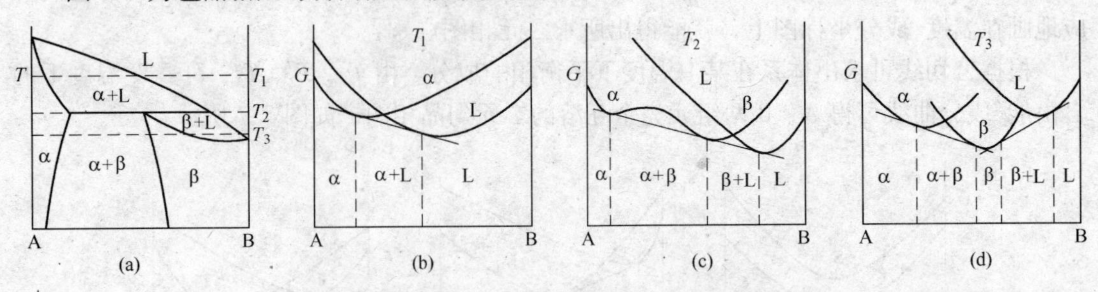

图 5.9 包晶相图与自由能-成分曲线的关系

要求：已知不同温度下的自由能-成分曲线会推测相图；反之，已知相图会画某一 T 下的自由能-成分曲线。

5.2 二元相图的基本类型（Basic form of binary phase diagram）

以二元匀晶、二元共晶和二元包晶相图为主要研究对象，讨论二元系在平衡凝固和非平衡凝固下的成分与组织的关系。

5.2.1 二元匀晶相图（Binary isomorphous phase diagrams）

两组元在液态和固态均能无限互溶的二元系所组成的相图，称为二元匀晶相图。

5.2.1.1 相图分析（Phase diagram analysis）

由液相结晶出单相固溶体的过程称为匀晶转变。如二元合金：Cu-Ni，Au-Ag，Au-Pt；二元陶瓷：NiO-CoO，CoO-MgO，NiO-MgO 等都只发生匀晶转变。

图 5.10 为 Cu-Ni 二元匀晶相图，按相图中的点、线、区进行分析。

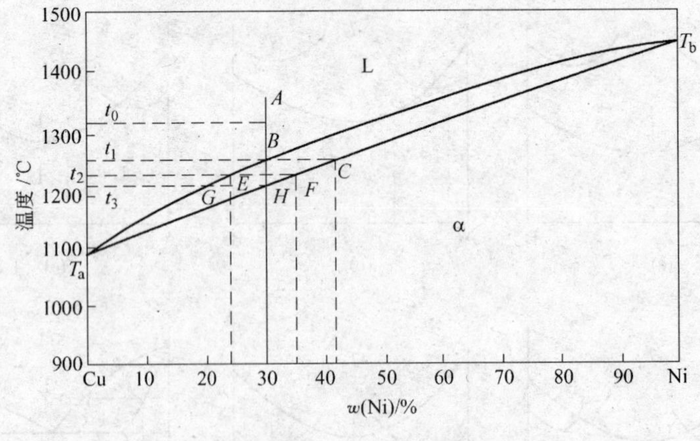

图 5.10 Cu-Ni 相图

（1）点：相图中 T_a、T_b 点分别为纯组元 Cu、Ni 的熔点。

（2）线：T_aT_b 凸曲线为液相线。不同成分的合金加热到该线以上时全部转变为液相，而冷却到该线时开始凝固出 α 固溶体。T_aT_b 凹曲线为固相线。不同成分的合金加热到该线时开始熔化，而冷却到该线时全部转变为 α 固溶体。

（3）区：在 T_aT_b 凸曲线以上为液相的单相区，用 L 表示；在 T_aT_b 凹曲线以下为固相的单相区，用 α 表示，α 是 Cu-Ni 互溶形成的固溶体；在 T_aT_b 凸曲线和 T_aT_b 凹曲线之间为液、固两相平衡区，用 L + α 表示。

5.2.1.2 固溶体的平衡结晶（Equilibrium crystallization of solid solution）

平衡结晶指在极缓慢的冷却条件下进行的结晶。

以含 30% Ni 的合金（见图 5.10）为例分析其平衡结晶过程及组织变化。液态合金自高温 A 点（t_0）冷却，当冷却到与液相线相交的 B 点（t_1）后开始结晶，固相的成分可由连接线 BC 与固相线的交点 C 标出。随温度降低，固相成分沿固相线变化，液相成分沿液相线变化。当冷却到 t_2 温度时，由连接线 EF 与液、固相线相交点可知，此时液相的成分为 E，而固相的成分为 F，可用杠杆法则算出液、固两相的质量分数。当冷却到 t_3 温度时，固溶体的成分即为原合金的成分。当温度低于 t_3 温度时，合金凝固完毕，得到单相均匀固溶体。该合金凝固过程的冷却曲线及组织变化如图 5.11 所示。

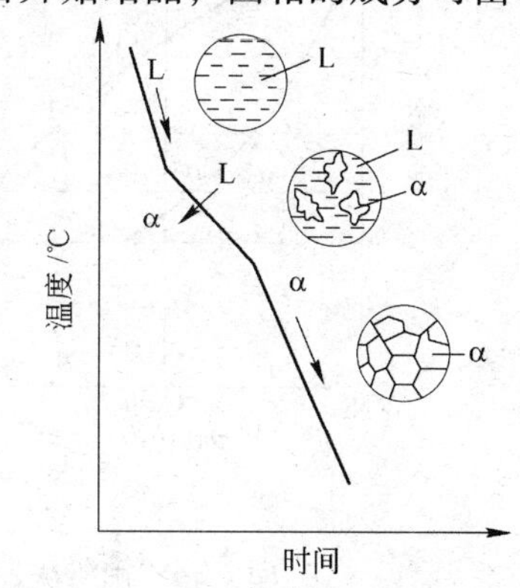

图 5.11 固溶体平衡凝固过程的冷却曲线及组织变化示意图

固溶体的结晶过程也是形核和长大的过程。固溶体在形核时，既需要结构起伏（以满足晶核大小超过一定临界值的要求），又需要能量起伏（以满足新相对形核功的要求），此外还需要成分起伏（由于其结晶时，结晶出的 α 成分与 L 成分不同）。成分起伏指在微小体积内成分偏离平均成分的现象。

5.2.1.3 固溶体的不平衡结晶（Nonequilibrium crystallization of solid solution）

不平衡结晶是指偏离平衡条件的结晶。在实际生产中，由于冷却速度较快，内部原子的扩散过程落后于结晶过程，使合金的成分均匀化来不及进行。因此，在结晶过程中，每一温度下的固溶体的平均成分都偏离相图上固相线所对应的成分，如图 5.12（a）所示。合金 Ⅰ 在 t_1 温度时首先结晶出成分为 α_1 的固相，因其含铜量远低于合金的原始成分，所以与之相邻的液相含铜量将升高至 L_1。冷却到 t_2 温度时，固相的平衡成分应为 α_2，液相成分应为 L_2，但由于冷却较快，液相和固相中的扩散不充分，从而出现成分不均匀现象。此时，固相的平均成分 α_2' 在 α_1 和 α_2 之间，而液相的平均成分 L_2' 在 L_1 和 L_2 之间。再继续冷却到 t_3 温度时，结晶后固相的平衡成分应变为 α_3，液相成分应变为 L_3，同样因扩散不充分而达不到平衡凝固成分，固相的实际成分为 α_1，α_2 和 α_3 的平均值 α_3'，液相的实际成分则是 L_1、L_2 和 L_3 的平均值 L_3'。合金冷却到 t_4 温度时凝固才结束。此时固相的平均成分从 α_3' 变到 α_4'，即原始合金的成分。液、固两相的组织变化如图 5.12（b）所示。

从上述分析可知：（1）冷却速度越快，固相平均成分线和液相平均成分线偏离固、液相线越严重；（2）先结晶部分总是富高熔点组元（Ni），后结晶部分总是富低熔点组元（Cu）；（3）非平衡凝固的终结温度低于平衡凝固时的终结温度。

非平衡结晶后，先结晶的部分与后结晶的部分成分不同，这种成分不均匀的现象称为显微偏析，如图 5.13 所示。图 5.13（a）为铸态 Ni-Cu 合金经抛光、浸蚀后，由于成分不同浸蚀程度不同而显示出枝晶形状，其先凝固的树枝状骨架（白色）含 Ni 量较高，后凝固的枝与枝之间（黑色）含 Cu 量较高；图 5.13（b）为两个枝臂间的电子探针显微分析照片，表明枝臂中心含 Ni 量高，枝与枝之间含 Cu 量高。这种一个晶粒内或一个枝晶间化学成分不均匀的现象，称为枝晶偏析或晶内偏析。各晶粒之间化学成分不均匀的现象叫晶间偏析。

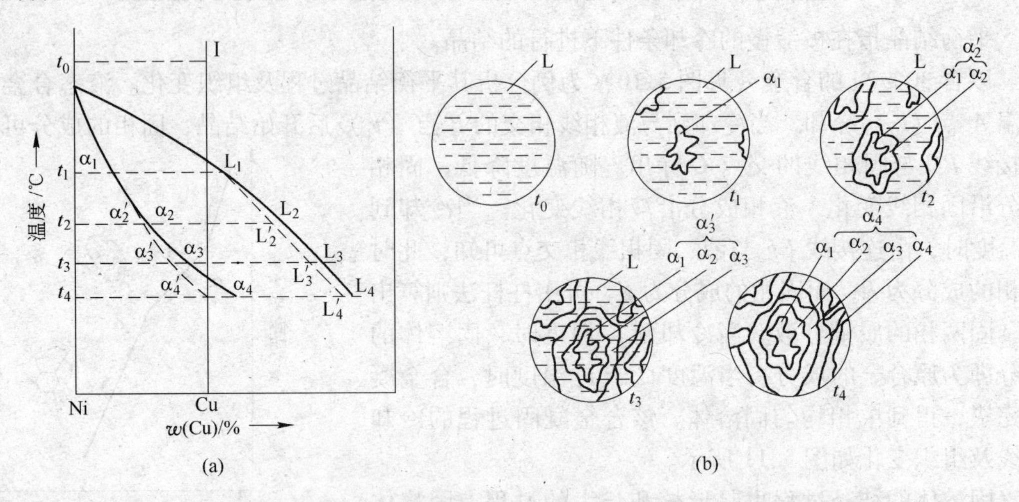

图 5.12　固溶体在不平衡凝固时液、固两相的成分变化及组织变化示意图

（a）成分变化；（b）组织变化

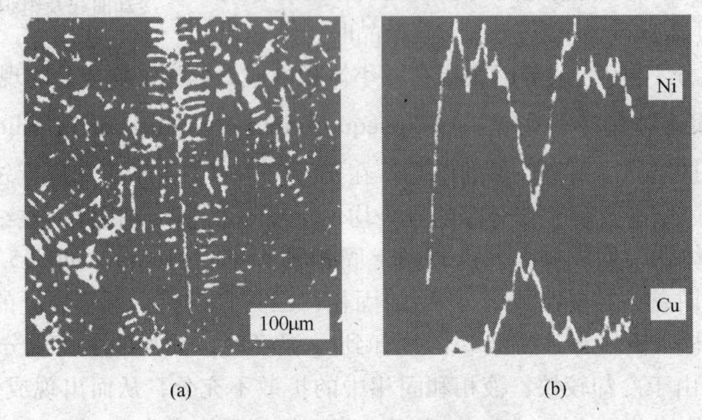

图 5.13　Ni-Cu 合金的枝晶偏析

（a）铸态组织；（b）电子探针扫描图

偏析的大小取决于：（1）液相线与固相线间的水平距离即成分间距，成分间距越大，先后结晶的成分差别越大，偏析越严重；（2）溶质原子的扩散能力，扩散能力越强，偏析越轻微；（3）熔体的冷却速度，冷却速度越快，偏析越严重。

偏析是非平衡结晶的产物，在热力学上是不稳定的，通过扩散退火（在固相线以下较高温度经过长时间的保温使偏析原子扩散充分，使之转变为平衡组织）消除。

5.2.2　二元共晶相图（Binary eutectic phase diagram）

两组元在液态时无限互溶，固态时有限固溶或完全不溶，且发生共晶转变，形成共晶组织的二元系相图，称为二元共晶相图。如 Pb-Sn，Pb-Sb，Cu-Ag，Al-Si 等合金的相图都属于共晶相图。

5.2.2.1 相图分析（Phase diagram analysis）

图5.14为Pb-Sn二元共晶相图，按相图中的点、线、区进行分析。

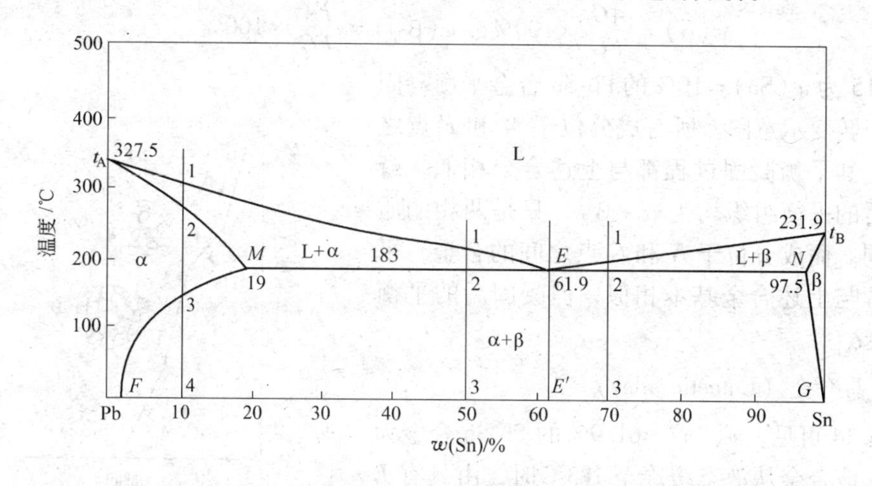

图5.14 Pb-Sn相图

（1）点：相图中 t_A、t_B 点分别为纯组元Pb、Sn的熔点。E 点为共晶点，具有 E 点成分的合金称为共晶合金。M 点为Sn在Pb中的最大溶解度点，成分位于 M 点以左的合金称为固溶体合金。N 点为Pb在Sn中的最大溶解度点，成分位于 N 点以右的合金为固溶体合金。F 点为室温时Sn在Pb中的溶解度。G 点为室温时Pb在Sn中的溶解度。α是Sn溶于Pb中形成的固溶体。β是Pb溶于Sn中形成的固溶体。

（2）线：t_AEt_B 为液相线；t_AMENt_B 为固相线；MF 线是Sn在Pb中的溶解度曲线；NG 线是Pb在Sn中的溶解度曲线；MEN 水平线为共晶线，凡位于此线上的合金均发生共晶转变：$L_E \to \alpha_M + \beta_N$，形成两个固溶体所组成的机械混合物，称为共晶体或共晶组织。共晶转变是具有一定成分的液相在恒温下同时结晶出两个具有一定成分和结构的固相的过程。成分位于 M-E 之间的合金称为亚共晶合金。成分位于 E-N 之间的合金称为过共晶合金。

（3）区：图中的相平衡线把相图划分为三个单相区：L、α、β；三个两相区：L+α、L+β、α+β。

5.2.2.2 典型合金的平衡结晶及组织（Equilibrium crystallization and microstructure of typical alloy）

A $w(\mathrm{Sn}) < M$ 点的固溶体合金

由图5.14可见，当 $w(\mathrm{Sn}) = 10\%$ 的Pb-Sn合金由液相缓冷至 t_1 温度时，从液相中开始结晶出α固溶体，随温度降低，α固溶体的量随之增多，液相量减少，液相和固相的成分分别沿液相线 t_AE 和固相线 t_AM 变化。当冷却到 t_2 温度时，合金凝固结束，全部转变为单相α固溶体，继续降低温度α相自然冷却不发生成分和相的变化。当冷却到 t_3 温度以下时，Sn在α固溶体中呈过饱和状态，多余的Sn以β固溶体的形式从α固溶体中析出，称为次生β固溶体，用 β_{II} 表示，以区别于从液相中直接结晶出的初生β固溶体。β_{II} 通常

优先沿着 α 相的晶界或晶内的缺陷处析出。随着温度的继续降低，β_{II}不断增多，而 α 和 β_{II}相的平衡成分分别沿着 *MF* 和 *NG* 溶解度曲线变化。两相的质量分数可由杠杆法则确定。如 $w(\mathrm{Sn})=10\%$ 的 Pb-Sn 合金在室温下，α 和 β_{II} 的质量分数分别为：

$$w(\alpha)=\frac{4G}{FG}\times100\%;\ w(\beta_{\mathrm{II}})=\frac{F4}{FG}\times100\%$$

图 5.15 为 $w(\mathrm{Sn})=10\%$ 的 Pb-Sn 合金平衡凝固过程及组织转变示意图。所有成分位于 *M* 和 *F* 点之间的合金，其平衡凝固过程都与上述合金相似，凝固至室温后的平衡组织均为 $\alpha+\beta_{\mathrm{II}}$，只是两相的质量分数不同。而成分位于 *N* 和 *G* 点之间的合金，平衡凝固过程与上述合金基本相似，但凝固后的平衡组织为 $\beta+\alpha_{\mathrm{II}}$。

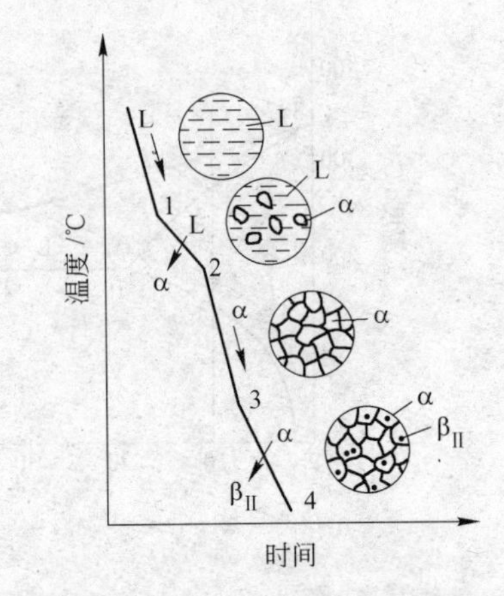

图 5.15 $w(\mathrm{Sn})=10\%$ 的 Pb-Sn 合金平衡凝固过程及组织转变示意图

B 共晶合金（Eutectic alloy）

由图 5.14 可见，$w(\mathrm{Sn})=61.9\%$ 的 Pb-Sn 合金为共晶合金。该合金从液态缓冷至 183℃时，由具有 *E* 点成分的液相 L_E 同时结晶出 α 和 β 两种固溶体，直至凝固结束。继续冷却时，共晶体中 α 和 β 相将各自沿着 *MF* 和 *NG* 溶解度曲线变化而改变其固溶度，从 α 和 β 中分别析出 β_{II}和 α_{II}。由于共晶体中析出的次生相常与共晶体中同类结合在一起，所以在显微镜下难以区分出来，最终的室温组织仍为（α + β）共晶体，如图 5.16 所示。

图 5.17 为 $w(\mathrm{Sn})=61.9\%$ 的共晶 Pb-Sn 合金的平衡凝固过程及组织转变示意图。不同温度下共晶组织中的 α 和 β 两相的质量分数可利用杠杆法则确定。如在 T_E 温度稍下（即共晶转变刚刚结束时）：

图 5.16 Pb-Sn 共晶合金的显微组织

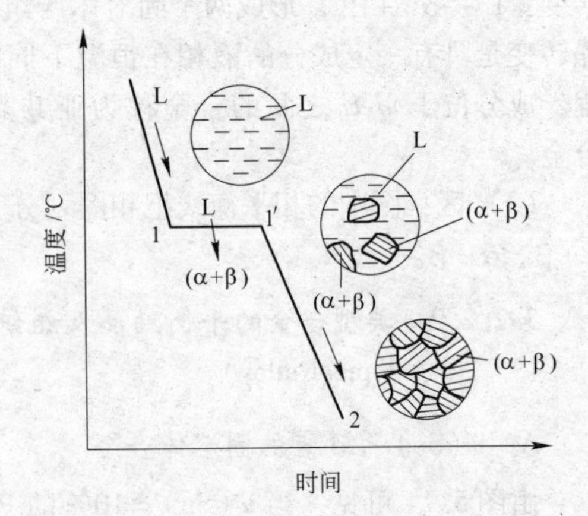

图 5.17 Pb-Sn 共晶合金的平衡凝固过程及组织转变示意图

$$w(\alpha)=\frac{EN}{MN}\times100\%;\ w(\beta)=\frac{ME}{MN}\times100\%$$

在室温下：$w(\alpha)=\dfrac{E'G}{FG}\times100\%$；$w(\beta)=\dfrac{FE'}{FG}\times100\%$

C 亚共晶合金（Hypoeutectic alloy）

由图5.14可见，以$w(\mathrm{Sn})=50\%$的Pb-Sn合金为例，分析其平衡凝固过程。该合金缓冷至t_1和t_2温度之间时，初生α相以匀晶转变方式不断地从液相中析出，随着温度的下降，α相的成分沿t_AM固相线变化，而液相的成分沿t_AE液相线变化。当温度降至t_2温度时，剩余的液相成分达到E点，发生共晶转变，形成（α+β）共晶体。共晶转变结束后，合金的平衡组织由初生α固溶体和共晶体（α+β）组成，可简写成α+（α+β）。在t_2温度以下，合金继续冷却时，由于初生α固溶体的溶解度随之减小，β_{II}将从α中析出，直至室温，其组织为$\alpha_{初}+\beta_{\mathrm{II}}+(\alpha+\beta)$，如图5.18所示。

图5.19为$w(\mathrm{Sn})=50\%$的亚共晶Pb-Sn合金的平衡凝固过程及组织转变示意图。该合金共晶转变刚刚结束时，其平衡组织为初生α固溶体和共晶体（α+β），称为组织组成物，其质量分数也可用杠杆法则计算：

$$w(\alpha+\beta)=\frac{M2}{ME}\times100\%;\ w(\alpha)=\frac{2E}{ME}\times100\%$$

上述两种组织是由α相和β相组成的，故称两者为相组成物。在共晶转变结束后，相组成物α和β的质量分数分别为：

$$w(\alpha)=\frac{2N}{MN}\times100\%;\ w(\beta)=\frac{M2}{MN}\times100\%$$

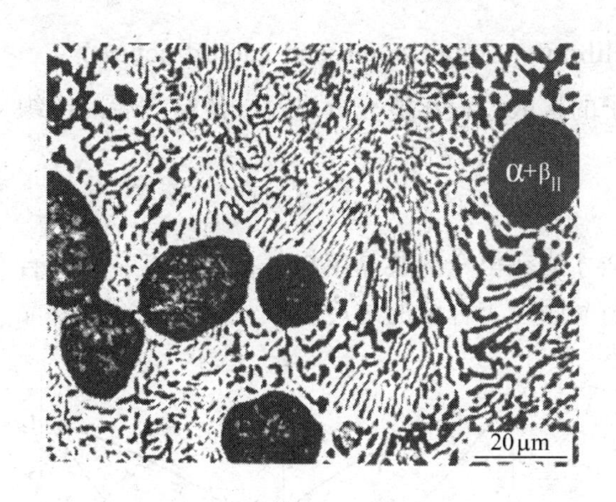

图5.18 50% Pb-50% Sn 亚共晶合金的显微组织

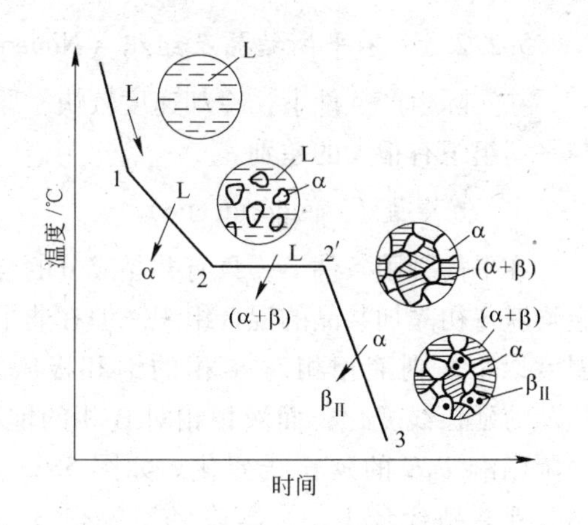

图5.19 亚共晶合金的平衡凝固过程及组织转变示意图

D 过共晶合金（Hypereutectic alloy）

由图5.14可见，以$w(\mathrm{Sn})=70\%$的Pb-Sn合金为例，分析其平衡凝固过程。其平衡凝固过程及平衡组织与亚共晶合金相似，只是初生相为β固溶体而不是α固溶体，室温时的组织为$\beta_{初}+\alpha_{\mathrm{II}}+(\alpha+\beta)$，其平衡凝固过程及组织转变示意图如图5.20所示。该合金共晶转变刚刚结束时，其平衡组织为β和（α+β），其质量分数也可用杠杆法则计算。

$$w(\beta)=\frac{E2}{EN}\times100\%;\ w(\alpha+\beta)=\frac{2N}{EN}\times100\%$$

由以上不同成分的合金分析可知：α、β、α_{II}、β_{II}、（α+β）在显微组织中均能清楚地区分开，是组成显微组织的独立部分，称之为组织组成物。从相的本质来看，它们都是

由 α 和 β 两相所组成，所以 α、β 两相称为合金的相组成物。为分析研究组织方便，将不同成分的合金平衡结晶后的组织填写在相图上，如图 5.21 所示。这样便于了解任一合金在任一温度下的组织状态及结晶过程中的组织变化。无论是合金的组织组成物，还是相组成物，它们的质量分数都可用杠杆法则计算。

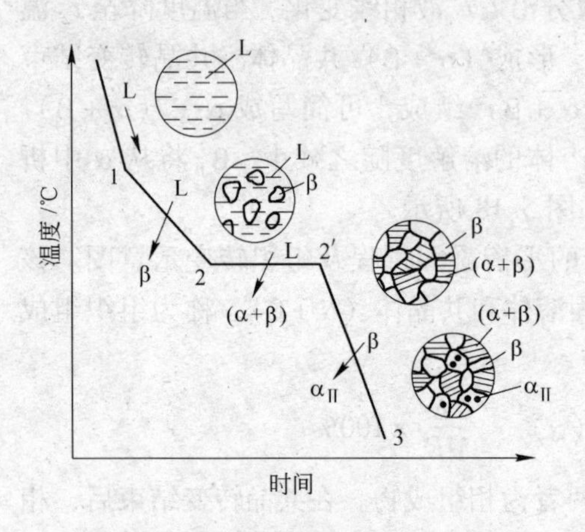

图 5.20 过共晶合金的平衡凝固过程及组织转变示意图

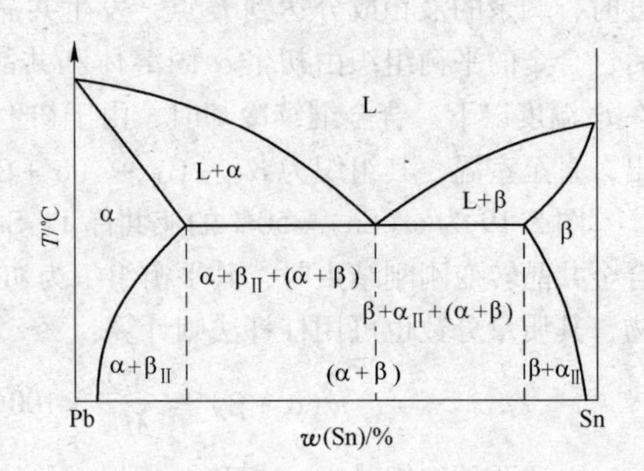

图 5.21 用组织组成物填写的共晶相图

5.2.2.3 不平衡结晶及组织（Nonequilibrium crystallization and microstructure）

在实际生产条件下，冷却速度较快，原子的扩散过程不能充分进行，使结晶后的组织与平衡组织有很大的差别。

A 伪共晶（Pseudoeutectic）

在平衡凝固条件下，只有共晶成分的合金才能获得全部共晶组织，在共晶点左右的合金均获得初晶加共晶的混合组织。但在非平衡凝固时，合金的过冷度较大，当过冷至共晶温度以下，则液相相对 α 相的饱和极限沿 T_AE 的延长线变化，而液相相对 β 相的饱和极限则沿 T_BE 的延长线变化。如图 5.22 所示，亚共晶合金 Ⅰ，平衡冷到室温得 $\alpha_{初}+(\alpha+\beta)_{共晶}$混合组织，当冷却速度较快时，合金 Ⅰ 冷却至 T_1 温度才开始结晶。此时，液相中同时饱和着 α 和 β，因此同时结晶，液相全部转变为（α+β）共晶组织。这种由共晶成分附近的非共晶成分的合金，经快冷后得到全部的共晶组织，称为伪共晶。图 5.22 所示的影线区称为伪共晶区。注意：伪共晶的组织形态与共晶的组织形态相同，但成分不同。

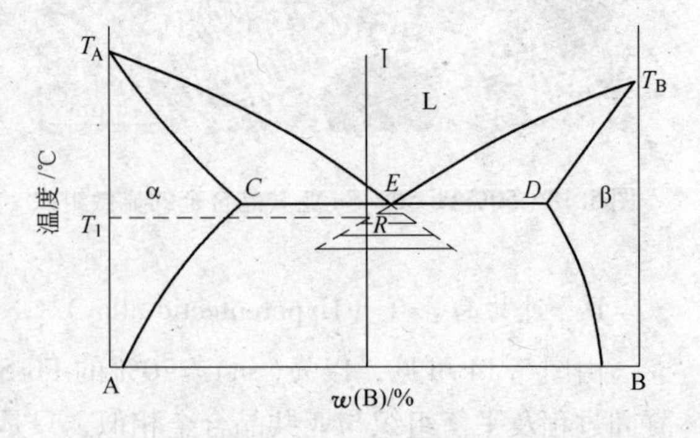

图 5.22 合金的不平衡凝固

B 离异共晶（Aberration）

先结晶相的量远远大于共晶组织的量，使共晶组织中与先结晶相相同的那一相，依附在先结晶相上生长，而剩下的另一相则单独在晶界处凝固，从而使共晶组织特征消失，这种两相分离的共晶称为离异共晶。成分位于共晶线两端点左右的合金易产生离异共晶。

离异共晶可以在平衡条件下获得，也可在不平衡条件下获得，如图5.23所示。

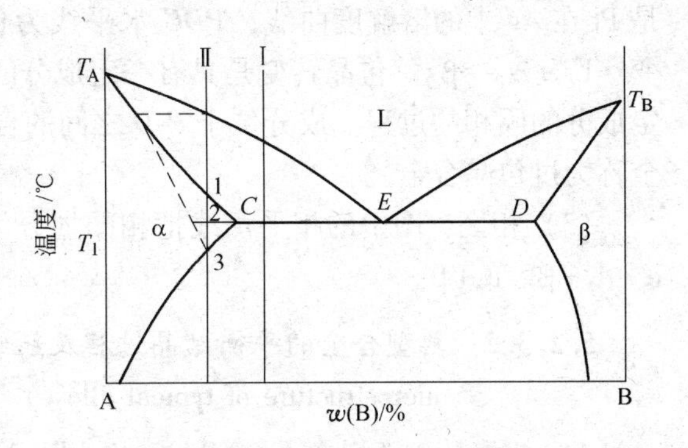

图5.23　离异共晶示意图

合金Ⅰ：平衡凝固时得α+(α+β)组织，但α相的量远远大于（α+β）的量，使（α+β）中的α依附在先结晶的α相上生长，而β则在晶界处凝固，产生了离异共晶。

合金Ⅱ：非平衡凝固时，使先结晶出α相的成分偏离固相线，沿虚线变化。当冷却到2点时，还剩一部分液体，当冷到共晶温度以下时，剩余的L发生共晶转变，形成共晶组织。冷却到3点以下时L消失。此时，α相的量远远大于（α+β）的量，使（α+β）中的α依附在先结晶的α相上生长，而β相则被推向晶界处凝固，产生了离异共晶。

5.2.3　二元包晶相图（Binary peritectic phase diagram）

两组元在液态时无限互溶，在固态时部分互溶，并发生包晶转变而构成的相图称为二元包晶相图，如Pt-Ag、Ag-Sn等合金形成包晶相图。

5.2.3.1　相图分析（Phasediagram analysis）

图5.24为Pt-Ag二元包晶相图，按相图中的点、线、相区进行分析。

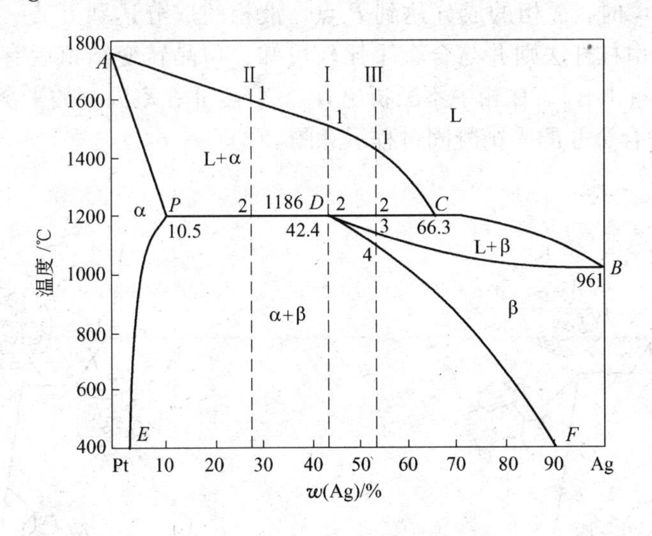

图5.24　Pt-Ag合金相图

（1）点：相图中A、B点分别为纯组元Pt、Ag的熔点。D点为包晶点，具有D点成分的合金称为包晶合金。P点为银在铂中的最大溶解度点，成分位于P点以左的合金为固溶体合金。E点为室温时银在铂中的溶解度。F点为室温时铂在银中的溶解度。α是Ag溶于 Pt 中形成的固溶体。β 是 Pt 溶于 Ag 中形成的固溶体。

（2）线：*ACB* 为液相线；*APDB* 为固相线；*PE* 线是 Ag 在 Pt 中的溶解度曲线；*DF* 线是 Pt 在 Ag 中的溶解度曲线；*PDC* 水平线为包晶线，凡位于此线上的合金均发生包晶转变：$L_C + \alpha_P \rightarrow \beta_D$。包晶转变是具有一定成分的液相和一个固相在恒温下生成另一个具有一定成分的固相的过程。成分位于 *P-D* 之间的合金称为亚包晶合金。成分位于 *D-C* 之间的合金称为过包晶合金。

（3）相区：图中的相平衡线把相图划分为三个单相区：L、α、β；三个两相区：L + α、L + β、α + β。

5.2.3.2　典型合金的平衡结晶过程及组织（Equilibrium crystallization process and microstructure of typical alloy）

A　包晶合金（合金Ⅰ）（Peritectic alloy）

由图 5.24 可见，合金Ⅰ在 t_1 温度以上为液相。当温度低于 t_1 时，会从液相中不断结晶出初晶 α 相，随着温度的下降，α 相的成分沿固相线 *AP* 变化，液相的成分沿液相线 *AC* 变化。当温度降到 1186℃时，α 相的成分达到 *P* 点，液相的成分达到 *C* 点，这时发生包晶转变：$L_C + \alpha_P \rightarrow \beta_D$。转变结束后，L 相和 α 相全部转变为 β 相。继续冷却，β 相的固溶度沿其溶解度曲线 *DF* 变化，不断析出 $\alpha_{\text{Ⅱ}}$。合金Ⅰ在室温下的平衡组织为 $\beta + \alpha_{\text{Ⅱ}}$。图 5.25 为合金Ⅰ的平衡凝固过程示意图。

B　亚包晶合金（合金Ⅱ）（Hypoperitectic alloy）

由图 5.24 可见，合金Ⅱ在 t_1 温度以上为液相。当温度低于 t_1 时，会从液相中不断结晶出初晶 α 相，随着温度的下降，α 相的成分沿固相线 *AP* 变化，液相的成分沿液相线 *AC* 变化。当温度降到 t_2 时，α 相的成分达到 *P* 点，液相的成分达到 *C* 点，这时发生包晶转变：$L_C + \alpha_P \rightarrow \beta_D$。由杠杆法则并与合金Ⅰ比较可知，包晶转变结束后有剩余的 α 相。继续冷却 α 相中不断析出 $\beta_{\text{Ⅱ}}$，β 相中不断析出 $\alpha_{\text{Ⅱ}}$。合金Ⅱ在室温下的平衡组织为 $\alpha + \beta_{\text{Ⅱ}} + \beta + \alpha_{\text{Ⅱ}}$。图 5.26 为合金Ⅱ的平衡凝固过程示意图。

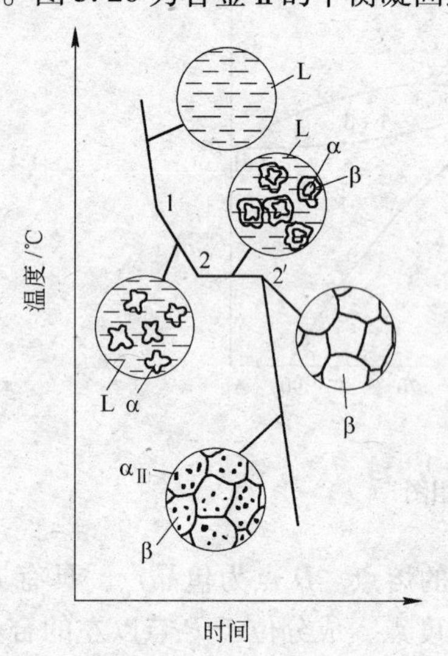

图 5.25　合金Ⅰ的平衡凝固过程示意图

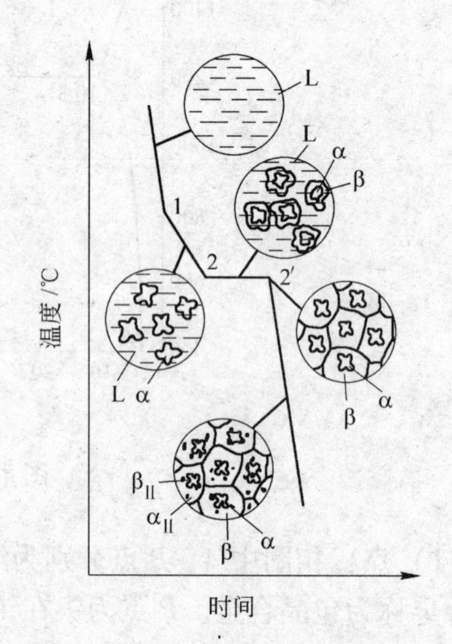

图 5.26　合金Ⅱ的平衡凝固过程示意图

C 过包晶合金（合金Ⅲ）(Hyperperitectic alloy)

由图5.24可见，合金Ⅲ在 t_1 温度以上为液相。当温度低于 t_1 时，会从液相中不断结晶出初晶α相，随着温度的下降，α相的成分沿固相线 *AP* 变化，液相的成分沿液相线 *AC* 变化。当温度降到 t_2 时，α相的成分达到 *P* 点，液相的成分达到 *C* 点，这时发生包晶转变：$L_C + \alpha_P \rightarrow \beta_D$。由杠杆法则并与合金Ⅰ比较可知，包晶转变结束后有剩余的L相。继续冷却剩余的L相会不断地转变成β相，到达 t_3 温度时，全部转变为β相。当冷却到 t_4 温度以下时，会从β相中不断析出 α_{II}。合金Ⅲ在室温下的平衡组织为 $\beta + \alpha_{\text{II}}$。图5.27为合金Ⅲ的平衡凝固过程示意图。

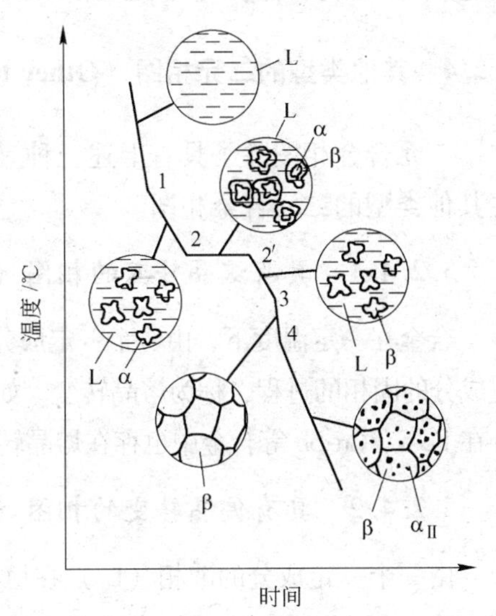

图5.27 合金Ⅲ的平衡凝固过程示意图

5.2.3.3 不平衡结晶及组织（Nonequilibrium crystallization and microstructure）

图5.28为包晶反应时原子迁移示意图。由图可见，包晶转变产物β相包围着初生相α，使液相与α相隔开，阻止了液相和α相中原子之间的直接相互扩散，而必须通过β相。众所周知，原子在固相中的扩散速度比在液相中慢得多，所以包晶转变的速度是非常缓慢的。但在实际生产中，冷速较快，扩散来不及进行或进行不完全，使包晶转变不充分，因而得到不平衡组织。如图5.24中的合金Ⅰ、合金Ⅲ，平衡凝固组织中没有α相，在不平衡凝固时则在β相中心保留残余的α相；合金Ⅱ不平衡凝固组织中的α相也比平衡凝固组织中的多。

此外，不平衡凝固条件下，一些原来不发生包晶转变的合金，如图5.29中的合金Ⅰ，由于枝晶偏析使得在包晶转变温度下仍有少量液相存在，并与α相发生包晶转变，使本应为全部α相的合金组织中出现了少量的β相。

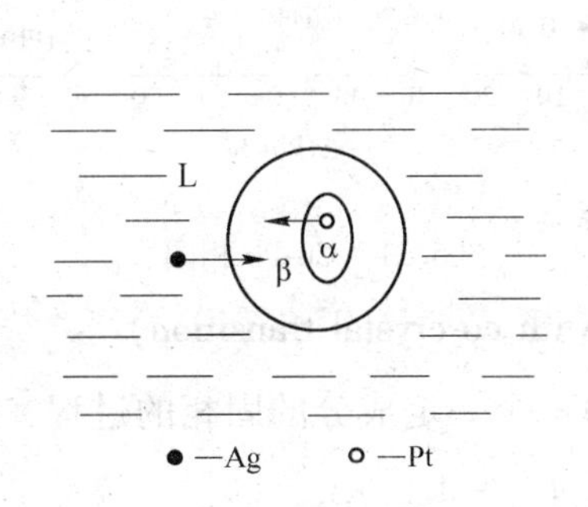

图5.28 包晶反应时原子迁移示意图

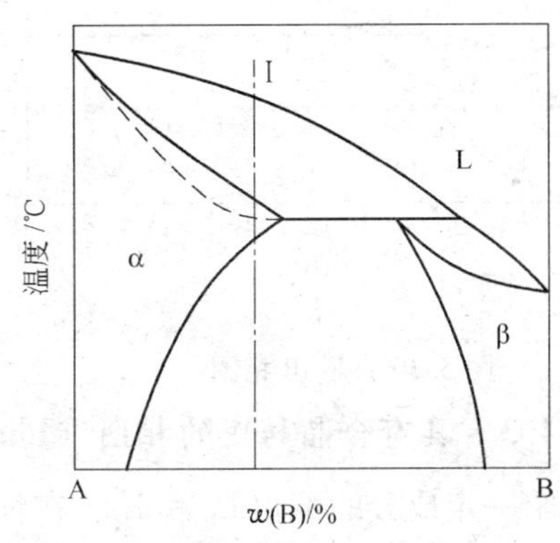

图5.29 因快冷而可能发生的包晶转变示意图

由于包晶转变不能充分进行而产生化学成分不均匀的现象，称为包晶偏析。这种不平衡组织可采用长时间的扩散退火来减少或消除。

5.2.4 其他类型的二元相图（Other types of binary phase diagram）

二元合金相图除了具有上述三种（即匀晶、共晶、包晶）最基本类型外，通常还有一些其他类型的二元合金相图。

5.2.4.1 具有熔晶转变的相图（Phase diagram with the crystal melting transition）

合金在一定温度下，由一个一定成分的固相，同时分解为一个一定成分的液相和另一个一定成分的固相的过程，称为熔晶转变。如图 5.30 所示，在 1381℃ 发生熔晶转变：$\delta \rightarrow L+\gamma$。此外在 Fe-S、Cu-Sb 等合金中也存在熔晶转变。

5.2.4.2 具有偏晶转变的相图（Phase diagram with a monotectic transformation）

由一个一定成分的液相（L_1）在恒温下，同时分解为一个一定成分的固相和另一个一定成分的液相（L_2）的过程，称为偏晶转变。如图 5.31 所示，在 955℃ 发生偏晶转变：$L_{36} \rightarrow Cu + L_{87}$。图中 955℃ 等温线为偏晶线，$w$（Pb）=36% 的点为偏晶点。此外在 Cu-S、Cu-O、Fe-O、Mn-Pb 等合金中也都存在偏晶转变。

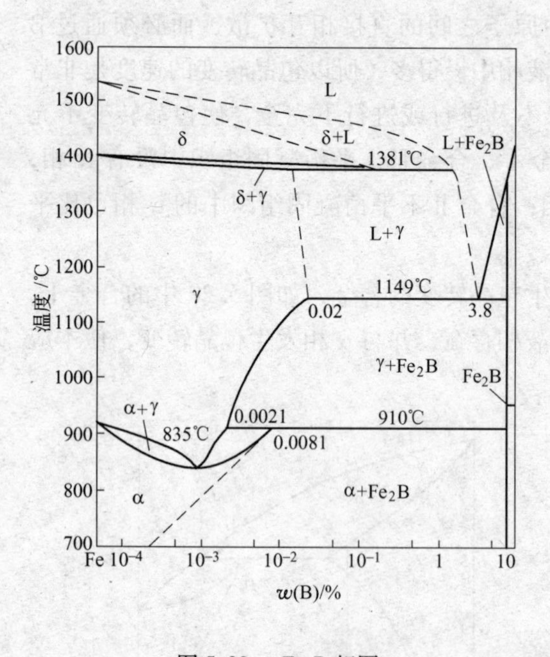

图 5.30 Fe-B 相图

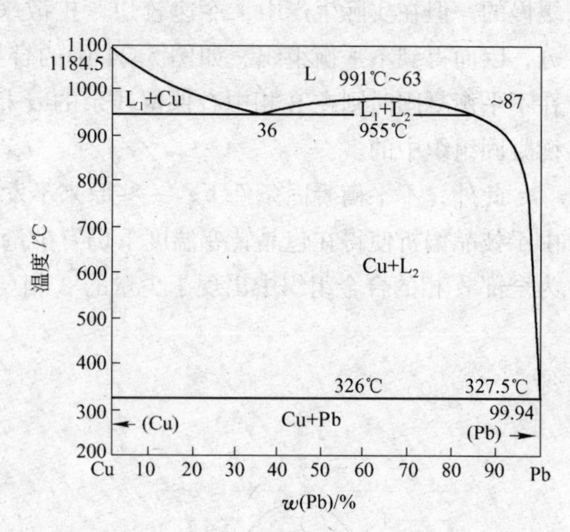

图 5.31 Cu-Pb 相图

5.2.4.3 具有合晶转变的相图（Phase diagram with co-crystal transition）

由两个一定成分的液相 L_1 和 L_2，在恒温下转变为一个一定成分的固相的过程，称为合晶转变。如图 5.32 所示，在 *asb* 温度发生合晶转变：$L_{1a} + L_{2b} \rightarrow \beta_s$。

5.2.4.4 组元间形成化合物的相图（Phase diagram of forming compounds between components）

A 形成稳定化合物的相图

稳定化合物指两组元形成的具有一定熔点，并在熔点以下保持固有结构不发生分解的化合物。图5.33所示的Mg-Si相图就是具有稳定化合物的相图。当 w（Si）= 36.6% 时，Mg-Si形成稳定化合物 Mg_2Si，其熔点为1087℃，该化合物没有溶解度，在相图中是一条垂直线，可把它看作一个独立的组元，它把Mg-Si相图分为Mg-Mg_2Si 和 Mg_2Si-Si两个独立的二元共晶相图。

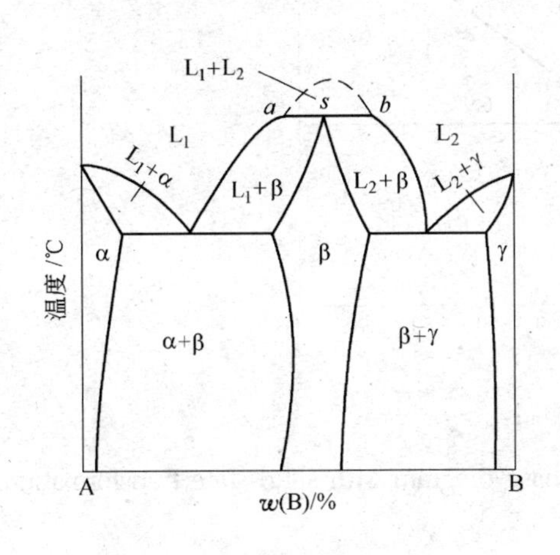

图5.32 具有合晶转变的相图

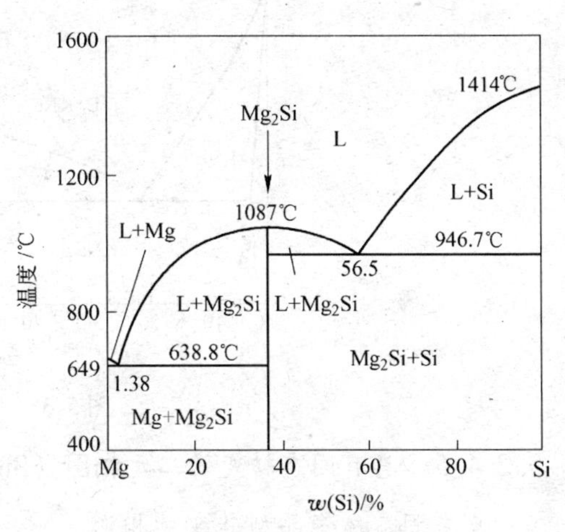

图5.33 Mg-Si相图

当稳定化合物可以溶解其组成组元时，则形成以化合物为溶剂的固溶体，这时相图中的垂线变为一个相区。如图5.34所示，以这类稳定化合物划分相图时，通常以对应熔点的虚线为界进行划分，具有这类稳定化合物的相图还有Fe-P、Mn-Si等。

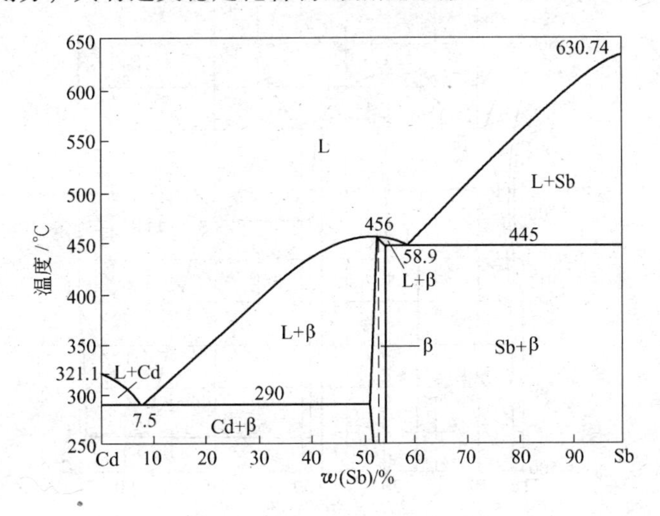

图5.34 Cd-Sb相图

B 形成不稳定化合物的相图

不稳定化合物指由两组元形成的没有明显熔点，并在一定温度就发生分解的化合物。图5.35所示的K-Na相图就是具有不稳定化合物的相图。当w（Na）=54.4%时，K-Na形成不稳定化合物KNa_2，由于它的成分是固定的，在相图中以一条垂线表示，当加热到6.9℃时发生分解：$KNa_2 \rightarrow L + Na$，所以不稳定化合物不能作为一个独立的组元来划分相图。

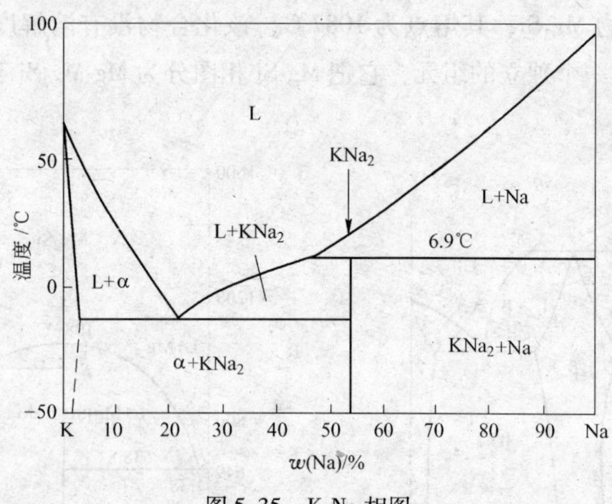

图5.35 K-Na相图

5.2.4.5 具有固态转变的二元相图（Binary phase diagram with solid-state transformation）

A 具有固溶体多晶型转变的相图

体系中组元有同素异构转变时，形成的固溶体常有多晶型转变。如图5.36所示，Fe、Ti均发生同素异构转变，Ti边有：β相→α相的固溶体多晶型转变；Fe边有：γ相→α相

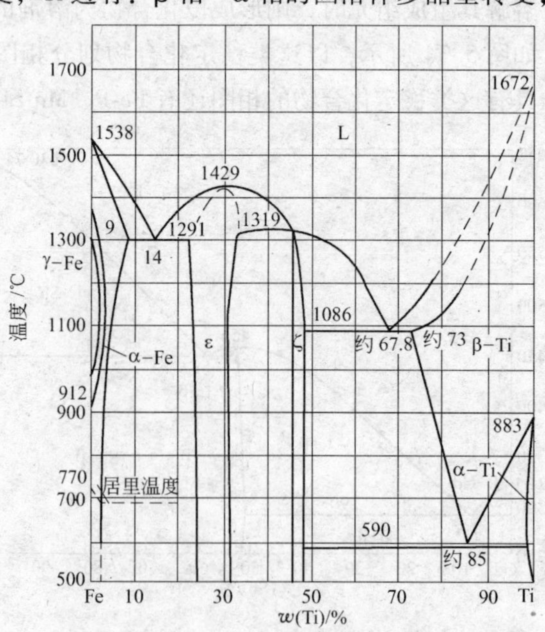

图5.36 Fe-Ti合金相图

的固溶体多晶型转变。

B　具有共析转变的相图

由一个一定成分的固相，在恒温下同时转变为另外两个一定成分的固相的过程，称为共析转变。如图5.37所示，有四个共析转变：在水平线Ⅳ上：β→α+γ；在水平线Ⅴ上：γ→δ + α；在水平线Ⅵ上：δ→α + ε；在水平线Ⅶ上：ζ→δ+ε。

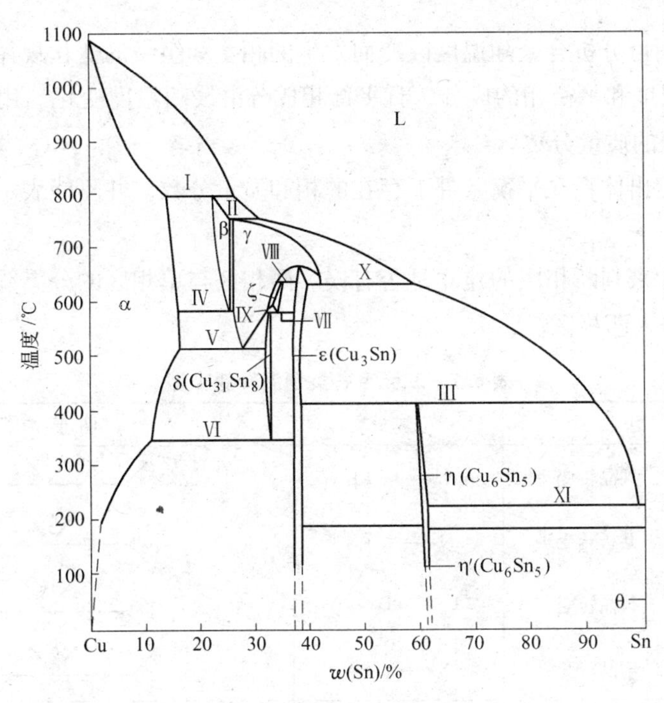

图5.37　Cu-Sn相图

C　具有包析转变的相图

由两个一定成分的固相，在恒温下转变成另一个一定成分固相的过程，称为包析转变。如图5.37所示，有两个包析转变：在水平线Ⅷ上：γ+ε→ζ；在水平线Ⅸ上：γ+ζ→δ。

D　具有脱溶过程的相图

固溶体的固溶度随温度降低而不断减少的过程称为脱溶。图5.37左下角，α的最大溶解度在350℃为11%Sn，随温度降低而不断减少。

5.2.5　复杂二元相图的分析方法（Analytical methods of the complex binary phase diagrams）

复杂的二元相图都是由基本的相图组合而成的，只要掌握各类相图的特点和转变规律，就能化繁为简。一般的分析方法如下：

（1）先看相图中是否有稳定的化合物。如有，则以化合物为界，把相图分为几个区域进行分析。

（2）根据相区接触法则，区别各相区。两个单相区之间一定有一个两相区，两个两相区之间一定有一个单相区或三相水平线，即相邻相区的相数差为 1（点接触除外），称为相区接触法则。

（3）找出三相共存水平线，分析恒温转变的类型，表 5.1 列出了二元系各类恒温转变类型 。

（4）应用相图可分析合金随温度改变而发生的相变和组织的变化规律。相图中的线代表发生相转变的温度和平衡相的成分，且平衡相成分沿线随温度变化。用杠杆法则可求出两个相或两个组织的质量分数。

（5）相图只给出体系在平衡条件下存在的相和质量分数，并不能表示出相的形状、大小和分布。

（6）可用相律来判断相图的建立是否有误。两相区与单相区的分界线与三相等温线相交，其延长线应进入两相区。

表 5.1　二元系各类恒温转变类型

恒温转变类型		反应式	图形特征
共晶式	共晶转变	$L \rightleftharpoons \alpha + \beta$	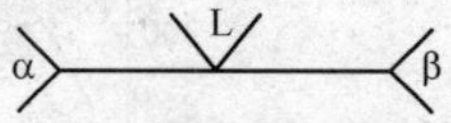 α　L　β
	共析转变	$\gamma \rightleftharpoons \alpha + \beta$	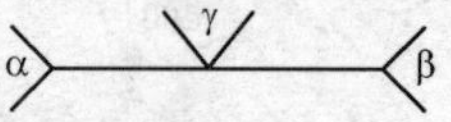 α　γ　β
	偏晶转变	$L_1 \rightleftharpoons L_2 + \alpha$	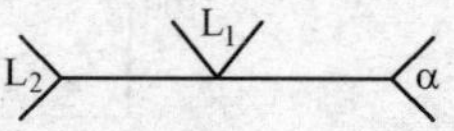 L_2　L_1　α
	熔晶转变	$\delta \rightleftharpoons L + \gamma$	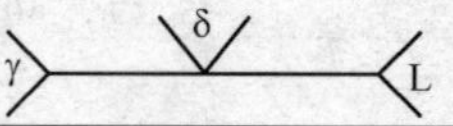 γ　δ　L
包晶式	包晶转变	$L + \beta \rightleftharpoons \alpha$	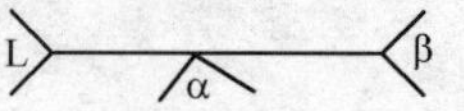 L　β　α
	包析转变	$\gamma + \beta \rightleftharpoons \alpha$	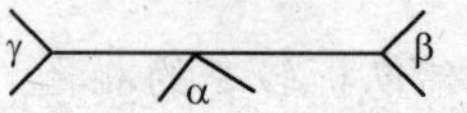 γ　β　α
	合晶转变	$L_1 + L_2 \rightleftharpoons \alpha$	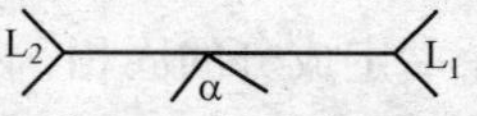 L_2　L_1　α

5.2.6　根据相图判断合金的性能（Judging the performance of alloy according to phase diagram）

合金的性能取决于合金的成分和组织，而合金的成分与组织的关系可在相图上体现，可见，相图与合金性能之间存在着一定的关系。因此，可利用相图来判断不同合金的性能。

5.2.6.1　根据相图判断合金的使用性能（Judging the service performance of alloy according to phase diagram）

图 5.38 表示相图与合金硬度、强度及电导率之间的关系。形成两相混合物的合金，其性能与合金成分呈直线关系，是两组成相性能的平均值，如图 5.38（a）所示。例如：

$\sigma = \sigma_{\alpha} \cdot w(\alpha) + \sigma_{\beta} \cdot w(\beta)$， $HB = HB_{\alpha} \cdot w(\alpha) + HB_{\beta} \cdot w(\beta)$。式中 $w(\alpha)$、$w(\beta)$ 分别为两相的质量分数。由于共晶合金和共析合金的组织细，因此其性能在共晶或共析成分附近偏离直线，出现奇点。

组织为固溶体的合金，随溶质含量的增加，合金的强度和硬度也相应增加，产生固溶强化。如果是无限互溶的合金，则在溶质含量为50%附近强度和硬度最高，性能与合金成分之间呈曲线关系，如图5.38（b）所示。

形成稳定化合物的合金，其性能成分曲线在化合物成分处出现拐点，如图5.38（c）所示。

各种合金的电导率变化与力学性能的变化正好相反。

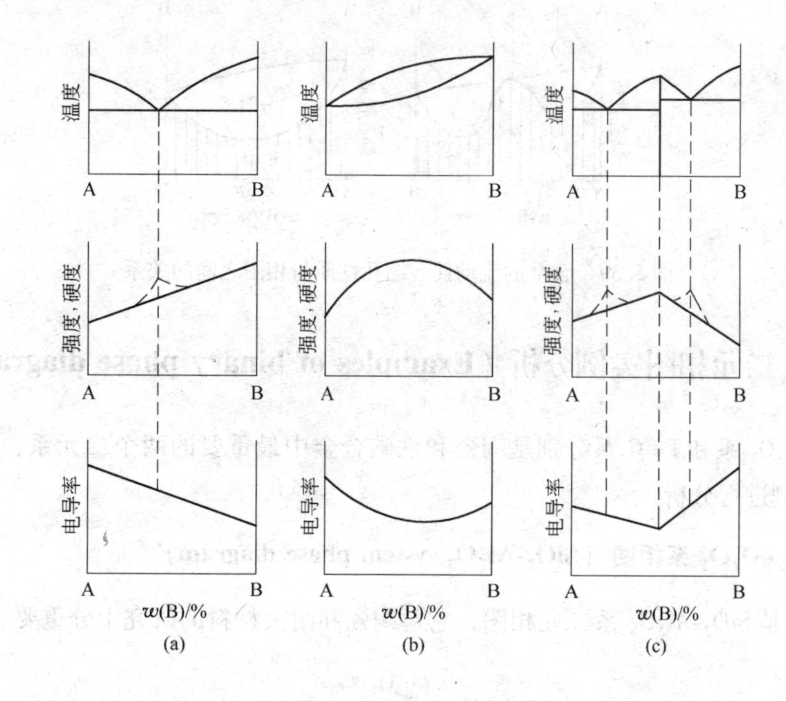

图5.38 相图与合金硬度、强度及电导率之间的关系
（a）机械混合物合金；（b）固溶体合金；（c）形成稳定化合物合金

5.2.6.2 根据相图判断合金的工艺性能（Judging the processing properties of alloy according to phase diagram）

图5.39是相图与合金的流动性、缩孔性质之间的关系。可见，共晶合金（eutectic alloy）的结晶温度低，流动性好，分散缩孔少，易形成集中缩孔，偏析倾向小，合金致密，因而铸造性能最好。铸造合金多选用共晶合金。固溶体（solid solution）合金液固相线间隔越大，偏析倾向越大，结晶时树枝晶逐渐发达，使流动性降低，补缩能力下降，分散缩孔增加，铸造性能较差。但固溶体合金的强度低、塑性好、变形均匀，压力加工性能好。

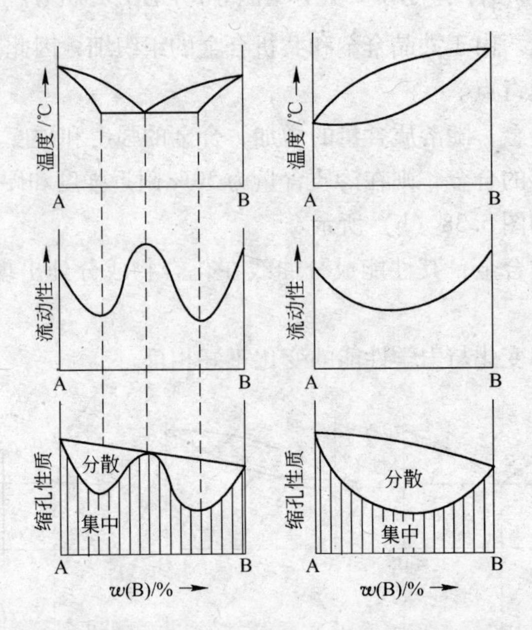

图 5.39 合金的流动性、缩孔性质与相图之间的关系

5.3 二元相图实例分析（Examples of binary phase diagrams）

SiO_2-Al_2O_3 系和 Fe-C 系分别是陶瓷和铁碳合金中最重要的两个二元系，现以它们的相图作为实例进行分析。

5.3.1 SiO_2-Al_2O_3 系相图（SiO_2-Al_2O_3 system phase diagram）

图 5.40 是 SiO_2-Al_2O_3 系二元相图，它对陶瓷和耐火材料的研究十分重要。

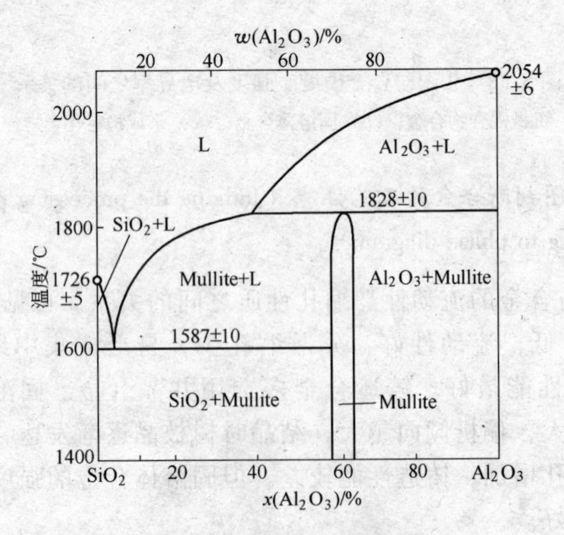

图 5.40 SiO_2-Al_2O_3 系相图

5.3.1.1　相图分析（Phase diagram analysis）

SiO_2-Al_2O_3 系相图中有三个化合物，均属于复杂结构。组元 α-Al_2O_3（又称刚玉）属菱方点阵，熔点为2054℃；组元 SiO_2 随多晶型的变化具有多种点阵类型，见表5.2，其熔点为1726℃；中间相莫来石为单斜点阵，熔点为1828℃。

表5.2　SiO_2 的同分异构形态

稳定形态	点阵类型	温度范围/℃
α石英	六方点阵	室温~573
β石英	六方点阵	573~867
$β_2$ 鳞石英	菱方点阵	867~1470
β方石英	正方点阵	1470~1713
硅酸玻璃	无晶形	1713以上

在相图中有两个恒温转变，一个是在1587℃时发生共晶转变：L→SiO_2 + 莫来石；另一个是在1828℃时发生包晶转变：L + Al_2O_3→莫来石。

5.3.1.2　平衡结晶过程分析（Analysis of equilibrium crystallization process）

A　$w(Al_2O_3)<10\%$ 的陶瓷（亚共晶）

$w(Al_2O_3)<10\%$ 的陶瓷溶液冷至液相线温度，开始以匀晶方式结晶出 SiO_2（方石英），随着温度的降低，SiO_2 含量增多，而液相中的 Al_2O_3 含量也不断增多。当温度降至1587℃时，液相的成分达到共晶成分（$w(Al_2O_3)=10\%$），发生共晶转变：L→SiO_2 + 莫来石，共晶转变结束后的组织为初生相方石英和共晶体。随着温度继续下降，初生相 SiO_2 和共晶体中的 SiO_2 均发生同分异构转变，在1470℃通过重建型转变成为高温鳞石英，然后在867℃再通过重建型转变成为高温石英，最终在573℃通过位移型转变成为低温石英。在共晶转变后的冷却过程中，高温方石英在200~270℃通过位移型转变成为低温方石英，也可能高温方石英先通过重建型转变成为高温鳞石英，随后在160℃通过位移型转变成为中间型鳞石英，最终在105℃通过位移型转变成为低温鳞石英。SiO_2 在室温时是低温方石英、低温鳞石英还是低温石英主要取决于冷却速度。在共晶转变结束后的冷却过程中，由于 SiO_2 和莫来石几乎不相互溶解，两者没有脱溶现象。其冷却曲线如图5.41（a）所示。

B　$w(Al_2O_3)=10\%$ 的陶瓷（共晶）

共晶成分的溶液降至1587℃时，发生共晶转变：L→SiO_2 + 莫来石，生成共晶体（SiO_2 + 莫来石），共晶体中两组成相的质量分数可由杠杆定律计算：

$$w(SiO_2)=\frac{72-10}{72-0}\times100\%=86\%$$

$$w(\text{莫来石})=\frac{10-0}{72-0}\times100\%=14\%$$

共晶转变结束后，SiO_2 将视不同的冷却速度从高温方石英转变成三种低温石英中的一种。其冷却曲线如图5.41（b）所示。

C　$10\%<w(Al_2O_3)<55\%$ 的陶瓷（过共晶）

该成分内的陶瓷溶液冷至液相线温度，开始以匀晶方式结晶出莫来石，随着温度的降

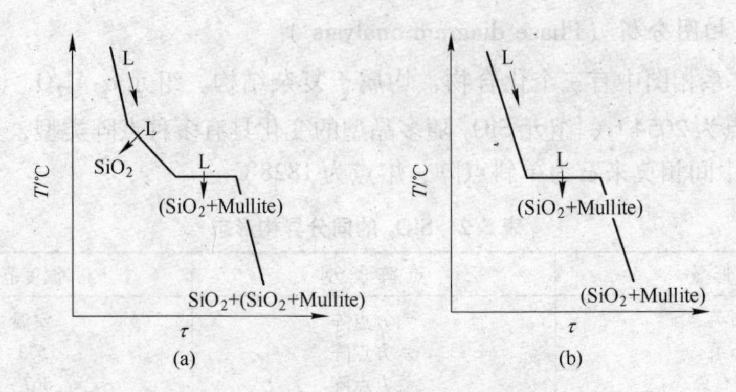

图 5.41　亚共晶和共晶陶瓷的冷却曲线

（a）亚共晶；（b）共晶

低，莫来石含量增多，而液相中的 Al_2O_3 含量减少，其成分沿液相线变化。当温度降至1587℃时，液相的成分达到共晶成分（$w(Al_2O_3)=10\%$），发生共晶转变：$L \rightarrow SiO_2$ + 莫来石。共晶转变结束后的组织为莫来石和共晶体。在此成分范围内，初生相莫来石的最大质量分数为：

$$w\ (\text{莫来石})_{\text{最大}} = \frac{55-10}{72-10} \times 100\% = 72.5\%$$

同样，共晶转变后，共晶体中的 SiO_2 要发生同分异构转变。其冷却曲线如图 5.42（a）所示。

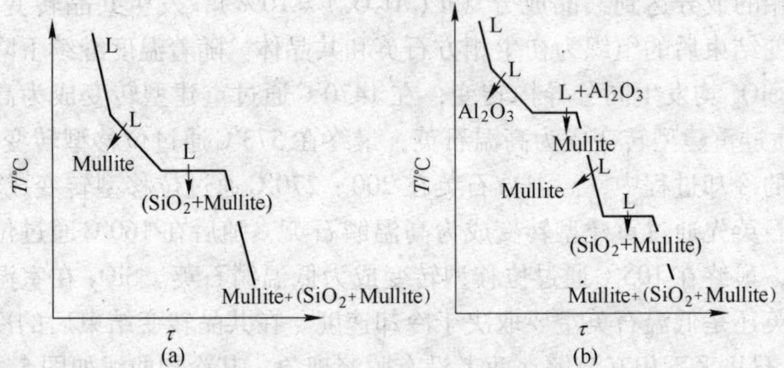

图 5.42　过共晶和亚包晶陶瓷的冷却曲线

（a）过共晶；（b）亚包晶

D　$55\% < w(Al_2O_3) < 72\%$ 的陶瓷（亚包晶）

该成分内的陶瓷溶液冷至液相线温度，开始以匀晶方式结晶出 Al_2O_3，随着温度的降低，Al_2O_3 含量增多，而液相量减少。当温度降至 1828℃时，发生包晶转变：$L + Al_2O_3 \rightarrow$ 莫来石。包晶转变结束后，初生相 Al_2O_3 耗尽，但尚有液相剩余。液相继续以匀晶方式结晶出莫来石，和包晶转变生成的莫来石结合在一起。随后液相的成分沿液相线变化，最终在 1587℃，当 $w(Al_2O_3)$ 为 10% 时，则发生共晶转变，生成共晶体，共晶转变后的组织为莫来石和共晶体。其冷却曲线如图 5.42（b）所示。

E　$72\% < w(Al_2O_3) < 78\%$ 的陶瓷

该成分内的陶瓷溶液冷至液相线温度，开始以匀晶方式结晶出 Al_2O_3，当温度降至

1828℃时，发生包晶转变：L + Al_2O_3→莫来石。如取包晶成分 w（Al_2O_3）为75%，则包晶转变所需的液相 L 和 Al_2O_3 的质量分数分别为：

$$w(L) = \frac{100-75}{100-55} \times 100\% = 55.6\%，w(Al_2O_3) = 100\% - 55.6\% = 44.4\%$$

包晶转变结束后，进入莫来石单相区，冷至室温仍为单相莫来石，其冷却曲线如图 5.43（a）所示。

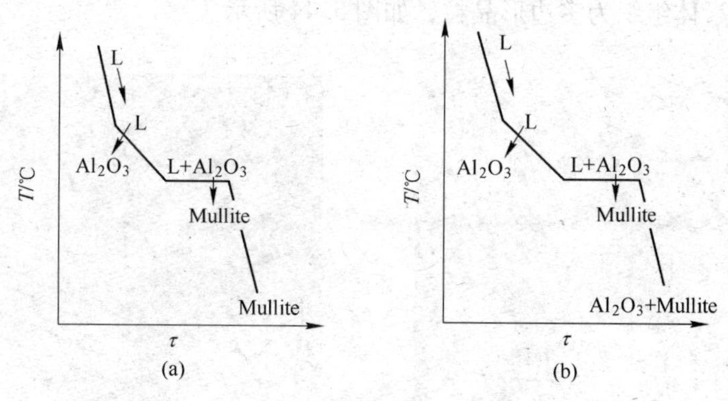

图 5.43 包晶和过包晶陶瓷的冷却曲线
（a）包晶；（b）过包晶

F $w(Al_2O_3) > 78\%$ 的陶瓷（过包晶）

该成分内的陶瓷溶液冷却至液相线温度，开始以匀晶方式结晶出 Al_2O_3，当温度降至1828℃时，发生包晶转变：L + Al_2O_3→莫来石。包晶转变结束后，液相耗尽，但尚有部分初生相 Al_2O_3，此时的组织为初生相 Al_2O_3 和包晶产物莫来石。随温度降至室温，由于莫来石和 Al_2O_3 均无溶解度变化，故室温组织仍为包晶转变后的组织：Al_2O_3 和莫来石。其冷却曲线如图 5.43（b）所示。

在 $SiO_2-Al_2O_3$ 二元系中，不同的 Al_2O_3 含量对应常用的几种耐火材料制品：硅砖的 w（Al_2O_3）为0.2%～1.0%，黏土砖为35%～50%，高铝砖为60%～90%。

5.3.2 铁碳合金相图（Fe-C alloy diagram）

铁碳合金相图是研究铁碳合金最基本的工具，是研究碳钢和铸铁的成分、温度、组织与性能之间关系的理论基础，是制定热加工、热处理、冶炼和铸造等工艺的依据。

铁碳合金是碳钢和铸铁的统称，是工业上应用最广的合金，含碳量为0.0218%～2.11%的铁碳合金称为碳钢，含碳量大于2.11%的铁碳合金称为铸铁。铁与碳可形成一系列稳定化合物：Fe_3C、Fe_2C、FeC，它们都可以作为纯组元，但由于含碳量大于 Fe_3C 的含碳量（6.69%C）时，合金太脆，无实用价值，因此我们所讨论的铁碳合金相图实际上是 Fe-Fe_3C 相图。

5.3.2.1 铁碳合金中的组元和相（Component and phase in Fe-C alloy）

A 纯铁及铁基固溶体

纯铁的熔点为1538℃，温度变化时会发生同素异构转变。在912℃以下为体心立方，称为α铁（α-Fe）；912～1394℃之间为面心立方，称为γ铁（γ-Fe）；在1394～1538℃

（熔点）之间为体心立方，称为δ铁（δ-Fe）。低温的铁具有铁磁性，770℃以上铁磁性消失。室温下其强度、硬度低，塑性、韧性好（HB50～80，$\delta=30\%\sim50\%$）。

铁的三种同素异构体都可以溶解一定量的碳而形成间隙固溶体。

碳溶于α-Fe中形成的间隙固溶体称为铁素体（Ferrite），用α或F表示。铁素体为体心立方晶格，其溶碳能力很低，在727℃时最大溶碳量为0.0218%，而在室温下溶碳量仅为0.0008%。铁素体组织为多边形晶粒，如图5.44所示。

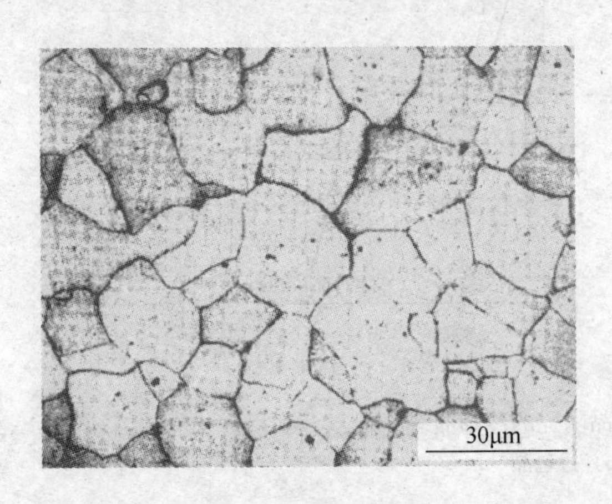

图5.44　铁素体组织

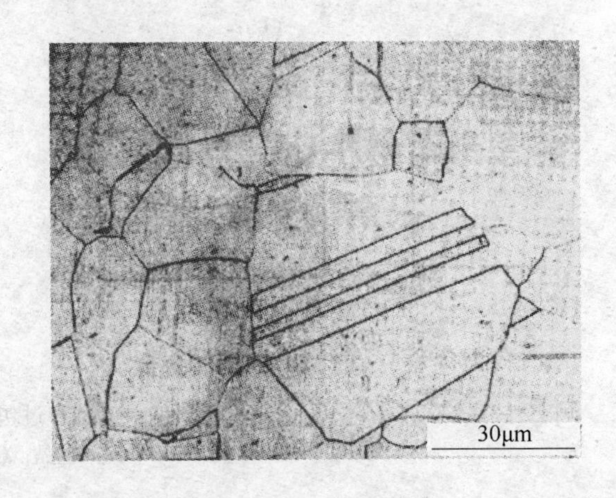

图5.45　奥氏体组织

碳溶于δ-Fe中形成的间隙固溶体称为δ铁素体，又称高温铁素体，用δ表示。δ铁素体也为体心立方晶格，在1495℃时其最大溶碳量为0.09%。

碳溶于γ-Fe中形成的间隙固溶体称为奥氏体（Austenite），用γ或A表示。奥氏体为面心立方晶格，其溶碳能力比铁素体高，在1148℃时最大溶碳量为2.11%。奥氏体组织也是不规则多面体晶粒，但晶界较直，如图5.45所示。

B　渗碳体（Cementite）

渗碳体是铁与碳形成的间隙化合物，含碳量为6.69%，熔点为1227℃，用Fe_3C或C_m表示。其硬度很高，塑性几乎为零（HB800，$\delta\approx0$）。渗碳体在钢和铸铁中一般呈片状、网状或球状。它的尺寸、形状和分布对铁碳合金的性能影响很大，是铁碳合金的重要强化相。

渗碳体按其来源可分为：Fe_3C_{I}，从L中直接结晶出的Fe_3C；Fe_3C_{II}，从A中沿晶界析出的Fe_3C；Fe_3C_{III}，从F中沿晶界析出的Fe_3C；$Fe_3C_{共晶}$，共晶反应得到的Fe_3C；$Fe_3C_{共析}$，共析反应得到的Fe_3C。他们的本质是一样的，只是形状不同。

渗碳体是介稳相，在一定条件下发生分解：$Fe_3C\rightarrow3Fe+C$，所分解出的单质碳为石墨，该分解反应对铸铁有着重要意义。

5.3.2.2　Fe-Fe_3C相图分析（Fe-Fe_3C diagram analysis）

Fe-Fe_3C相图由包晶相图、共晶相图、共析相图三个基本的相图组成，如图5.46所示。各点的符号国际通用，不能任意写。

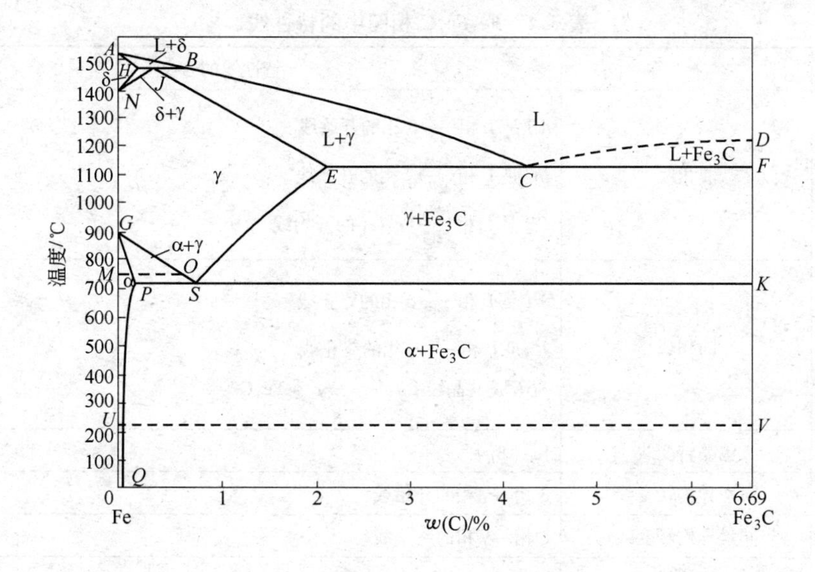

图 5.46 Fe-Fe_3C 相图

（1）点。Fe-Fe_3C 相图中的特性点见表 5.3。

表 5.3 Fe-Fe_3C 相图中的特性点

特性点	温度/℃	含碳量（质量分数）/%	特性点的含义
A	1538	0	纯铁的熔点
B	1495	0.53	包晶转变时液相的成分
C	1148	4.3	共晶点 L→（$\gamma + Fe_3C$），莱氏体用 L_e 表示
D	1227	6.69	渗碳体的熔点
E	1148	2.11	碳在 γ-Fe 中的最大溶解度，共晶转变时 γ 相的成分，也是钢与铸铁的理论分界点
F	1148	6.69	共晶转变时 Fe_3C 的成分
G	912	0	纯铁的同素异构转变点（A_3）γ-Fe→α-Fe
H	1495	0.09	碳在 δ-Fe 中的最大溶解度，包晶转变时 δ 相的成分
J	1495	0.17	包晶点 $L_B + \delta_H \to \gamma_J$
K	727	6.69	共析转变时 Fe_3C 的成分点
M	770	0	纯铁的居里点（A_2）
N	1394	0	纯铁的同素异构转变点（A_4）δ-Fe→γ-Fe
O	770	0.5	含碳 0.5 合金的磁性转变点
P	727	0.0218	碳在 α-Fe 中的最大溶解度，共析转变时 α 相的成分点，也是工业纯铁与钢的理论分界点
S	727	0.77	共析点 $\gamma_S \to$（$\alpha + Fe_3C$），珠光体用 P 表示
Q	室温	<0.001	室温时碳在 α-Fe 中的溶解度

（2）线。Fe-Fe_3C 相图中的特性线见表 5.4。

表 5.4 $Fe\text{-}Fe_3C$ 相图中的特性线

特性线	名　称	特性线的含义
ABCD	液相线	*AB* 是 L 相 $\xrightarrow[冷却]{匀晶}$ δ 相的开始线 *BC* 是 L 相 $\xrightarrow[凝固]{匀晶}$ γ 相的开始线 *CD* 是 L 相 $\xrightarrow[凝固]{匀晶}$ $Fe_3C_{Ⅰ}$ 的开始线
AHJECF	固相线	*AH* 是 L 相 $\xrightarrow[凝固]{匀晶}$ δ 相的终止线 *JE* 是 L 相 $\xrightarrow{匀晶}$ γ 相的终止线 *ECF* 是共晶线 $L_C \xrightarrow{1148℃} \gamma_E + Fe_3C$
HJB	包晶转变线	$L_B + \delta_H \xrightarrow{1495℃} \gamma_J$
HN	同素异构转变线	δ 相→γ 相的开始线
JN	同素异构转变线	δ 相→γ 相的终止线
ES	固溶线	碳在 γ-Fe 中的溶解度极限线（A_{cm} 线）$\gamma \xrightarrow{析出} Fe_3C_{Ⅱ}$
GS	同素异构转变线	γ 相→α 相的开始线（A_3 线）
GP	同素异构转变线	γ 相→α 相的终止线
PSK	共析转变线	$\gamma_S \xrightarrow{727℃} \alpha_P + Fe_3C$（$A_1$ 线）
PQ	固溶线	碳在 α-Fe 中的溶解度极限线，$\alpha \xrightarrow{析出} Fe_3C_{Ⅲ}$
MO	磁性转变线	A_2 线 770℃，α 相无磁性 >770℃ > α 相铁磁性
230℃虚线	磁性转变线	A_0 线 230℃，Fe_3C 无磁性 >230℃ > Fe_3C 铁磁性

注意：

1）三条水平线。

HJB 线为包晶转变线，在 1495℃的恒温下，发生包晶转变：$L_B + \delta_H \rightarrow \gamma_J$。凡含碳量在 0.09% ~0.53%之间的合金，均发生包晶转变。

ECF 线为共晶转变线，在 1148℃的恒温下，发生共晶转变：$L_C \rightarrow \gamma_E + Fe_3C$。共晶转变所形成的奥氏体和渗碳体的混合物称为莱氏体（Ledeburite），用符号 Le 表示。凡含碳量在 2.11% ~6.69%之间的合金，均发生共晶转变。

PSK 线为共析转变线，在 727℃恒温下，发生共析转变：$\gamma_S \rightarrow \alpha_P + Fe_3C$。共析转变所形成的铁素体和渗碳体的混合物称为珠光体（Pearlite），用 P 表示。凡含碳量大于 0.0218%的合金，均发生共析转变。此线常用 A_1 表示。

2）三条析出线。

CD 线是 C 在 L 中的固溶度曲线，当 *T* 低于此线时，从 L 中析出 Fe_3C，此线为一次渗碳体的开始析出线。

ES 线是 C 在 A 中的固溶度曲线，当 *T* 低于此线时，从 A 中析出 Fe_3C，此线又是二次渗碳体的开始析出线，也称 Acm 线。

PQ 线是 C 在 F 中的固溶度曲线，随 *T* 下降从 F 中析出 Fe_3C，此线为三次渗碳体的开始析出线。

(3) 相区。

单相区：在 *ABCD* 线以上为液相区 L；在 *AHNA* 区为 δ 相区；在 *NJESGN* 区为 γ 相区；在 *GPQG* 区为 α 相区；在 *DFKV* 区为 Fe_3C。

两相区：在 *ABJHA* 区为 L + δ 区；在 *JBCEJ* 区为 L + γ 区；在 *DCFD* 区为 L + Fe_3C 区；在 *HJNH* 区为 δ + γ 区；在 *GSPG* 区为 α + γ 区；在 *ECFKSE* 区为 γ + Fe_3C 区；在 *QPSKVQ* 区为 α + Fe_3C 区。

5.3.2.3 铁碳合金分类（Fe -C alloy classification ）

铁碳合金按其含碳量不同可将它分为三类：

(1) 工业纯铁（ingot iron）：*w*（C）≤0.0218% 的铁碳合金称为工业纯铁。

(2) 碳钢（carbon steel）：0.0218% < *w*（C）≤ 2.11% 的铁碳合金称为碳钢。根据碳钢在室温时的组织又可将它分为三类。1）亚共析钢：*w*（C）在 0.0218% ~0.77% 之间的铁碳合金称为亚共析钢；2）共析钢：*w*（C）=0.77% 的铁碳合金称为共析钢；3）过共析钢：*w*（C）在 0.77% ~2.11% 之间的铁碳合金称为过共析钢。

(3) 白口铸铁（white cast iron）：2.11% < *w*(C)≤6.69% 的铁碳合金称为白口铸铁。根据其在室温时的组织又可将它分为三类。1）亚共晶白口铸铁：*w*(C) 在 2.11% ~4.3% 之间的铁碳合金称为亚共晶白口铸铁；2）共晶白口铸铁：*w*(C) =4.3% 的铁碳合金称为共晶白口铸铁；3）过共晶白口铸铁：*w*(C) 在 4.3% ~6.69% 之间的铁碳合金称为过共晶白口铸铁。

5.3.2.4 典型合金的平衡结晶过程分析（Analysis of equilibrium crystallization process of typical alloy）

由图 5.47 可以看出，铁碳合金中有 7 个典型成分的合金，即：(1) 工业纯铁；(2) 共析钢；(3) 亚共析钢；(4) 过共析钢；(5) 共晶白口铸铁；(6) 亚共晶白口铸铁；(7) 过共晶白口铸铁，下面逐个进行分析。

A 工业纯铁（Ingot iron）

含 *w*（C）≤0.0218% 的铁碳合金冷却时的组织转变过程，如图 5.48 所示。该合金从液相冷却到与液相线相交的 1 点时，发生匀晶转变，从液相只结晶出 δ 相，随着温度的降低，液相的成分沿液相线 *AB* 变化，含碳量不断增加，但质量分数不断减少；而 δ 相的成分沿固相线 *AH* 变化，含碳量和质量分数都不断增加。当冷却到 2 点时，匀晶转变结束，L 消失，得单相 δ 固溶体。在 2 ~3 点之间，随温度的降低，δ 相的成分和结构都不变，只是进行降温冷却。当冷却到 3 点时，开始发生固溶体的同素异构转变，由 δ 相→γ 相。在 3 ~4 点之间，随温度的降低，δ 相的成分沿 *HN* 线变化，含碳量和质量分数都不断减少；而 γ 相的成分沿 *JN* 线变化，含碳量不断降低，但质量分数不断增加。当冷却到 4 点时，固溶体的同素异构转变结束，δ 相消失，得到单相奥氏体。在 4 ~5 点之间，随温度的降低，γ 相的成分和结构都不变，只是进行降温冷却。当冷却到 5 点时，又开始发生固溶体的同素异构转变，由 γ 相→α 相。在 5 ~6 点之间，随温度的降低，γ 相的成分沿 *GS* 线变化，含碳量不断增加，但质量分数不断减少；而 α 相的成分沿 *GP* 线变化，含碳量和质量分数都不断增加。当冷却到 6 点时，固溶体的同素异构转

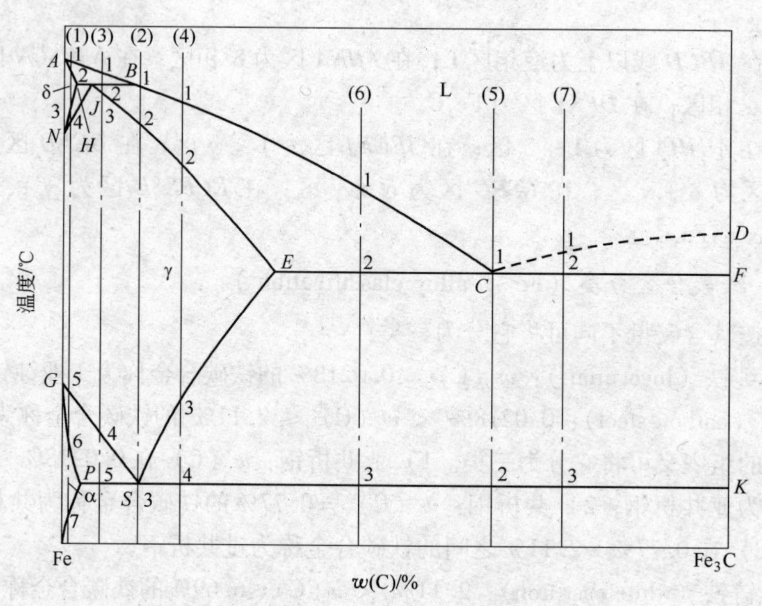

图 5.47 典型铁碳合金冷却时的组织转变过程分析

变结束，γ 相消失，得到单相铁素体。在 6~7 点之间，随温度的降低，α 相的成分和结构都不变，只是进行降温冷却，当冷却到 7 点时，铁素体的溶碳量达到过饱和，在 7 点以下铁素体将发生脱溶转变，从 α 中析出 $Fe_3C_{Ⅲ}$，这时 α 的成分沿 *PQ* 线变化，质量分数逐渐减少，而 $Fe_3C_{Ⅲ}$的量逐渐增加。$Fe_3C_{Ⅲ}$的析出量一般很少，沿 α 的晶界分布，它在室温时的组织为 $\alpha + Fe_3C_{Ⅲ}$，如图 5.49 所示。如果合金成分给定，由杠杆定律可计算出它在室温时的组织组成物和相组成物的质量分数。例如工业纯铁含碳量为 0.0218%时，析出的 $Fe_3C_{Ⅲ}$量最大，用杠杆定律计算，$w(Fe_3C_{Ⅲ}) = \frac{0.0218}{6.69} \times 100\% = 0.33\%$（这里把 α 在室温时的含碳量当作零处理）。

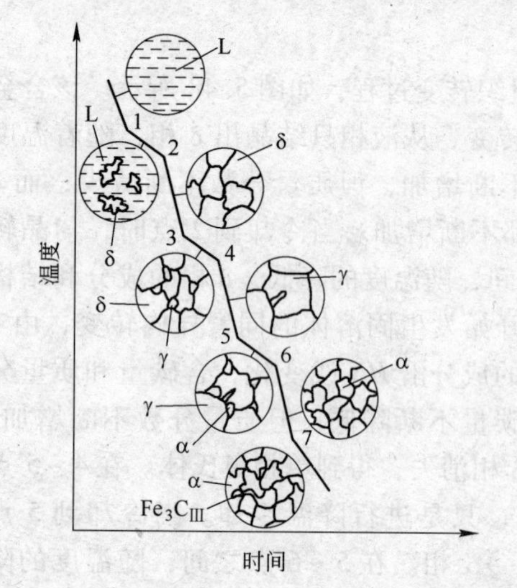

图 5.48 工业纯铁的冷却曲线及组织转变示意图

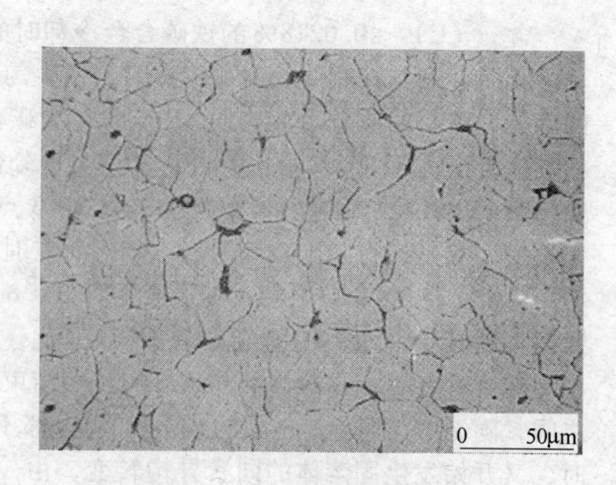

图 5.49 工业纯铁的显微组织

B 共析钢（Eutectoid steel）

含碳量为0.77%的铁碳合金冷却时的组织转变过程，如图5.50所示。当它从液相冷却到与液相线*BC*相交的1点时，发生匀晶转变，从液相中结晶出γ相，随着温度的降低，液相的成分沿液相线*BC*变化，含碳量不断增加，但质量分数不断减少；而γ相的成分沿固相线*JE*变化，含碳量和质量分数都不断增加。当冷却到2点时，匀晶转变结束，L消失，得到单相奥氏体。在2~3点之间，随温度的降低，γ相的成分和结构都不变，只是进行降温冷却。当冷却到3点时，奥氏体在恒温（727℃）下发生共析转变，$\gamma_{0.77} \xrightarrow{727℃} \alpha_{0.0218} + Fe_3C$，转变产物为珠光体，用P表示，它是α和$Fe_3C$的机械混合物，如图5.51所示。在3以下，共析铁素体的成分沿*PQ*线变化，发生脱溶转变析出$Fe_3C_{Ⅲ}$，它和共析Fe_3C混合在一起，在显微镜下分辨不出来，一般可以忽略不计，而共析Fe_3C的成分不变，只是降温冷却。共析钢在室温时的组织组成物为100%珠光体，而相组成物为$\alpha + Fe_3C$，它们的质量分数可用杠杆定律计算。

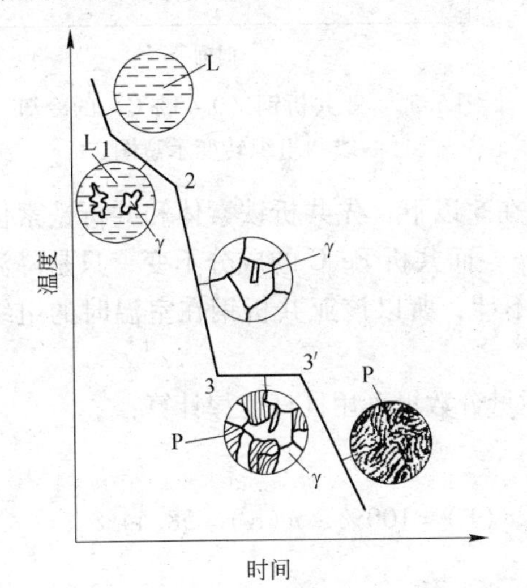

图5.50 共析钢的冷却曲线及组织转变示意图

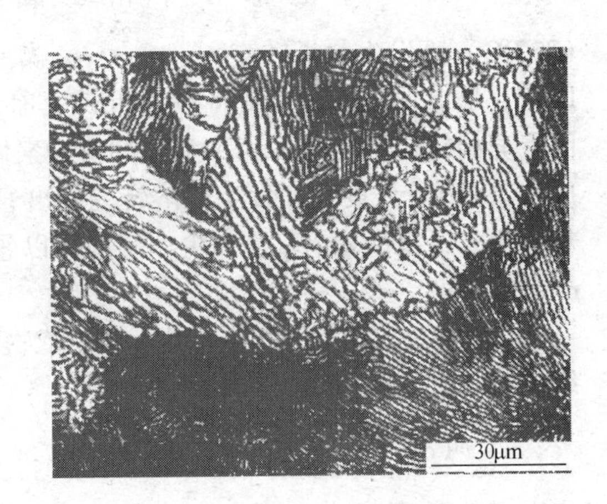

图5.51 珠光体的显微组织

室温时：

$$w(\alpha) = \frac{6.69 - 0.77}{6.69} \times 100\% = 88.5\%, \ w(Fe_3C) = 100\% - w(\alpha) = 11.5\%$$

C 亚共析钢（Hypoeutectoid steel）

含碳量为0.45%的铁碳合金冷却时的组织转变过程，如图5.52所示。当它从液相冷却到与液相线*AB*相交的1点时，发生匀晶转变，从液相中结晶出δ相，随着温度的降低，液相的成分沿液相线*AB*变化，含碳量不断增加，但质量分数不断减少，而δ相的成分沿固相线*AH*变化，含碳量和质量分数都不断增加，当冷却到2点时，液相的成分达到*B*点（0.53%C），δ相的成分达到*H*点（0.09%C），这时在恒温（1495℃）下发生包晶转变，$L_{0.53} + \delta_{0.09} \xrightarrow{1495℃} \gamma_{0.17} + L_{0.53}$（剩余），由于该钢为过包晶合金，所以在包晶转变结束后有液相剩余。在2~3点之间，随着温度的降低，剩余液相发生匀晶转变，不断结晶出γ相，其成分沿液相线*BC*变化，含碳量不断增加，但质量分数不断减少；而包晶转变得到的γ相和匀晶转变得到的γ相成分都沿固相线 *JE* 变化，含碳量和质量分数都不断增加，当冷却到3点时，匀晶转变结束，L消失，得到单相奥氏体，在3~4点之间，随着温度的降低，γ相的成分和结构都不变，只是进行降温冷却。当冷却到4点时，开始发生固溶体的同素异构转变，由γ相→α相。在4~5点之间，随温度的降低，γ相的成分沿 *GS* 线变化，含碳量不断增加，但质量分数不断减少；而α相的成分沿 *GP* 线变化，含碳量和质量分数都不断增加。当冷到5点时，α相的成分达到 *P* 点（0.0218%C），剩余的γ相的成分达到 *S* 点（0.77%C），这部分γ相在恒温（727℃）下发生共析转变，$\gamma_{0.77} \xrightarrow{727℃} \alpha_{0.0218} + Fe_3C$，形成珠光体，通常将在共析转变前由同素异构转变形成的α相称为先共析铁素体。在5以下，先共析铁素体和共析铁素体的成分都沿 *PQ* 线变化，发生脱溶转变析出 $Fe_3C_{Ⅲ}$，而共析 Fe_3C 的成分不变，只是降温冷却，由于析出的 $Fe_3C_{Ⅲ}$ 量很少，一般可以忽略不计，所以该亚共析钢在室温时的组织为 α+P。

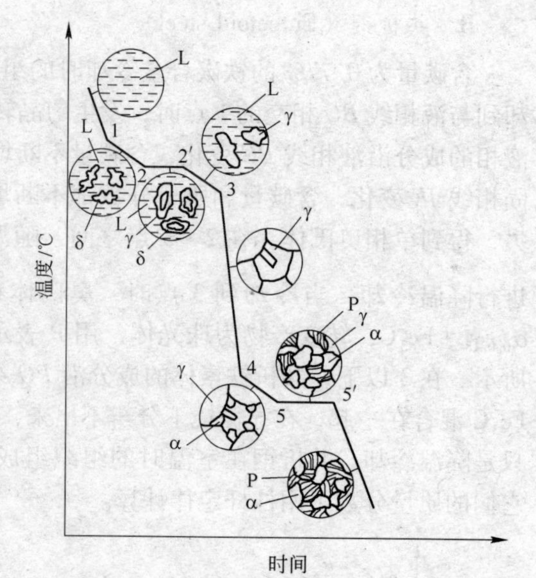

图5.52 亚共析钢（0.45%C）的冷却曲线和组织转变示意图

该钢在室温时的组织组成物和相组成物的质量分数也可用杠杆定律计算：

组织组成物为 α+P，

$$w(\alpha) = \frac{0.77 - 0.45}{0.77} \times 100\% = 41.56\%, \quad w(P) = 100\% - w(\alpha) = 58.44\%;$$

相组成物为 $\alpha + Fe_3C$，

$$w(\alpha) = \frac{6.69 - 0.45}{6.69} \times 100\% = 93.27\%, \quad w(Fe_3C) = 100\% - w(\alpha) = 6.73\%$$

含碳量大于0.53%的亚共析钢，在平衡结晶时不发生包晶转变，但它们的组织组成物都是由α+P组成的，不同的是亚共析钢随含碳量的增加，组织中 $w(P)$ 增加，$w(\alpha)$ 减少，其显微组织如图5.53所示。

D 过共析钢（Hypereutectoid）

含碳量为1.0%的铁碳合金冷却时的组织转变过程，如图5.54所示。当它从液相冷却到与液相线 *BC* 相交的1点时，发生匀晶转变，从液相中结晶出γ相。在1~2之间，随着温度的降低，液相的成分沿液相线 *BC* 变化，含碳量不断增加，但质量分数不断减少；而γ相的成分沿固相线 *JE* 变化，含碳量和质量分数都不断增加。当冷却到2点时，匀晶转变结束，L相消失，得到单相奥氏体。在2~3点之间，随温度的降低，γ相的成分和结构都不变，只是进行降温冷却。当冷却到3点时，与固溶线 *ES* 相交，奥氏体的含碳量达到过饱和，开始发生脱溶转变，沿晶界析出二次渗碳体（$\gamma \rightarrow Fe_3C_{Ⅱ}$），随温度的降低，

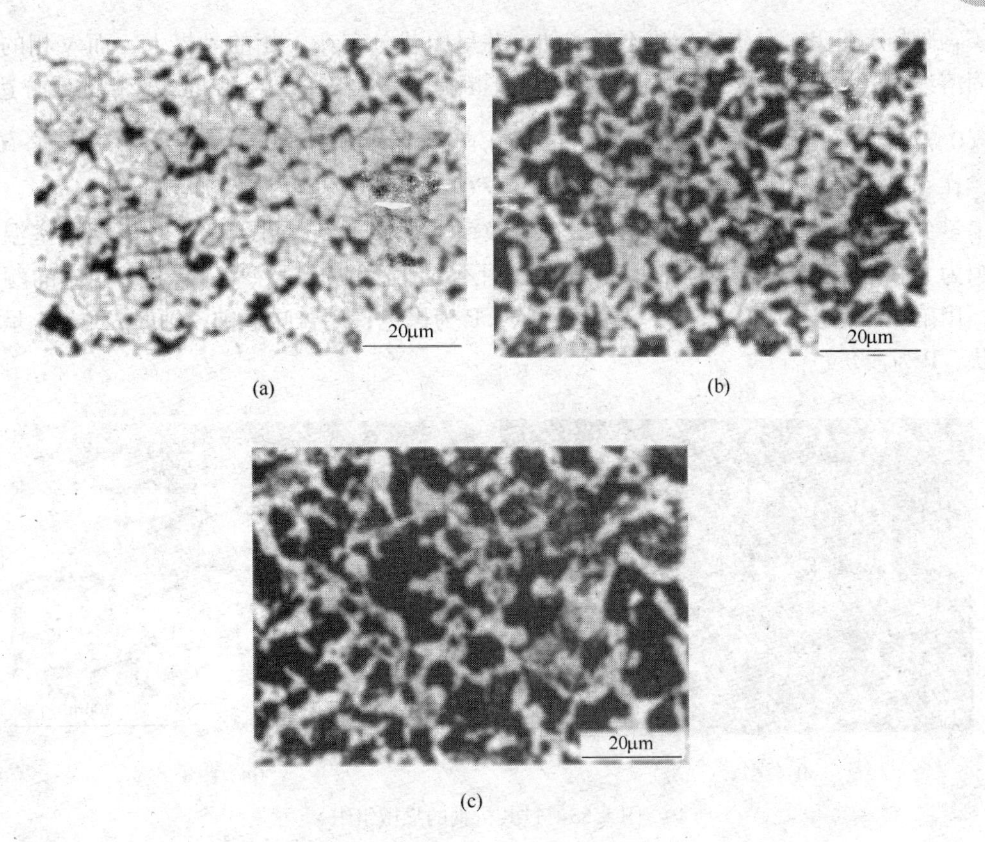

图 5.53 亚共析钢的显微组织
(a) 0.20% C; (b) 0.40% C; (c) 0.60% C

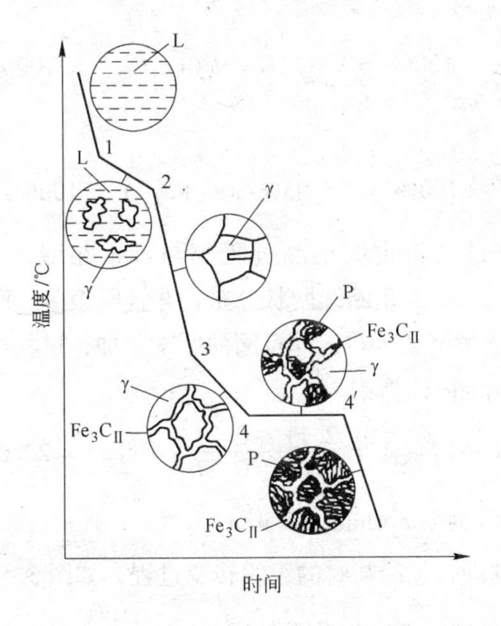

图 5.54 过共析钢的冷却曲线和组织转变示意图

$Fe_3C_{Ⅱ}$的成分不变，但质量分数不断增加，并呈网状分布在γ相的晶界上，而γ相的成分沿固溶线 *ES* 变化，含碳量和质量分数都在不断减少，当冷却到4点时，γ相的成分达到 *S* 点（0.77%C），这部分γ相在恒温（727℃）下发生共析转变，$\gamma_{0.77} \xrightarrow{727℃} P$，而$Fe_3C_{Ⅱ}$不变，在4点以下，P中的共析铁素体成分沿 *PQ* 线变化，发生脱溶转变析出$Fe_3C_{Ⅲ}$，由于析出量少并与共析Fe_3C混合在一起，在显微镜下观察不到，可不考虑。该钢在室温时的组织为P+ 网状$Fe_3C_{Ⅱ}$，如图5.55所示。用不同的浸蚀剂浸蚀后，P和$Fe_3C_{Ⅱ}$的颜色不同，用硝酸酒精浸蚀时，$Fe_3C_{Ⅱ}$呈白色网状，P为黑色；用苦味酸钠浸蚀时，$Fe_3C_{Ⅱ}$呈黑色网状，P为浅灰色。

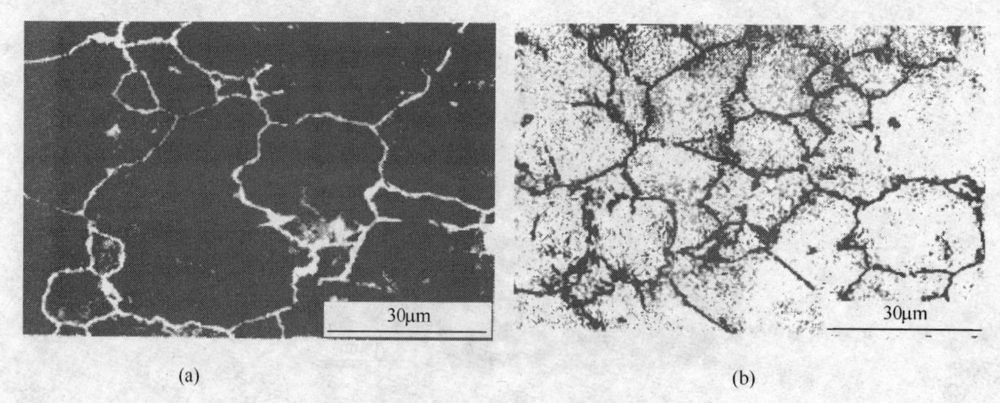

(a) (b)

图5.55 过共析钢的显微组织

（a）硝酸酒精浸蚀；（b）苦味酸钠浸蚀

该钢在室温时的组织组成物和相组成物的质量分数也可用杠杆定律计算：

组织组成物为P+ $Fe_3C_{Ⅱ}$，

$$w(P) = \frac{6.69-1.0}{6.69-0.77} \times 100\% = 96.11\%, \ w(Fe_3C_{Ⅱ}) = 100\% - w(P) = 3.89\%;$$

相组成物为$\alpha + Fe_3C$，

$$w(\alpha) = \frac{6.69-1.0}{6.69} \times 100\% = 85.05\%, \ w(Fe_3C) = 100\% - w(\alpha) = 14.95\%。$$

由相图可知，所有过共析钢的结晶过程都与该钢相似，不同的是，*w*（C）接近0.77%时，析出的$Fe_3C_{Ⅱ}$量少，呈断续网状分布，并且网很薄。而*w*（C）接近2.11%时，析出的$Fe_3C_{Ⅱ}$量多，呈连续网状分布，并且网的厚度增加，过共析钢在2.11%C时析出的$Fe_3C_{Ⅱ}$量最多，可用杠杆定律计算：

$$w(Fe_3C_{Ⅱ最多}) = \frac{2.11-0.77}{6.69-0.77} \times 100\% = 22.64\%$$

E 共晶白口铸铁（Eutectic white cast iron）

含碳量为4.3%的铁碳合金冷却时的组织转变过程，如图5.56所示。当它从液相冷却到1点时，在恒温（1148℃）下发生共晶转变，$L_{4.3} \xrightarrow{1148℃} \gamma_{2.11} + Fe_3C$，该共晶体称为莱氏体，用Le表示。在1~2之间，随温度的降低，共晶γ发生脱溶转变析出$Fe_3C_{Ⅱ}$，其成

分沿固溶线 *ES* 变化，含碳量和质量分数都不断减少，$Fe_3C_{Ⅱ}$ 的成分不变，质量分数不断增加，但共晶 Fe_3C 的成分和质量分数都不变，只是进行降温冷却，当冷却到 2 点时，共晶 γ 的成分达到共析点 *S*（0.77% C），这部分 γ 相在恒温（727℃）下发生共析转变，$\gamma_{0.77}\xrightarrow{727℃}P$，而共晶 Fe_3C 和 $Fe_3C_{Ⅱ}$ 不发生变化。当冷却到 2 点以下，P 中的 α 成分沿 *PQ* 线变化，发生脱溶转变析出 $Fe_3C_{Ⅲ}$，而由于 $Fe_3C_{Ⅱ}$ 和 $Fe_3C_{Ⅲ}$ 都依附在共晶 Fe_3C 基体上，在显微镜下无法分辨，所以在室温时得到的组织组成物为 100% 的变态莱氏体（$Le' = P + Fe_3C_{Ⅱ} + Fe_3C$），如图 5.57 所示。

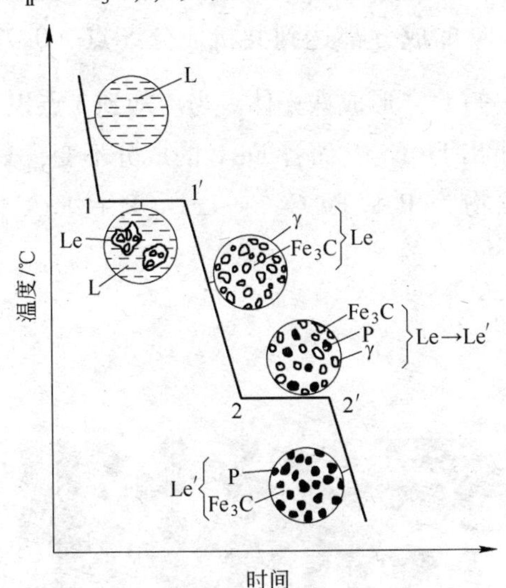

图 5.56 共晶白口铸铁的冷却曲线和组织转变示意图

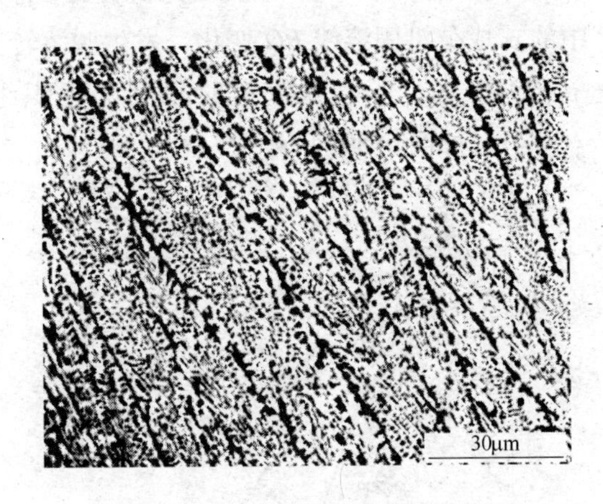

图 5.57 共晶白口铸铁的显微组织

共晶转变后莱氏体中的共晶 γ 和共晶 Fe_3C 的质量分数可用杠杆定律计算：

$$w(\gamma_{共晶}) = \frac{6.69 - 4.3}{6.69 - 2.11} \times 100\% = 52.18\%,$$

$$w(Fe_3C_{共晶}) = 100\% - w(\gamma_{共晶}) = 47.82\%。$$

共析转变后 P 和 Fe_3C（$Fe_3C_{Ⅱ} + Fe_3C_{共晶}$）的质量分数也可用杠杆定律计算：

$$w(P) = \frac{6.69 - 4.3}{6.69 - 0.77} \times 100\% = 40.37\%,\ w(Fe_3C) = 100\% - w(P) = 59.63\%。$$

因此 $w(Fe_3C_{Ⅱ}) = w(Fe_3C) - w(Fe_3C_{共晶}) = 59.63\% - 47.82\% = 11.81\%$ 或 $w(Fe_3C_{Ⅱ}) = w(\gamma_{共晶}) \times w(Fe_3C_{Ⅱ最大}) = 52.18\% \times 22.64\% = 11.81\%$。

该合金在室温时的相组成物为 $\alpha + Fe_3C$，其质量分数也可用杠杆定律计算：

$$w(\alpha) = \frac{6.69 - 4.3}{6.69} \times 100\% = 35.72\%,\ w(Fe_3C(Fe_3C_{共晶} + Fe_3C_{Ⅱ} + Fe_3C_{共析} + Fe_3C_{Ⅲ})) = 100\% - w(\alpha) = 64.28\%。$$

F 亚共晶白口铸铁（Hypoeutectic white cast iron）

含碳量为 3.0% 的铁碳合金冷却时的组织转变过程，如图 5.58 所示。当它从液相冷却

到与液相线 BC 相交的1点时，发生匀晶转变，从液相中结晶出 γ 相，在1~2之间，随着温度的降低，液相的成分沿液相线 BC 变化，含碳量不断增加，但质量分数不断减少；而 γ 相的成分沿固相线 JE 变化，含碳量和质量分数都不断增加。当冷却到2点时，γ 相的成分达到 E 点（2.11%C），而液相的成分达到 C 点（4.3%C），在恒温（1148℃）下发生共晶转变，$L_{4.3} \xrightarrow{1148℃} \gamma_{2.11} + Fe_3C$，形成莱氏体。在2~3点之间，随温度的降低，共晶 Fe_3C 不发生变化，只是进行降温冷却，但初晶 γ 和共晶 γ 的成分沿固溶线 ES 变化，发生脱溶转变析出 $Fe_3C_{Ⅱ}$，它们的含碳量和质量分数都不断减少，而 $Fe_3C_{Ⅱ}$ 的成分不变，质量分数不断增加。当冷却到3点时，初晶 γ 和共晶 γ 的成分都达到共析成分 S 点（0.77%C），都在恒温（727℃）下发生共析转变，$\gamma_{0.77} \xrightarrow{727℃} P$，形成珠光体。当冷却到3点以下，P中的 α 成分沿固溶线 PQ 变化，发生脱溶转变析出 $Fe_3C_{Ⅲ}$，而各 Fe_3C 的成分不变，只是进行降温冷却，所以在室温时得到的组织组成物为 $P + Fe_3C_{Ⅱ} + Le'$（$P + Fe_3C_{Ⅱ} + Fe_3C_{共晶}$），如图5.59所示。

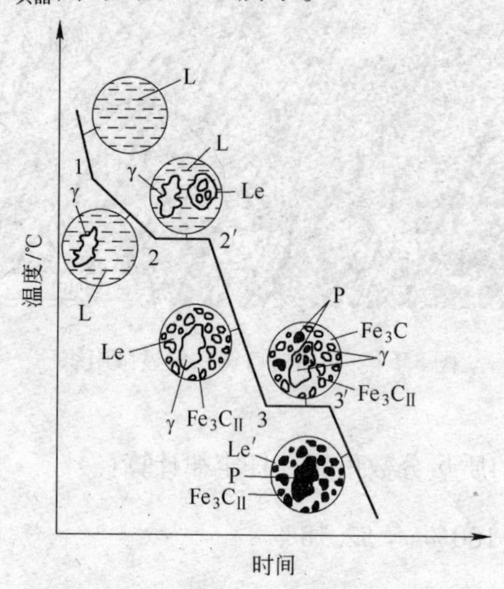

图5.58　亚共晶白口铸铁的冷却曲线和组织转变示意图

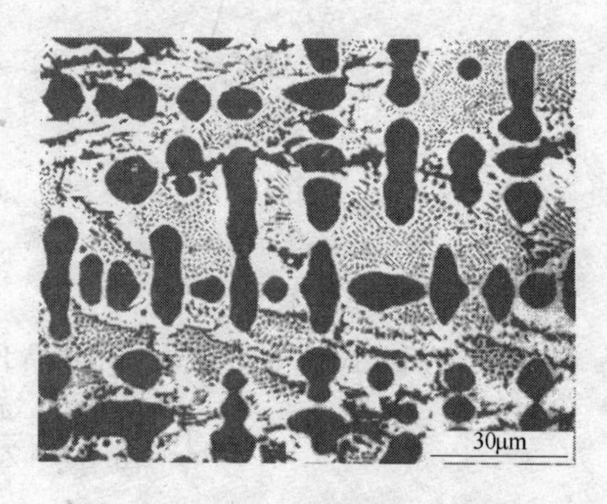

图5.59 亚共晶白口铸铁的显微组织

该合金在室温时的组织组成物和相组成物的质量分数也可用杠杆定律计算。组织组成物为 $P + Fe_3C_{Ⅱ} + Le'$，由于共晶转变后的组织为 $\gamma_{初} + Le$，$w(\gamma_{初}) = \frac{4.3 - 3.0}{4.3 - 2.11} \times 100\% = 59.36\%$，$w(Le) = 100\% - w(\gamma_{初}) = 40.64\%$，则 $w(Le') = w(Le) = 40.64\%$。因为 $w(Fe_3C_{Ⅱ})$ 最大为22.64%，所以由 $\gamma_{初}$ 中析出的 $w(Fe_3C_{Ⅱ}) = w(\gamma_{初}) \times 22.64\% = 59.36\% \times 22.64\% = 13.44\%$。因此，$w(P) = w(\gamma_{初}) - w(Fe_3C_{Ⅱ}) = 59.36\% - 13.44\% = 45.92\%$。

相组成物为 $\alpha + Fe_3C$，

$$w(\alpha) = \frac{6.69 - 3.0}{6.69} \times 100\% = 55.16\%,\ w(Fe_3C) = 100\% - w(\alpha) = 44.84\%。$$

G 过共晶白口铸铁（Hypereutectic white cast iron）

含碳量为5.0%的铁碳合金冷却时的组织转变过程，如图5.60所示。当它从液相冷却到与液相线 *CD* 相交的1点时，发生匀晶转变，从液相中结晶出条状的一次渗碳体，在1～2点之间，随着温度的降低，液相的成分沿液相线 *CD* 变化，含碳量和质量分数不断减少，而 $Fe_3C_Ⅰ$ 的成分不变化，但质量分数不断增加。当冷却到2点时，液相的成分达到 *C* 点（4.3%C），在恒温（1148℃）下发生共晶转变，$L_{4.3} \xrightarrow{1148℃} \gamma_{2.11} + Fe_3C$，形成莱氏体。在2～3点之间，随温度的降低，共晶γ的成分沿固溶线 *ES* 变化，发生脱溶转变析出 $Fe_3C_Ⅱ$，它的含碳量和质量分数都不断减少，析出的 $Fe_3C_Ⅱ$ 成分不变，但质量分数不断增加，当冷却到3点时，共晶γ的成分达到共析成分 *S* 点（0.77%C），在恒温（727℃）下发生共析转变，$\gamma_{0.77} \xrightarrow{727℃} P$，形成珠光体。当冷却到3点以下，P中的α成分沿固溶线 *PQ* 变化，发生脱溶转变析出 $Fe_3C_Ⅲ$，最后得到的室温组织组成物为 $Fe_3C_Ⅰ + Le'(P + Fe_3C_Ⅱ + Fe_3C_{共晶})$，如图5.61所示。

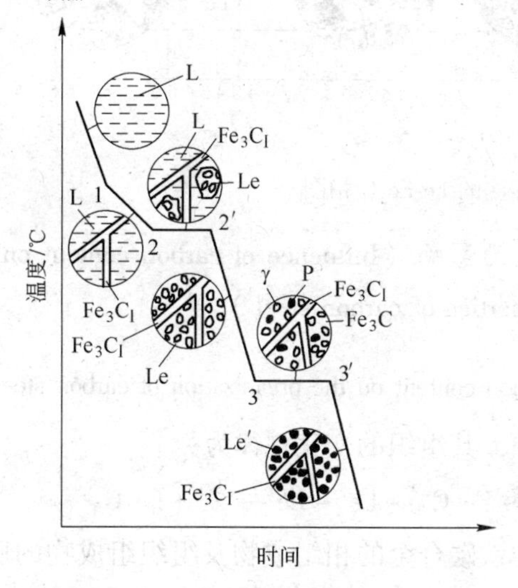

图5.60 过共晶白口铸铁的冷却曲线和组织转变示意图

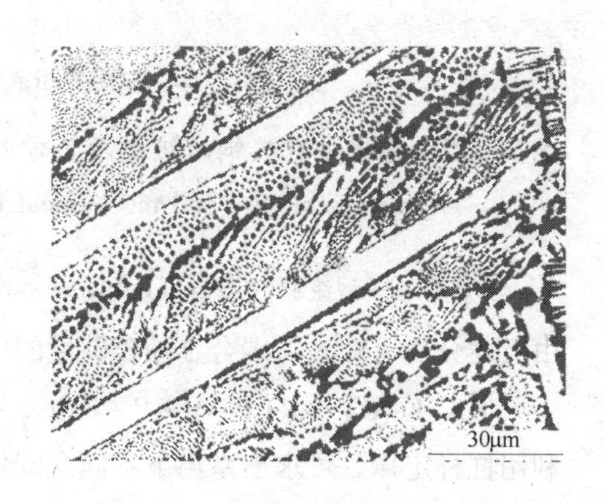

图5.61 过共晶白口铸铁的显微组织

该合金在室温时的组织组成物和相组成物的质量分数也可用杠杆定律计算：

组织组成物为 $Fe_3C_Ⅰ + Le'$，

$$w(Le') = \frac{6.69 - 5.0}{6.69 - 4.3} \times 100\% = 70.71\%, \ w(Fe_3C_Ⅰ) = 100\% - w(Le') = 29.29\%$$

相组成物为 $\alpha + Fe_3C$，

$$w(\alpha) = \frac{6.69 - 5.0}{6.69} \times 100\% = 25.26\%, \ w(Fe_3C) = 100\% - w(\alpha) = 74.74\%。$$

由上述典型成分铁碳合金的平衡结晶过程分析，可以得出铁碳合金的成分与组织的关系图，即以组织组成物标注的 $Fe\text{-}Fe_3C$ 相图，如图5.62所示。掌握该图对了解各不同成分的铁碳合金在平衡结晶后的组织变化有很大帮助。

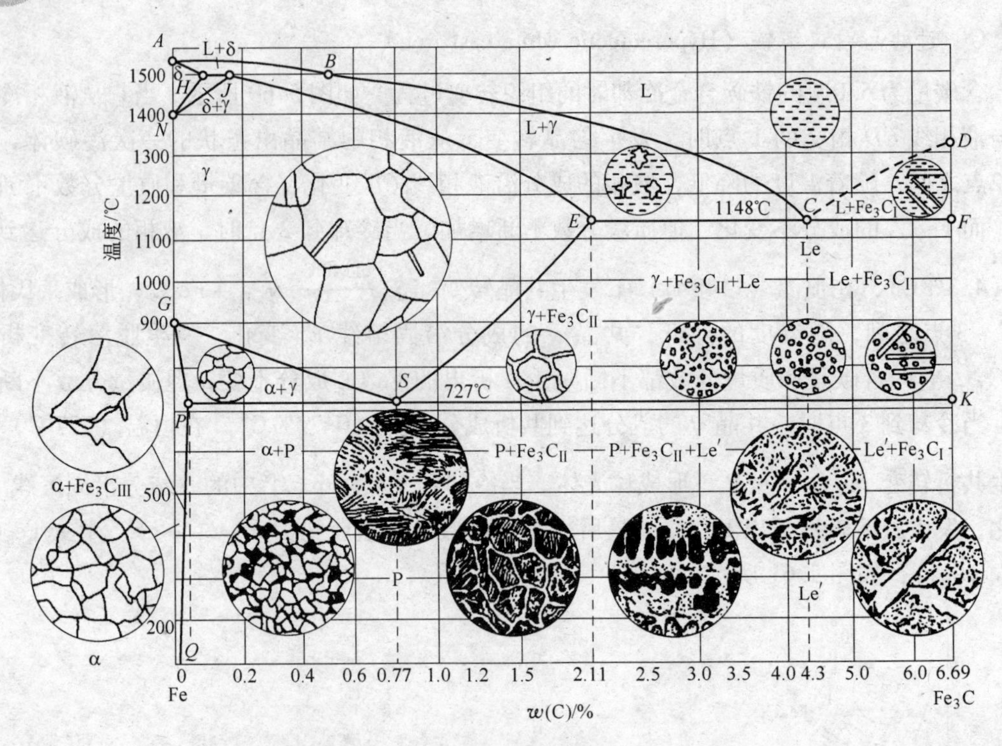

图 5.62　以组织组成物标注的 $Fe\text{-}Fe_3C$ 相图

5.3.2.5　含碳量对碳钢的组织及力学性能的影响（Influence of carbon content on the microstructure and mechanical properties of carbon steel）

A　含碳量对碳钢组织的影响（Influence of carbon content on the organization of carbon steel）

由上述分析可知，铁碳合金随含碳量的增加，其组织的变化规律为：

$$\alpha + Fe_3C_{\text{Ⅲ}} \rightarrow \alpha + P \rightarrow P \rightarrow P + Fe_3C_{\text{Ⅱ}} \rightarrow P + Fe_3C_{\text{Ⅱ}} + Le' \rightarrow Le' \rightarrow Le' + Fe_3C_{\text{Ⅰ}}$$

利用杠杆定律，可求出室温下不同含碳量的铁碳合金的相组成物及组织组成物的质量分数，如图 5.63 所示。从相组成物来看，铁碳合金在室温下只有铁素体和渗碳体两个相，

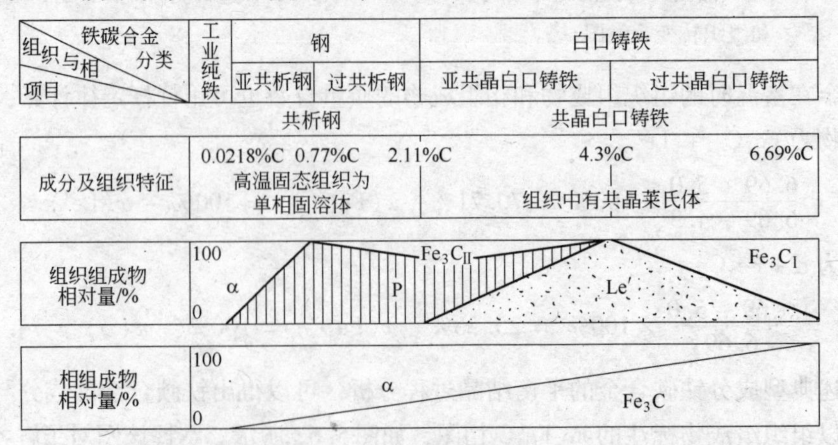

图 5.63　铁碳合金的含碳量与相及组织组成物的定量关系

随含碳量增加，渗碳体的量呈线性增加。从组织组成物来看，随含碳量增加，组织中渗碳体不仅数量增加，而且形态也在变化，由分布在铁素体基体内的片状变为分布在奥氏体晶界上的网状，最后形成莱氏体时，渗碳体已作为基体出现。

B 含碳量对碳钢力学性能的影响（Influence of carbon content on the mechanical property of carbon steel）

含碳量对平衡状态下碳钢力学性能的影响如图 5.64 所示。在含碳量小于 0.9% 时，随含碳量的增加，钢的强度、硬度增加，但塑性、韧性降低，这说明渗碳体起到了较好的强化作用；当含碳量大于 0.9% 后，随含碳量的增加，钢的硬度增加，但强度、塑性、韧性降低，这是因为 FeC_{II} 在 γ 晶界处呈连续网状分布，使钢的脆性增加。

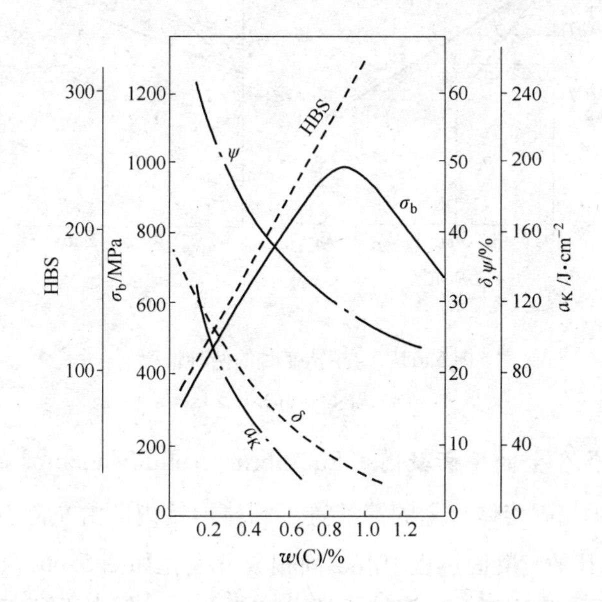

图 5.64 含碳量对平衡状态下碳钢力学性能的影响

5.4 二元合金的凝固理论（Solidification theory of binary alloy）

主要讨论二元合金在匀晶转变和共晶转变中的凝固理论，在此基础上简述铸锭的组织及缺陷。

5.4.1 固溶体合金的凝固理论（Solidification theory of solid solution ）

固溶体合金的凝固过程也是形核和长大的过程。合金凝固时，由于晶核成分与液相成分不同，使其形核除了需要过冷度、结构起伏和能量起伏之外，还需要成分起伏（成分起伏是指合金溶液中微小体积的成分偏离溶液平均成分，而且微小体积的成分因原子热运动而处于时起时伏、此起彼伏的状态）；长大除了需要动态过冷度之外，还伴随着组元原子的互扩散。

固溶体合金的凝固过程就是匀晶转变过程，匀晶转变有两个特点：一是转变在一个的温度范围内进行；二是转变过程中固相和液相成分都随温度的下降而不断地变化。因此固溶体合金的凝固过程中要发生溶质原子的重新分布，重新分布的程度可用平衡分配系数 k_0 表示。k_0 定义为平衡凝固时固相的质量分数 w_S 和液相的质量分数 w_L 之比，即

$$k_0 = \frac{w_S}{w_L}$$

图 5.65 是匀晶转变时的两种情况。图 5.65（a）是 $k_0 < 1$ 的情况，随溶质的增加，合金凝固的开始温度和终结温度降低；图 5.65（b）是 $k_0 > 1$ 的情况，随溶质的增加，合金凝固的开始温度和终结温度升高；k_0 越接近 1，表示合金凝固时重新分布的溶质成分与原合金成分越接近，即重新分布的程度越小。

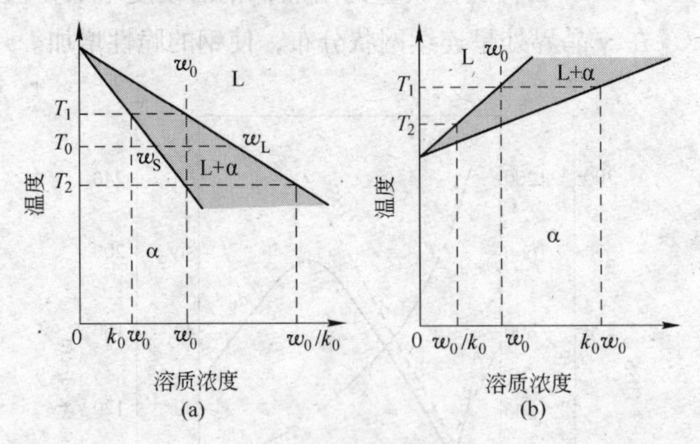

图 5.65　匀晶转变时的两种情况

（a）$k_0 < 1$；（b）$k_0 > 1$

5.4.1.1　固溶体合金的平衡凝固（Equilibrium solidification of solid solution）

将成分为 w_0 的单相固溶体合金的溶液置于圆棒形锭内，由左向右进行定向凝固，如图 5.66（a）所示，其平衡凝固过程中液、固相成分变化如图 5.66（b）所示。当成分为 w_0 的合金溶液冷却至 t_0 温度时，固溶体 α 成分应为 k_0w_0，但由于没有过冷度，无法形核，如图 5.67（a）所示；只有当温度冷却至稍低于 t_0 的 t_1 温度时才能形核，α 晶核成分为 k_0w_1，在液-固相界面处与之平衡的液相成分为 w_1，如图 5.67（b）所示，此时远离相界面 I 处的液相仍保持原合金的成分 w_0，在液相中产生了浓度梯度，必然引起液相内溶剂 A 原子和溶质 B 原子的相互扩散，B 原子由界面向外扩散，A 原子向界面扩散，导致界面处 B 原子含量降低，A 原子含量增高，破坏了液-固界面处的相平衡，只有靠 α 长大，排出 B 原子，吸收 A 原子才能维持液-固界面相平衡。这样，固溶体不断长大，液-固界面连续向液相中推移，溶液中 B 含量不断升高，直至整个液相的成分都达到 t_1 温度下平衡成分 w_1 为止，此时液-固界面到达 Ⅱ 处，液、固两相平衡，α 停止长大，如图 5.67（c）所示。要使 α 继续长大，必须降低温度。当温度降至 t_2 时，α 长大是液-固界面 Ⅱ 移至 Ⅲ 处，立即在界面处建立新的平衡，固溶体 α 成分为 k_0w_2，与之平衡的液相成分为 w_2，而远离界面处固相成分为 k_0w_1，液相成分为 w_1，这样不仅在液相内有扩散过程，而且在固相内也有扩散过程，如图 5.67（d）所示。由图可见，在液-固界面两侧，B 原子由界面向固相和液相中扩散，A 原子由固相和液相中向界面扩散，导致界面处 B 原子含量降低，A 原子含

量升高，破坏了液-固界面处的相平衡。同样，只有靠 α 长大排出 B 原子、吸收 A 原子才能维持液-固界面相平衡。固溶体不断长大，液-固界面连续向液相中推移，固相和液相中 B 组元含量不断增加，直至固相成分全部达到 t_2 温度下的平衡成分 k_0w_2 和液相成分全部达到该温度下的平衡成分 w_2 为止。此时液-固界面到达Ⅳ处，液、固两相平衡，α 停止长大，如图 5.67（e）所示。要使 α 继续长大，必须再降低温度，直至 t_3 温度，界面处 α 成分为 $k_0w_3=w_0$，与之平衡的液相成分为 w_3，又重复上述过程，固溶体 α 不断长大直至液相全部转变为成分为 w_0 的均匀固溶体 α 为止，如图 5.67（f）所示。

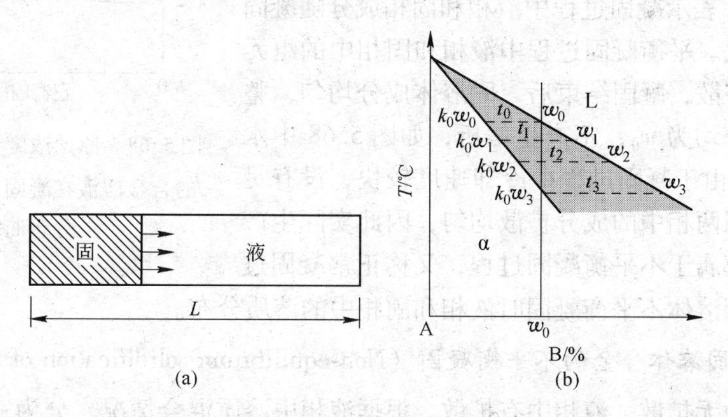

图 5.66 长度为 L 的圆棒形锭内平衡凝固过程中液、固相成分变化

（a）长度为 L 的圆棒形锭子；（b）$k_0<1$ 时的平衡冷却示意图

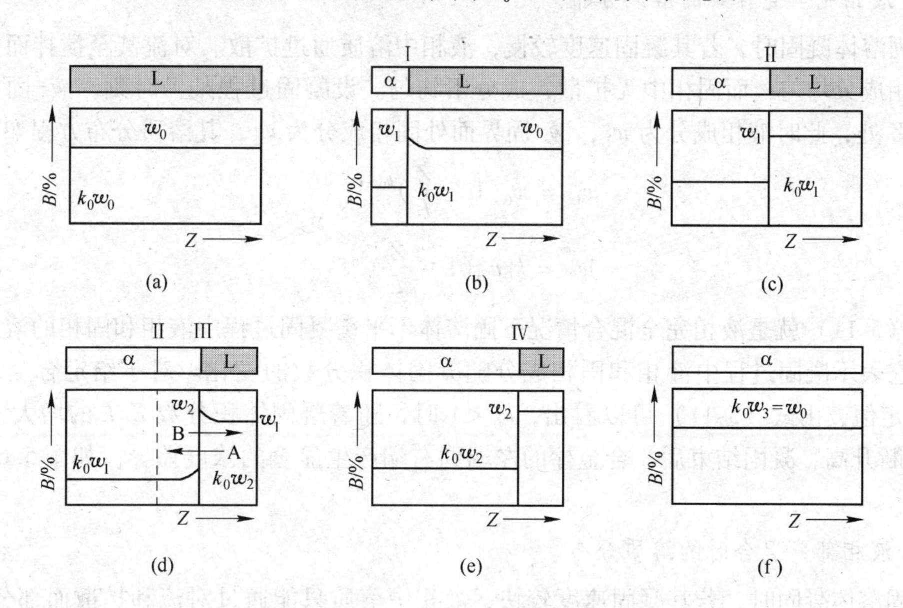

图 5.67 固溶体合金平衡凝固过程示意图

（a）$t=t_0$；（b）$t=t_1$；（c）$t=t_1$；（d）$t=t_2$；（e）$t=t_2$；（f）$t=t_3$

综上所述，固溶体平衡凝固过程是：形核→相界平衡→扩散破坏平衡→长大→相界平衡。随着温度的降低，此过程重复进行，直至溶液全部转变为相同成分的均匀固溶体为止。

设水平圆棒长度为 L，温度 t 下，液、固两相达到平衡，固相成分为 w_S、液相成分为 w_L，且 $w_S = k_0 w_L$，此时液-固界面在距离 Z 处，可推导出固溶体平衡凝固时液相和固相中的溶质分布方程

$$w_L = w_0\left[1 - \frac{(1-k_0)Z}{L}\right]^{-1}$$
$$w_S = k_0 w_0\left[1 - \frac{(1-k_0)Z}{L}\right]^{-1} \quad (5\text{-}10)$$

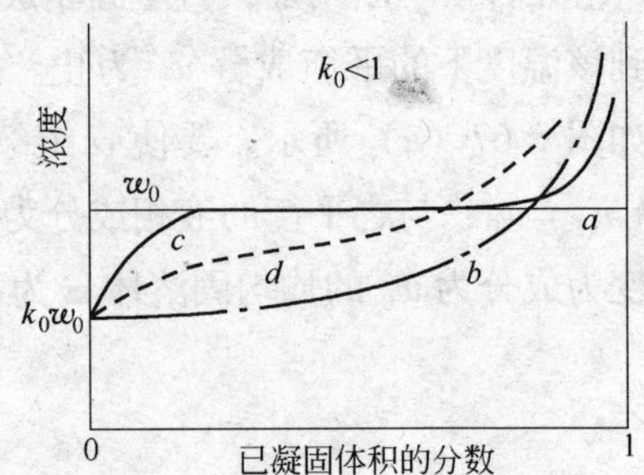

图 5.68　原始浓度为 w_0（$k_0<1$）的合金溶液在凝固后得到的溶质分布曲线

式（5-10）表示凝固过程中液相和固相成分随凝固体积分数的变化。平衡凝固过程中液相和固相中的组元原子都能充分扩散，凝固结束后，固溶体成分均匀，整个合金棒的成分均为 w_0，不产生偏析，如图 5.68 中水平线 a。实际上由于凝固过程中冷却速度较快，没有足够时间使液、固两相中的成分扩散均匀，因此实际生产中的凝固过程都属于不平衡凝固过程，又称正常凝固过程。下面讨论固溶体不平衡凝固时液相和固相中的溶质分布。

5.4.1.2　固溶体合金的不平衡凝固（Non-equilibrium solidification of solid solution）

假设固相中无扩散，液相中有扩散，根据液相中溶质混合情况，分为完全混合、部分混合、完全不混合三种情况。

A　液相完全混合时的溶质分布

当固溶体凝固时，若其凝固速度较慢，液相中溶质通过扩散、对流甚至搅拌而完全混合，液相成分均匀；而固相中无扩散，成分不均匀。设凝固过程某一时刻，液-固界面到达距离 Z 处，此时液相成分为 w_L，液-固界面处固相成分为 w_S，其溶质分布方程如下：

$$w_L = w_0\left(1 - \frac{Z}{L}\right)^{k_0-1}$$
$$w_S = k_0 w_0\left(1 - \frac{Z}{L}\right)^{k_0-1} \quad (5\text{-}11)$$

式（5-11）就是液相完全混合情况下固溶体不平衡凝固过程中液相和固相的溶质分布方程，它表示凝固过程中液相和固相成分随凝固体积分数的变化。对于给定合金，k_0 和 w_0 均为定值，由式（5-11）可以看出，$k_0<1$ 时，随着凝固体积分数 Z/L 的增大，w_L 和 w_S 均不断升高，凝固结束后，合金棒的左端到右端产生显著的浓度差异，如图 5.68 中曲线 b 所示。

B　液相部分混合时的溶质分布

当固溶体凝固时，若其凝固速度较快，液相中溶质只能通过对流和扩散而部分混合。由于扩散速度较慢，溶质从液－固界面处固相中排出的速度高于从边界层中扩散出去的速度，这样，在边界层中就产生溶质原子“富集”，而在边界层外的液体则因对流而获得均匀的浓度 $(w_L)_B$，液-固界面一直保持局部平衡，即 $(w_S)_i = k_0(w_L)_i$，如图 5.69（a）所示。随着液-固界面不断向前移动，边界层中溶质原子富集越来越多，浓度梯度加大，扩散速度加快，达到一定速度后，溶质从液-固界面处固相中排出的速度正好等于溶质从边

界层中扩散出去的速度时，$(w_L)_i/(w_L)_B$ 变为常数，直至凝固结束，此比值一直保持不变。把凝固开始直到 $(w_L)_i/(w_L)_B$ 开始变为常数的阶段称为初始过渡区，如图5.69（b）所示。

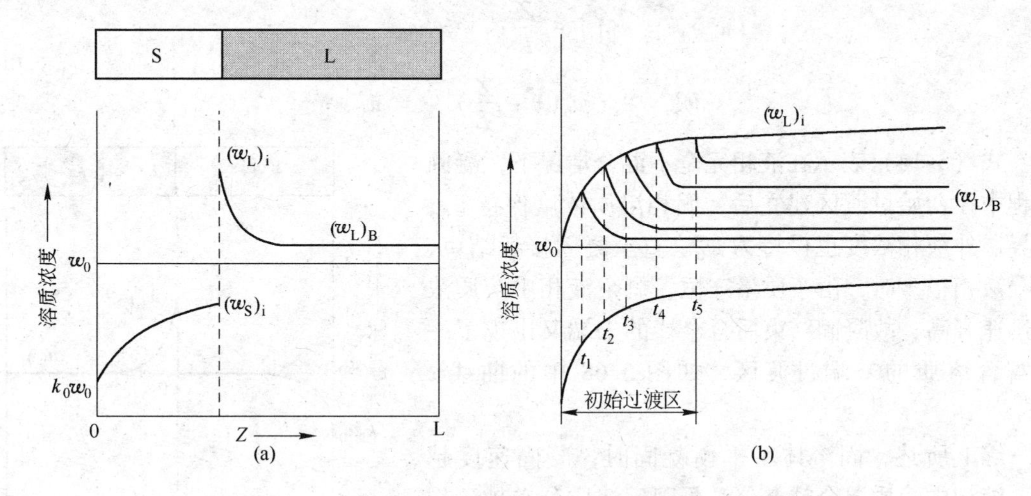

图5.69 液相部分混合时的情况

（a）液体中溶质的聚集对凝固圆棒成分的影响；（b）在初始瞬态内溶质聚集的建立

设初始过渡区建立后 $(w_L)_i/(w_L)_B = k_1$，而液-固界面处始终保持两相平衡，即 $(w_S)_i/(w_L)_i = k_0$，则 $(w_S)_i/(w_L)_B = k_0 \cdot k_1 = k_e$，$k_e$ 称为有效分配系数。

对边界层的扩散方程求解可导出

$$k_e = \frac{k_0}{k_0 + (1 - k_0)e^{-R\delta/D}} \tag{5-12}$$

式中，R 为凝固速度；δ 为边界层厚度；D 为溶质扩散系数。由式（5-12）可知，k_e 的大小主要决定于凝固速度 R。若凝固速度较慢，R 很小时，$(R\delta/D) \to 0$，$k_e \approx k_0$，这是上面已讨论过的液相中溶质完全混合的情况；若凝固速度很快，R 很大时，$(R\delta/D) \to \infty$，$k_e \approx 1$，这是下面将要讨论的液相中溶质完全不混合的情况；若凝固速度介于上述两者之间，$k_0 < k_e < 1$，这就是液相溶质部分混合的情况。

同样，可推出液相部分混合情况下固溶体不平衡凝固过程中液相和固相的溶质分布方程

$$(w_L)_B = w_0\left(1 - \frac{Z}{L}\right)^{k_e - 1}$$

$$w_S = k_e w_0\left(1 - \frac{Z}{L}\right)^{k_e - 1} \tag{5-13}$$

式中，$k_0 < k_e < 1$。式（5-13）表示凝固过程中在初始过渡区建立后，液相和固相成分随固体体积分数的变化。凝固结束后合金棒中溶质分布如图5.68中曲线 d 所示，其宏观偏析程度不如液相完全混合情况严重。

C 液相完全不混合时的溶质分布

当固溶体凝固时，若其凝固速度很快，液-固界面很快推移，边界层中溶质迅速富集，由于液相完全不混合，当固相中溶质浓度由 k_0w_0 提高到 w_0 时，大体积液相中溶质浓度仍保持 w_0，但液-固界面处两相平衡，这时 $(w_L)_i = w_0/k_0$，界面前沿液相

中溶质浓度将从此保持这个数值，即初始过渡区建立后 $k_e = 1$，如图 5.70 所示。由式（5-13）得到

$$
\begin{aligned}
(w_L)_B &= w_0(1 - \frac{Z}{L})^{1-1} = w_0 \\
w_S &= 1 \cdot w_0(1 - \frac{Z}{L})^{1-1} = w_0
\end{aligned}
\tag{5-14}
$$

式（5-14）表示在液相完全不混合情况下，凝固过程中在初始过渡区建立后，固相溶质浓度保持 w_0，边界层外液相浓度也保持为 w_0。直至凝固接近结束、剩余液相很少时，由于质量守恒，剩余液相中溶质浓度迅速升高，故凝固结束后合金棒的末端又出现了一个富含溶质的末端过渡区，如图 5.68 中的曲线 c 所示。

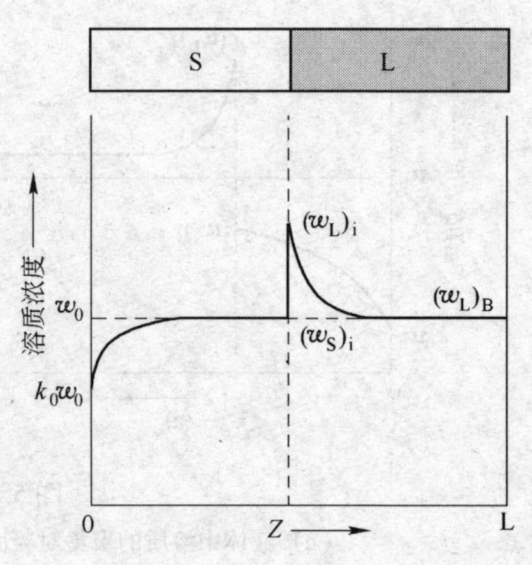

图 5.70　液相完全不混合时合金棒凝固过程中的溶质分布

综上所述，固溶体不平衡凝固时，凝固速度越慢，液相中溶质混合越充分，凝固后溶质分布越不均匀，宏观偏析越严重。

D　区域熔炼（Zone refining）

区域熔炼是利用固溶体凝固理论的一个突出成就，其装置如图 5.71 所示。区域熔炼是通过固定的感应加热器加热移动的圆棒来实现的。将一根长度为 L 的合金棒用感应加热圈沿棒自左至右逐渐移动，熔区长度为 l，进行分区熔化。先凝固部分将溶质转移给熔化的液体，最后溶质富集在右端，如此多次重复区域熔化，便不断将合金棒提纯。

第一次分区熔化（$n=1$）时，合金棒的质量浓度为 w_0，当熔区前移一短距离后，在 $Z=0$ 处凝固出浓度为 k_0w_0 的固体，在 $Z=l$ 处熔化了一层浓度为 w_0 的合金棒，液体富集了溶质；等熔区再向前移一段距离后，凝固出来的固体含溶质浓度就较高；这样继续进行，使熔区浓度不断升高，一直达到 w_0/k_0 为止。从此时起，进入熔区的溶质浓度和离开熔区的溶质浓度都为 w_0，直到熔区移到合金棒的尾部，由于熔区长度减小，溶质浓度不断上升。当多次通过（$n>1$）时，提纯效果更好，其溶质分布如图 5.72 所示。

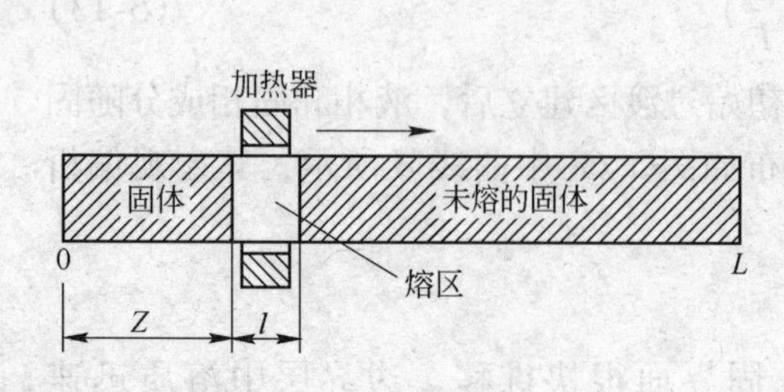

图 5.71　区域熔炼示意图

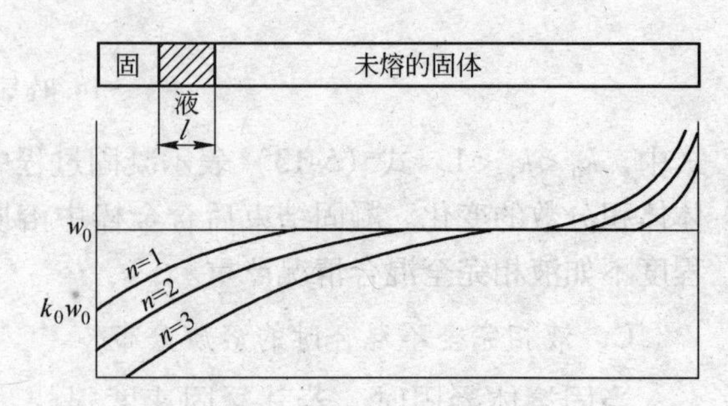

图 5.72　多次通过（$n>1$）提纯示意图

由图5.72可知：当 $k_0<1$ 时，凝固前端部分的溶质浓度不断降低，后段部分不断地富集，这使固溶体经区域熔炼后的前端因溶质的减少而得到提纯，因此区域熔炼又称为区域提纯。

5.4.1.3　合金凝固中的成分过冷（Composition supercooling in the process of alloy freezing）

在固溶体合金凝固时，即使在正的温度梯度下，也有枝状生长和胞状生长，这是由于固溶体合金凝固时，溶质在固-液界面处聚集，产生了成分过冷。

A　成分过冷的形成（Formation of composition supercooling）

图5.73是 $k_0<1$ 时合金产生成分过冷的情况。设固溶体合金的成分为 w_0，其相图一角如图5.73（a）所示。在液相完全不混合（$k_e=1$）的情况下，合金棒凝固时，在初始过渡区建立后，液相中溶质分布 w_L 曲线如图5.73（b）所示，而液相熔点 T_L 变化如图5.73（c）所示，图中 z 为距液-固界面的距离。液相实际温度为 T，其随距离 z 的变化如图5.73（d）所示，图中 $dT/dz>0$，即液相中温度梯度为正值。将图5.73（c）中液相熔点变化曲线叠加于图5.73（d）中，就得到图5.73（e），由图可以看出，尽管液相的实际温度以液-固界面处最低，但由于此处液相的熔点也最低，因而使界面处液相过冷度极小，几乎接近于零，而距界面稍远处的液相反而有较大的过冷度，这种由液相成分变化与实际温度分布所决定的特殊过冷现象称为成分过冷，图中阴影区称为成分过冷区。

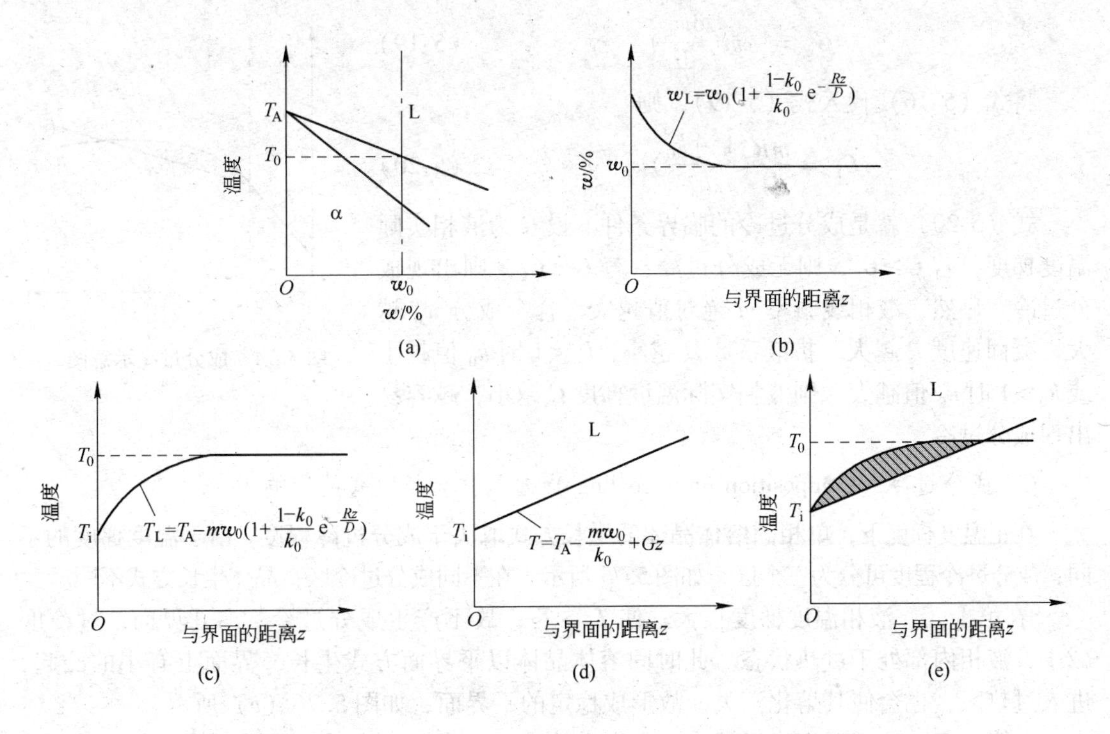

图5.73　$k_0<1$ 合金产生成分过冷示意图

B　产生成分过冷的临界条件（Critical condition）

用 dw_L/dz 表示初始过渡区建立后边界层中的浓度梯度。设凝固速度，即液-固界面移动速度为 R，合金棒截面积为 A。在 dt 时间内凝固体积为 $ARdt$，这部分体积内原为液相，其中

含溶质质量应为 $AR\ (w_L)_i dt$，形成固相后，固相中溶质质量为 $AR\ (w_S)_i dt$。根据扩散第一定律，即在单位时间内通过垂直于扩散方向的单位截面积的扩散物质质量 $J = -D dw_L/dz$，式中，D 为扩散系数，因此 dt 时间内通过截面积 A 的溶质质量为 $AD\ (dw_L/dz)\ dt$。根据质量平衡可以得出

$$AR\ (w_L)_i dt - AR\ (w_S)_i dt = AD\ (dw_L/dz)\ dt \tag{5-15}$$

在液相不混合情况下，初始过渡区建立后，$(w_S)_i = w_0$，$(w_L)_i = w_0/k_0$，将式（5-15）化简得

$$\frac{dw_L}{dz} = -\frac{R}{D}\left(\frac{1-k_0}{k_0}\right)w_0 \tag{5-16}$$

在图 5.74 中，液-固界面处作 T_L 曲线的切线，如图中虚线所示。当界面前沿的温度梯度与这条虚线的斜率相同时，将无成分过冷区，这个温度梯度称为临界温度梯度，用 G_k 表示，此时

$$G_k = \frac{dT_L}{dz} \tag{5-17}$$

由图 5.73（a）可以得出

$$T_L = T_A - m w_L \tag{5-18}$$

式中，T_A 为纯溶剂 A 的熔点；m 为液相线斜率。将式（5-18）代入式（5-17）得

$$G_k = -m\left(\frac{dw_L}{dz}\right) \tag{5-19}$$

将式（5-16）代入式（5-19），则

$$G_k = \frac{mR}{D}\left(\frac{1-k_0}{k_0}\right)w_0 \tag{5-20}$$

式（5-20）就是成分过冷的临界条件。设 G 为液相实际温度梯度，若 $G \geqslant G_k$，则无成分过冷；若 $G < G_k$，则出现成分过冷。显然，液相线斜率 m 绝对值越大，合金成分 w_0 越大，凝固速度 R 越大，扩散系数 D 越小，$k_0 < 1$ 时 k_0 值越小或 $k_0 > 1$ 时 k_0 值越大，则液相实际温度梯度 G 越小，越容易出现成分过冷。

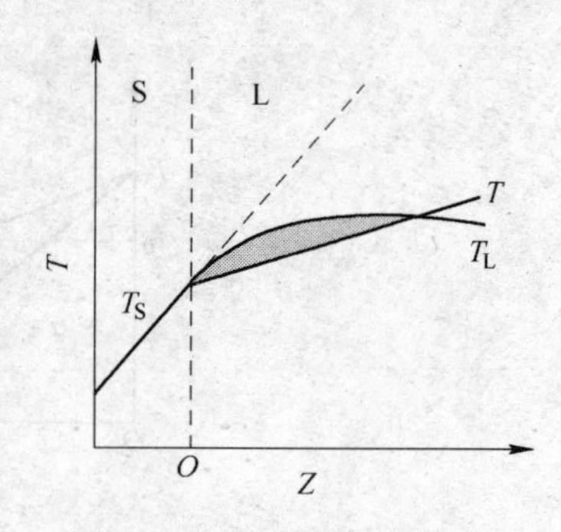

图 5.74　成分过冷示意图

C　成分过冷（Composition undercooling）对晶体生长方式的影响

在正温度梯度下，单相固溶体晶体的生长方式取决于成分过冷程度。由于温度梯度的不同，成分过冷程度可分为三个区，如图 5.75 所示。在不同成分过冷区，晶体生长方式不同。

在第Ⅰ区，液相温度梯度很大，使 $T_1 > T_L$，故不产生成分过冷。离开界面，过冷度减小，液相内部处于过热状态。此时固溶体晶体以平界面方式生长，界面上有小的凸起，进入过热区，也会使其熔化消失，故形成稳定的平界面，如图 5.76（a）所示。

在第Ⅱ区，液相温度梯度减小，产生小的成分过冷区，此时，平界面不稳定，界面上偶然凸起，进入过冷液体，可以长大，但因过冷区窄，凸出距离不大，不产生侧向分枝，发展不成枝晶，而形成胞状界面，最后出现胞状结构，纵截面为长条形，横截面为六角形，如图 5.76（b）所示。

在第Ⅲ区，液相温度梯度更为平缓，成分过冷程度很大，液相很大范围处于过冷状

态，类似负温度梯度条件，晶体以树枝状方式长大，界面上有偶然的凸起，进入过冷液体，得到大的生长速度，并不断分枝，形成树枝状骨架，如图 5.76（c）所示。晶体生长中，周围液相富集溶质，使结晶温度降低，过冷度降低，同时，因放出潜热，周围温度升高，进一步减小过冷度，因而分枝生长停止，最后依靠固相散热、平界面方式生长，以填充枝晶间隙，直至结晶完成，形成晶粒。

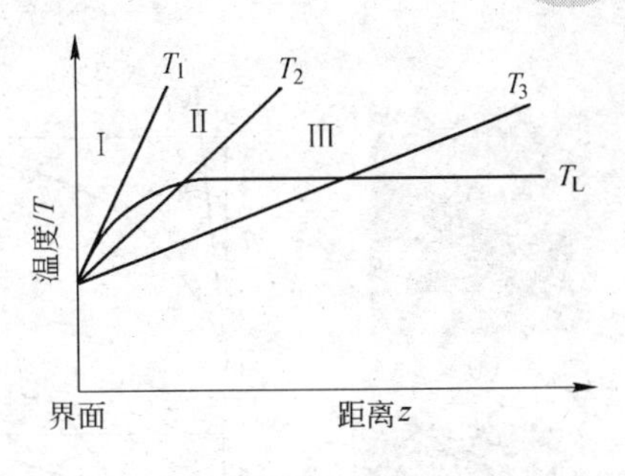

图 5.75 不同成分过冷程度的三个区域

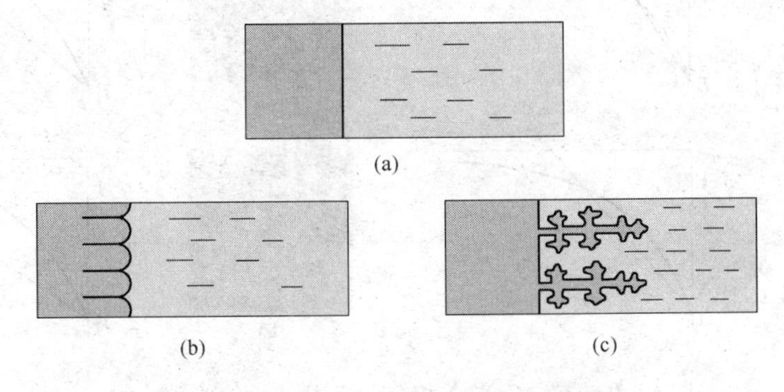

图 5.76 不同成分过冷下的晶体生长方式

（a）平面生长；（b）胞状生长；（c）树枝状生长

影响晶体生长方式的主要因素有液相的温度梯度 G_L、固相凝固速度 R 和合金的溶质浓度 w_0。如增大合金溶质浓度、降低液体温度梯度、增大固相凝固速度，均可增大成分过冷程度，发展树枝状结晶；相反，则促进平面式生长。图 5.77 表明了液相的温度梯度 G_L 对合金铸锭液固界面形貌的影响。

5.4.2 共晶合金的凝固理论（Solidification theory of eutectic alloy）

5.4.2.1 共晶组织的分类

共晶组织是由液相同时结晶出两个固相得到的，共晶组织形态众多，可分为：层片状、棒状、球状、针状和螺旋状，图 5.78 为典型的共晶组织形态。

以往按共晶组织形态进行分类，虽可描述各类共晶组织的相似性和差异，但不能说明各类共晶组织形成的本质。后来，在研究纯金属凝固时知道，晶体的生长形态与固-液界面结构有关，按共晶两相凝固生长时固-液界面的性质，即按反映微观结构的参数 α 值大小来分类，可将共晶组织划分为三类：（1）粗糙-粗糙界面（金属-金属型）共晶；（2）粗糙-平滑界面（金属-非金属型）共晶；（3）平滑-平滑界面（非金属-非金属型）共晶。对金属合金，只涉及前两类共晶。

5.4.2.2 共晶组织的形成机制（Formation mechanism of eutectic）

金属-金属型共晶，其两相组成与液相之间的固-液界面都是粗糙界面，各相的前沿液体温度均在共晶温度以下的 0.02℃范围内，它们的固-液界面上的温度基本相等，因而界面为平直状。

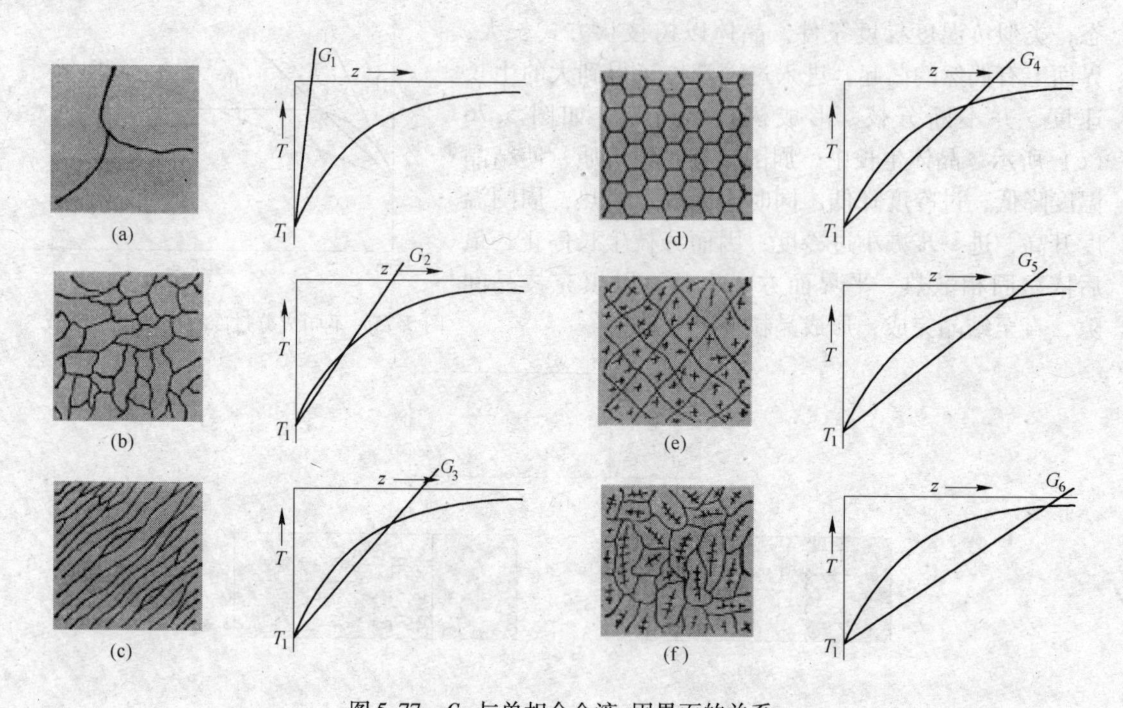

图 5.77　G_L 与单相合金液-固界面的关系

（a）平面；（b）不规则胞状；（c）伸长的胞状；（d）规则的胞状；（e）胞状树枝；（f）树枝状

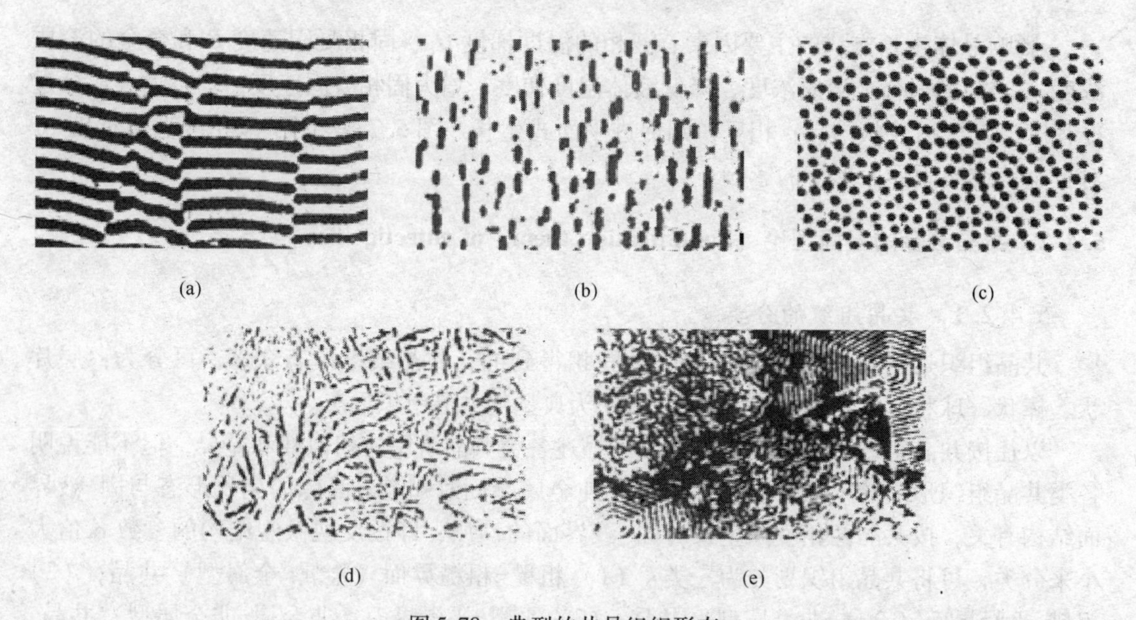

图 5.78　典型的共晶组织形态

（a）层片状；（b）棒状（条状或纤维状）；（c）球状（短棒状）；（d）针状；（e）螺旋状

共晶合金结晶时，并非两相同时出现，而是某一相在熔液中领先形核和生长。设领先相为 α，α 在 ΔT_E 过冷温度下从液相中形核并长大，其含 B 组元质量分数为 w_{α}^{s}，如图 5.79 所示。由于 w_{α}^{s} 小于液相的成分 w_E，多余的溶质 B 从 α 中排出，结晶前沿的液相中 B 组元富集，其成分为 w_{α}^{L}，该成分 w_{α}^{L} 大于 β 相形成所需的成分 w_{β}^{L}，于是促使 β 相在 α 相上形核长大。β 相的成分为 w_{β}^{s}，其前沿液体的成分为 w_{β}^{L}，该成分对应的 A 组元成分大于 α 相形成所需的成分，即 w_{α}^{L} 所对应的 A 组元成分，所以 β 相的形成使其前沿液体中富集 A 组元，这有利于 α 相依附在 β 相上形核长大。此过程反复进行，形成 α 和 β 相间排列的组织形态如图 5.80（a）所示。但实际上形成共晶晶核并不需要 α、β 两相反复形核，而是首先形成一个 α 晶核，随后在其上再形成一个 β 晶核，然后 α 相和 β 相分别以搭桥方式连成整体构成共晶晶核，因此一个共晶晶核只包含一个 α 晶核和一个 β 晶核，如图 5.80（b）所示。

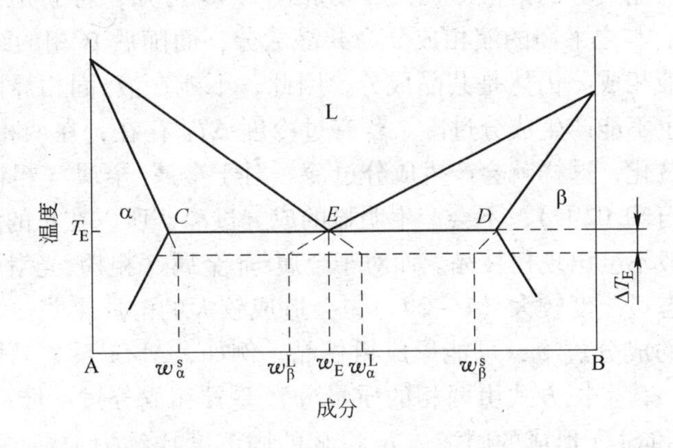

图 5.79 将相界外推到界面的过冷温度

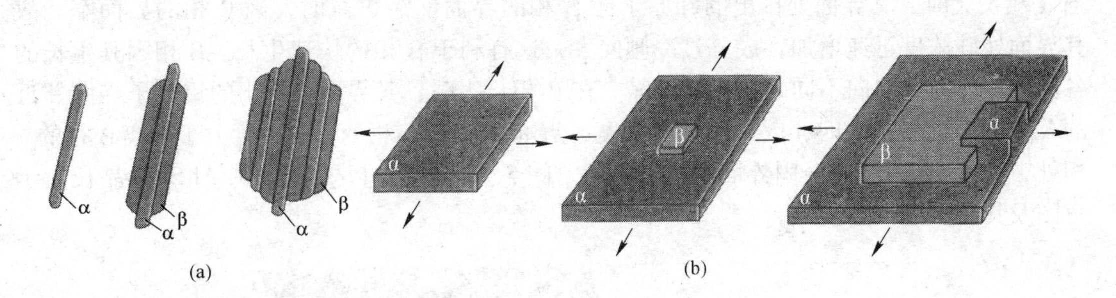

图 5.80 层片状共晶的形核与生长示意图
（a）层片状交替形核生长；（b）搭桥机构

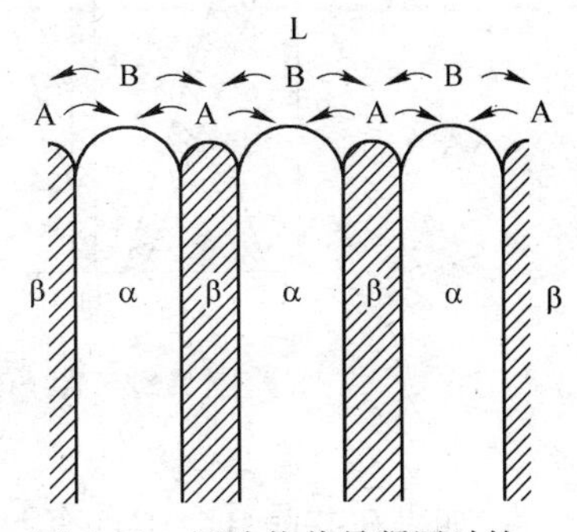

图 5.81 层片状共晶凝固时的横向扩散示意图

共晶晶核形成后，在 α 和 β 两相并肩向液体中生长时，由于 α 相界面前沿的液相成分为 w_{α}^{L}，β 相界面前沿的液相成分为 w_{β}^{L}，两相间的横向成分差为 $w_{\alpha}^{L}-w_{\beta}^{L}$，而远离 α 相界面的纵向液相成分为共晶成分 w_E，则 α 相界面前的液体的纵向成分差为 $w_{\alpha}^{L}-w_E$，故共晶两相界面前沿的横向成分差比纵向成分差约大 1 倍，而且 α 相和 β 相横向扩散距离短，因此共晶中 α 和 β 相的交替生长主要是通过横向组元的扩散来实现的，如图 5.81 所示。

金属-非金属型共晶，其共晶组织形态复杂，如针片状、骨骼状等，可能是由光滑与粗糙两种界面的动态过冷度不同引起的。金属型粗糙界面前沿液相的动态过冷度约为0.02℃，而非金属型光滑界面前沿液相的动态过冷度约为1～2℃。当液体中出现过冷，只需较小动态过冷度的金属相首先形核并任意生长，从而迫使滞后生长的非金属相也相应地发生枝化或迫使其停止生长，从而得到不规则形态的显微组织。

5.4.2.3　成分过冷对共晶界面形貌的影响（Affect of composition cooling on eutectic interface morphology）

当一个纯二元共晶成分的溶液凝固时，由相图5.79可知，若领先相α的结晶将排出多余的B组元溶质，与之平衡的液相成分为共晶成分；而随后β相的结晶排出的A组元溶质，与之平衡的液相成分仍然是共晶成分，因此，不能在液-固相界前沿的液相中产生溶质的聚集，所以也不能产生成分过冷。若有过冷度ΔT_E存在，在两相的液-固界面前沿就有溶质的聚集和贫化，这样就会产生成分过冷。对于金属-金属（粗糙-粗糙）型共晶，由于ΔT_E很小（小于0.02℃），不会产生明显的成分过冷，所以在正的温度梯度下，平直界面是稳定的，一般不会出现树枝晶。而对于金属-非金属（粗糙-光滑）型共晶，可能由于非金属生长的动态过冷度较大（1～2℃），会造成较大的溶质聚集，在较小的温度梯度下，就会产生明显的成分过冷，可能形成树枝晶。例如，Al-Si系共晶界面的过冷度，主要来源于成分过冷，其生长方式由两相的质量分数差异和成分过冷所决定。Al-Si共晶成分为11.7%Si，Al和Si所形成的固溶体α和β的固溶度均约为1%，所以共晶体α和β相的质量分数之比约为9:1，导致共晶凝固时α相的液-固界面宽，β相的液-固界面窄。当α相长大时，其界面处排出的硅原子向β相的界面前沿扩散时，因β相的界面窄，故其界面处硅浓度迅速增加，成分过冷倾向大，这有利于β相的快速生长。β相因其生长的各向异性而形成取向不同的针状或枝晶。在β相长大时，其界面处排出的铝原子在向邻近的α相界面前沿扩散时，因α相的界面宽，近邻β相的α相处长大速度大于远离β相的α相处，这就使α相的液-固界面呈现凹陷状。图5.82（a），（b）分别为Al-Si共晶长大示意图及其二次电子形貌像。

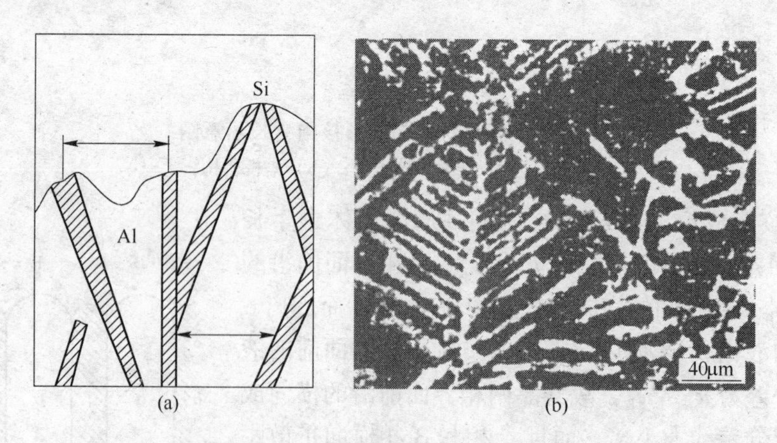

图5.82　Al-Si共晶长大示意图及定向凝固深浸后的二次电子像
（a）Al-Si共晶长大示意图；（b）二次电子形貌像

如果在共晶合金中含有第三组元，当共晶凝固时，两组成相都要排出第三组元，则在液-固界面就能建立起成分过冷区。如果第三组元量较少，由此产生的成分过冷不大，会使平直界面变为胞状，其生长方式与单相固溶体的长大方式相似，层片倾向于垂直于液-固界面生长，所以每个胞在横截面上可以容易地加以区别。如果第三组元量足够多，就可能形成树枝晶，通常可发现树枝晶由纯 α 相、β 相或第三组元相组成。

5.4.3　合金铸锭的组织与缺陷（Structure and defect of alloy cast ingot）

实际生产中，液态金属或合金是在锭模或锭型中进行结晶的，结晶规律与前面讲的相同，但由于冷却条件不同，使铸锭组织有不同的特点。

5.4.3.1　铸锭的组织及形成（Structure and formation of cast ingot）

典型铸锭的宏观组织由三个晶区组成，即：表层细晶区、柱状晶区和中心等轴晶区，图 5.83（a）为铸锭三个晶区的示意图。不同的浇注条件可使铸锭的晶区结构有所变化，甚至可使其中一个或两个晶区完全消失，图 5.83（b）为全部由柱晶区组成的情况，5.83（c）为全部由等轴晶区组成的情况。下面我们将分析各晶区的形成过程。

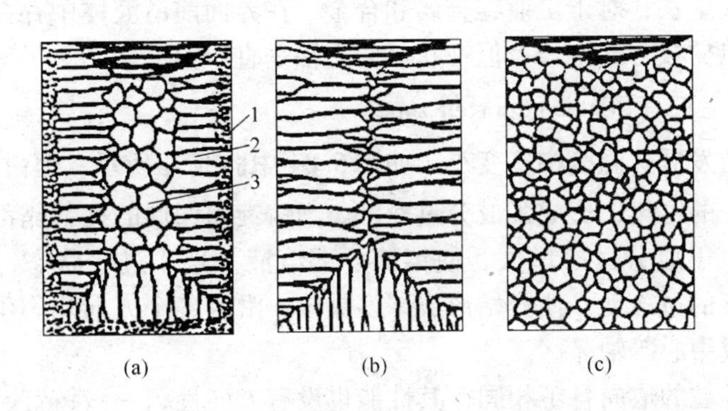

图 5.83　铸锭的三个晶区示意图

（a）具有三晶区的铸锭；（b）穿晶组织；（c）全部为等轴晶组织

1—细晶区；2—柱状区；3—中心等轴区

A　表层细晶区（Slender crystalline zone at surface）

当高温液态金属注入锭模后，由于模壁温度低，与模壁接触的溶液受到急冷，产生很大的 ΔT，如图 5.84 中曲线 t_1 所示，这样在最外层形成大量的晶核；同时模壁的凹凸不平可作为非均匀形核的基底对形核也有促进作用。因此，在靠近模壁的溶液中，形成大量的晶核并向各向生长，很快彼此相遇，形成一薄层很细的等轴晶粒。

细晶区晶粒细小，组织致密，力学性能好。但纯金属由于细晶区很薄，没有多大的实际意义。

B　柱状晶区（Columnar zone）

随着细晶区的形成和内部热量的向外传递，使模壁表面温度逐渐升高，在铸锭内部形成一定的温度梯度，如图 5.84 中曲线 t_2 和 t_3 所示，这样在细晶区的基础上部分晶轴不与模壁垂直的晶粒长大到一定程度，遇到其他晶粒而不再长大，而晶轴与模壁垂直的那些晶粒向里生长形成彼此平行、粗大而致密的柱状晶区，如图 5.85 所示。

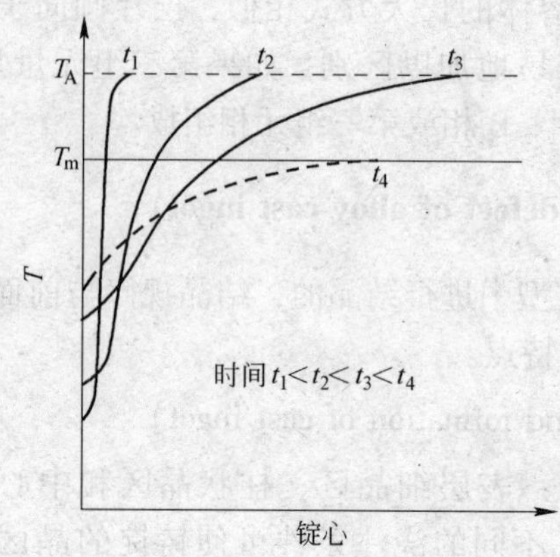

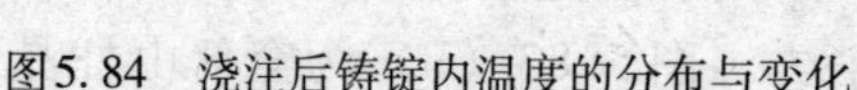
图5.84　浇注后铸锭内温度的分布与变化

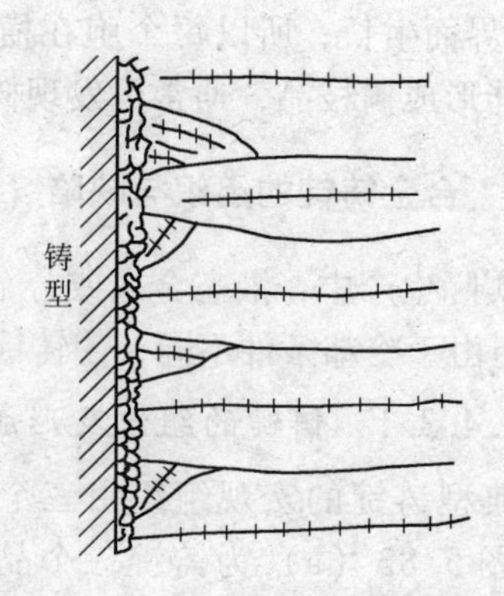

图 5.85　铸锭中柱状晶区的形成

在柱状晶生长过程中，液-固界面前沿液体中具有正的温度梯度。对于纯度高的金属，柱状晶以平面方式生长；对于工业纯金属和合金，在界面前沿液体中存在着较大的成分过冷度，故柱状晶以树枝方式生长，但柱状晶的主轴垂直于模壁。

C　中心等轴晶区（Center equiaxed zone）

随着柱状晶的发展，温度梯度变小，如图 5.84 中曲线 t_4 所示，但由于液-固界面前沿的液相中溶质原子的富集，形成了成分过冷区。当铸锭内四周的柱状晶都向锭心发展并达到一定位置时，由于成分过冷增大，使铸锭心部溶液都处于过冷状态，如图 5.86 所示，都达到非均匀形核的过冷度，便开始形成许多晶核，沿着各个方向均匀生长，阻碍了柱状晶区的发展，形成中心等轴晶区。

等轴晶区各晶粒的取向各不相同，其性能也没有方向性，一般铸锭、铸件都要求得到此组织。

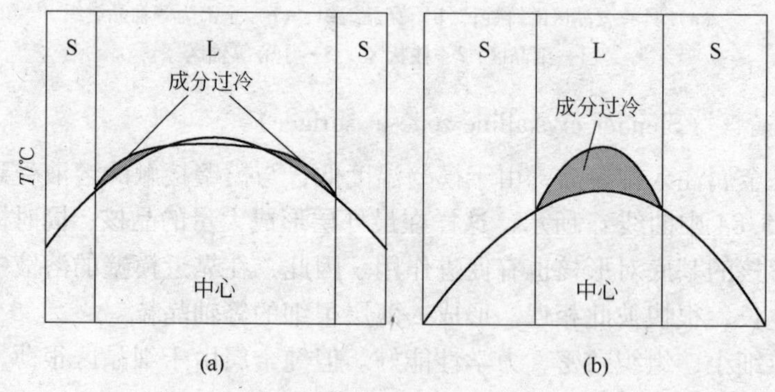

图 5.86　铸锭结晶过程中的成分过冷

（a）柱状晶扩展阶段；（b）等轴晶成长阶段

5.4.3.2　影响铸锭组织的因素（Influence factors of microstructure of cast ingot）

一般不希望铸锭中有发达的柱状晶区，因为相互平行的柱状晶接触面及相邻垂直的柱状晶交界较为脆弱并且常聚集易熔杂质和非金属夹杂物，所以铸锭在热加工时极易沿此断裂，铸件在使用时也易沿此断裂，如图 5.87 所示。等轴晶无择优取向，没有脆弱的分界面，同时取向不同的晶粒彼此咬合，裂纹不易扩展，故细小的等轴晶可以提高铸件的性能。

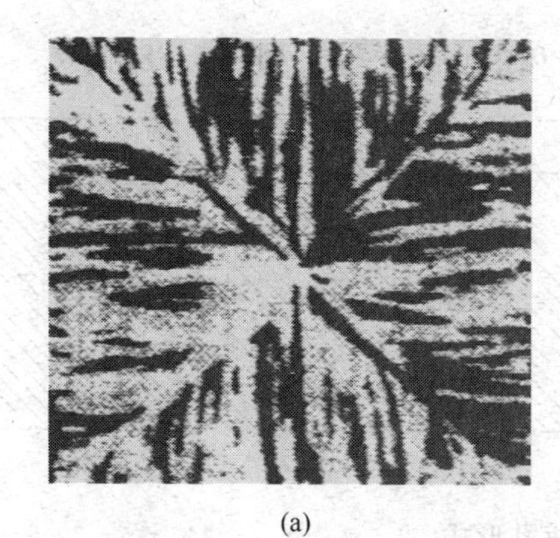

(a)

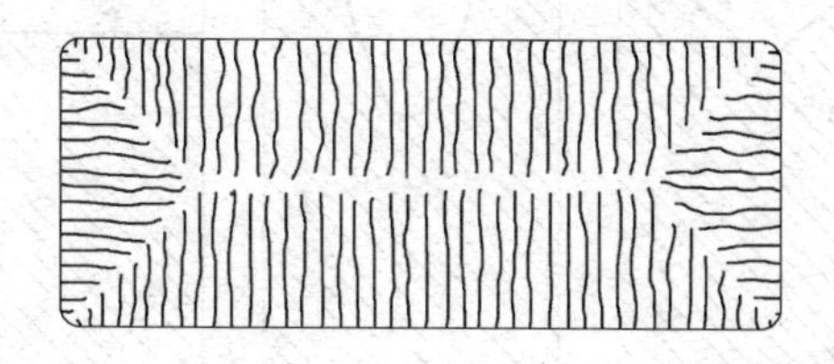

(b)

图 5.87 柱状晶区交界处的脆弱分界面

但柱状晶区组织致密，不像等轴晶区包含那样多的气孔与疏松。对于塑性较好的有色金属及其合金及奥氏体不锈钢，有时为了得到致密的组织，在控制易熔杂质及进行除气处理的前提下，希望得到较多的柱状晶。影响铸锭组织的因素有以下几个方面。

（1）铸模的冷却能力。铸模的冷却能力越大，越有利于在结晶过程中保持较大的温度梯度，有利于柱状晶区的发展，因此生产上常采用导热性好与热容量大的铸模材料，并增大铸模的厚度以及降低预热温度等来增大柱状晶区。但对较小尺寸的铸件，如果铸模的冷却能力很大，整个铸件在很大的过冷度下结晶，形核率很大，不但抑制柱状晶的生长，而且会促进等轴晶区的发展。例如连续铸锭时，采用水冷结晶器可以使铸锭全部获得细小的等轴晶粒。

（2）熔化温度与浇注温度。熔化温度越高，液态金属的过热度越大，非金属夹杂物熔解量越多，则非均匀形核率越小，越有利于柱状晶区的发展。如再适当提高浇注温度，增大铸锭截面的温度梯度，则柱状晶区就更加得到发展。相反，熔化温度与浇注温度都低，则有利于中心等轴晶区的发展。

（3）变质处理。在液态金属浇注前加入有效的形核剂，增加液态金属的形核率，阻碍柱状晶区的发展，获得细小的等轴晶粒。

（4）物理方法。在液态金属结晶过程中，采用机械振动、超声波振动、电磁搅拌及离心铸造等物理方法，使液态金属发生运动，不但可使其温度均匀，减少铸锭截面的温度梯度，而且会使已结晶的树枝晶破碎增加仔晶数量，这都不利于柱状晶区的发展，而有利于铸锭整体形成细小等轴晶粒。

注意：铸锭的宏观组织与浇注条件有关，条件变化可改变三晶区的相对厚度、晶粒大小，甚至不出现三晶区。通常，快的冷却速度，高的浇注温度，定向散热，有利于柱状晶形成；相反，慢的冷却速度，低的浇注温度，加形核剂或搅动，有利于中心等轴晶形成。柱状晶与等轴晶各有优缺点，根据需要调整浇注条件，可得到所需组织。

5.4.3.3 铸锭中缺陷（Defects of cast ingot）

A 缩孔（Shrinkage cavity）

熔液浇入锭模后，与模壁接触的液体先凝固，中心部分的液体后凝固，由于多数金属在凝固时会发生体积收缩，先凝固部分体积收缩可由未凝固的液体补上，而最后凝固的部分得不到液体的补充，就形成了缩孔。

缩孔可分为集中缩孔和分散缩孔两类。集中缩孔有多种形式，如缩管、缩穴和单向收缩等，而分散缩孔又称疏松，疏松也有一般疏松和中心疏松等，如图 5.88 所示。

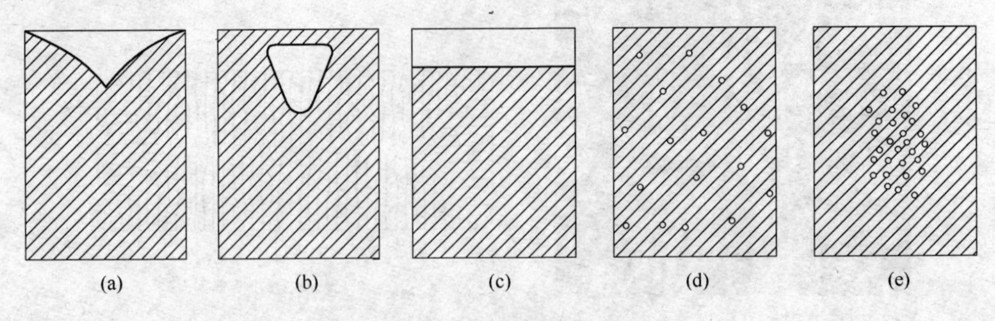

图 5.88　几种缩孔形式

(a) 缩管；(b) 缩穴；(c) 单向收缩；(d) 一般疏松；(e) 中心疏松

当液态金属注入锭模后，如果热量由中心向四周散发，并且凝固从外到里、自下而上进行，则易形成图 5.88 (a) 所示的缩管；如果铸模内部液体尚未完全凝固，而上部液体已基本凝固，那么内部的液体凝固时将得不到补缩，从而在铸锭内部形成图 5.88 (b) 所示的缩穴；如果由铸模底部散热，凝固基本上自下而上进行，凝固后将形成图 5.88 (c) 所示的单向收缩。在铸锭中的集中缩孔通常要切掉，因此冶金生产中为了降低铸锭的切头率，常采用一定的方法来减小缩管的深度。疏松的形成使铸锭的致密度降低，但可以通过高温热加工使疏松焊合。中心疏松的形成不仅与体积收缩有关，还与铸锭中心最后凝固时气体的析出和聚集有关。

缩孔的形成与金属和合金的凝固方式有关，如图 5.89 所示。当金属和合金的凝固自模壁开始且主要以柱状晶的长大向前进行时，称这种凝固方式为壳状凝固。以这种方式凝固的合金具有较窄的凝固温度范围，且液体中具有较高的温度梯度，凝固过程中液体的流动性好，且易补缩，故液体最后凝固处以集中缩孔的形式存在。当柱状晶以树枝方式生长时，枝晶之间不易补缩，凝固后在铸锭中会产生疏松，一般疏松比较细小，且呈层状组织存在于枝晶之间。当合金的凝固主要以树枝状方式进行并形成等轴晶时，称这种凝固方式为糊状凝固。以这种方式凝固的合金具有较宽的凝固温度范围，并且液体中具有较低的温

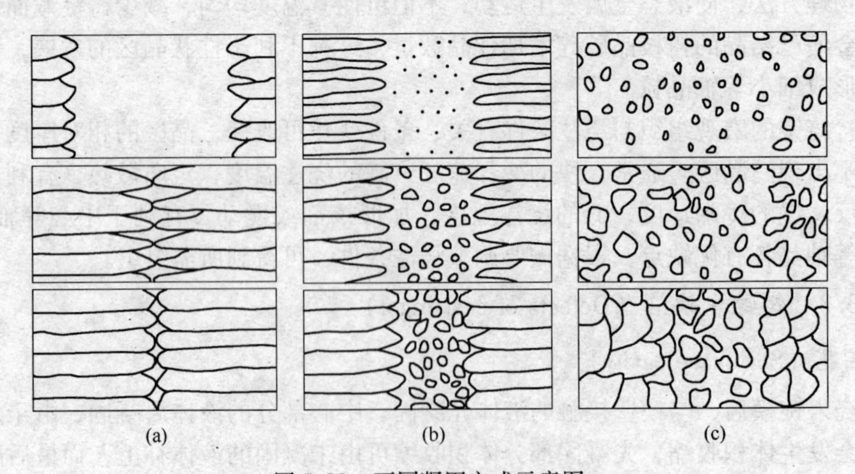

图 5.89　不同凝固方式示意图

(a) 壳状凝固；(b) 壳状-糊状混合凝固；(c) 糊状凝固

度梯度，界面前沿的成分过冷区较宽，有利于仔晶的形成和长大，从而形成等轴晶。树枝状晶的形成降低了液体的流动性，在枝晶之间的最后凝固部分不易得到液体补充，从而形成了遍及整个铸锭的一般疏松。

B 偏析（segergation）

偏析是指合金中化学成分不均匀的现象，一般分为宏观偏析和显微偏析两种。宏观偏析是指大范围内的成分不均匀现象，又称远程偏析；显微偏析是指晶粒尺寸范围内的成分不均匀现象，又称短程偏析。

宏观偏析（macrosegation）按其所呈现的不同现象又可分为正常偏析、反偏析和比重偏析三种。

（1）正常偏析（normal segregation）：当合金的分配系数 $k_0<1$ 时，先凝固的外层中溶质含量较后凝固的内层低，这就是正常偏析。当合金的分配系数 $k_0>1$ 时，先凝固的外层中溶质含量较后凝固的内层高也是正常偏析。

正常偏析的程度与铸件大小、冷速快慢及结晶过程中液体的混合程度有关。在正常偏析较大的情况下，最后凝固的部分质量浓度很高，有时甚至会出现不平衡的第二相，如碳化物等。有些高合金工具钢的铸锭，中心部位甚至可能出现由偏析产生的不平衡莱氏体。正常偏析一般难以完全避免，随后的热加工和扩散退火处理也难以使它根本改善，故应在浇注时采取适当的控制措施。

（2）反常偏析（negative segergation）：反常偏析的溶质分布与正常偏析相反。对 $k_0<1$的合金铸锭最外层的溶质浓度反而高，而中心部分的溶质浓度低于合金的平均浓度。其形成原因是：原来铸锭中心部位应该富集溶质元素，由于铸锭凝固时发生收缩而在树枝晶之间产生空隙（此处为负压），加上温度的降低，液体内气体析出而形成压强，铸锭中心溶质质量浓度较高的液体沿着柱状晶之间的渠道被压向铸锭表层，这样就形成了反常偏析，如图 5.90 所示。控制反常偏析出现的途径：一是扩大铸锭内中心等轴晶带，阻止柱状晶的发展，使富集溶质的液体不易从中心排向表层；二是减少液体中的气体含量。

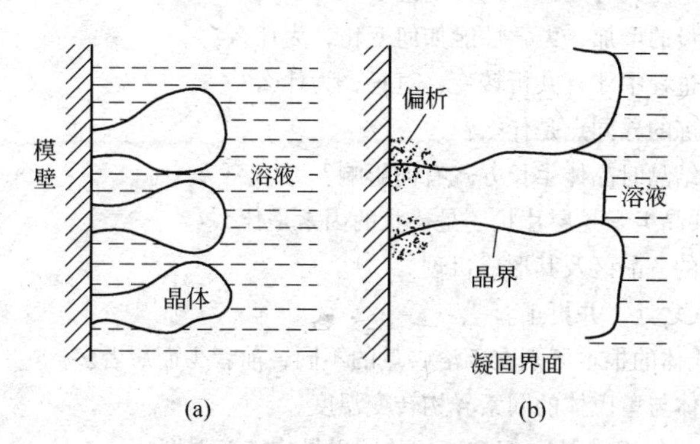

图 5.90 反常偏析表面溶质富集层的形成示意图

（3）比重偏析（gravity segregation）：由于初生相与溶液之间密度相差悬殊，轻者上浮，重者下沉，从而导致上下成分不均匀的现象，称为比重偏析。防止或减轻比重偏析的方法是采用低温浇注，增大铸件的冷却速度，使初生相来不及上浮或下沉；或加入第三种合金元素，形成熔点较高的、比重与液相接近的树枝晶化合物，在结晶初期形成树枝骨架，以阻挡比重小的相上浮或比重大的相下沉。

显微偏析（microsegregation）可分为胞状偏析、枝晶偏析和晶界偏析三种。

（1）胞状偏析（cellular segregation）：当成分过冷较小时，固溶体呈胞状方式生长。对 $k_0<1$ 的合金，则在胞壁处溶质将富集；对 $k_0>1$ 的合金，则在胞壁处的溶质将贫化，这种现象称为胞状偏析。由于胞体尺寸较小，成分波动范围较小，可通过均匀化退火消除。

（2）枝晶偏析（dendritic segregation）：由非平衡凝固导致先凝固的枝干与后凝固枝干间的成分不均匀现象，称为枝晶偏析。由于一个树枝晶形成一个晶粒，因此枝晶偏析是在一个晶粒范围内的偏析，也称晶内偏析。凝固速度越大，晶内偏析越严重；偏析元素在固溶体中的扩散能力越小，则晶内偏析越严重；凝固温度范围越宽，晶内偏析越严重。

（3）晶界偏析（grain-boundary segregation）：由于溶质原子富集在最后凝固的晶界部分而造成的。对 $k_0<1$ 的合金，在凝固时，液相富含溶质组元，而当相邻晶粒长大至相互接触时，把富含溶质的液体集中在晶粒之间，凝固成为具有溶质偏析的晶界。溶质含量越高，偏析程度越大；非树枝晶长大使晶界偏析的程度增加；结晶速度慢使溶质原子有足够长的时间扩散并富集在液-固界面前沿的液相中，从而增加晶界的偏析程度。

习　题

5-1　解释下列基本概念。

伪共晶，离异共晶，共晶转变，包晶转变，共析转变，铁素体，奥氏体，莱氏体，珠光体，平衡分配系数，成分过冷，枝晶偏析，晶间偏析。

5-2　在正的温度梯度下，为什么纯金属凝固时不能呈树枝状生长，而固溶体合金凝固时却能呈树枝状生长？

5-3　渗碳体根据其来源不同共有几种，请分别说明。

5-4　铁碳合金随着含碳量的增加，力学性能如何变化，为什么？

5-5　只有共析钢在冷却过程中才有共析转变，对吗，为什么？

5-6　正常凝固与区域熔炼的异同点是什么？

5-7　成分过冷对固溶体结晶时晶体生长方式有何影响？

5-8　决定金属-金属型共晶组织是层片状还是棒状的因素是什么？

5-9　简述典型铸锭组织的三晶区及其形成机理。

5-10　指出下列各题错误之处，并更正。

（1）铁素体与奥氏体的根本区别在于溶碳量的不同，前者少而后者多。

（2）727℃是铁素体与奥氏体的同素异构转变温度。

（3）$Fe\text{-}Fe_3C$ 相图上的 G 点是 α 相与 γ 相的同素异构转变温度。

（4）在平衡结晶条件下，无论何种成分的碳钢所形成的奥氏体都是包晶转变产物。

（5）在 $Fe\text{-}Fe_3C$ 系合金中，只有过共析钢的平衡结晶组织中才有二次渗碳体存在。

（6）在 $Fe\text{-}Fe_3C$ 系合金中，只有含碳量低于 0.0218% 的合金，平衡结晶的组织中才有三次渗碳体存在。

(7) $Fe-Fe_3C$ 相图中的 GS 线也是碳在奥氏体中的溶解度曲线。

(8) 凡是碳钢的平衡结晶过程都具有共析转变，而没有共晶转变；相反，对于铸铁则只有共晶转变而没有共析转变。

5-11　作含碳0.2%钢的冷却曲线，绘制1496℃、1494℃、912℃、750℃、725℃及20℃下的组织示意图。

5-12　画出含碳0.6%、0.77%、1.2%、4.3%的铁碳合金从高温缓冷到室温的冷却转变曲线及室温组织示意图。

5-13　已知A（熔点600℃）与B（熔点500℃）在液态无限互溶，在300℃时A溶于B的最大溶解度为30%，室温时为10%，但B不溶于A；在300℃时含40%B的液态合金发生共晶反应，现要求：

(1) 作出A-B合金相图；

(2) 分析20%A、45%A、80%A合金的结晶过程。

5-14　一个二元共晶反应如下：

$$L\ (75\%B) \rightarrow \alpha\ (15\%B) + \beta\ (95\%B)$$

求：(1) 含85%B的合金凝固后，初晶β与共晶体（α+β）的质量分数；

(2) 若共晶反应后，初晶α和共晶体（α+β）各占一半，问该合金成分如何？

5-15　计算含碳量分别为0.6%、0.77%、1.2%、4.3%的铁碳合金从高温缓冷到室温的组织及相组成物的质量分数。

5-16　已知相图如下，画出 T_1、T_2、T_3、T_4、T_5 各温度下的自由能-成分曲线。

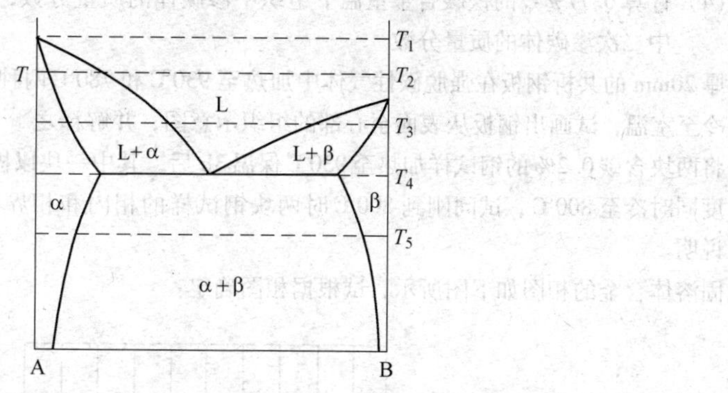

5-17　M-N合金相图如下：(1) 标出图中①~④空白区域中组织组成物的名称；(2) 写出水平线上的反应式及名称；(3) 画出 Ⅰ 合金的冷却曲线并标出各段转变组织；(4) 画出 T_1 温度下的自由能-成分曲线。

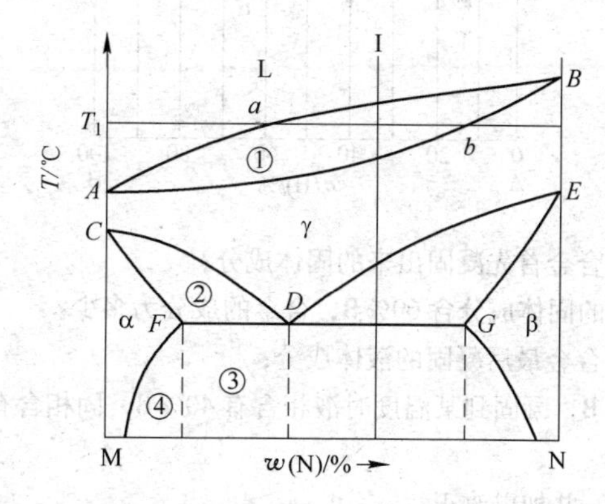

5-18　M-N合金相图如下：(1) 标出图中①~④空白区域中组织组成物的名称；(2) 指出 T_1 温度下液相

和固相分别占Ⅰ合金总质量的百分数；（3）画出Ⅰ合金的冷却曲线并标出各段转变组织；（4）画出 T_1 温度下的自由能-成分曲线。

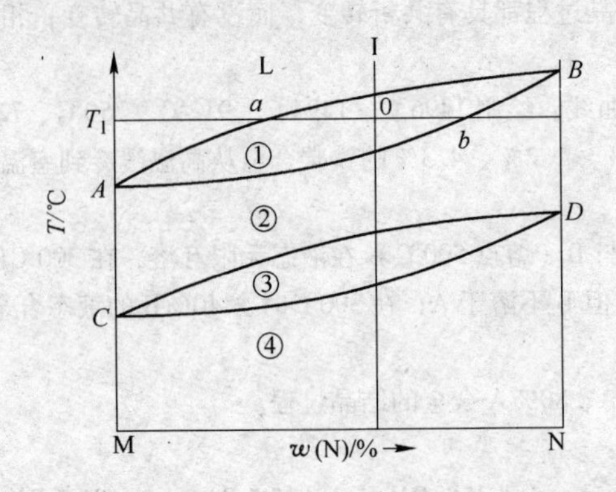

5-19　画出 $Fe\text{-}Fe_3C$ 相图。

（1）标出主要点的温度及含碳量；

（2）写出共析反应式和共晶反应式；

（3）画出0.77%C、2.11%C的铁碳合金从高温缓冷到室温的冷却转变曲线及室温组织示意图；

（4）计算0.77%C的铁碳合金室温下组织中渗碳体的质量分数；2.11%C的铁碳合金室温下组织中二次渗碳体的质量分数。

5-20　厚20mm的共析钢板在强脱碳性气体中加热至930℃和780℃两种温度，并长时间保温，然后缓慢冷至室温，试画出钢板从表面至心部的组织示意图，并解释之。

5-21　将两块含碳0.2%的钢试样加热至930℃保温3h后，其中一块以极缓慢的冷速，另一块以极快的速度同时冷至800℃，试问刚到800℃时两块钢试样的相内和相界处碳浓度的变化情况，并用图示说明。

5-22　固溶体合金的相图如下图所示，试根据相图确定：

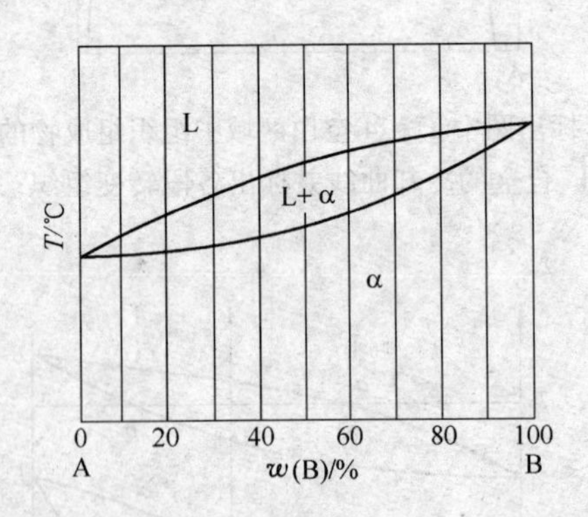

（1）成分为40%B的合金首先凝固出来的固体成分；

（2）若首先凝固出来的固体成分含60%B，合金的成分为多少？

（3）成分为70%B的合金最后凝固的液体成分；

（4）合金成分为50%B，凝固到某温度时液相含有40%B，固相含有80%B，此时液体和固体各占多少？

5-23　指出下面相图中的错误，并加以改正。

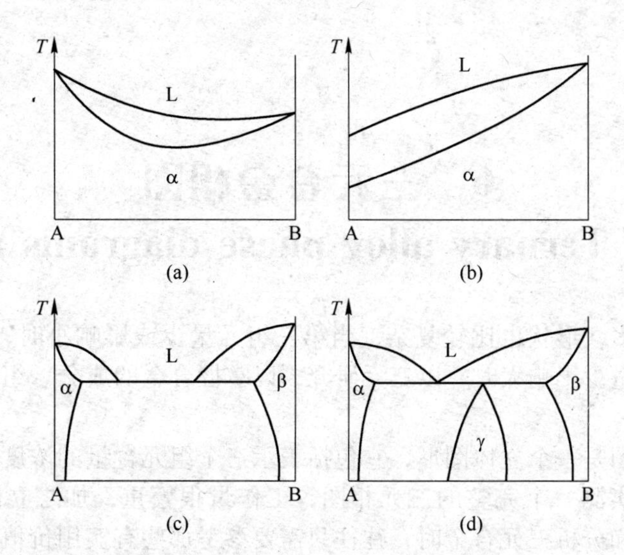

5-24　为什么铸造合金通常选用共晶成分合金或接近于共晶成分的合金？

6　三元合金相图
(Ternary alloy phase diagrams)

相图的类型很多，形状也比较复杂，当第三组元量少或影响小时，通常以二元研究；当第三组元量大或量少影响大时，以三元研究，以掌握合金的成分、组织与性能的关系及合理的应用。

完整的三元相图是一个立体图形，它包括表示三个组元含量的浓度平面和垂直于此平面的温度坐标。要实测一个完整的三元相图，工作量很繁重，加之立体图形应用并不方便，因此，在研究和分析三元合金时，往往只需要参考那些有实用价值的截面和投影图即各种等温截面、变温截面及各相区在浓度三角形上的投影图。

本章主要介绍几种基本类型的三元相图的立体图形，着重分析和应用各种等温截面、变温截面和各相区在浓度三角形上的投影图，了解具体合金在某温度下存在的状态及当温度变化时的相变过程和所获得的组织等。

6.1　三元相图的成分表示法
(Representation to the compositions of ternary phase diagrams)

任意给定的三元合金中，三个组元 A、B、C 的质量分数之和必等于 100% （$w_A + w_B + w_C = 100\%$），所以只要知道两个组元的质量分数，第三个组元也就确定了。因此，三元合金的成分可以用平面坐标来表示。常用的表示方法有：等边成分三角形、等腰成分三角形和直角成分三角形。

6.1.1　等边成分三角形 (Equilateral composition triangle)

图 6.1 是用等边成分三角形表示三元合金的成分。三角形的三个顶点 A、B、C 分别代表三个纯组元；三角形的三条边 AB、BC、CA 分别代表三个二元系合金的成分坐标；三角形内的任意一点都代表一定成分的三元合金。例如，求三角形 ABC 内 S 点所代表的成分。设等边三角形各边长为 100%，依 AB、BC、CA 顺序分别代表 B、C 、A 三组元的含量。由 S 点出发，分别向 A、B、C 顶角对应边 BC、CA 、AB 引平行线，相交于三边的 a、b、c 点。根据等边三角形的性质，可得

$$Sa + Sb + Sc = \mathrm{AB} = \mathrm{BC} = \mathrm{CA} = 100\%$$

其中，$Sc = \mathrm{C}a = w_A$，$Sa = \mathrm{A}b = w_B$，$Sb = \mathrm{B}c = w_C$，于是，Ca、Ab、Bc 线段分别代表 S 点成分的三元合金中含 A、B、C 三个组元的质量分数。反之，如已知三个组元的质量分数，也可求出该合金在等边成分三角形中的位置。

为了方便，常在成分三角形中画出平行于坐标的网格，如图 6.2 所示。已知成分，可以确定合金在三角形中的位置；已知位置，可求出合金的成分。如合金 O，其成分分别为 55% A、20% B、25% C。

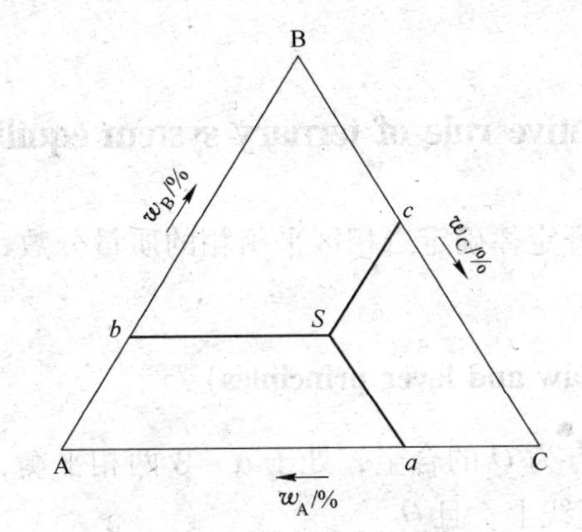

图 6.1 等边成分三角形

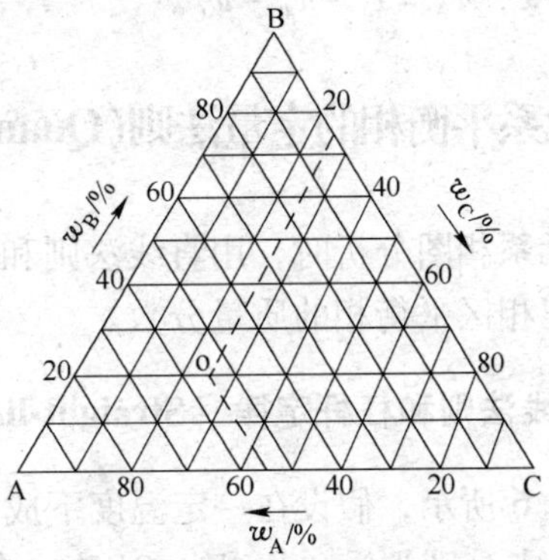

图 6.2 有网格的等边成分三角形

在等边三角形中有两条具有特殊意义的直线，如图 6.3 所示。

（1）等含量规则（Equivalent content rule）：凡成分点位于与等边三角形某一边相平行的直线上的合金，它们所含的与此线对应顶角代表的组元的质量分数相等。如图 6.3 中平行于 AC 边的 *ef* 线上的所有合金，其含 B 组元的质量分数都为 $Ae = w_B$。

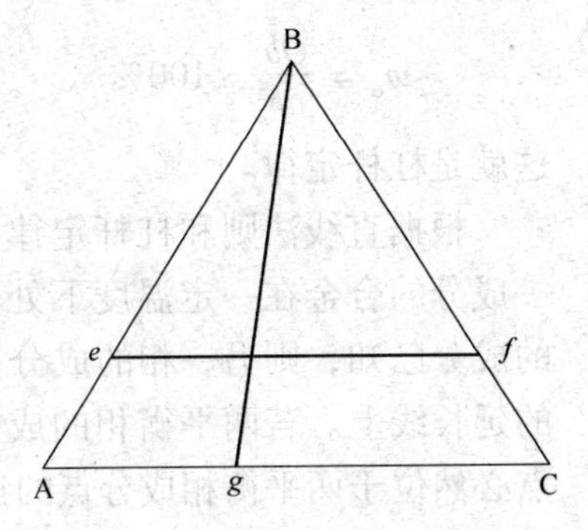

图 6.3 等边三角形中具有特殊意义的线

（2）等比例规则（Equivalent content rule）：凡成分点位于通过三角形某一顶角的直线上的合金所含此线两旁另两顶点所代表的两组元的质量分数比值相等。如图中 B*g* 线上的所有合金，其含两组元 A、C 的质量分数之比相等，即 $\frac{w_A}{w_C} = \frac{Cg}{Ag}$。这两类直线对以后分析相图、测定相图都有重要的意义。

6.1.2 等腰成分三角形（Isosceles composition triangle）

当三元系中某一组元含量较少，而另两组元含量较多时，合金成分点将靠近等边三角形的某一边。如：组元 A、B 多，组元 C 少，合金成分靠近 AB 边，将 AC、BC 边扩大若干倍，变为等腰三角形，如图 6.4 所示。如有任一合金 *x*，求其成分。过 *x* 点分别作两腰的平行线，交 AB 边于 *a* 和 *b* 两点，则：$w_A = Ba$，$w_B = Ab$，$w_C = ba$。

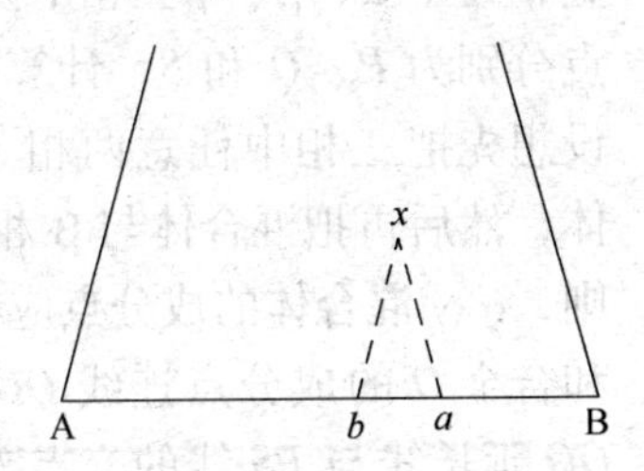

图 6.4 等腰成分三角形

6.1.3 直角成分三角形（Right composition triangle）

当三元系中某一组元含量较多，而另两组元含量较少时，合金成分点靠近等边三角形的某一顶角。如：组元 A 多，组元 B、C 少，合金成分靠近 A 顶角，采用直角坐标可清楚地表示出来，如图 6.5 所示。用直角坐标原点代表高含量组元，则两个互相垂直的坐标代表其他两个组元的成分，如任一合金 *x*，其成分为：$w_B =$

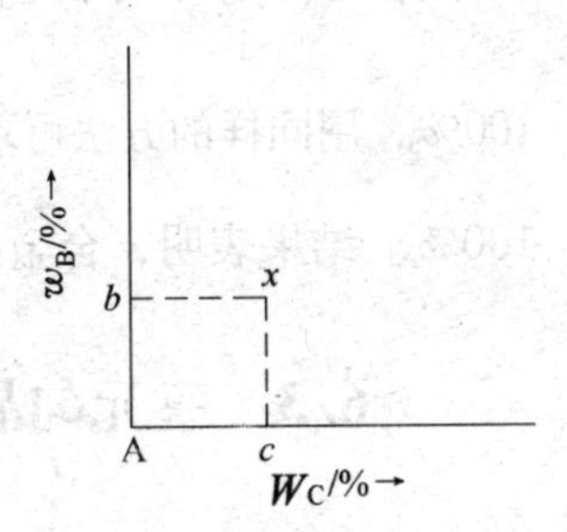

图 6.5 直角成分三角形

Ab，w_C = Ac，$w_A = 1 - w_B - w_C$。

6.2　三元系平衡相的定量法则(Quantitative rule of ternary system equilibrium)

在三元系相图分析时，用直线法则和杠杆定律确定二相区平衡相的质量分数，用重心法则确定三相区平衡相的质量分数。

6.2.1　直线法则和杠杆定律（Straight-line law and lever principles）

如图6.6所示，假设在一定温度下成分点为O的合金，处于α、β两相平衡，α相和β相的成分点分别为a和b，则aOb在一条直线上，且O位于ab之间，这就是直线法则。两平衡相的质量分数为：

$$w_\alpha = \frac{Ob}{ab} \times 100\% \qquad w_\beta = \frac{aO}{ab} \times 100\%$$

这就是杠杆定律。

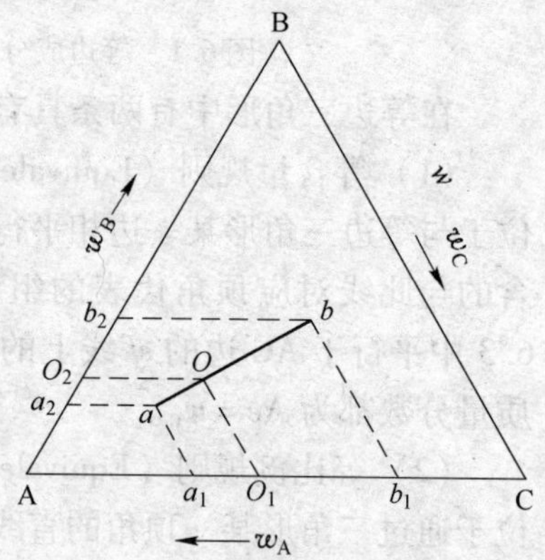

图6.6　三元系中的直线法则

根据直线法则和杠杆定律可得出下列推论：已知某一成分的合金在一定温度下处于两相平衡，若其中一相的成分已知，则另一相的成分点必在两已知成分点连线的延长线上。若两平衡相的成分点已知，则合金的成分点必然位于两平衡相成分点的连线上。

6.2.2　重心法则（Gravity center rule）

如图6.7所示，假设在一定温度下成分点为O的合金，处于α、β、γ三相平衡，α相、β相和γ相的成分点分别为P、Q和S，计算合金中各相质量分数时，可设想先把三相中任意两相（如α相和γ相）混合成一体，然后再把混合体与β相混合成合金O。根据直线法则，α-γ混合体的成分点应在PS线上，同时又必在β相和合金O的成分点连线QO的延长线上，由此可确定，QO延长线与PS线的交点R便是α-γ混合体的成分点，再根据杠杆定律可得出β相的质量分数$w_\beta = \frac{OR}{QR} \times 100\%$，用同样的方法可求出α相和γ相的质量分数分别为：$w_\alpha = \frac{OM}{PM} \times 100\%$，$w_\gamma = \frac{OT}{ST} \times 100\%$。结果表明，合金的成分点$O$正好位于△$PQS$的质量重心位置，这就是重心法则。

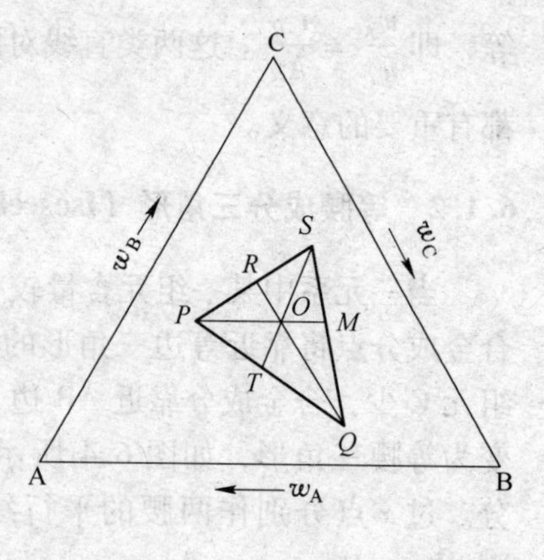

图6.7　重心法则

6.3　三元匀晶相图（Ternary isomorphous phase diagrams）

若组成三元合金的三个组元，在液态和固态均能无限互溶，则其所构成的相图称为三元匀晶相图，如图6.8所示。

6.3.1 相图分析（Analysis of phase diagram）

图6.8是由A、B、C三个组元组成的三元匀晶相图的立体模型图，图中，ABC三角形是A、B、C三组元的成分三角形，与它垂直的三个坐标都是温度坐标。

（1）点：A、B、C三点代表三个纯组元。a、b、c三点分别是A、B、C三个组元的熔点。

（2）线：ab、bc和ca上凸线分别是A-B、B-C和C-A三个二元合金系的液相线；ab、bc和ca下凹线分别是A-B、B-C和C-A三个二元合金系的固相线。

（3）面：abc上凸面是A-B-C三元合金系的液相面，三元合金冷却到该面时开始凝固（L→α的开始面）。abc下凹面是A-B-C三元合金系的固相面，三元合金冷却到该面时凝固终止（L→α的终止面）。

（4）相区：单相区有L、α两个，在液相面abc上凸面以上为单相的液相区；在固相面abc下凹面以下是单相的α固溶体相区。两相区有一个L+α，在液相面abc上凸面和固相面abc下凹面之间是液相L和α固溶体两相区。

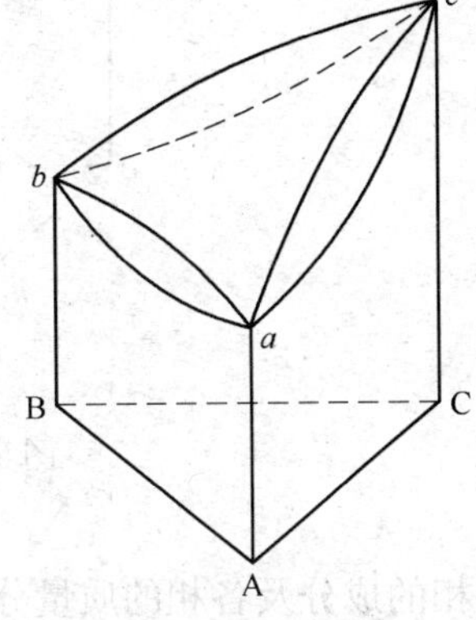

图6.8 三元匀晶相图

由上述分析可以看出，三元匀晶相图的立体模型图是一个三棱柱体，它的三个侧面分别为三个二元匀晶相图。

6.3.2 结晶过程分析（Analysis of crystallization process）

以合金O为例，由图6.9（a）可以看出，合金O在液相面以上时为单相液相，当冷却到与液相面相交的t_1温度时，开始发生匀晶转变L→α，这时液相的成分为合金O的成分，α固溶体的成分在固相面上为e点；随着温度的降低，液相的成分沿液相面变化，固相的成分沿固相面变化，液相的量不断减少，固相的量不断增加；当冷却到t_2温度时，液相的成分达到m点，固相的成分达到f点，由直线法则可知，在该温度时，m点和f点与合金O的成分点在一条直线上，该直线就是L和α两平衡相的连接线；当温度继续降低到t_3时，液相的成分达到n点，固相的成分达到合金O的成分，该合金凝固完毕，得到单相α固溶体组织，它的冷却曲线如图6.9（b）所示。注意：合金O在两相区凝固时，液相L和α固溶体的成分沿液相面和固相面的变化线t_1mn和eft_3是两条空间曲线，L和α两平衡相满足直线法则和杠杆定律，O、L、α在一条直线上，且O在L、α之间。若将L和α随温度变化的空间曲线投影到成分三角形上，得到碟翼形曲线，如图6.9（a）所示。

三元合金的立体图形，应用不方便，难以确定合金的凝固开始温度和凝固终了温度，也不能确定一定温度下两平衡相的对应成分和质量分数等。因此，常用水平截面图、垂直截面图和投影图来研究三元合金。

6.3.3 水平截面图（等温截面图）（Isothermal section）

利用水平截面可确定一定温度下，处于平衡状态的合金由哪些相组成及合金中各平衡

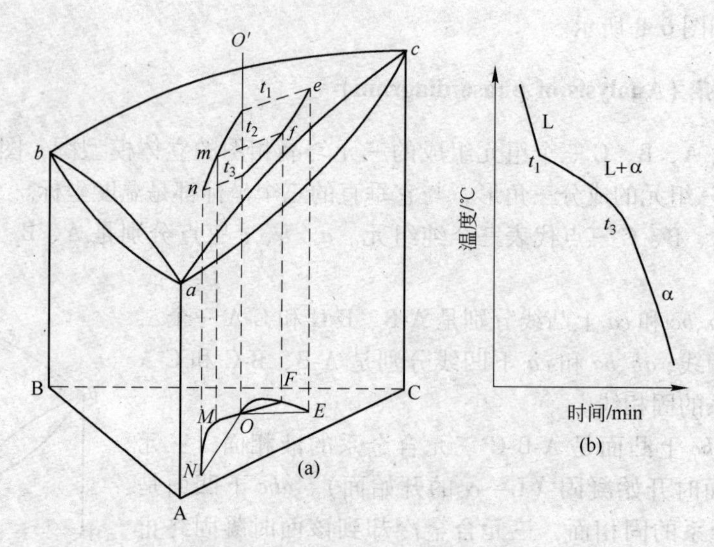

图 6.9　三元固溶体在结晶过程中液、固相成分的变化

（a）相图；（b）冷却曲线

相的成分及各相的质量分数。

某一温度下的等温截面如图 6.10 所示，它与液相面和固相面的交线分别为 ed 和 gf，因此，ed 和 gf 分别是液相面和固相面的等温线，也就是共轭曲线，称为液相线和固相线。由该水平截面图可以看出，液相线 ed 和固相线 gf 将水平截面分为三个相区，即在液相线 ed 以左为单相的 L 液相区，在固相线 gf 以右为单相的 α 固溶体相区，在 ed 和 gf 之间为 L + α 两相区。注意：处于单相区的合金，相的成分与合金成分相同；处于两相区的合金，两相的成分存在一定的对应关系。

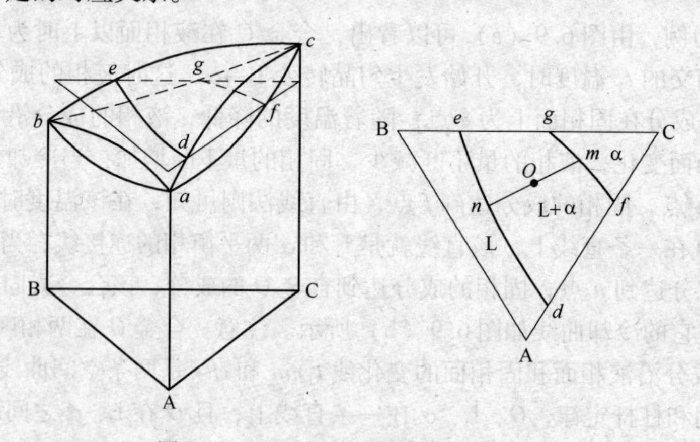

图 6.10　三元匀晶相图的水平截面图

如合金 O 处于两相区，其自由度 $f = C - P + 1 = 3 - 2 + 1 = 2$，由于温度是一定的，所以只有一个自由度，即 α、L 两相成分只有一个独立变量，当其中一个确定后，另一个也随之而定。若实验测出 α 的成分为 m，则根据直线法则，L 成分在 mO 延长线上与 ed 线相交点 n，即为 L 的成分点。α 和 L 的成分确定后，可用杠杆定律求出其质量分数：

$$w_\alpha = \frac{On}{mn} \times 100\% \qquad w_L = \frac{Om}{mn} \times 100\%$$

由于一张水平截面图只能反映三元合金在该温度时的状态，而不能反映三元合金的整个凝固过程，所以用水平截面图分析三元合金的凝固过程时，必须用一组不同温度的水平截面图才行。由图6.11可以看出，随着温度的降低，α固相区扩大，L液相区缩小，L+α两相区向液相区一方移动。另外各水平截面图中，L和α两相区中的直线为某一成分的合金在不同温度时两平衡相的连接线，这些连接线也是由实验测出的。

如用一组水平截面图分析三元合金的凝固过程，由图6.11可知，$T_1>T_2>T_3>T_4$。在T_1温度时，合金O位于L和L+α相区的边界线上，说明开始凝固；在T_2和T_3温度时，合金O位于L+α相区内，说明液、固两相共存，在凝固过程中；在T_4温度时，合金O位于L+α和α相区的边界线上，说明凝固结束。即随着温度的降低（$T_1\to T_2\to T_3\to T_4$），液相的量不断减少，α相的量不断增加，最后得到单相的α固溶体组织。

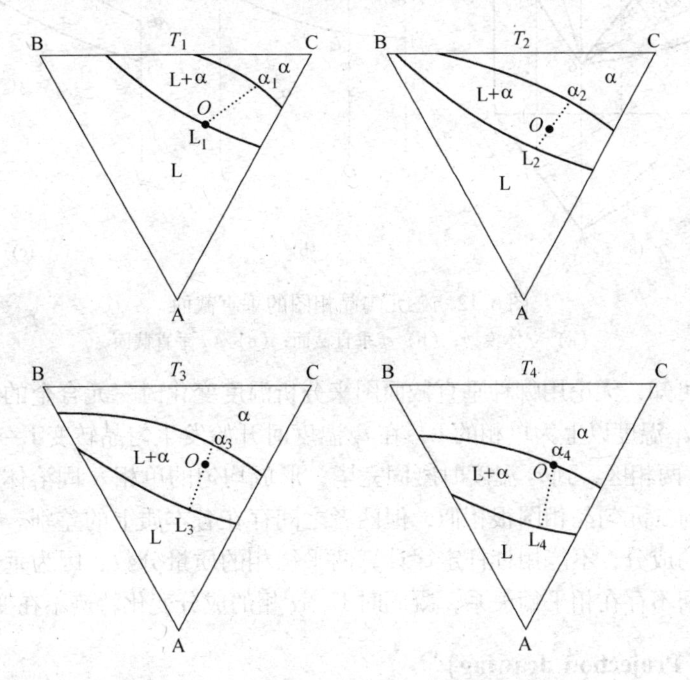

图6.11 $T_1>T_2>T_3>T_4$的一组水平截面图

6.3.4 垂直截面图（变温截面图）（Temperature-change section）

常用的垂直截面图主要有两种，一种是含某一组元的量是恒定的，另一种是含某两个组元的量的比值是一定的，如图6.12所示。第一种截法是截面平行于成分三角形的某一边，如截面ef与成分三角形的AB边平行，截面与三元合金的液相面和固相面的交线分别为e_2f_2和e_1f_1，凸曲线e_2f_2为液相线，凹曲线e_1f_1为固相线，该垂直截面如图6.12（b）所示，它与二元匀晶相图很相似，在液相线e_2f_2以上是单相L相区，在固相线e_1f_1以下是单相的α相区，在e_2f_2和e_1f_1之间是L+α两相区。不同的是，在该截面上的所有三元合金含C组元的量都相同，并且成分坐标轴的两端所代表的不是纯组元A、B，而是含C组元一定的A-C和B-C二元合金，所以液、固线在该垂直截面图的两端不能相交成一点。第二种截法是截面过成分三角形的某一顶角，如截面Ad过成分三角形纯组元A的顶角，截面与三元合金的液相面和固相面的交线分别为ad_2和ad_1，凸曲线ad_2为液相线，凹曲线ad_1

为固相线，该垂直截面如图 6.12（c）所示，它与二元匀晶相图也很相似，在液相线 ad_2 以上是单相 L 相区，在固相线 ad_1 以下是单相的 α 相区，在 ad_2 和 ad_1 之间是 L + α 两相区。不同的是，在该截面上的所有三元合金其 B、C 组元的比值是一定的，而且成分坐标轴的一端是纯组元 A，另一端是 B、C 组元按一定比例熔合而成的二元合金，所以液、固相线在纯组元一端相交于一点，而在二元合金一端不能相交。

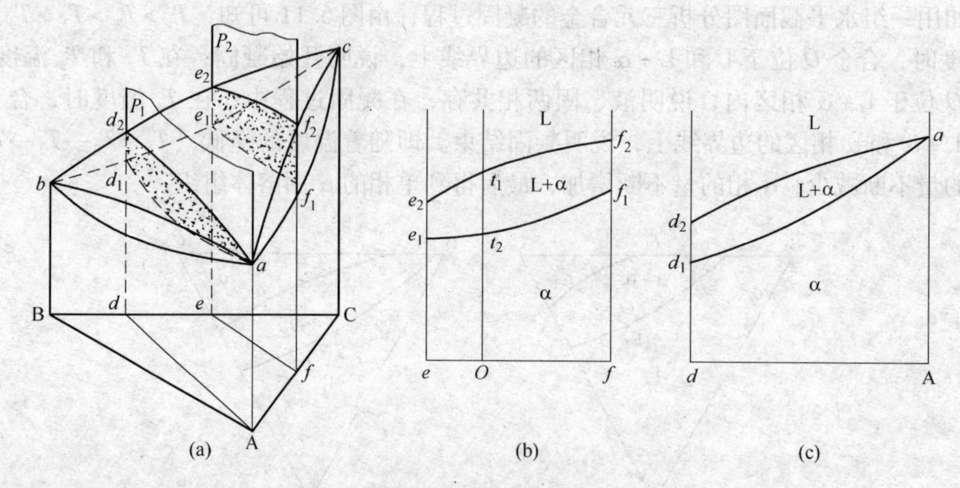

图 6.12 三元匀晶相图的垂直截面

（a）立体模型；（b）*ef* 垂直截面；（c）A*d* 垂直截面

由上述分析可知，无论用哪种垂直截面图来分析温度变化时三元合金的凝固过程都很方便。如合金 *O* 在 t_1 温度以上为单相的 L，在 t_1 温度时开始发生匀晶转变 L→α，凝固出 α 固溶体，进入 L + α 两相区，到 t_2 温度时凝固完毕，形成均匀的单相 α 固溶体。但需注意，垂直截面图的外形与二元匀晶相图很相似，但两者之间存在着本质上的差别。变温截面图上不能确定两平衡相的成分，不能用杠杆定律计算两平衡相的质量分数，因为垂直截面图上的液相线和固相线之间不存在相平衡关系，凝固时 L、α 相的成分变化轨迹不在变温截面上。

6.3.5 投影图（Projection drawing）

把三元立体相图中所有相区的交线都垂直投影到成分三角形中，就得到了三元相图的投影图，利用投影图可分析合金在加热和冷却过程中的转变。若把一系列不同温度的水平截面图中的液相线和固相线投影到成分三角形中，并在每一条投影线上标明温度，这样的投影图称为等温线投影图。等温线投影图可以反映空间相图中各种相界面的高度随成分变化的趋势。如果相邻等温线的温度间隔一定，则投影图中等温线距离越密，表示相界面的坡度越陡；反之，等温线距离越疏，说明相界面的高度随成分变化趋势越平缓。图 6.13 为三元匀晶相图的等温线投影图，由于面上无点和线，所以投影无意义，但可给出不

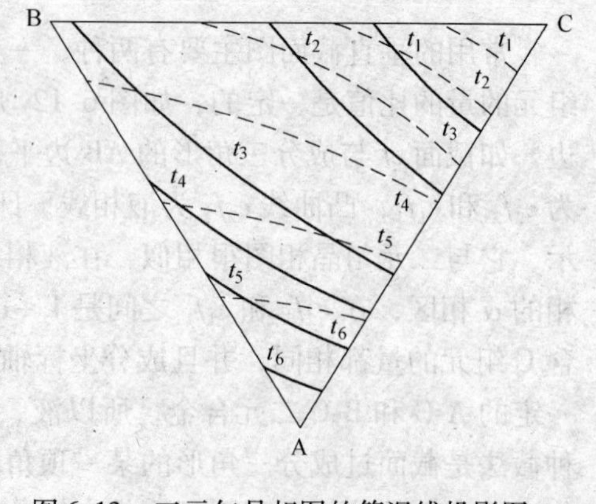

图 6.13 三元匀晶相图的等温线投影图

同等温截面上液相线和固相线的投影，其中实线为液相线，虚线为固相线，由此图可确定不同成分合金的凝固开始温度和凝固终了温度范围。

6.4 固态互不溶解的三元共晶相图
（Ternary eutectic phase diagrams for unlimited solid solution）

6.4.1 相图分析（Analysis of phase diagrams）

液态无限互溶，固态互不溶解，其中任两组元均具有共晶转变的三元相图，如图 6.14 所示，$T_a > T_b > T_c > E_1 > E_2 > E_3 > E$。

（1）点：A、B、C 三点为三个纯组元；T_a、T_b、T_c 为 A、B、C 三个组元的熔点；E_1、E_2、E_3 点分别为 A-B、B-C、C-A 二元系的共晶点；E 点为三元系的共晶点，具有 E 点成分的合金在该温度下会发生三元共晶转变：$L_E \rightarrow$ A + B + C。

（2）线：$T_aE_1T_b$、$T_bE_2T_c$、$T_cE_3T_a$ 线分别是 A-B、B-C、C-A 二元系的液相线；$A_3E_1B_3$、$B_2E_2C_3$、$C_2E_3A_2$ 线分别是 A-B、B-C、C-A 二元系的固相线；E_1E、E_2E、E_3E 线分别是 A-B、B-C、C-A 二元系的共晶线，凡成分位于此线上的液相都要发生二元共晶转变。

E_1E 线：L→A + B

E_2E 线：L→B + C

E_3E 线：L→A + C

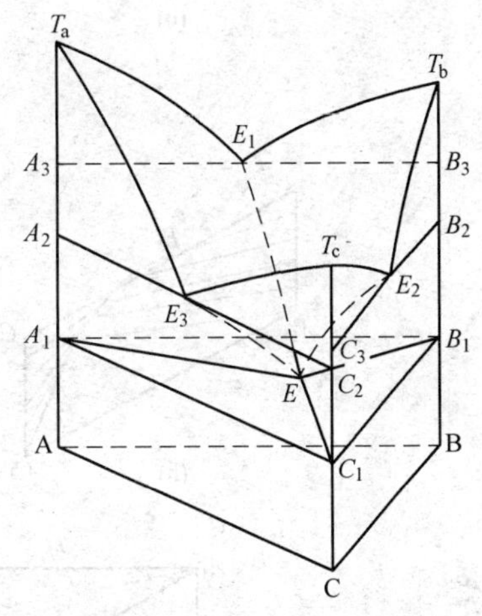

图 6.14 固态互不溶解的三元共晶相图

（3）面：$T_aE_1T_bE_2T_cE_3T_a$ 为液相面，其中 $T_aE_1EE_3T_a$ 面是 L→A 的开始凝固面，$T_bE_1EE_2T_b$ 面是 L→B 的开始凝固面，$T_cE_3EE_2T_c$ 面是 L→C 的开始凝固面。$\triangle A_1B_1C_1$ 面为固相面，也是三元共晶面，其中，$\triangle A_1B_1E$ 是发生 L→A + B 共晶转变的三相平衡区的底面，$\triangle B_1C_1E$ 是发生 L→B + C 共晶转变的三相平衡区的底面，$\triangle C_1A_1E$ 是发生 L→A + C 共晶转变的三相平衡区的底面。在液相面和固相面之间还有 6 个二元共晶曲面：$E_1EB_1B_3E_1$、$E_1EA_1A_3E_1$、$E_2EB_1B_2E_2$、$E_2EC_1C_3E_2$、$E_3EA_1A_2E_3$、$E_3EC_1C_2E_3$。

二元共晶曲面由许多水平线组成，一端连纵轴，另一端位于二元共晶线上。如 $T = T_{E_1}$ 时，L→A + B，随 T 的降低，E_1E 上的 L 均发生共晶转变：L→A + B，此时，三相平衡，$f = 1$。当 T 一定时，三相的成分一定，构成一个等温三角形。如：$T = T_n$ 时，三相 L、A、B 的成分分别为 E_n、A_n、B_n，$\triangle E_nA_nB_n$ 称为连接三角形，见图 6.15（c）。

（4）区：单相区有 1 个，在液相面 $T_aE_1T_bE_2T_cE_3T_a$ 面以上为 L 单相区。

两相区有 3 个，即 L + A、L + B、L + C。在液相面 $T_aE_1EE_3T_a$ 和两个二元共晶曲面 $E_1EA_1A_3E_1$、$E_3EA_1A_2E_3$ 之间为 L + A 两相区，在液相面 $T_bE_1EE_2T_b$ 和两个二元共晶曲面 $E_1EB_1B_3E_1$、$E_2EB_1B_2E_2$ 之间为 L + B 两相区，在液相面 $T_cE_3EE_2T_c$ 和两个二元共晶曲面 $E_2EC_1C_3E_2$、$E_3EC_1C_2E_3$ 之间为 L + C 两相区。

三相区有 4 个，即 L + A + B、L + B + C、L + A + C、A + B + C。由两个二元共晶曲面

$E_1EA_1A_3E_1$、$E_1EB_1B_3E_1$ 和一个三相平衡区的底面 A_1B_1E 构成 L + A + B 三相区，由两个二元共晶曲面 $E_2EB_1B_2E_2$、$E_2EC_1C_3E_2$ 和一个三相平衡区的底面 B_1C_1E 构成 L + B + C 三相区，由两个二元共晶曲面 $E_3EA_1A_2E_3$、$E_3EC_1C_2E_3$ 和一个三相平衡区的底面 C_1A_1E 构成 L + A + C 三相区，固相面 $A_1B_1C_1$ 和成分三角形 ABC 之间构成 A + B + C 三相区。

四相区有 1 个，即三元共晶面 $A_1B_1C_1$，在此面上有四相 L + A + B + C 共存。固态互不溶解的三元共晶相图的空间各相区如图 6.15 所示。

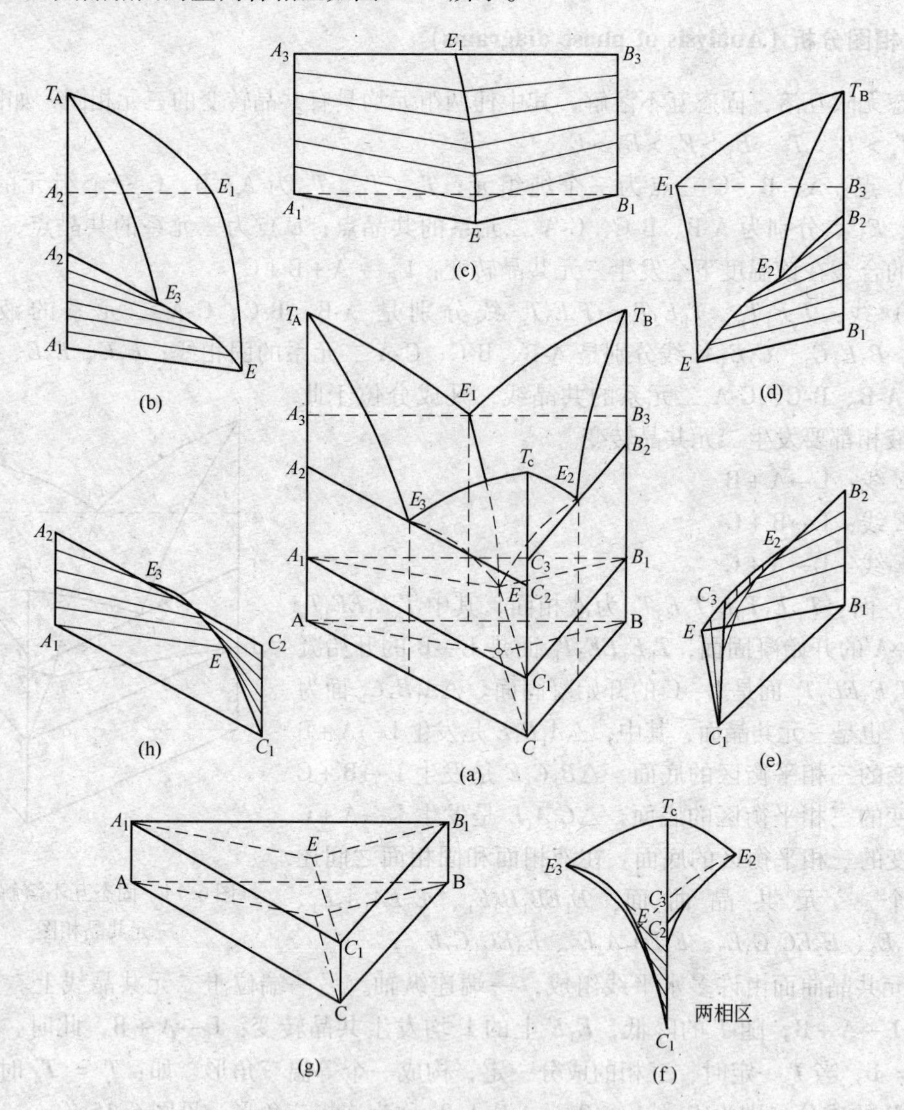

图 6.15 三元共晶相图及空间各相区

(a) 共晶型三元相图；(b) L + A 两相区；(c) L→A + B 三相区；(d) L + B 两相区；(e) L→B + C 三相区；(f) L + C 两相区；(g) $A_1B_1C_1$ 面为 L→A + B + C 四相区，$A_1B_1C_1$、ABC 两平面包围的空间为（A + B + C）三相区；(h) L→A + C 三相区

三元立体相图，虽较全面，但应用起来不方便，所以在实际中，多用平面图来表示，最常用的平面图就是投影图和截面图，下面分别进行讨论。

6.4.2 投影图（Projection drawing）

将三元立体图中的点、线、面、区垂直投影到成分三角形内，用它来表示在固态完全不固溶的三元相图，如图 6.16 所示。

（1）点：E_1、E_2、E_3 分别为 A-B、B-C、C-A 二元系共晶点的投影；E 点为三元系共晶点的投影。

（2）线：E_1E、E_2E、E_3E 线分别是 A-B、B-C、C-A 二元系共晶线的投影；AE、BE、CE 线分别是每两个二元共晶曲面在三元共晶面上交线的投影。

（3）面：E_1E、E_2E、E_3E 线把投影图划分成三个区域：AE_1EE_3A 、BE_1EE_2B、CE_2EE_3C，它们分别是三个液相面的投影；再加上 AE、BE、CE 线把投影图又划分成六个区域：AE_1EA、AE_3EA、BE_2EB、BE_1EB、CE_3EC、CE_2EC，它们分别是二元共晶曲面的投影；△ABC 是三元共晶面即固相面的投影。

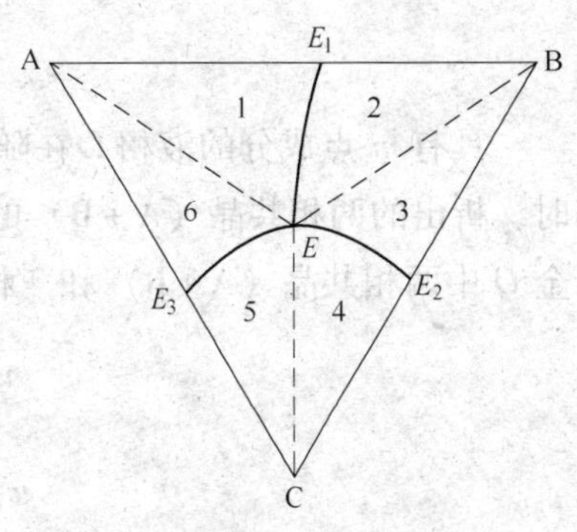

图 6.16 在固态完全不固溶的三元共晶相图投影

利用投影图可分析合金的凝固过程，不仅可以确定相变临界温度，还能确定平衡相的成分及质量分数。

以合金 O 为例，如图 6.17（a）所示，分析其凝固过程并判断其室温组织。合金 O 冷却到液相面 AE_1EE_3A 时，开始凝固出初晶 A，这时液相的成分等于合金的成分，两平衡相连接线的投影是 AO 线。继续冷却时，不断凝固出晶体 A，液相中 A 组元的含量不断减少，B、C 组元的含量不断增加，但液相中 B、C 组元的含量比不会发生变化，因此液相成分应沿 AO 连线的延长线变化。当合金冷却到二元共晶曲面 AE_1EA 时，液相的成分到达 E_1E 线上的 m 点，开始发生二元共晶转变 $L_m \rightarrow A + B$。此后温度继续下降时，不断凝固出（A + B），液相成分开始沿 mE 线变化，直到 E 点发生三元共晶转变 $L_E \rightarrow A + B + C$。在略低于 E 点温度凝固完毕，随后不再发生其他转变，如图 6.17（b）所示。合金 O 在室温时的平衡组织是初晶 A + 两相共晶（A + B）+ 三相共晶（A + B + C），如图 6.17（c）所示。

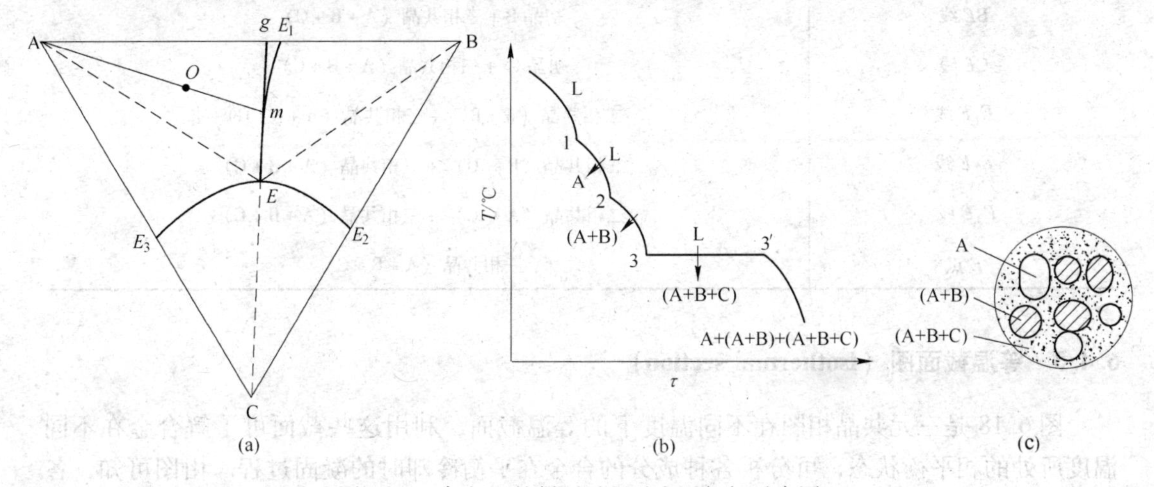

图 6.17 合金 O 的凝固过程及室温组织示意图

合金组织组成物的质量分数可利用直线法则和杠杆定律进行计算。如合金 O 刚要发生两相共晶转变时，液相的成分为 m，初晶 A 和液相 L_m 的质量分数分别为

$$w_A = \frac{Om}{Am} \times 100\%;$$

$$w_{Lm} = \frac{AO}{Am} \times 100\%$$

具有 m 点成分的液相 L 在随后的冷却过程中将沿着 mE 线变化，当液相成分到达 E 点时，析出的两相共晶（A＋B）的成分点应为 Em 连线的延长线与 AB 边的交点 g，此时合金 O 中两相共晶（A＋B）和三相共晶（A＋B＋C）的质量分数分别为

$$w_{(A+B)} = \frac{Em}{Eg} \times \frac{AO}{Am} \times 100\%$$

$$w_{(A+B+C)} = \frac{mg}{Eg} \times \frac{AO}{Am} \times 100\%$$

用同样的方法可分析各不同区域的合金的平衡冷却过程及室温组织。位于投影图 6.16 中各个区域的合金的室温组织列于表 6.1 中。

表 6.1 固态完全不溶、具有共晶转变的三元合金系中典型合金的室温组织

区 域	室 温 组 织
1	初晶 A＋二相共晶（A＋B）＋三相共晶（A＋B＋C）
2	初晶 B＋二相共晶（A＋B）＋三相共晶（A＋B＋C）
3	初晶 B＋二相共晶（B＋C）＋三相共晶（A＋B＋C）
4	初晶 C＋二相共晶（B＋C）＋三相共晶（A＋B＋C）
5	初晶 C＋二相共晶（A＋C）＋三相共晶（A＋B＋C）
6	初晶 A＋二相共晶（A＋C）＋三相共晶（A＋B＋C）
AE 线	初晶 A＋三相共晶（A＋B＋C）
BE 线	初晶 B＋三相共晶（A＋B＋C）
CE 线	初晶 C＋三相共晶（A＋B＋C）
E_1E 线	二相共晶（A＋B）＋三相共晶（A＋B＋C）
E_2E 线	二相共晶（B＋C）＋三相共晶（A＋B＋C）
E_3E 线	二相共晶（A＋C）＋三相共晶（A＋B＋C）
E 点	三相共晶（A＋B＋C）

6.4.3 等温截面图（Isothermal section）

图 6.18 是三元共晶相图在不同温度下的等温截面，利用这些截面可了解合金在不同温度所处的相平衡状态，可分析各种成分的合金在平衡冷却时的凝固过程。由图可知，各主要点的温度关系为：$T_C > T_A > T_B > T_{E_3} > T_{E_2} > T_{E_1} > T_E$。

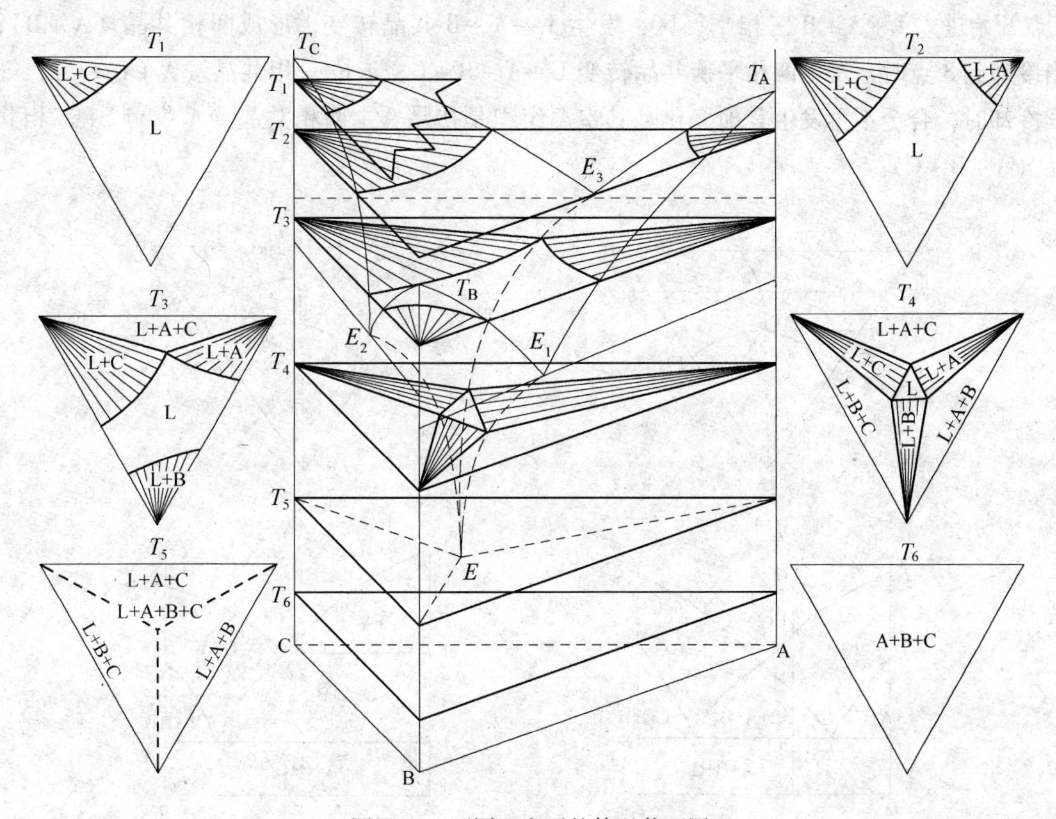

图 6.18 不同温度下的等温截面图

6.4.4 变温截面图（Temperature-change section）

如图 6.19（a）所示，fg 截面的成分轴与成分三角形的 AB 边平行，图 6.19（b）中的 f_3d 和 dg_3 线是截面与三元相图的液相面 AE_1EE_3A 和 BE_1EE_2B 的截线，是液相线；曲线 f_2h、hd、di、ig_2 分别是截面与三元相图的二元共晶曲面 AEE_3A、AEE_1A、BEE_1B、BEE_2B 的截线；f_1g_1 线是截面与三元共晶面的截线。mn 截面的成分轴与成分三角形的 AB 边平行且通过三元共晶点 E，图 6.19（c）中 m_3En_3 线是截面与两个液相面的截线，m_2En_2 线是截面与两个二元共晶曲面的截线，m_1n_1 线是截面与三元共晶面的截线。又如图 6.20（a）所示，Ab 截面的成分轴是过成分三角形顶点 A 的，图 6.20（b）中 A_3jb_3 线是截面与两个液相面的截线；A_2jkb_2 线是截面与三个二元共晶曲面的截线，其中 A_2j 是截面与二元共晶曲面 $E_1EA_1A_3E_1$ 的截线是固相 A 与液相 L 两平衡相的连接线，在垂直截面图中是水平线；A_1b_1 线是截面与三元共晶面的截线。Ap 截面的成分轴是过成分三角形顶点 A 且通过三元共晶点 E 的，图 6.20（c）中 A_2Ep_3 线是截面与两个液相面的截线，Ep_2 线是截面与二元共晶曲面的截线，A_1p_1 线是截面与三元共晶面的截线。

图 6.19 和图 6.20 是不同成分合金的变温截面图，利用变温截面可分析合金的平衡凝固过程，可确定其相变临界温度。如合金 O，当其冷却到 1 点时开始凝固出初晶 A，直到

2 点开始进入 L + A + B 三相平衡区，发生 L→A + B 共晶转变，形成两相共晶（A + B），当冷却到 3 点时，发生四相平衡共晶转变 L→A + B + C，形成三相共晶（A + B + C），继续冷却时，合金不再发生其他变化。其室温组织是初晶 A + 两相共晶（A + B）+ 三相共晶（A + B + C）。

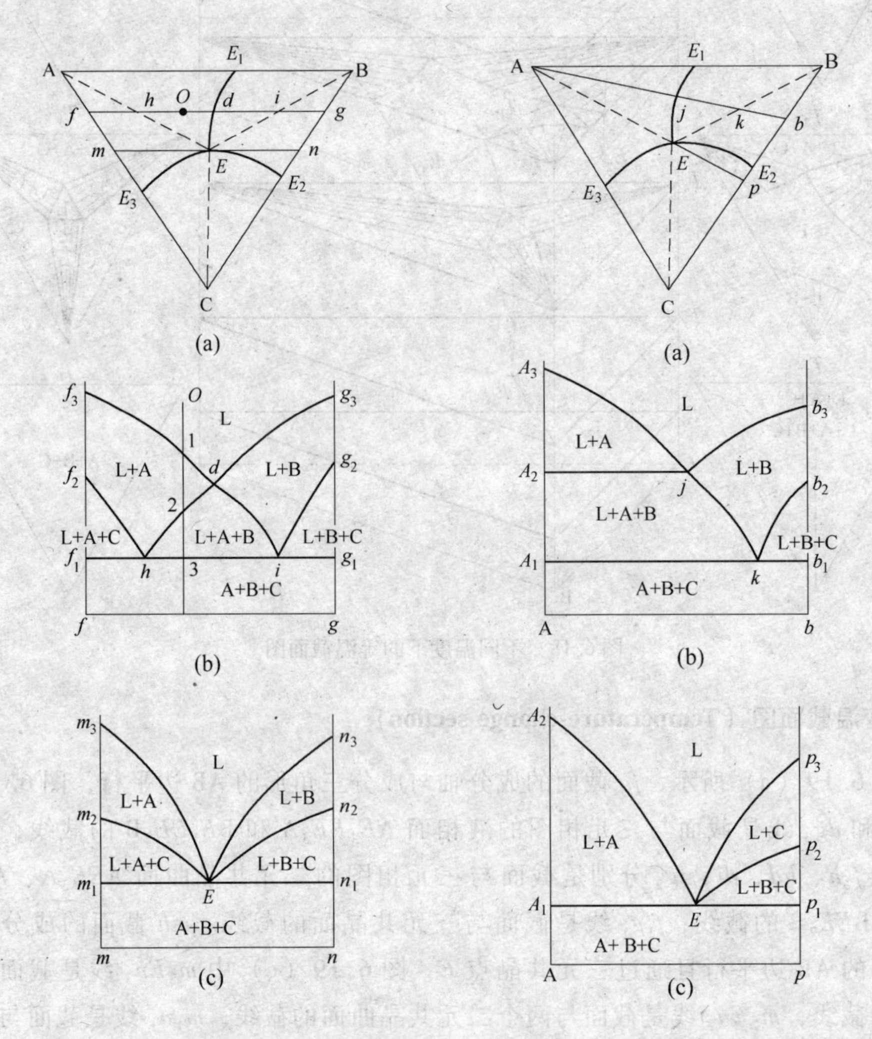

图 6.19　平行某一边的变温截面　　　　图 6.20　过某一顶点的变温截面

6.5　两个共晶型和一个匀晶型二元系构成的三元相图（Ternary phase diagrams constructed by two binary eutectic systems and one binary isomorphous system）

6.5.1　相图分析（Analysis of phase diagram）

图 6.21 是三个组元在液态完全互溶，两对组元组成二元共晶型，一对组元组成二元匀晶系所构成的三元相图立体图（$T_A > T_B > T_C > T_{E_1} > T_{E_2}$）。

（1）点：A、B、C 三点为三个纯组元，T_A、T_B、T_C 为 A、B、C 三个组元的熔点，E_1、E_2 点分别为 A-B、B-C 二元系的共晶点，a_1、b_1 点分别是 A-B 二元系中 α 相和 β 相的最大溶解度，a_2、b_2 点分别是 B-C 二元系中 α 相和 β 相的最大溶解度，c_1、d_1 点分别是 A-B 二元系在室温时 α 相和 β 相的溶解度，c_2、d_2 点分别是 B-C 二元系在室温时 α 相和 β 相的溶解度。α 是以 A 或 C 组元为溶剂的固溶体，β 是以 B 组元为溶剂的固溶体。

（2）线：$T_AE_1T_B$ 线是 A-B 二元系的液相线，$T_BE_2T_C$ 线是 B-C 二元系的液相线，T_CT_A 上凸线是 C-A 二元系的液相线；$T_Aa_1E_1b_1T_B$ 线是 A-B 二元系的固相线，其中，$a_1E_1b_1$ 线是 A-B 二元系的共晶线，L→α＋β；$T_Ca_2E_2b_2T_B$ 线是 B-C 二元系的固相线，其中，$a_2E_2b_2$ 线是 B-C 二元系的共晶线，L→α＋β；T_CT_A 下凹线是 C-A 二元系的固相线，L→α。

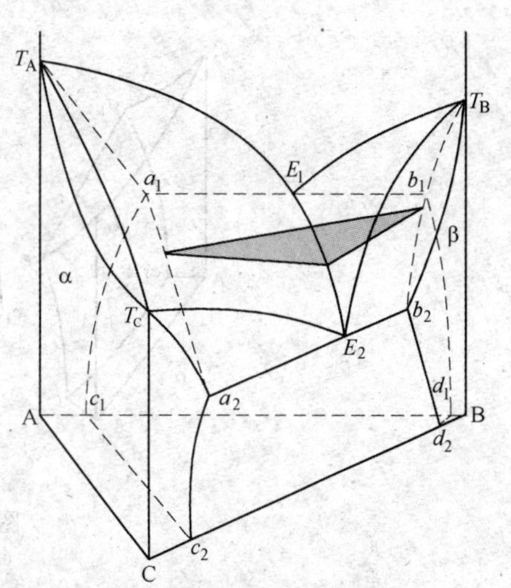

图 6.21　两个共晶型和一个匀晶型二元系构成的三元相图立体图

E_1E_2 线为共晶沟线，凡成分位于该线上的液相都会发生共晶三相平衡转变，L→α＋β，它也是三相平衡时液相的成分随温度的变化轨迹。

a_1a_2 线和 b_1b_2 线分别是 α 相和 β 相的成分随温度的变化轨迹；a_1c_1 线和 b_1d_1 线分别是 A-B 二元系中 α 相和 β 相的固溶度曲线，a_2c_2 线和 b_2d_2 线分别是 B-C 二元系中 α 相和 β 相的固溶度曲线；c_1c_2 线是 α 相在室温时的溶解度线，d_1d_2 线是 β 相在室温时的溶解度线。

（3）面：$T_AE_1T_BE_2T_CT_A$ 为液相面，其中，$T_AE_1E_2T_CT_A$ 面是 L→α 的开始面，$T_BE_1E_2T_B$ 面是 L→β 的开始面。$T_Aa_1b_1T_Bb_2a_2T_CT_A$ 面是固相面，其中，$T_Aa_1a_2T_CT_A$ 面是 L→α 的终止面，$T_Bb_1b_2T_B$ 面是 L→β 的终止面，$a_1b_1b_2a_2a_1$ 面是三相平衡共晶转变的终止面，当合金与该面相交时，L→α＋β 结束，液相消失。中间面 $a_1E_1E_2a_2a_1$ 面和 $b_1E_1E_2b_2b_1$ 面都是三相平衡共晶转变开始面，当合金与该面相交时，开始发生 L→α＋β 转变。

$c_1a_1a_2c_2c_1$ 面和 $d_1b_1b_2d_2d_1$ 面分别是 α 相和 β 相的溶解度曲面，冷却时合金遇到该面将从 α 相中析出次生相 β 或从 β 相中析出次生相 α。

（4）区：单相区有三个，即 L、α、β。在液相面 $T_AE_1T_BE_2T_CT_A$ 以上为 L 单相区，在固相面 $T_Aa_1a_2T_CT_A$ 以下和溶解度面 $c_1a_1a_2c_2c_1$ 以左为 α 单相区，在固相面 $T_Bb_1b_2T_B$ 以下和溶解度面 $d_1b_1b_2d_2d_1$ 以右为 β 单相区。

两相区有三个，即 L＋α、L＋β、α＋β。在液相面 $T_AE_1E_2T_CT_A$ 和固相面 $T_Aa_1a_2T_CT_A$ 之间，中间面 $a_1E_1E_2a_2a_1$ 以上为 L＋α 两相区；在液相面 $T_BE_1E_2T_B$ 和固相面 $T_Bb_1b_2T_B$ 之间，中间面 $b_1E_1E_2b_2b_1$ 以上为 L＋β 两相区；在固相面 $a_1b_1b_2a_2a_1$ 以下，溶解度曲面 $c_1a_1a_2c_2c_1$ 和 $d_1b_1b_2d_2d_1$ 之间为 α＋β 两相区。

三相区有一个，即 L＋α＋β。由两个三相平衡共晶转变开始面 $a_1E_1E_2a_2a_1$、$b_1E_1E_2b_2b_1$ 和一个三相平衡共晶转变终止面 $a_1b_1b_2a_2a_1$ 构成的一个两端封闭的在二元共晶线上的三棱柱体为 L＋α＋β 三相共存区，如图 6.22 所示。

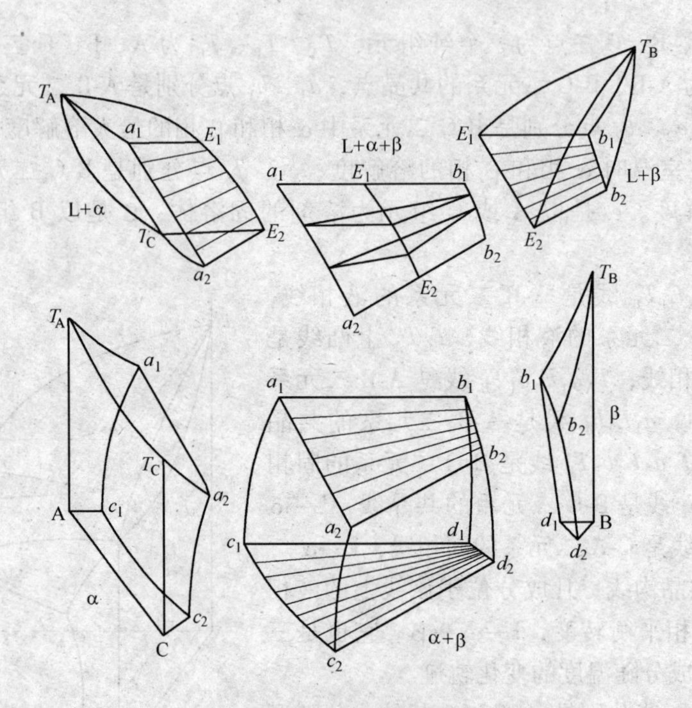

图 6.22　各相区示意图

6.5.2　投影图（Projection drawing）

由两个共晶型和一个匀晶型二元系构成的三元相图的投影图如图 6.23 所示，它是把三元立体图中的各点、线、面、区都投影到成分三角形中而得到的。图中，AE_1E_2CA 面为 α 相的液相面投影，BE_1E_2B 为 β 相的液相面投影，Aa_1a_2CA 面为 α 相的固相面投影，Bb_1b_2B 面为 β 相的固相面投影，$a_1E_1E_2a_2a_1$ 面和 $b_1E_1E_2b_2b_1$ 面分别为三相平衡共晶转变开始面的投影，$a_1a_2c_2c_1a_1$ 面和 $b_1d_1d_2b_2b_1$ 面分别为 α 相和 β 相的溶解度曲面的投影，$a_1b_1b_2a_2a_1$ 面为三相平衡共晶转变终止面的投影等。利用该投影图可分析三元合金系中各不同成分合金的平衡凝固过程。

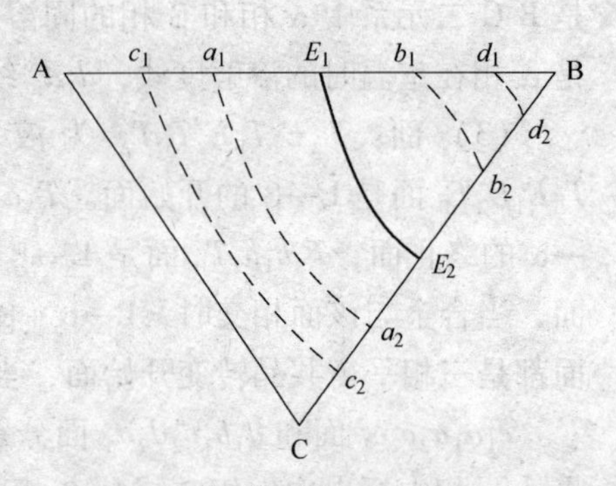

图 6.23　两个共晶型和一个匀晶型二元系构成的三元相图的投影图

6.5.3　变温截面图（Temperature-change section）

变温截面图一般是按成分三角形中的两条特性线作，见图 6.24 中 M-B 截面和 M-N 截面，它们的变温截面图如图 6.25 所示，图中三相平衡区的三角形，顶角朝上与 L 相区相连，底边朝下两角分别与 α、β 相区相连。

在 M-B 截面上所有合金含 A、C 组元的浓度比相同。利用该变温截面也可分析合金的凝固过程，如合金 O，当冷却到 t_1 温度时，开始从液相中凝固出初晶 α 相，随着温度的降低，α 相的质量分数不断增加，L 相的质量分数不断减少；当冷却到 t_2 温度时，发生三相平衡共

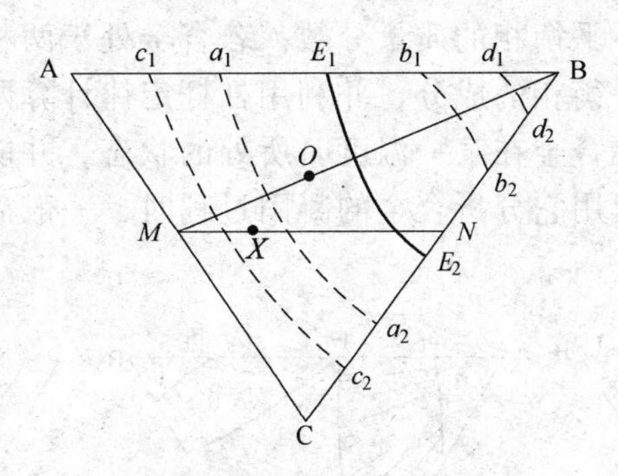

图 6.24 三元相图的投影图

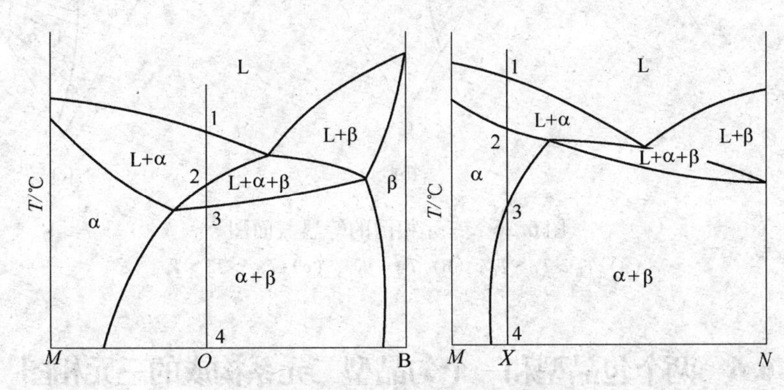

图 6.25 三元相图的变温截面图

晶转变 L→α + β 进入 L + α + β 三相区，继续冷却，L 相的质量分数不断减少，α + β 的质量分数不断增加；当冷却到 t_3 温度时，液相消失进入 α + β 两相区，这时组织为 $\alpha_{初}$ + （α + β）；继续冷却 α 相中会不断析出 $\beta_{\rm II}$，β 相中会不断析出 $\alpha_{\rm II}$；当冷却到 t_4 温度即室温时，合金 O 得到的组织组成物为 $\alpha_{初} + \beta_{\rm II}$ + （α + β），共晶体（α + β）中析出的二次相 $\alpha_{\rm II}$、$\beta_{\rm II}$，由于和共晶体（α + β）混合在一起，在显微镜下难以分辨，故可以不考虑。

在 M-N 截面上所有合金含 C 组元的量相同。利用该变温截面也可分析合金的凝固过程，如合金 X，当冷却到 t_1 温度时，开始凝固出初晶 α 相，随着温度的降低，α 相的质量分数不断增加，L 相的质量分数不断减少；当冷却到 t_2 温度时，L 全部转变成 α 相；当冷却到 t_3 温度时，α 相中析出次生相 $\beta_{\rm II}$，到室温时，合金 X 的组织组成物为 $\alpha + \beta_{\rm II}$。

由上述分析可知，利用变温截面图分析合金的凝固过程时，可确定合金的开始凝固温度和在什么温度开始发生什么转变，但不能反映合金凝固时成分的变化规律，不能用杠杆定律在变温截面图上计算各相的质量分数。

6.5.4 等温截面图（Isothermal section）

图 6.21 中各组元的熔点与二元共晶点的温度关系为：$T_{\rm A} > T_{\rm B} > T_{\rm C} > T_{E_1} > T_{E_2}$，当等温截面的温度分别为 T_1、T_2、T_3 时，它们的等温截面图如图 6.26 所示，图中共晶三相平衡区为倒立的直边三角形。

在某一温度时，若合金处于三相平衡，则可利用重心定律，根据连接三角形确定各平衡相的成分和计算各平衡相的质量分数；若合金处于两相平衡，则可利用直线法则，根据连接线确定两平衡相的成分，并利用杠杆定律计算两平衡相的质量分数。等温截面图的特点是能反映合金在某一温度时所处的状态，并能确定各平衡相的成分和计算它们的质量分数，但用它分析合金的凝固过程时，一般需要用一组不同温度的等温截面图。

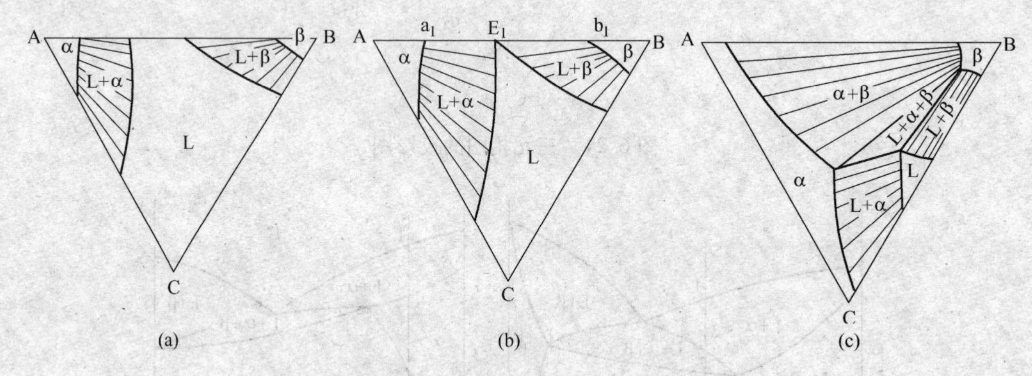

图 6.26　三元相图的等温截面图

（a）$T_B > T_1 > T_C$；（b）$T_2 = T_{E_1}$；（c）$T_{E_1} > T_3 > T_{E_2}$

6.6　两个包晶型和一个匀晶型二元系构成的三元相图 (Ternary phase diagrams constructed by two binary peritectic systems and one binary isomorphous system)

图 6.27 是三个组元在液态完全互溶，两对组元组成二元包晶系，一对组元组成二元匀晶系所构成的三元相图的立体图。

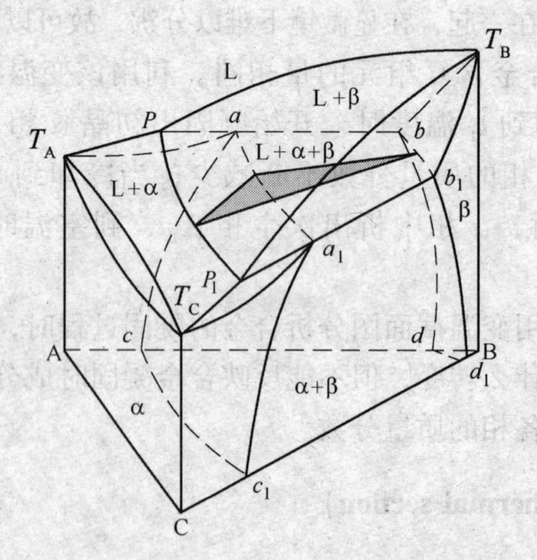

图 6.27　两个包晶型和一个匀晶型二元系构成的三元相图

三元相图中的包晶三相平衡区是由一个三相平衡包晶转变开始面 Pbb_1P_1P 和两个三相平衡包晶转变终止面 Paa_1P_1P 面和 abb_1a_1a 面构成的一个封闭的三棱柱体，如图 6.28（b）所示，它与共晶三相平衡区图 6.28（a）不同。

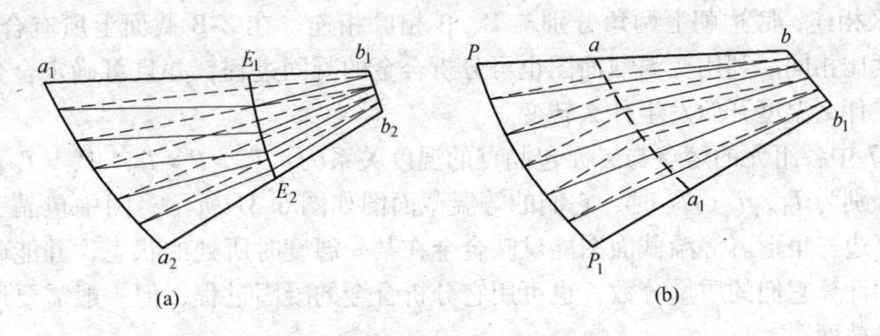

图 6.28　两种类型的三相平衡区

(a) 共晶三相平衡区；(b) 包晶三相平衡区

包晶三相平衡区是三棱柱的底边向上，一个顶角向下，即 L+β→α。具有包晶三相平衡的合金在冷却时，当遇到包晶转变开始面 Pbb_1P_1P 面时，由 L+β→α 进入三相平衡区；当合金遇到包晶转变终止面 Paa_1P_1P 面时，反应相中的 β 相先消失，有 L 剩余，故为 $L_{剩}+\alpha$；当合金遇到包晶转变终止面 abb_1a_1a 面时，反应相中的 L 相先消失，有 β 剩余，故为 $\alpha+\beta_{剩}$。

而共晶三相平衡区是三棱柱的底边向下，一个顶角向上，即 L→α+β。具有共晶三相平衡的合金在冷却时，当合金与 E_1E_2 线相交时，则发生二相共晶转变 L→α+β 进入三相平衡区；当遇到共晶转变终止面 $a_1b_1b_2a_2a_1$ 面时 L 消失，得到全部(α+β)组织；当合金冷却时与共晶转变开始面 $a_1E_1E_2a_2a_1$ 面相遇，它由 $\alpha_{初}$+L 构成，这时 L→(α+β)，$\alpha_{初}$ 不参加反应，当冷却到与共晶转变终止面 $a_1b_1b_2a_2a_1$ 面相遇时 L 消失，得到 $\alpha_{初}$+(α+β)；当合金冷却时与共晶转变开始面 $b_1E_1E_2b_2b_1$ 面相遇，它由 $\beta_{初}$+L 构成，这时 L→(α+β)，$\beta_{初}$ 不参加反应，当冷却到与共晶转变终止面 $a_1b_1b_2a_2a_1$ 面相遇时 L 消失，得到 $\beta_{初}$+(α+β)。

具有两个包晶型和一个匀晶型二元系构成的三元相图的投影图如图 6.29 所示。它是把该三元系合金的立体图上的各相界面的交线投影到成分三角形中得到的。由图可知，$T_APP_1T_CT_A$ 面为 α 相的液相面，$T_BPP_1T_B$ 面为 β 相的液相面，$T_Aaa_1T_CT_A$ 面为 α 相的固相面，$T_Bbb_1T_B$ 面为 β 相的固相面，$aa_1b_1ba_1$ 面为(α+β)的固相面等。由投影图也能分析三元合金系中各不同成分合金的平衡凝固过程。

图 6.29 中 Z-B 截面的变温截面图如图 6.30 所示，图中三相平衡区的三角形，顶角朝

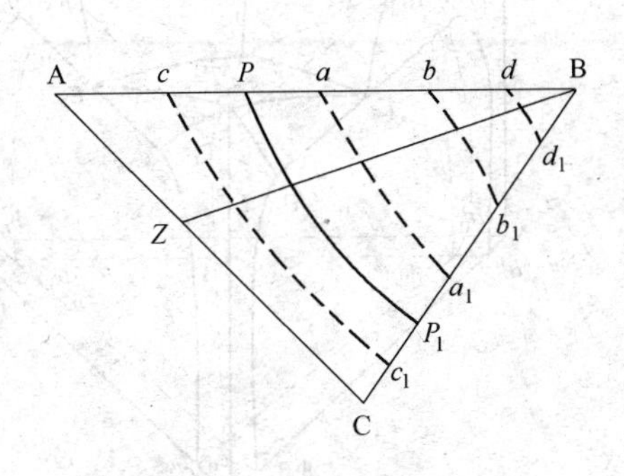

图 6.29　具有包晶三相平衡相图的投影图

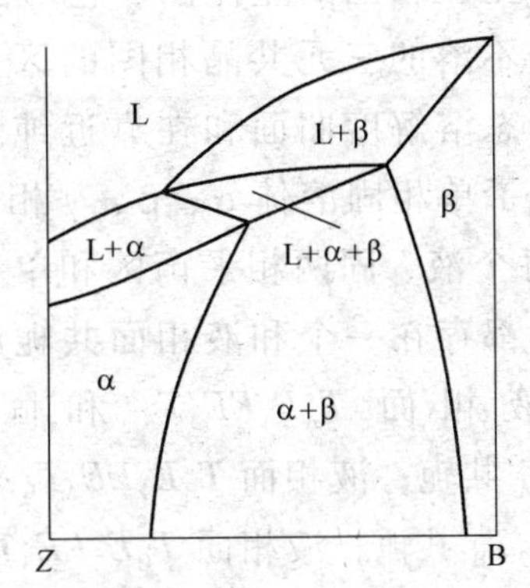

图 6.30　具有包晶三相平衡相图的垂直截面图

下与 α 相区相连，底边朝上两角分别与 L、β 相区相连。在 Z-B 截面上所有合金含 A、C 组元的浓度比相同。利用变温截面图也可分析合金的凝固过程，并且可确定合金的开始凝固温度和在什么温度开始发生什么转变。

图 6.27 中各组元的熔点与二元包晶点的温度关系为：$T_B > P > T_A > P_1 > T_C$，当等温截面的温度分别为 T_1、T_2、T_3 时，它们的等温截面图如图 6.31 所示，图中包晶三相平衡区为正立的直边三角形。等温截面图能反映合金在某一温度时所处的状态，并能确定各平衡相的成分和计算它们的质量分数，也可用它分析合金的凝固过程，但一般需要用一组不同温度的等温截面图。

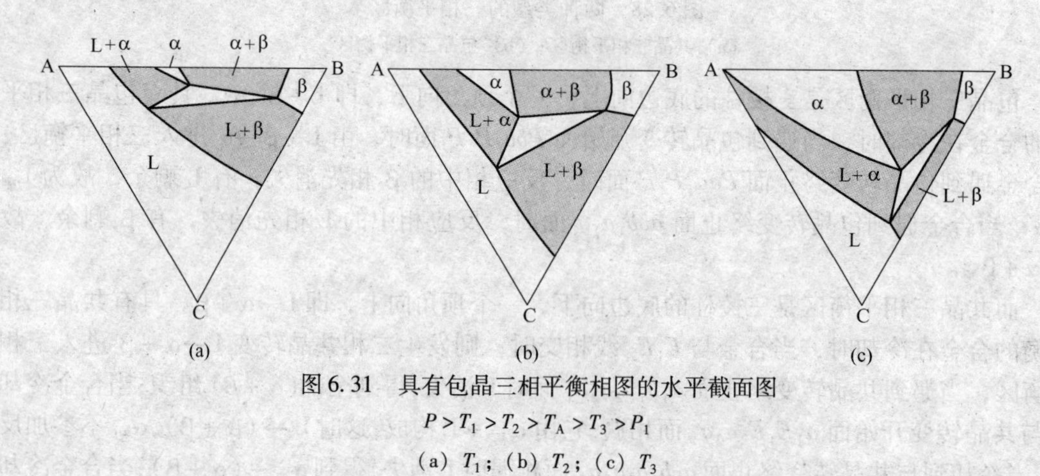

图 6.31　具有包晶三相平衡相图的水平截面图

$P > T_1 > T_2 > T_A > T_3 > P_1$

(a) T_1；(b) T_2；(c) T_3

6.7　固态有限互溶的三元共晶相图

(Ternary eutectic phase diagrams for limited solid solution)

6.7.1　相图分析 (Analysis of phase diagram)

图 6.32 是三个组元在液态无限互溶，在固态有限互溶，两两都组成二元共晶系所构成的三元相图的立体图。它与图 6.14 固态完全不溶的三元共晶相图的区别在于增加了固态溶解度曲面和在靠近纯组元的地方出现了单相固溶体 α、β、γ 相区。图 6.32 中每个液、固两相平衡区和单相固溶体区之间都存在一个和液相面共轭的固相面，即液相面 $T_AE_1EE_3T_A$ 和固相面 $T_Aa_1aa_2T_A$ 共轭；液相面 $T_BE_1EE_2T_B$ 和固相面 $T_Bb_1bb_2T_B$ 共轭；液相面 $T_CE_2EE_3T_C$ 和固相面 $T_Cc_1cc_2T_C$ 共轭。

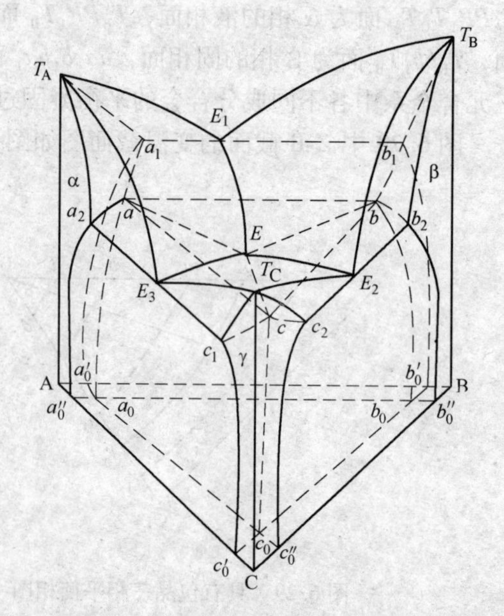

图 6.32　组元在固态有限溶解的三元共晶相图

与图 6.14 固态完全不溶的三元共晶相图

类似，3 个发生两相共晶转变的三相平衡区，分别以 6 个过渡面为界与液、固两相区相邻，并且在 T_E 温度汇聚于三相共晶水平面 abc，即成分为 E 的液相发生四相平衡的共晶转变。

$$\left.\begin{array}{l} L_{E_1\sim E}\rightarrow\alpha_{a_1\sim a}+\beta_{b_1\sim b} \\ L_{E_2\sim E}\rightarrow\beta_{b_2\sim b}+\gamma_{c_2\sim c} \\ L_{E_3\sim E}\rightarrow\alpha_{a_2\sim a}+\gamma_{c_1\sim c} \end{array}\right\} L_E\rightarrow\alpha_a+\beta_b+\gamma_c$$

四相平衡平面 abc 下面的不规则三棱柱体是 α、β、γ 三相平衡区，室温时这三相的连接三角形为 $a_0b_0c_0$。

每两个固溶体单相区之间的固态两相区，分别由一对共轭的溶解度曲面所包围，即 α + β 两相区为 $a_1aa_0a_0'a_1$ 和 $b_1bb_0b_0'b_1$ 面；β + γ 两相区为 $b_2bb_0b_0''b_2$ 和 $c_2cc_0c_0''c_2$ 面；γ + α 两相区为 $c_1cc_0c_0'c_1$ 和 $a_2aa_0a_0''a_2$ 面。

对组元在固态有限溶解的三元共晶相图中主要存在 5 种相界面，即 3 个液相面，6 个两相共晶转变起始面，3 个单相固相面和 3 个两相共晶终止面，1 个四相平衡共晶面和 3 对共轭的固溶度曲面。它们把相图划分成 6 块区域，即液相区，3 个单相固溶体区，3 个液、固两相平衡区，3 个固态两相平衡区，3 个发生两相共晶转变的三相平衡区和 1 个固态三相平衡区。图 6.33 给出组元在固态有限溶解的三元共晶相图中固态两相平衡区和三相平衡区的形状。

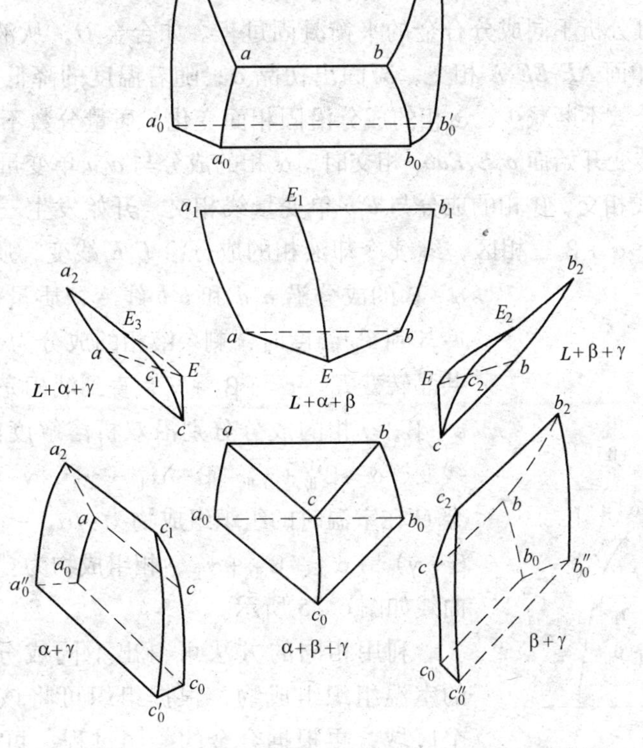

图 6.33 三元共晶相图的固态两相平衡区和三相平衡区

6.7.2　投影图（Projection drawing）

图 6.34 为三元共晶相图的投影图。从图中可以看出，3 条共晶转变线的投影 E_1E、E_2E 和 E_3E 把浓度三角形划分成 3 个区域 AE_1EE_3A、BE_1EE_2B 和 CE_2EE_3C，这是 3 个液相面的投影。在液相面以下分别析出初晶 α、β 和 γ 相。与液相面共轭的三个固相面的投影分别是 Aa_1aa_2A、Bb_1bb_2B 和 Cc_1cc_2C。固相面以下靠近纯组元 A、B、C 的不规则区是 α、β 和 γ 的单相区。

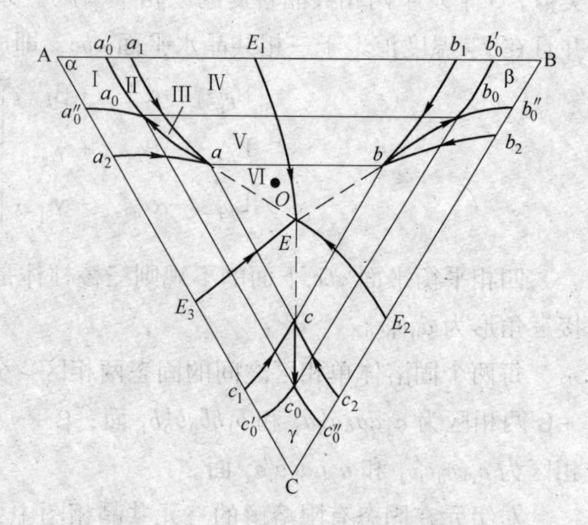

图 6.34　三元共晶相图的投影图

三个发生共晶转变的三相平衡区在投影图上相当于棱边的三条单变量线的投影，即 L + α + β 三相平衡区中相应的单变量线为 E_1E（L）、a_1a（α）和 b_1b（β）；L + β + γ 三相平衡区中相应的单变量线为 E_2E（L）、b_2b（β）和 c_2c（γ）；L + γ + α 三相平衡区中相应的单变量线为 E_3E（L）、c_1c（γ）和 a_2a（α）。这 3 个三相平衡区分别起始于二元系的共晶转变线 a_1b_1、b_2c_2 和 c_1a_2，终止于四相平衡面上的连接三角形 aEb、bEc 和 cEa。

投影图中间的三角形 abc 是四相平衡共晶面，具有 E 点成分的液相在 T_E 温度下会发生四相平衡共晶转变，形成 α + β + γ 的三相平衡区。

利用投影图可分析不同成分合金的平衡凝固过程。如合金 O，从液态 L 开始冷却时，首先与 α 相的液相面 AE_1EE_3A 相交，凝固出初晶 α；随着温度的降低，液相的成分沿液相面变化，质量分数不断减少，α 相的成分沿固相面变化，质量分数不断增加；当冷却到与三相平衡共晶转变开始面 $a_1E_1Eaa_1$ 相交时，α 相的成分与 a_1a 单变量线相交，液相的成分与 E_1E 单变量线相交，β 相的成分与 b_1b 单变量线相交，开始发生三相平衡共晶转变 L → α + β，进入 L + α + β 三相区，继续冷却液相的成分沿 E_1E 线变，质量分数不断减少，α + β 的成分沿 a_1a 和 b_1b 线变，质量分数不断增加；当冷却到 T_E 温度时，剩余液相的成分为 L_E，发生四相平衡共晶转变 $L_E \rightarrow \alpha_a + \beta_b + \gamma_c$，直到液相完全消失；继续冷却 α、β、γ 相的成分分别沿双析溶解度曲线 aa_0、bb_0、cc_0 线变，$\alpha \rightarrow \beta_{II} + \gamma_{II}$、$\beta \rightarrow \alpha_{II} + \gamma_{II}$、$\gamma \rightarrow \alpha_{II} + \beta_{II}$。因此合金 O 在室温时的组织组成物为：$\alpha_{初}$ +（α + β）+（α + β + γ）+ $\alpha_{II} + \beta_{II} + \gamma_{II}$，相组成物为：α + β + γ，其冷却曲线如图 6.35 所示。

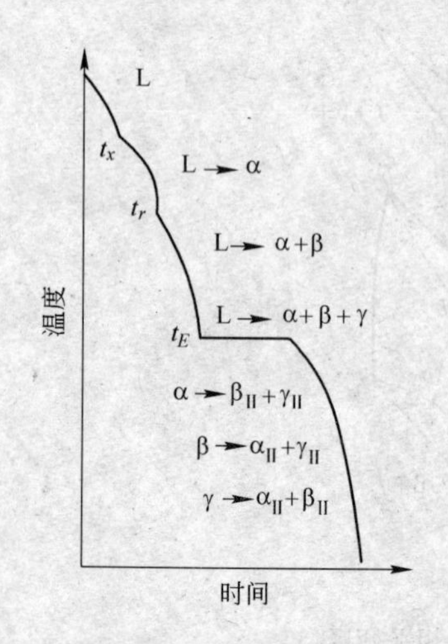

图 6.35　合金 O 的冷却曲线

利用相同的方法可得出不同成分合金平衡凝固后的室温组织组成物，根据组织可将该合金系划分为 33 个区域，再根据合金的凝固过程，可将 33 个区域的合金归为 6 类，如图 6.34 所示。这 6 类合金的室温组织

组成物分别为 Ⅰ——$\alpha_{初}$；Ⅱ——$\alpha_{初}+\beta_{Ⅱ}$；Ⅲ——$\alpha_{初}+\beta_{Ⅱ}+\gamma_{Ⅱ}$；Ⅳ——$\alpha_{初}+(\alpha+\beta)+\alpha_{Ⅱ}+\beta_{Ⅱ}$；Ⅴ——$\alpha_{初}+(\alpha+\beta)+\alpha_{Ⅱ}+\beta_{Ⅱ}+\gamma_{Ⅱ}$；Ⅵ——$\alpha_{初}+(\alpha+\beta)+(\alpha+\beta+\gamma)+\alpha_{Ⅱ}+\beta_{Ⅱ}+\gamma_{Ⅱ}$。其他区域的合金只是它们的初生相、三相平衡共晶转变的生成物及它们的次生相和成分变化面不同而已。另外还应该了解与各线相交的特殊成分合金的凝固过程。

6.7.3 变温截面图（Temperature-change section）

变温截面图一般是按成分三角形中的两条特性线作，图 6.36 是按平行于 AB 边所作截面的投影图，图中 *X-Y* 截面、*V-W* 截面和 *Q-R* 截面的变温截面图如图 6.37 所示。由图 6.37（b）可知，凡截到四相平衡共晶平面时，在垂直截面中都形成水平线和顶点朝上的曲边三角形，呈现出共晶型四相平衡区和三相平衡区的典型特性。利用 *V-W* 垂直截面可分析合金 *P* 的凝固过程，从 1 点开始凝固出初晶 α，至 2 点开始进入三相区，发生 $L\rightarrow\alpha+\gamma$ 转变，冷至 3 点凝固终止，3 到 4 点之间处在 $\alpha+\gamma$ 两相区，无相变发生，在 4 点以下，由于溶解度变化而析出 β 相进入三相区。室温组织为 $\alpha_{初}+(\alpha+\gamma)+\beta_{Ⅱ}$。显然，在只需确定相变临界温度时，用垂直截面图比投影图更简便。

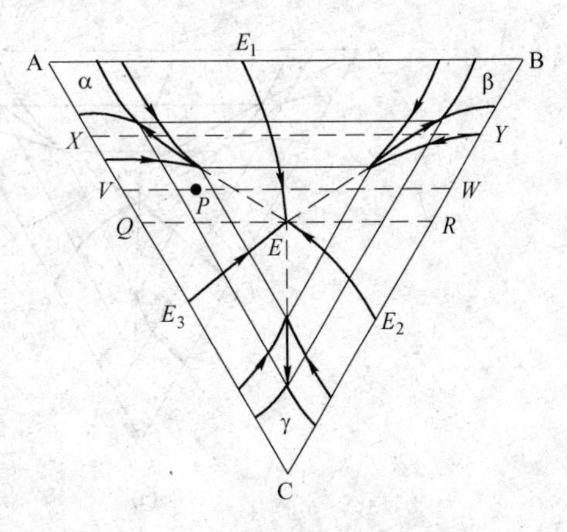

图 6.36 三元共晶相图的投影图

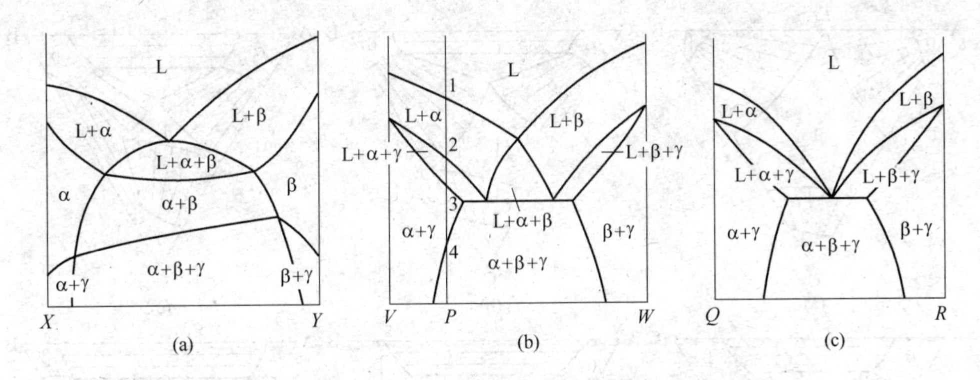

图 6.37 三元共晶相图的变温截面图

（a）*X-Y* 截面；（b）*V-W* 截面；（c）*Q-R* 截面

图 6.38 是通过 A 点所作截面的投影图及 A-*Z* 截面的变温截面图。由该图可以看出，在垂直截面图中，三相区不一定为三角形，并且不一定任何水平线都是四相平衡区。

6.7.4 等温截面图（Isothermal section）

图 6.32 三元共晶相图中各组元的熔点与二元共晶点的温度关系是：$T_B > T_A > T_C$

$>T_{E_1}>T_{E_2}>T_{E_3}>T_E$。不同温度下的等温截面图如图6.39所示，由于等温截面图反映的是在一定温度时，各合金所具有的平衡相，所以可根据直线法则和重心定律，来确定合金在两相平衡和三相平衡时的成分，并能利用杠杆定律计算它们的质量分数，而且用一组等温截面图可分析各合金的凝固过程。由等温截面温度 $T>T_E$、$T=T_E$ 和 $T<T_E$ 的三张等温截面图可以看出，在四相平衡共晶转变温度以上，有 L+α+β、L+β+γ 和 L+γ+α 三个三相平衡区，在四相平衡共晶转变温度以下，有 α+β+γ 一个三相平衡区。

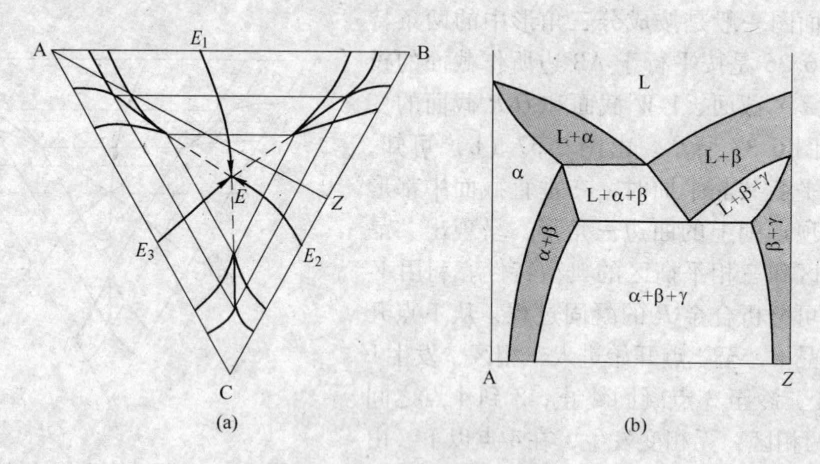

图6.38　三元共晶相图的变温截面图

（a）垂直截面在投影图中的位置；（b）*A-Z* 垂直截面

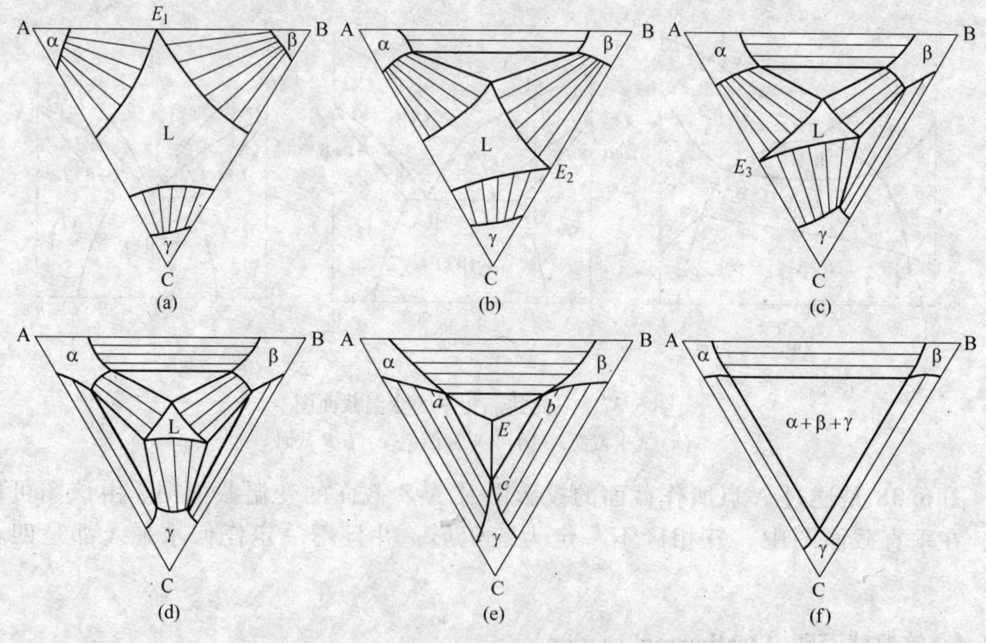

图6.39　三元共晶相图的等温截面图

（a）$T=T_{E_1}$；（b）$T=T_{E_2}$；（c）$T=T_{E_3}$；（d）$T_{E_3}>T>T_E$；（e）$T=T_E$；（f）$T<T_E$

6.8 三元相图应用举例（Examples of ternary phase diagrams）

（1）Fe-C-Si 三元系垂直截面图。

图3.40 是含2.4% Si 的 Fe-C-Si 三元系且平行于浓度三角形 Fe-C 边的垂直截面图，是研究灰口铸铁组元含量与组织变化规律的重要依据。图中有 4 个单相区：液相 L、铁素体 α、高温铁素体 δ 和奥氏体 γ，7 个两相区和 3 个三相区。

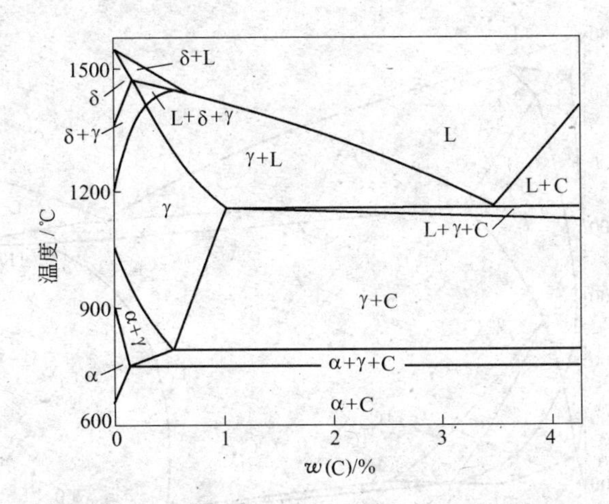

图6.40 含2.4% Si 的 Fe-C-Si 三元系垂直截面图

该图与铁碳二元相图有些相似，只是包晶转变（L+δ→γ）、共晶转变（L→γ+C）和共析转变（γ→α+C）的三相平衡区不是水平直线，而是由几条界线限定的相区。

（2）Fe-Cr-C 三元系垂直截面图。

图6.41 是含13% Cr 的 Fe-Cr-C 三元系垂直截面图，是研究 Cr13 型不锈钢和 Cr12 型高碳高铬模具钢的组织与温度关系的重要依据。图中有 4 个单相区、8 个两相区和 8 个三相区之外，还有 3 条四相平衡的水平线。由于 Cr 的加入使该图变得较复杂，它的包晶点、共晶点、共析点和奥氏体的最大溶碳量点都发生了较大的移动，当 w（C）>0.8% 后钢中便会出现莱氏体（$\gamma+C_1$），而且钢中碳化物类型也增多。图中 C_1 为（Cr，Fe）$_7C_3$ 的碳化物，C_2 为（Cr，Fe）$_{23}C_6$ 的碳化物，C_3 为（Fe，Cr）$_3$C 的合金渗碳体。

4 个单相区是液相 L、铁素体 α、高温铁素体 δ 和奥氏体 γ，各个两相平衡区、三相平衡区和四相平衡区内所发生的转变列于表6.2 中。

表6.2 各相区合金冷却时发生的转变

两相平衡区	三相平衡区	四相平衡区
L→α	L+α→γ	$L+C_1 \xrightarrow{1175℃} \gamma+C_3$
L→γ	$L\to\gamma+C_1$	
$L\to C_1$	$\gamma\to\alpha+C_2$	
α→γ	$\gamma+C_1\to C_2$	$\gamma+C_2 \xrightarrow{795℃} \alpha+C_1$
$\gamma\to C_1$	$\gamma\to\alpha+C_1$	

续表 6.2

两相平衡区	三相平衡区	四相平衡区
$\gamma \rightarrow C_2$	$\gamma + C_1 \rightarrow C_3$	$\gamma + C_1 \xrightarrow{760℃} \alpha + C_3$
$\alpha \rightarrow C_2$	$\alpha + C_1 + C_2$	
$\alpha \rightarrow C_1$	$\alpha + C_1 + C_3$	

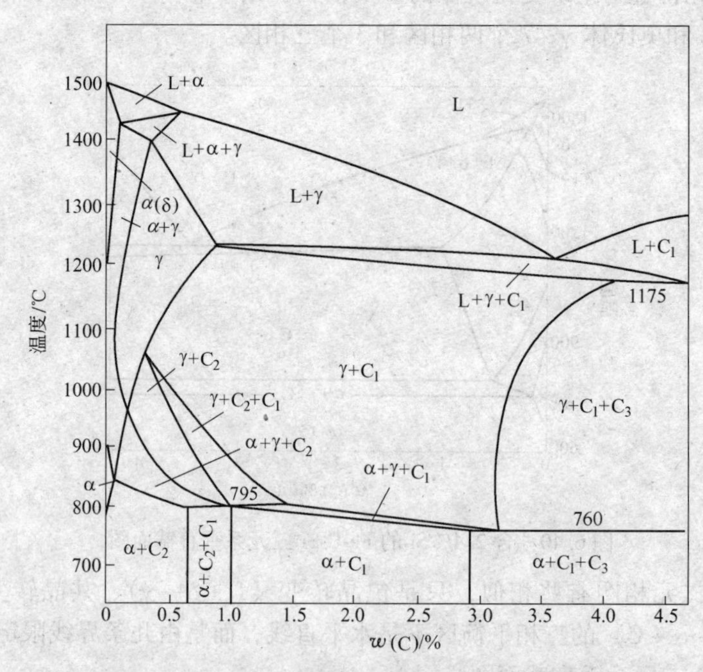

图 6.41　含 13% Cr 的 Fe-Cr-C 三元系垂直截面图

（3）Fe-C-N 三元系水平截面图。

图 6.42 是 565℃时 Fe-C-N 三元系水平截面图，是了解碳钢在该温度渗氮时，工件表面到内部各层相组成物的重要依据。图中有 6 个单相区，分别是铁素体 α、奥氏体 γ、渗碳体 C、ε［$Fe_{2\text{-}3}$（C，N）］相、γ′［Fe_4（C，N）］相和 χ 碳化物相；还存在一个三角形区域，它与四个单相区接触，3 个顶角分别与 α、C 和 γ′接触，而三角形内一点与 γ 接触，并且该三角形为直边三角形，它有 6 个两相平衡连接线，分别为该三角形的三条边和 γ 与 α、γ 与 C、γ 与 γ′；该三角形水平面为四相平衡共析转变 γ→α + C + γ′；若在 565℃对 45 号钢进行长时间渗氮，则由图中 w（C）=0.45% 的水平虚线可知，工件表层到内部的相组成物依次为 ε、γ′ + ε、γ′ + C、α + C。

（4）Al-Cu-Mg 三元系投影图。

图 6.43 是 Al-Cu-Mg 三元系富 Al 部分的液相面投影图，由于它带有液相面等温线（细实线），所以可用它确定合金的开始凝固温度、初生相，并可根据液相面交线（粗实线）的走向判断发生的四相平衡转变类型。如 E_T 点液相面交线走向为三进，则发生四相平衡共晶转变 L→α + θ + S；P_1 点为二进一出，则发生四相平衡包共晶转变 L + Q→S + T；P_2 点也为二进一出，则也发生四相平衡包共晶转变 L + S→α + T；而 E_V 点也是三进，则

也发生四相平衡共晶转变 L→α + β + T。图中各液相面处初生相的含义是，α-Al 代表以 Al 为溶剂的固溶体，β 代表 Mg_2Al_3，γ 代表 $Mg_{17}Al_{12}$，θ 代表 $CuAl_2$，Q 代表 $Cu_3Mg_6Al_7$，S 代表 $CuMgAl_2$，T 代表 Mg_{32}（Al，Cu）$_{49}$。

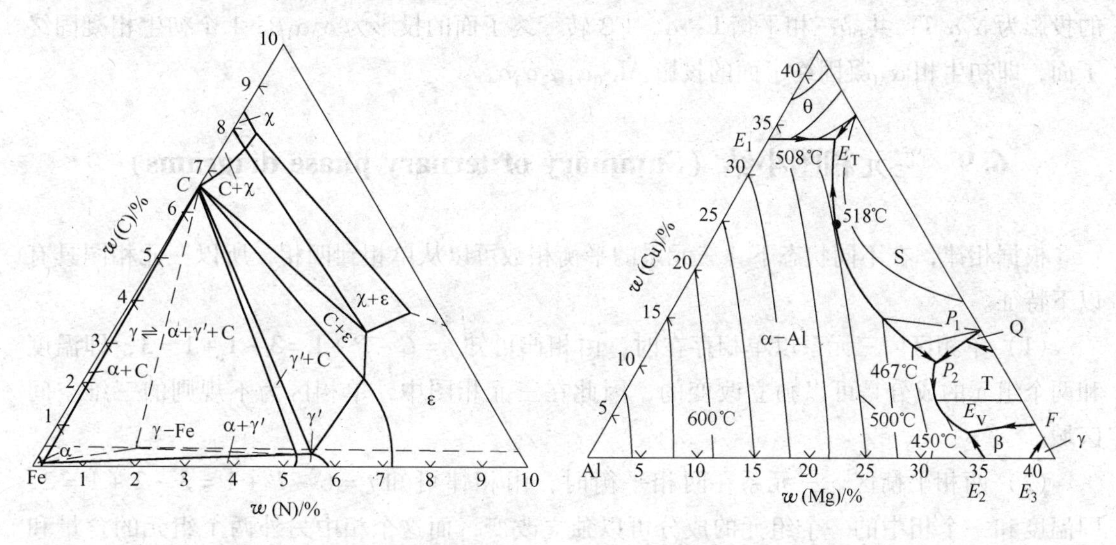

图 6.42 565℃的 Fe-C-N 三元系水平截面图　　图 6.43 Al-Cu-Mg 三元系富 Al 部分的液相面投影图

图 6.44 是 Al-Cu-Mg 三元系富 Al 部分的固相面投影图，图中有 7 个四相平衡水平面，四边形 $P_{13}SUV$ 为包共晶四相平衡转变 L + U→S + V 的投影面，其中三角形 SUV 为固相面；四边形 $P_{12}SV\theta$ 为包共晶四相平衡转变 L + V→S + θ 的投影面，其中三角形 $S\theta V$ 为固相面；三角形 $P_{13}QU$ 为包晶四相平衡转变 L + U + Q→S，其中三角 QUS 为固相面；四边形 P_2TQS 为包共晶四相平衡转变 L + Q→S + T，其中三角形 TQS 为固相面；三角形 $\alpha_3S\theta$ 为共晶四相平衡转变 L→α_{Al} + S + θ 的投影；四边形 $P_1TS\alpha_2$ 为包共晶四相平衡转变 L + S→α_{Al} + T，其

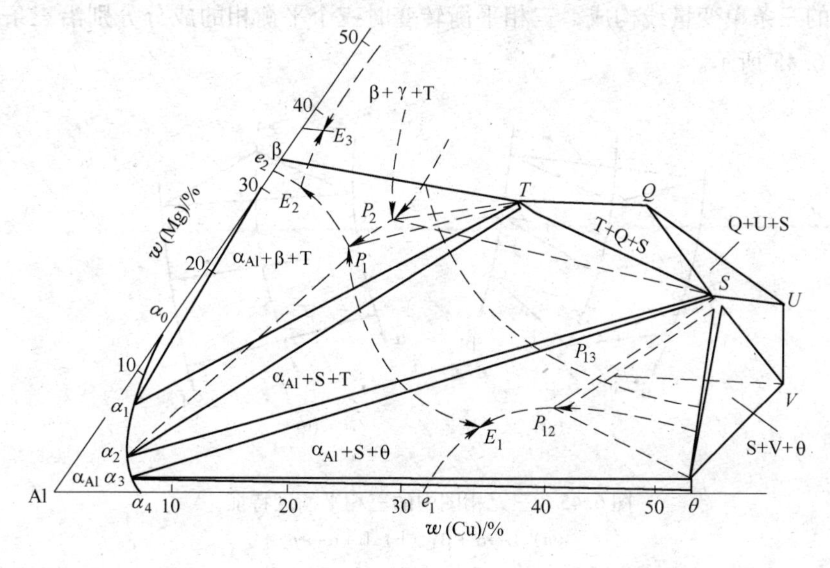

图 6.44 Al-Cu-Mg 三元系富 Al 部分的固相面投影图

中三角形 $\alpha_2 TS$ 为固相面；三角形 $\alpha_1 T\beta$ 为共晶四相平衡转变 $L \to \alpha_{Al} + \beta + T$ 的投影。有4个三相平衡转变终了面，分别是共晶三相平衡 $L \to \alpha_{Al} + \theta$ 转变终了面的投影为 $\alpha_3\alpha_4\theta$；共晶三相平衡 $L \to \alpha_{Al} + S$ 转变终了面的投影为 $\alpha_2\alpha_3 S$；共晶三相平衡 $L \to \alpha_{Al} + T$ 转变终了面的投影为 $\alpha_1\alpha_2 T$；共晶三相平衡 $L \to \alpha_{Al} + \beta$ 转变终了面的投影为 $\alpha_0\alpha_1\beta$。1个初生相凝固终了面，即初生相 α_{Al}凝固终了面的投影 $Al\alpha_0\alpha_1\alpha_2\alpha_3\alpha_4$。

6.9 三元相图小结（Summary of ternary phase diagrams）

根据相律，在不同状态下，三元系的平衡相数可以从单相到四相，所以三元相图具有以下特征。

（1）单相区。三元系以单相存在时，由相律可知 $f = C - P + 1 = 3 - 1 + 1 = 3$，即温度和两个组元的成分是可以独立改变的，因此在三元相图中，单相区为不规则的三维空间区域。

（2）两相平衡区。三元系在两相平衡时，由相律可知 $f = C - P + 1 = 3 - 2 + 1 = 2$，即温度和一个相中的一个组元的成分可以独立改变，而这个相中另外两个组元的含量和另一相的成分不能独立改变，因此，在三元相图中，两相区也为不规则的三维空间区域。它常以一对共轭曲面与单相区相隔，与三相区的界面为两平衡相连接线组成的直纹面。

（3）三相平衡区。三元系中出现三相平衡时，由相律可知 $f = C - P + 1 = 3 - 3 + 1 = 1$，即温度和各平衡相成分只有一个可以独立改变，当温度一定时，三个平衡相的成分也随之而定，因此，在三元相图中，三相平衡区也是一个三维空间区域，多为不规则的三棱柱。

三元系中的三相平衡转变主要有共晶型和包晶型两类，它们的三相平衡区都由参加反应的三个相的三条单变量线构成，三相平衡转变时三个平衡相的成分分别沿三条单变量线变化，如图6.45所示。

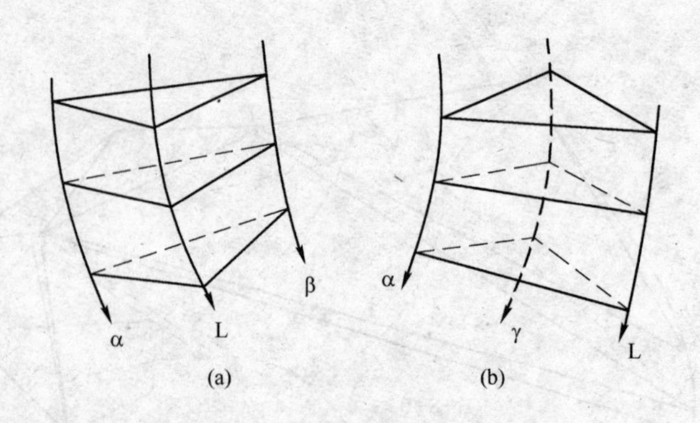

图6.45 三元相图中的三相平衡区特征

（a）$L \to \alpha + \beta$；（b）$L + \alpha \to \gamma$

（4）四相平衡区。三元系在四相平衡时，由相律可知 $f = C - P + 1 = 3 - 4 + 1 = 0$，即温度和四个平衡相的成分都是恒定不变的，因此，它只能是一定温度时的一个水平面。

三元系中的四相平衡转变主要有共晶型、包共晶型和包晶型三类，共晶型和包晶型四相平衡面为三角形水平面，包共晶型四相平衡面为四边形水平面。每个四相平衡面与十二条单变量线相连，每三条单变量线围成一个三相平衡区，因此一个四相平衡面都与四个三相平衡区以面接触，与六个两相平衡区以线接触，与四个单相区以点接触，如图 6.46 所示。这三种四相平衡转变的重要特征见表 6.3。

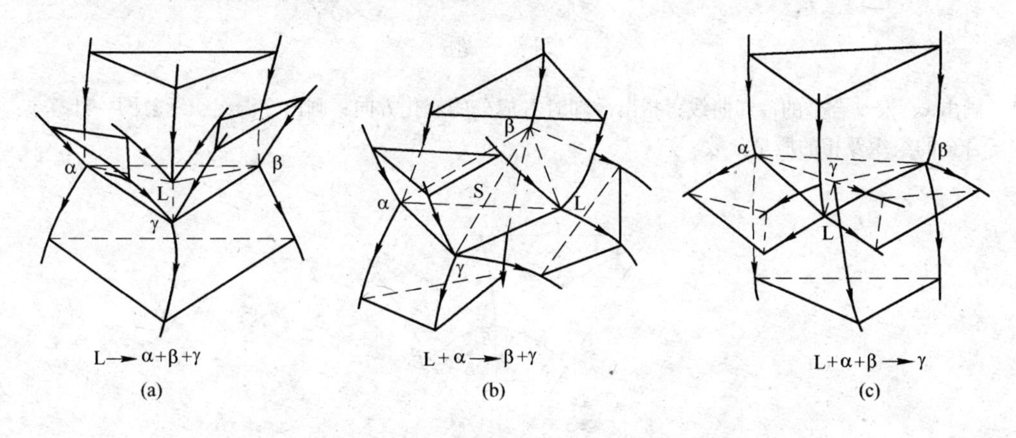

图 6.46 三种四相平衡面与三相平衡区的连接方式

（a）共晶型；（b）包共晶型；（c）包晶型

表 6.3 三元系中的四相平衡转变

转变类型	共晶型 $L \rightarrow \alpha+\beta+\gamma$	包共晶型 $L+\alpha \rightarrow \beta+\gamma$	包晶型 $L+\alpha+\beta \rightarrow \gamma$
转变前的三相平衡	α β L γ	β α L γ	α β L
四相平衡	α β L γ	β α L γ	α β γ L
转变后的三相平衡	α β γ	β α L γ	α β γ L

续表 6.3

转变类型	共晶型 L→α + β + γ	包共晶型 L + α→β + γ	包晶型 L + α + β→γ
液相面交线的投影	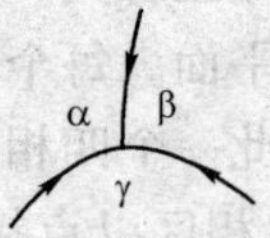 α β γ	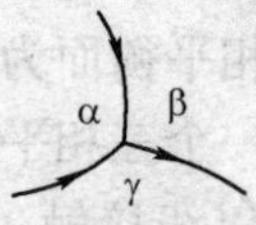 α β γ	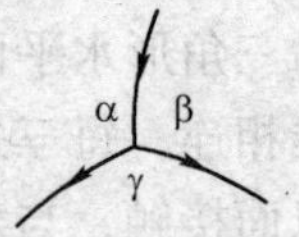 α β γ

习　　题

6-1　画出 x、y、z 合金的冷却曲线；指出冷却时 L 成分的变化方向；画出室温组织示意图；计算 x、y、z 合金的组织及相的质量分数。

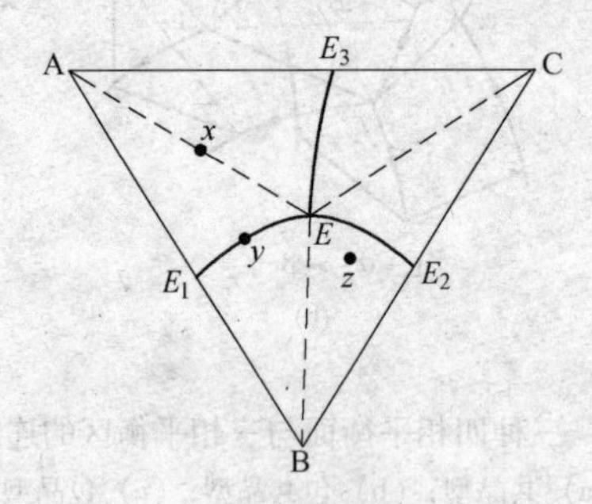

6-2　各点温度关系为：$T_B > T_C > T_A > T_{E_1} > T_{E_2} > T_{E_3} > T_E$，试画出 $T = T_{E_2}$，$T_{E_3} > T > T_E$ 的等温截面。

6-3　下图为三元相图的投影图，画出 pq、bc 的垂直截面。

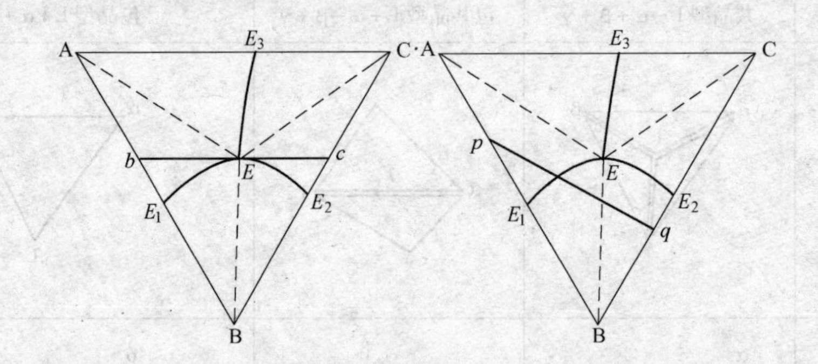

6-4　A-B-C 三元合金相图的投影图如下：(1) 画出合金 N 的平衡冷却曲线；(2) 作出 b-c 的变温截面，并注明各区的相组成。

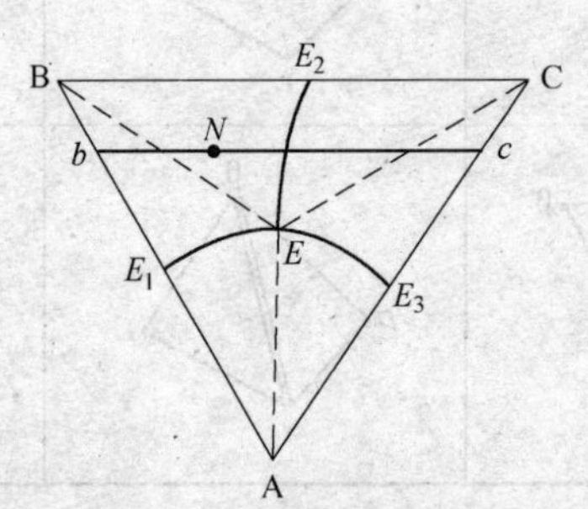

6-5 A-B-C 三元合金相图的投影图如下：（1）画出合金 N 的平衡冷却曲线；（2）作出 C-c 的变温截面，并注明各区的相组成。

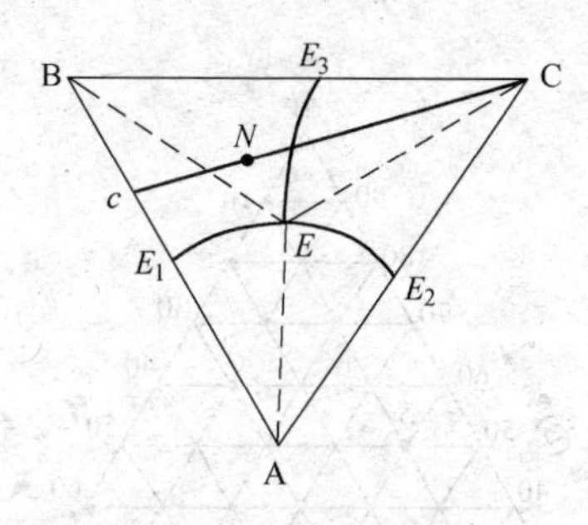

6-6 已知 A、B、C 三组元固态完全不互溶，成分为 80% A、10% B、10% C 的 O 合金在冷却过程中将进行二元共晶反应和三元共晶反应，在二元共晶反应开始时，该合金液相成分（a 点）为 60% A、20% B、20% C，而三元共晶反应开始时的液相成分（E 点）为 50% A、10% B、40% C。(见下图)

(1) 试计算 $A_{初}\%$、$(A+B)\%$ 和 $(A+B+C)\%$ 的质量分数。

(2) 写出图中 I 和 P 合金的室温平衡组织。

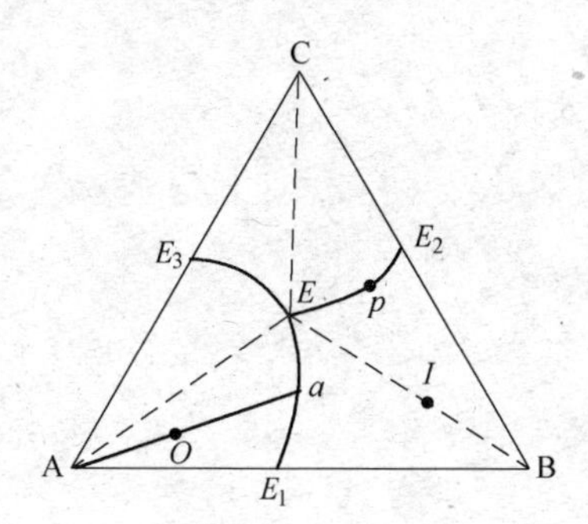

6-7 在图示（见下图）的固态完全不互熔的三元共晶相图中，a、b、c 分别是组元 A、B、C 的熔点，e_1、e_2、e_3 分别是 A-B、B-C、A-C 二元共晶转变点，E 为三元共晶转变点（已知 $T_a > T_c > T_b > T_{e_3} > T_{e_1} > T_{e_2} > T_E$）。

(1) 画出以下不同温度（T）下的水平截面图：

1) $T_c > T > T_b$；2) $T_{e_3} > T > T_{e_1}$；3) $T_{e_2} > T > T_E$；4) $T \leqslant T_E$。

(2) 写出图中 O 合金的凝固过程及其室温组织。

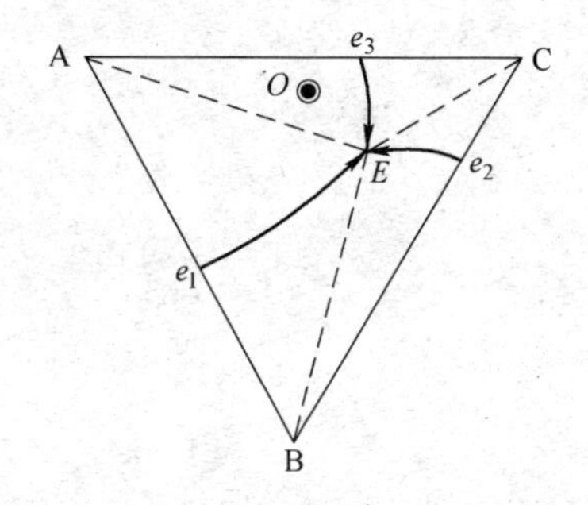

6-8 在下图所示的浓度三角形中，确定 P、R、S 三点的成分。若有 2kg P、4kg$R$、7kg$S$ 混合，求混合后该合金的成分？

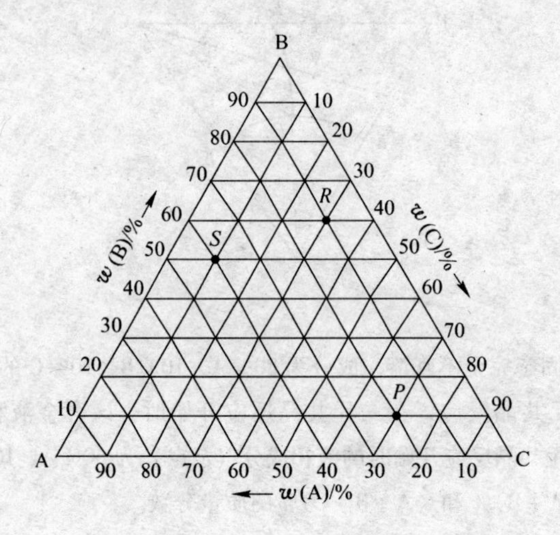

7　材料的变形与再结晶
(Deformation and recrystallization of materials)

材料受力后要发生变形，变形可分为三个阶段：弹性变形、弹-塑性变形和断裂。外力较小时产生弹性变形，外力较大时产生塑性变形，而当外力过大时就会发生断裂。图 7.1 为低碳钢（软钢）在单向拉伸时的应力-应变曲线。图中 σ_e、σ_s 和 σ_b 分别为它的弹性极限、屈服强度和抗拉强度，是工程上具有重要意义的强度指标。

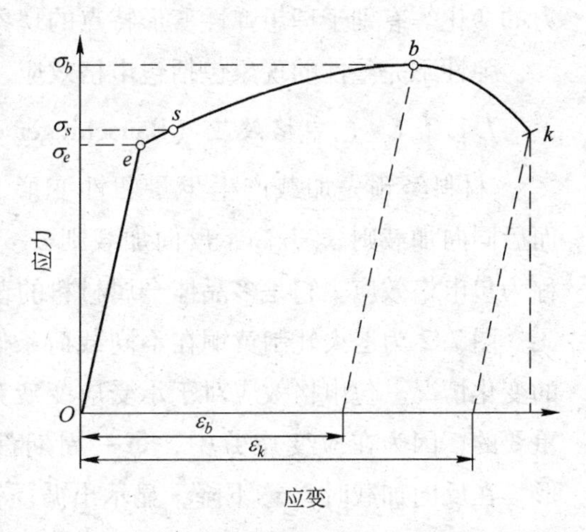

图 7.1　低碳钢（软钢）在单向拉伸时的应力-应变曲线

在整个变形过程中，对材料组织、性能影响最大的是弹-塑性阶段的塑性变形部分。如锻造、轧制、拉拔、挤压、冲压等生产上的许多加工方法，都要求使金属产生变形，一方面可获得所要求的形状及尺寸，另一方面可引起金属内部组织和结构的变化，从而获得所要求的性能。因此，研究材料的变形规律及其微观机制，分析了解各种内外因素对变形的影响，以及研究讨论冷变形材料在回复、再结晶过程中组织、结构和性能的变化规律，具有十分重要的理论和实际意义。

7.1　弹性变形（Elastic deformation）

从材料力学中得知，材料受力时总是先发生弹性变形，即弹性变形是塑性变形的先行阶段，而且在塑性变形中还伴随着一定的弹性变形。

7.1.1　弹性变形特征（Character of elastic deformation）

弹性变形是指外力去除后能够完全恢复的那部分变形，其主要特征是：

（1）理想的弹性变形是可逆变形，加载时变形，卸载时变形消失并恢复原状。

（2）金属、陶瓷和部分高分子材料不论是加载或卸载时，只要在弹性变形范围内，其应力与应变之间都保持单值线性函数关系，即服从胡克（Hooke）定律：

$$\sigma = E\varepsilon \tag{7-1}$$

$$\tau = G\gamma \tag{7-2}$$

$$G = E/2\ (1 - \nu) \tag{7-3}$$

（3）弹性变形量随材料的不同而异。多数金属材料弹性变形量小，一般不超过0.5%；而橡胶类高分子材料的高弹形变量则可高达1000%，但这种弹性变形是非线性的。

7.1.2 弹性的不完整性（Imperfection of elasticity）

多数工程上应用的材料为多晶体甚至为非晶态，或者是两者皆有的物质，其内部存在各种类型的缺陷。在弹性变形时，可能出现加载线与卸载线不重合、应变的发展跟不上应力的变化等有别于理想弹性变形特点的现象，称之为弹性的不完整性。

弹性不完整性的现象包括包申格效应、弹性后效、弹性滞后和循环韧性等。

7.1.2.1 包申格效应（Bauschinger effect）

材料经预先加载产生少量塑性变形（小于4%），而后同向加载则 σ_e 升高，反向加载则 σ_e 下降，此现象称为包申格效应。它是多晶体金属材料的普遍现象。

图7.2为退火轧制黄铜在不同载荷条件下弹性极限的变化情况。包申格效应对于承受应变疲劳的工件是很重要的，因为在应变疲劳中，每一周期都产生塑性变形，在反向加载时，σ_e 下降，显示出循环软化现象。

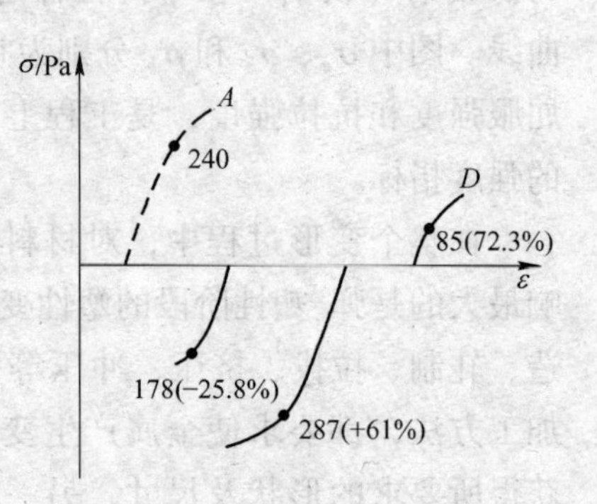

图7.2 退火轧制黄铜在不同载荷条件下弹性极限的变化情况

7.1.2.2 弹性后效（Anelasticity）

与理想晶体（Perfect crystal）不同，一些实际晶体，在加载或卸载时，应变不是瞬时达到其平衡值，而是通过一种弛豫过程来完成其变化的。这种在弹性极限 σ_e 范围内，应变滞后于外加应力，并和时间有关的现象称为弹性后效或滞弹性。

图7.3为理想晶体的弹性变形示意图，图7.4为弹性后效示意图。弹性后效速率与材料成分、组织有关，也与试验条件有关。组织越不均匀，温度升高、切应力越大，弹性后效也越明显。

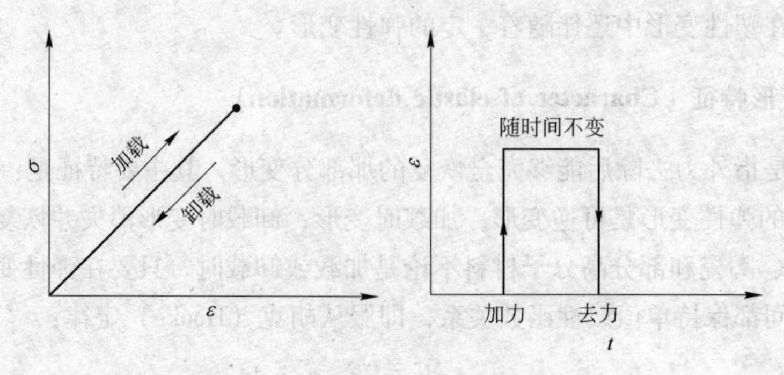

图7.3 理想晶体的弹性变形示意图

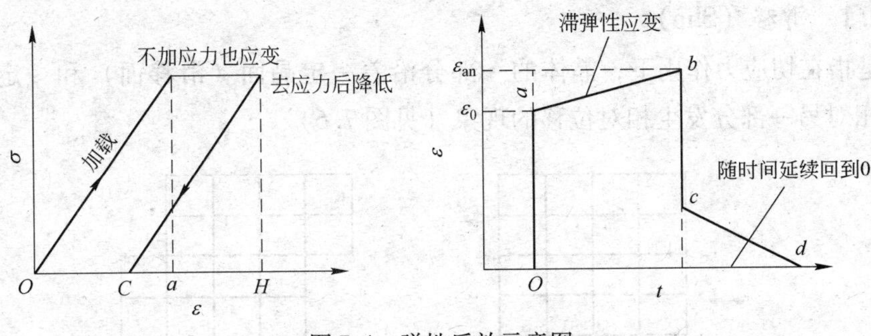

图 7.4　弹性后效示意图

7.1.2.3　弹性滞后（Elastic hysteresis）

由于应变落后于应力，在 $\sigma-\varepsilon$ 曲线上使加载线与卸载线不重合而形成一封闭回线，称之为弹性滞后，如图 7.5 所示。

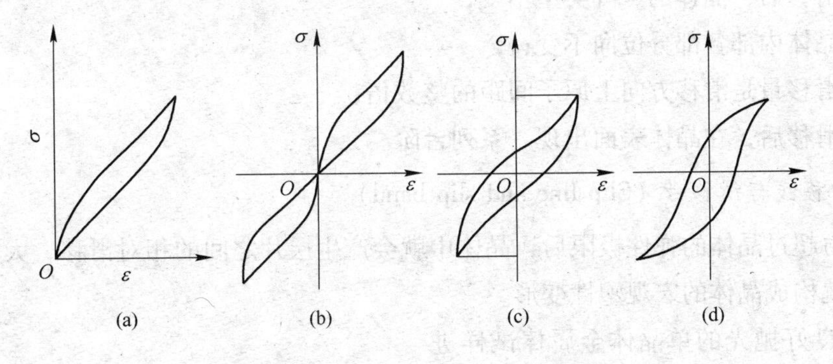

图 7.5　弹性滞后（环）与循环韧性

（a）单向加载弹性滞后（环）；（b）交变加载（加载速度慢）弹性滞后；
（c）交变加载（加载速度快）弹性滞后；（d）交变加载塑性滞后（环）

弹性滞后表明：加载时消耗于材料的变形功大于卸载时材料恢复所释放的变形功，多余的部分被材料内部所消耗，称为内耗（internal friction），其大小可用弹性滞后环的面积度量。

实际应用的金属材料有的要求高内耗，有的要求低内耗，如制作钟、乐器的材料，要求低内耗，消振能力低，声音好听；制作机座、汽轮机叶片的材料，要求高内耗，以消除振动。

7.2　晶体的塑性变形（Plastic deformation of crystal）

应力超过弹性极限，材料发生塑性变形，即产生不可逆的永久变形。为了由简到繁，先讨论单晶体的塑性变形，然后再研究多晶体的塑性变形。

7.2.1　单晶体的塑性变形（Plastic deformation of monocrystal）

在常温和低温下，单晶体的塑性变形主要通过滑移方式进行，另外还有孪生和扭折等方式。至于扩散性变形及晶界滑动和移动等方式主要见于高温形变。

7.2.1.1 滑移（Slip）

滑移是指在切应力作用下，晶体的一部分沿着一定晶面（滑移面）和一定晶向（滑移方向）相对另一部分发生相对位移的现象（见图7.6）。

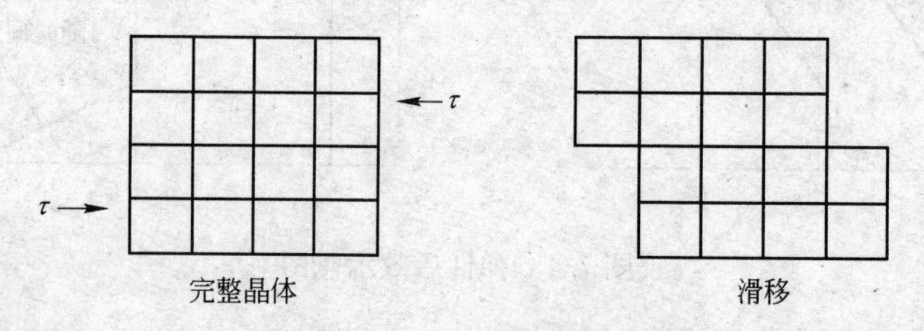

图7.6 单晶体的滑移现象

滑移的特点如下：

(1) 滑移后，晶体的点阵类型不变；

(2) 晶体内部各部分位向不变；

(3) 滑移量是滑移方向上原子间距的整数倍；

(4) 滑移后，在晶体表面出现一系列台阶。

A 滑移线与滑移带（Slip line and slip band）

当应力超过晶体的弹性极限后，晶体中就会产生层片之间的相对滑移，大量层片间滑动的累积就构成晶体的宏观塑性变形。

将经良好抛光的单晶体金属棒试样进行适当拉伸，使之产生一定的塑性变形，即可在金属棒表面见到一条条相互平行的细线，称为滑移带。进一步用电子显微镜作高倍分析发现：在宏观及金相观察中看到的滑移带并不是单一条线，而是由一系列相互平行的更细的线组成的，称为滑移线。滑移线之间的距离仅约100个原子间距左右，而沿每一滑移线的滑移量可达1000个原子间距左右，如图7.7所示。对滑移线的观察也表明了晶体塑性变形的不均匀性，滑移只是集中发生在一些晶面上，而滑移带或滑移线之间的晶体层片则未产生变形，只是彼此之间作相对位移而已。

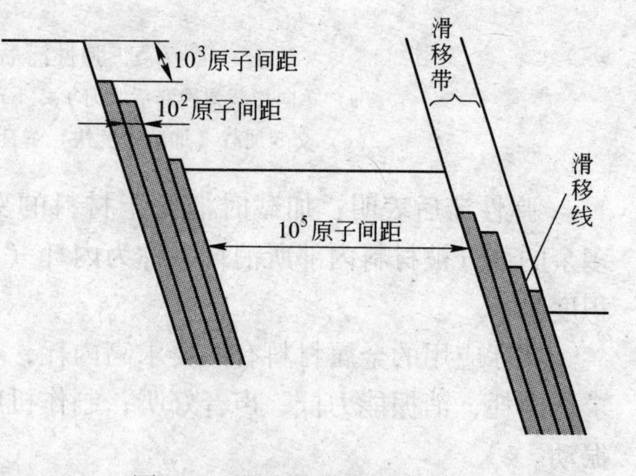

图7.7 滑移带形成示意图

B 滑移系（Slip system）

塑性变形时位错只沿着一定的晶面和晶向运动，这些晶面和晶向分别称为“滑移面”和“滑移方向”。晶体结构不同，其滑移面和滑移方向也不同。表7.1列出了几种常见金属的滑移面和滑移方向。

表 7.1 一些金属晶体的滑移面及滑移方向

晶体结构	金属举例	滑移面	滑移方向
面心立方	Cu，Ag，Au，Ni，Al	$\{111\}$	$\langle 110 \rangle$
	Al（高温）	$\{100\}$	$\langle 110 \rangle$
体心立方	α－Fe	$\{110\}$ $\{112\}$ $\{123\}$	$\langle 111 \rangle$
	W，Mo，Na（0.08～0.24T_m）	$\{112\}$	$\langle 111 \rangle$
	Mo，Na（0.26～0.50T_m）	$\{110\}$	$\langle 111 \rangle$
	Na，K（0.8T_m）	$\{123\}$	$\langle 111 \rangle$
	Nb	$\{110\}$	$\langle 111 \rangle$
密排六方	Cd，Be，Te	$\{0001\}$	$\langle 11\bar{2}0 \rangle$
	Zn	$\{0001\}$ $\{11\bar{2}2\}$	$\langle 11\bar{2}0 \rangle$ $\langle 11\bar{2}\bar{3} \rangle$
	Be，Re，Zr	$\{10\bar{1}0\}$	$\langle 11\bar{2}0 \rangle$
	Mg	$\{0001\}$ $\{11\bar{2}2\}$ $\{10\bar{1}1\}$	$\langle 11\bar{2}0 \rangle$ $\langle 10\bar{1}0 \rangle$ $\langle 11\bar{2}0 \rangle$
	Ti，Zr，Hf	$\{10\bar{1}0\}$ $\{10\bar{1}1\}$ $\{0001\}$	$\langle 11\bar{2}0 \rangle$ $\langle 11\bar{2}0 \rangle$ $\langle 11\bar{2}0 \rangle$

从表中可见，滑移面和滑移方向往往是金属晶体中原子排列最密的晶面和晶向。这是因为原子密度最大的晶面其面间距最大，点阵阻力最小，因而容易沿着这些面发生滑移；至于滑移方向为原子密度最大的方向是由于最密排方向上的原子间距最短，即位错的柏氏矢量 $\boldsymbol{b}$ 最小。

一个滑移面和此面上的一个滑移方向合起来称为一个滑移系。可用 $\{hkl\}\langle uvw \rangle$ 来表示。每一个滑移系表示晶体在进行滑移时可能采取的一个空间取向。可见，构成滑移系必须满足两条：(1) 必须是密排面和密排方向；(2) 向一定在面上。在其他条件相同时，晶体中的滑移系越多，滑移过程可能采取的空间取向便越多，滑移越容易进行，它的塑性便越好。据此，面心立方晶体的滑移系共有 $\{111\}_4\langle 111 \rangle_3 = 12$ 个；体心立方晶体，如 α－Fe，由于可同时沿 $\{110\}$，$\{112\}$，$\{123\}$ 晶面滑移，故其滑移系共有 $\{110\}_6\langle 111 \rangle_2 + \{112\}_{12}\langle 111 \rangle_1 + \{123\}_{24}\langle 111 \rangle_1 = 48$ 个；而密排六方晶体的滑移系仅有 $(0001)_1\langle 11\bar{2}0 \rangle_3 = 3$ 个。由于滑移系数目太少，HCP 多晶体的塑性不如 FCC 或 BCC 的好。

C 滑移的临界分切应力（Critical resolved shear stress of slipping）

不是有切应力作用就能产生滑移，只有在滑移面上沿滑移方向的分切应力达到一定值时，才能发生滑移。能引起滑移的最小分切应力称为临界分切应力，用 τ_k 表示。

设有一截面积为 A 的圆柱形单晶体受轴向拉力 F 的作用，φ 为滑移面法线与外力 F 中心轴的夹角，λ 为滑移方向与外力 F 的夹角（见图 7.8），则 F 在滑移方向的分力为 $F\cos\lambda$，而滑移面的面积为 $A/\cos\varphi$，于是，外力在该滑移面沿滑移方向的分切应力

$$\tau = F\cos\lambda\cos\varphi/A = \sigma\cos\lambda\cos\varphi \tag{7-4}$$

式中，F/A 为试样拉伸时横截面上的正应力，当滑移系中的分切应力达到其临界分切应力值而开始滑移时，则 F/A 应为宏观上的起始屈服强度 σ_s，即

$$\tau_k = \sigma_s\cos\lambda\cos\varphi \tag{7-5}$$

$\cos\lambda\cos\varphi$ 称为取向因子（Orientation factor）或施密特（Schmid）因子，它是分切应力 τ 与轴向应力 F/A 的比值，取向因子越大，则分切应力也越大。

对任一给定 φ 角而言，若滑移方向是位于 F 与滑移面法线所组成的平面上，即 $\varphi+\lambda=90°$，则沿此方向的 τ 值较其他 λ 时的 τ 值大，这时取向因子 $\cos\varphi\cos\lambda=\cos\varphi\cos(90°-\varphi)=1/2\sin2\varphi$，故当 φ 值为 45°时，取向因子具有最大值 1/2。当 λ 或 φ 为 90°时，σ_s 均为无限大，这就是说，当滑移面与外力方向平行，或者是滑移方向与外力方向垂直的情况下不可能产生滑移；而当滑移方向位于外力方向与滑移面法线所组成的平面上，且 $\varphi=45°$时，取向因子达到最大值（0.5），σ_s 最小，即以最小的拉应力就能达到发生滑移所需的分切应力值。通常，取向因子大的称为软取向；而取向因子小的称为硬取向。

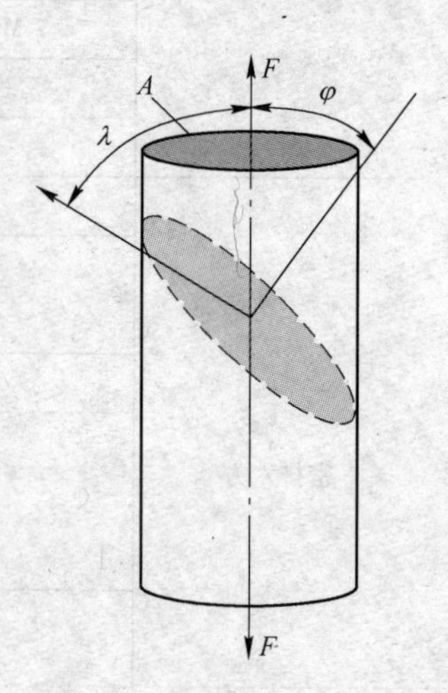

图 7.8　分切应力图

综上所述，滑移的临界分切应力是一个真实反映单晶体受力起始屈服的物理量。其数值与晶体的类型、纯度以及温度等因素有关，还与该晶体的加工和处理状态、变形速度以及滑移系类型等因素有关。表 7.2 列出了一些金属晶体发生滑移的临界分切应力。

表 7.2　一些金属晶体发生滑移的临界分切应力

金　属	温　度	纯度/%	滑移面	滑移方向	临界分切应力/MPa
Ag	室温	99.99	{111}	<110>	0.47
Al	室温	—	{111}	<110>	0.79
Cu	室温	99.9	{111}	<110>	0.98
Ni	室温	99.8	{111}	<110>	5.68
Fe	室温	99.96	{110}	<110>	27.44
Nb	室温	—	{110}	<110>	33.8
Ti	室温	99.99	$\{10\bar{1}0\}$	$\langle 11\bar{2}0\rangle$	13.7
Mg	室温	99.95	{0001}	$\langle 11\bar{2}0\rangle$	0.81
Mg	室温	99.98	{0001}	$\langle 11\bar{2}0\rangle$	0.76
Mg	330℃	99.98	{0001}	$\langle 11\bar{2}0\rangle$	0.64
Mg	330℃	99.98	$\{10\bar{1}1\}$	$\langle 11\bar{2}0\rangle$	3.92

D 滑移时晶面的转动（Rotation of crystal plane）

单晶体滑移时，除滑移面发生相对位移外，还伴随着晶面的转动。对于只有一组滑移面的 HCP，这种现象尤为明显。

图 7.9 为进行拉伸试验时单晶体发生滑移与转动的示意图。设想，如果不受试样夹头对滑移的限制，则经外力 F 轴向拉伸，将发生如图 7.9（b）所示的滑移变形和轴线偏移。但由于拉伸夹头不能作横向动作，故为了保持拉伸轴线方向不变，单晶体的取向必须进行相应地转动，滑移面逐渐趋于与轴向平行，如图 7.9（c）所示。其中，试样靠近两端处因受夹头的限制，晶面可能发生一定程度的弯曲，以适应中间部分的位向变化。

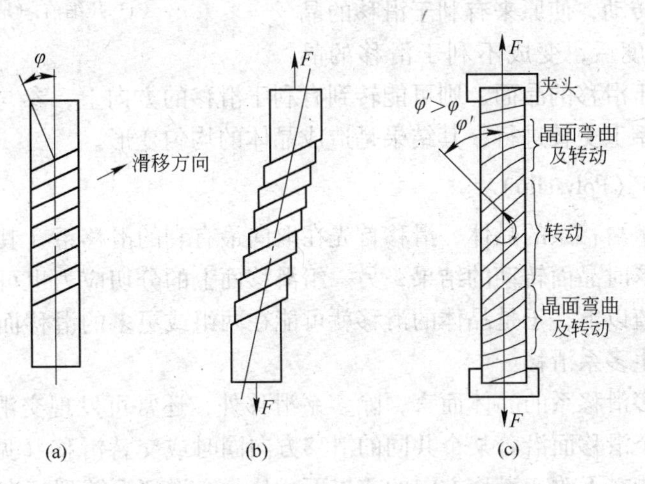

图 7.9 单晶体发生滑移与转动的示意图

（a）原试样；（b）自由滑移变形；（c）受夹头限制时的变形

图 7.10 为单轴拉伸时晶体发生转动的力偶作用机制。在图 7.10（a）中，σ_1，σ_2 为外力在该层上下滑移面的法向分应力。在该力偶作用下，滑移面将产生转动并逐渐趋于与轴向平行。图 7.10（b）为作用于两滑移面上的最大分切应力 τ_1 和 τ_2，各自分解为平行于滑移方向的分应力 τ'_1 和 τ'_2，以及垂直于滑移方向的分应力 τ''_1 和 τ''_2。其中，前者即为引起滑移的有效分切应力；后者则组成力偶而使晶向发生旋转，即力求使滑移方向转至最大分切应力方向。

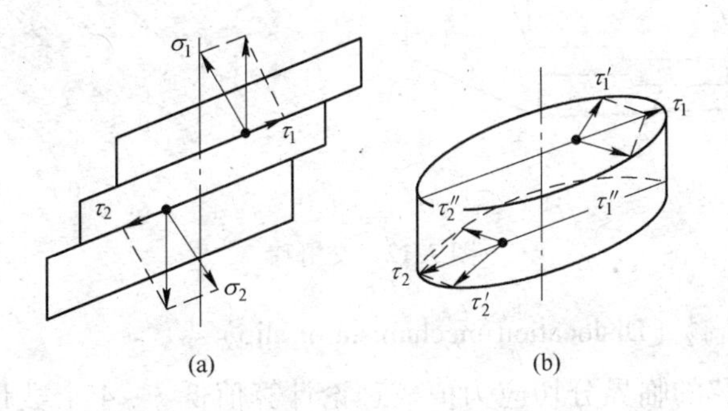

图 7.10 单轴拉伸时晶体转动的力偶作用机制

晶体受压变形时也要发生晶面转动，但转动的结果是使滑移面逐渐趋于与压力轴线相垂直，如图 7.11 所示。

由上述分析可知，晶体在滑移过程中不仅滑移面发生转动，而且滑移方向也逐渐改变，最后导致滑移面上的分切应力也随之发生变化。由于在 $\varphi=45°$ 时，其滑移系上的分切应力最大，故经滑移与转动后，若 φ 角趋近 45°，则分切应力不断增大而有利于滑移；反之，若 φ 角远离 45°，则分切应力逐渐减小，而使滑移系的进一步滑移趋于困难。

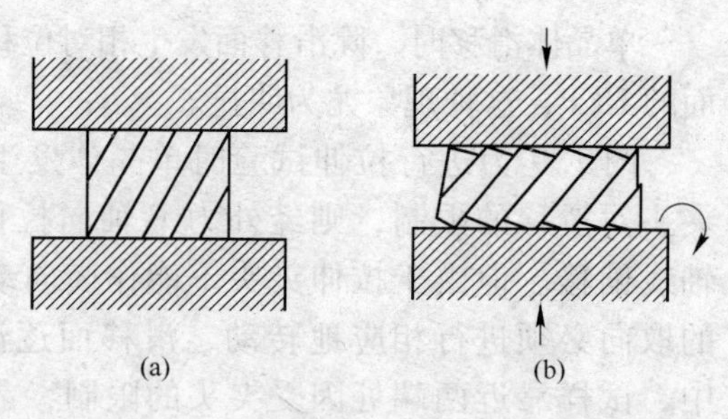

图 7.11　晶体受压时的晶面转动

（a）压缩前；（b）压缩后

由于晶体的转动，使原来有利于滑移的晶面滑移到一定程度后，变成不利于滑移的晶面；而原来不利于滑移的晶面，则可能转到有利于滑移的方向上，参与滑移。所以，滑移可在不同的滑移系上交替进行，其结果是造成晶体的均匀变形。

E　多系滑移（Poly slip）

对于具有多组滑移系的晶体，滑移首先在取向最有利的滑移系（其分切应力最大）中进行，但由于变形时晶面转动的结果，另一组滑移面上的分切应力也可能逐渐增加到足以发生滑移的临界值以上，于是晶体的滑移就可能在两组或更多的滑移面上同时进行或交替地进行，从而产生多系滑移。

对于具有较多滑移系的晶体而言，除多系滑移外，还常可发现交滑移（cross-slip）现象，即两个或多个滑移面沿着某个共同的滑移方向同时或交替滑移（见图 7.12）。交滑移的实质是螺型位错在不改变滑移方向的前提下，从一个滑移面转到相交接的另一个滑移面的过程，可见交滑移可以使滑移有更大的灵活性。

但是值得指出的是，在多系滑移的情况下，会因不同滑移系的位错相互交截而给位错的继续运动带来困难，这也是一种重要的强化机制。

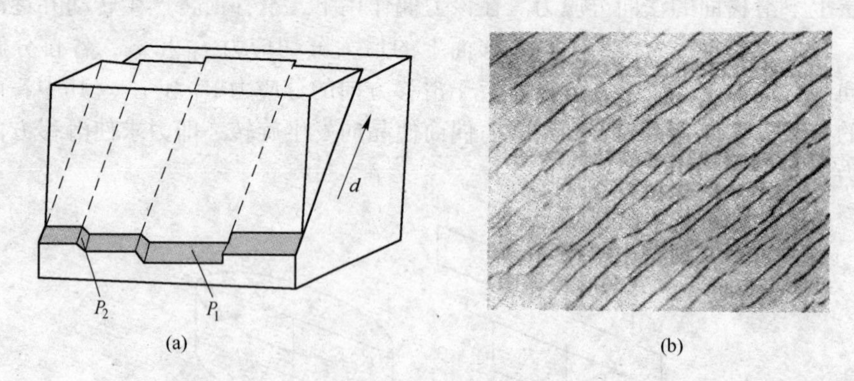

图 7.12　交滑移

F　滑移的位错机制（Dislocation mechanism of slip）

实际测得晶体滑移的临界分切应力值较理论计算值低 3 ~ 4 个数量级，这表明晶体滑移并不是晶体的一部分相对于另一部分沿着滑移面作刚性整体位移，而是借助位错在滑移面上运动来逐步进行的。

晶体的滑移必须在一定的外力作用下才能发生，这说明位错的运动要克服阻力。

位错运动的阻力首先来自点阵阻力。由于点阵结构的周期性，当位错沿滑移面运动时，位错中心的能量也要发生周期性的变化，如图7.13所示。图中1和2为等同位置，当位错处于这种平衡位置时，其能量最小，相当于处在能谷中。当位错从位置1移动到位置2时，需要越过一个势垒，这就是说位错在运动时会遇到点阵阻力。由于派尔斯（Peierls）和纳巴罗（Nabarro）首先估算了这一阻力，故又称为派-纳（P-N）力。

图7.13　位错滑移时核心能量的变化

位错运动的阻力除点阵阻力外，还有位错与位错的交互作用产生的阻力；运动位错交截后形成的扭折和割阶，尤其是螺型位错的割阶将对位错起钉扎作用，致使位错运动的阻力增加；位错与其他晶体缺陷如点缺陷、其他位错、晶界和第二相质点等交互作用产生的阻力，对位错运动均会产生阻力，导致晶体强化。

7.2.1.2　孪生（Twinning）

孪生是晶体塑性变形的另一种常见方式，是指在切应力作用下，晶体的一部分沿一定的晶面（孪生面）和一定的晶向（孪生方向）相对于另一部分发生均匀切变的过程。

在晶体变形过程中，当滑移由于某种原因难以进行时，晶体常常会采用这种方式进行形变。例如，对具有密排六方结构的晶体，如锌、镁、镉等，由于其滑移系较少，当其都处于不利位向时，常常会出现孪生的变形方式；而尽管体心立方和面心立方晶体具有较多的滑移系，虽然一般情况下主要以滑移方式变形，但当变形条件恶劣时，如体心立方的铁在高速冲击载荷作用下或在极低温度下的变形以及面心立方的铜在4.2K时变形或室温受爆炸变形后，都可能出现孪生的变形方式。

A　孪生的形成过程

图7.14所示是在切应力作用下，晶体经滑移和孪生变形后的结构与外形变化。由图可见，孪生是一种均匀切变过程，而滑移则是不均匀切变；发生孪生的部分与原晶体形成了镜面对称关系，而滑移则没有位向变化。

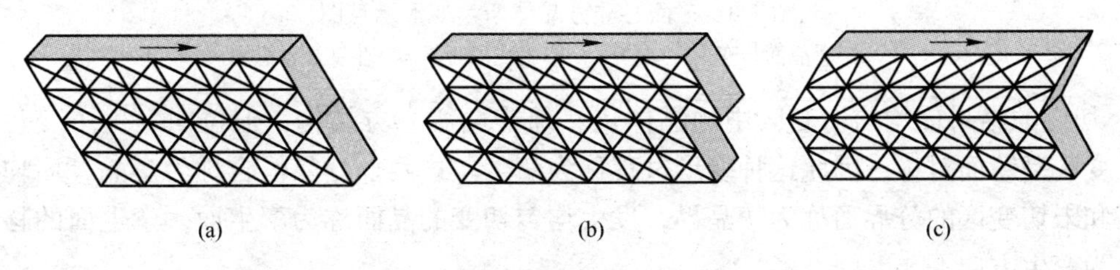

图7.14　晶体经滑移和孪生变形后的结构与外形变化
（a）变形前；（b）滑移；（c）孪生

孪生变形的应力-应变曲线也与滑移变形时有着明显的不同，图7.15是铜单晶在4.2K测得的拉伸曲线，开始塑性变形阶段的光滑曲线是与滑移过程相对应的，但应力增高到一定程度后发生突然下降，然后又反复地上升和下降，出现了锯齿形的变化，这就是孪生变形所造成的。因为形变孪晶的生成大致可以分为形核和扩展两个阶段，晶体变形时先以极快的速度突然爆发出薄片孪晶（常称之为“形核”），然后孪晶界面扩展开来使孪晶增宽。在一般情况下，孪晶形核所需的应力远高于扩展所需要的应力，所以当孪晶形成后载荷就会急剧下降。在形变过程中，由于孪晶不断形成，因此应力-应变曲线呈锯齿状，当通过孪生形成了合适的晶体位向后，滑移又可以继续进行了。

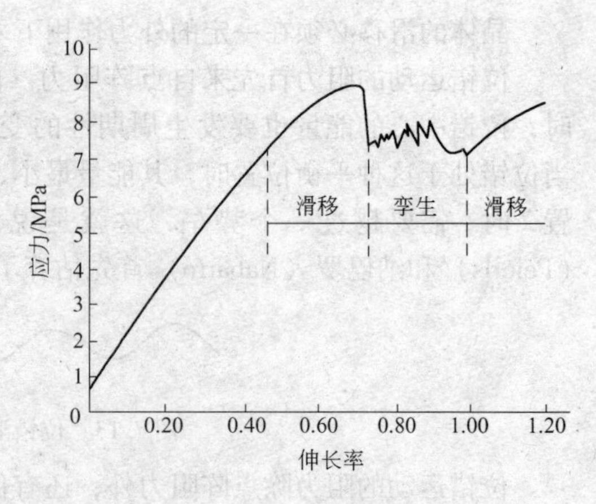

图 7.15　铜单晶在 4.2K 测得的拉伸曲线

以面心立方为例。图 7.16（a）给出了一组孪生面和孪生方向，图 7.16（b）所示为其（$1\bar{1}0$）面原子排列情况，晶体的（111）面垂直于纸面。我们知道，面心立方结构就是由该面按照 *ABCABC*……的顺序堆垛成晶体。假设晶体内局部地区（面 *AH* 与 *GN* 之间）的若干层（111）面间沿［$11\bar{2}$］方向产生一个切动距离 $a/6$［$11\bar{2}$］的均匀切变，即可得到如图 7.16（b）所示的情况。

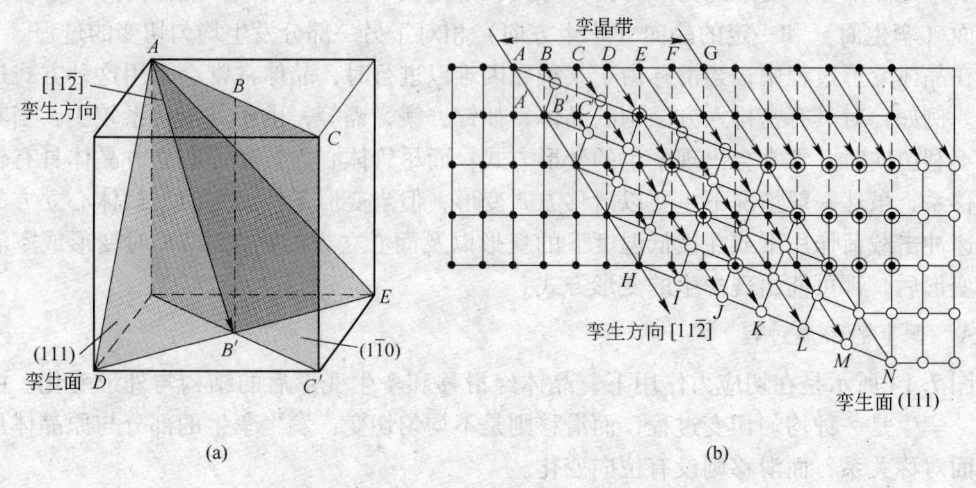

图 7.16　面心立方晶体孪生变形示意图

（a）孪晶面与孪生方向；（b）孪生变形时晶体孪生变形示意图

切变的结果使均匀切变区中的晶体仍然保持面心立方结构，但位向发生了变化，与未切变区呈镜面对称，因此这种变形过程称为孪生。这两部分晶体合称为孪晶，而均匀切变区和未切变区的分界面称为孪晶界，发生均匀切变的晶面称为孪生面，孪生面的移动方向称为孪生方向。

B　孪晶的形成

（1）形变孪晶。在形变过程中形成的孪晶组织，在金相形貌上一般呈现透镜片状，多数发源于晶界，终止于晶内，又称为机械孪晶（mechanical twin）。图 7.17 所示就是锌晶体经塑性变形后形成的形变孪晶。

（2）退火孪晶。变形金属在退火过程中可能产生孪晶组织，退火孪晶的形貌与形变孪晶有较大区别，一般孪晶界面平直，且孪晶片较厚。图 7.18 所示为塑性变形铜晶体经退火后所形成的退火孪晶（annealing twin）组织。

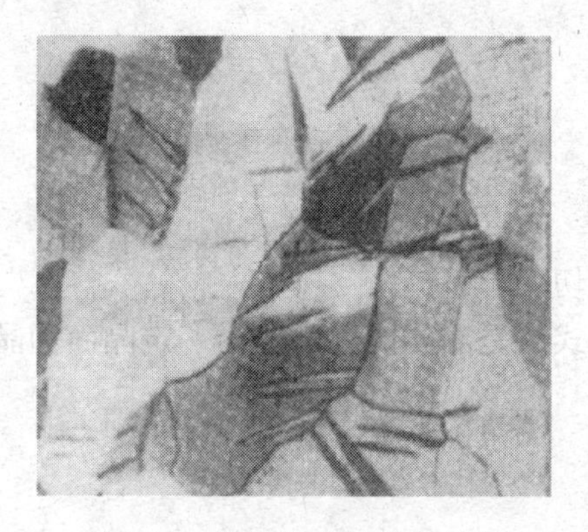

图 7.17 锌晶体中的形变孪晶

图 7.18 铜晶体中的退火孪晶组织

大量研究表明，孪生形变总是萌发于局部应力高度集中的地方（在多晶体中往往是晶界），其所需要的临界分切应力必须超过 $10^{-1}G$（G 为剪切弹性模量），不过，当孪晶形成后的长大却容易得多，一般只略大于 $10^{-4}G$ 即可，因此孪晶长大速度非常快，与冲击波的速度相当。在应力-应变曲线上表现为锯齿状波动，有时随着能量的急剧释放还可出现“咔嚓”声。

尽管与滑移相比，孪生的变形量是十分有限的，例如对锌单晶而言，即使全部晶体都发生孪生变形，其总形变量也仅为 7.2%。但正是由于孪生改变了晶体位向，使得某些原处于不利位向的滑移转向有利位置，从而可以发生滑移变形，最终可能获得较高的变形量。

C 孪生的位错机制

在孪生的形成过程中已经看到，整个孪晶区域作了均匀切变，其各层的相对移动距离是孪生方向原子间距的分数值，这表明孪生时每层晶面的位移可以借助于一个不全位错的移动而形成。

以面心立方晶体为例，如图 7.19 所示，如果在相邻（111）晶面上依次各有一个 $a/6[11\bar{2}]$ 不全位错滑过，这就是前述的肖克莱不全位错，滑移的结果是使得晶面逐层发生层错，最终堆垛顺序由“*ABCABCABC*”变为“*ABCACBACB*”，从而形成了一片孪晶区。

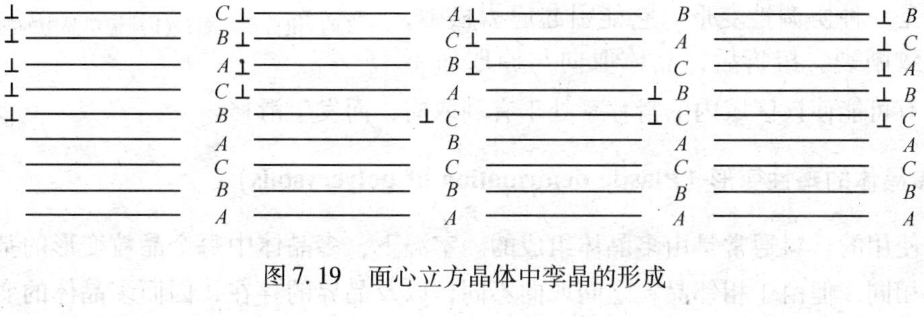

⊥	C ⊥	A ⊥	B	⊥ B
⊥	B ⊥	C ⊥	A	⊥ C
⊥	A ⊥	B ⊥	C	⊥ A
⊥	C ⊥	A	⊥ B	⊥ B
⊥	B	⊥ C	⊥ C	⊥ C
	A	B	A	A
	C	C	C	C
	B	B	B	B
	A	A	A	A

图 7.19 面心立方晶体中孪晶的形成

D 孪生的特点

(1) 点阵类型不变但晶体位向发生变化，呈镜面对称；

（2）孪生是一种均匀切变，每层原子面的位移量与该原子面到孪生面的距离成正比，其相邻原子面的相对位移量相等，且小于一个原子间距，即孪生时切变量是原子间距的分数倍；

（3）孪生变形速度很快，接近声速。

E　滑移与孪生的比较

相同点：

（1）宏观上，都是切应力作用下发生的剪切变形；

（2）微观上，都是晶体塑性变形的基本形式，是晶体的一部分沿一定晶面和晶向相对另一部分的移动过程；

（3）两者都不会改变晶体结构；

（4）从机制上看，都是位错运动的结果。

不同点：

（1）滑移不改变晶体的位相，孪生改变晶体位向；

（2）滑移是全位错运动的结果，而孪生是不全位错运动的结果；

（3）滑移是不均匀切变过程，而孪生是均匀切变过程；

（4）滑移比较平缓，应力-应变曲线较光滑、连续，孪生则呈锯齿状；

（5）两者发生的条件不同，孪生所需临界分切应力值远大于滑移，因此只有在滑移受阻情况下晶体才以孪生方式形变；

（6）滑移产生的切变较大，取决于晶体的塑性，而孪生切变较小，取决于晶体结构。

7.2.1.3　扭折（Kink）

对那些既不能进行滑移也不能进行孪生的地方，为了使晶体的形状与外力相适应，当外力超过某一临界值时晶体将会产生局部弯曲，这种变形方式称为扭折。如图7.20所示，变形区域称为扭折带。*ABCD*区域的点阵发生了扭曲，其左右两侧区域则发生了弯曲。

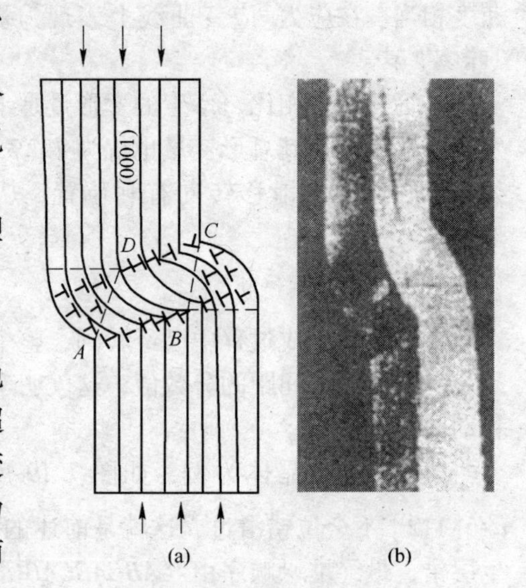

图7.20　单晶镉被压缩时的扭折
（a）扭折示意图；（b）镉单晶中的扭折带

扭折是一种协调性变形，它能引起应力松弛，使晶体不致断裂。扭折后，晶体取向与原取向不再相同，有可能使该区域内的滑移系处于有利取向，而发生滑移。

7.2.2　多晶体的塑性变形（Plastic deformation of polycrystals）

实际使用的材料通常是由多晶体组成的。室温下，多晶体中每个晶粒变形的基本方式与单晶体相同，但由于相邻晶粒之间取向不同，以及晶界的存在，因而多晶体的变形既需克服晶界的阻碍，又要求各晶粒的变形相互协调与配合，故多晶体的塑性变形较为复杂，下面分别加以讨论。

7.2.2.1 相邻晶粒的相互协调性（Coordination between grains）

在多晶体中，由于相邻各个晶粒的位向一般都不同，因而在一定外力作用下，作用在各晶粒滑移系上的临界分切应力值也各不相同。处于有利取向的晶粒塑性变形早，反之则晚。前者开始发生塑性变形时，必然受到周围未发生塑性变形晶粒的约束，导致变形阻力增大。同时，为保持晶粒间的连续性，要求各个晶粒的变形与周围晶粒相互协调，这样在多晶体中，就要求每个晶粒至少要有5个独立的滑移系，这是因为形变过程可用六个应变分量（正应变和切应变各三个）来表示，因为塑性变形体积不变（即三个正应变之和为零），因此有五个独立的应变分量。而每个独立的应变分量需要一个独立的滑移系来产生，这说明只有相邻晶粒的五个独立滑移系同时启动，才能保证多晶体的塑性变形，这是多晶相邻晶粒相互协调性的基础。

不同结构的晶体由于其滑移系数目不同，如面心立方和体心立方晶体具有较多的滑移系，而密排六方晶体的滑移系较少，表现出的多晶体塑性变形能力差别很大。

7.2.2.2 晶界的影响（Effect of grain boundary）

多晶体中，晶界上原子排列不规则，点阵畸变严重，何况晶界两侧的晶粒取向不同，滑移方向和滑移面彼此不一致，因此，滑移要从一个晶粒直接延续到下一个晶粒是极其困难的，也就是说，在室温下晶界对滑移具有阻碍效应。

对只有2~3个晶粒的试样进行拉伸试验表明，在晶界处呈竹节状（见图7.21），这说明晶界附近滑移受阻，变形量较小，而晶粒内部变形量较大，整个晶粒变形是不均匀的。

多晶体试样经拉伸后，每一晶粒中的滑移带都终止在晶界附近。通过电镜仔细观察，可看到在变形过程中位错难以通过晶界被堵塞在晶界附近的情形，如图7.22所示。这种在晶界附近产生的位错塞积群会对晶内的位错源产生一反作用力。此反作用力随位错塞积的数目 n 的增大而增大：

$$n = \frac{k\pi\tau_0 L}{Gb} \tag{7-6}$$

式中，τ_0为作用于滑移面上外加分切应力；L 为位错源至晶界之距离；k 为系数，螺型位错 $k=1$，刃型位错 $k=1-\nu$，当它增大到某一数值时，可使位错源停止开动，使晶体显著强化。

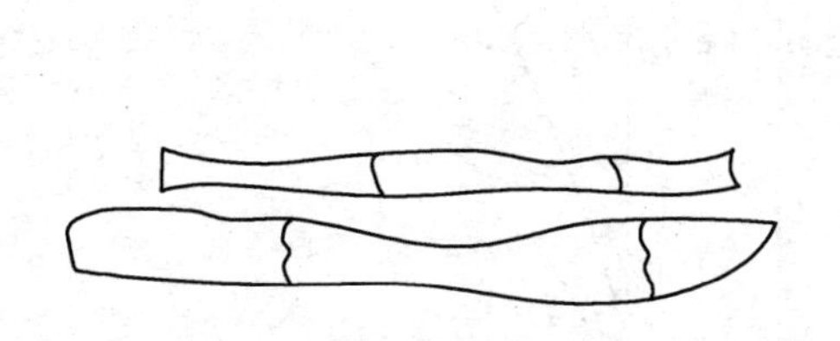

图7.21 经拉伸后晶界处呈竹节状

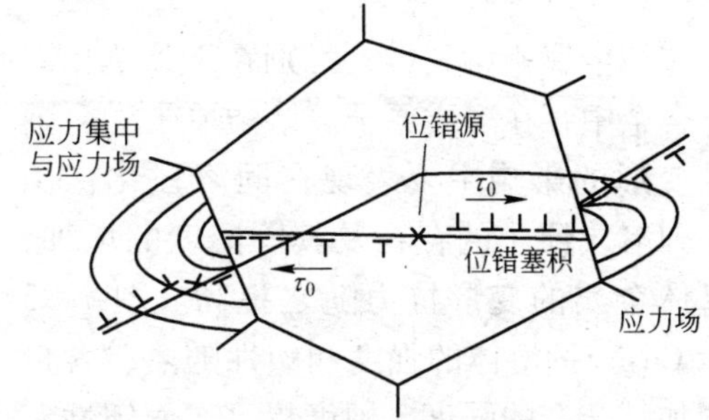

图7.22 位错在晶界上被塞积的示意图

总之，由于晶界上点阵畸变严重且晶界两侧的晶粒取向不同，因而在一侧晶粒中滑移的位错不能直接进入第二晶粒，要使第二晶粒产生滑移，就必须增大外加应力，以启动第二晶粒中的位错源动作。因此，对多晶体而言，外加应力必须大至足以激发大量晶粒中的位错源动作，产生滑移，才能觉察到宏观的塑性变形。

由于晶界数量直接取决于晶粒的大小，因此，晶界对多晶体起始塑变抗力的影响可通过晶粒大小直接体现。实践证明，多晶体的强度随其晶粒细化而提高。多晶体的屈服强度 σ_s 与晶粒平均直径 d 的关系可用著名的霍尔-佩奇（Hall-Petch）公式表示：

$$\sigma_s = \sigma_0 + Kd^{-1/2} \tag{7-7}$$

式中，σ_0 为晶内对变形的阻力。

霍尔-佩奇公式适应性甚广：(1) 亚晶粒大小或者两相片状组织的层片间距对屈服强度的影响；(2) 塑性材料的流变应力与晶粒大小之间的关系；(3) 脆性材料的脆断应力与晶粒大小之间的关系；(4) 金属材料的疲劳强度、硬度与其晶粒大小之间的关系，都可用霍尔-佩奇公式来表达。

因为细晶粒不仅使材料具有较高的强度、硬度，而且也使它具有良好的塑性和韧性，即具有良好的综合力学性能。因此，一般在室温使用的结构材料都希望获得细小而均匀的晶粒。

但是，当变形温度高于 $0.5T_m$（熔点）以上时，由于原子活动能力的增大，以及原子沿晶界的扩散速率加快，使高温下的晶界具有一定的黏滞性，它对变形的阻力大为减弱，即使施加很小的应力，只要作用时间足够长，也会发生晶粒沿晶界的相对滑动，成为多晶体在高温时一种重要的变形方式。此外，在高温时，多晶体特别是细晶粒的多晶体，还可能出现另一种称为扩散性蠕变的变形机制，这个过程与空位的扩散有关。因为晶界本身是空位的源和湮没阱，多晶体的晶粒越细，对高温强度也越不利。

7.2.3 合金的塑性变形（Plastic deformation of alloy）

工程上使用的金属材料绝大多数是合金。其变形方式，总的来说和金属的情况类似，只是由于合金元素的存在，又具有一些新的特点。按合金组成相不同，主要可分为单相固溶体合金和多相合金，它们的塑性变形具有不同的特点。

7.2.3.1 单相固溶体合金的塑性变形（Plastic deformation of solid solution）

与纯金属相比其最大区别在于，单相固溶体合金中存在溶质原子。溶质原子对合金塑性变形的影响主要表现在固溶强化作用上，即溶质原子的存在及其固溶度的增加，使基体金属的变形抗力随之提高。图 7.23 表示 Cu-Ni 固溶体的强度和塑性随溶质含量的增加，合金的强度、硬度提高，而塑性有所下降。

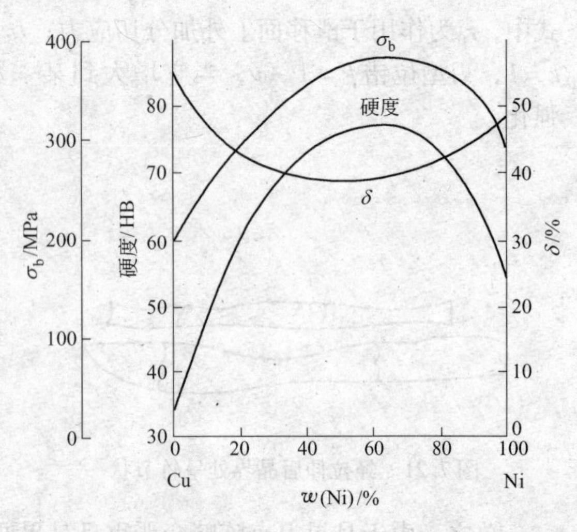

图 7.23 Cu-Ni 固溶体的力学性能与成分的关系

影响固溶强化的因素很多，主要有以下几个方面：

（1）溶质原子的原子数分数越高，强化作用也越大，特别是当原子数分数很低时，强化效应更为显著。

（2）溶质原子与基体金属的原子尺寸相差越大，强化作用也越大。

（3）间隙型溶质原子比置换原子具有较大的固溶强化效果，并且由于间隙原子在体心立方晶体中的点阵畸变属非对称性的，故其强化作用大于面心立方晶体的；但间隙原子的固溶度很有限，故实际强化效果也有限。

（4）溶质原子与基体金属的价电子数相差越大，固溶强化作用越显著，即固溶体的屈服强度随合金电子浓度的增加而提高。

一般认为，固溶强化是由于多方面作用产生的，主要有溶质原子与位错的弹性交互作用、化学交互作用和静电交互作用，以及当固溶体产生塑性变形时，位错运动改变了溶质原子在固溶体结构中以短程有序或偏聚形式存在的分布状态，从而引起系统能量的升高，由此也增加了滑移变形的阻力。

7.2.3.2 多相合金的塑性变形（Plastic deformation of multiphase alloy）

工程上使用的金属材料基本上都是两相或多相合金。多相合金与单相固溶体合金的不同之处是除基体相外，尚有其他相存在。由于第二相的数量、尺寸、形状和分布不同，它与基体相的结合状况不一，以及第二相的形变特征与基体相的差异，使得多相合金的塑性变形更加复杂。

根据第二相粒子的尺寸大小可将合金分成两大类：若第二相粒子与基体晶粒尺寸属同一数量级，称为聚合型两相合金；若第二相粒子细小而弥散地分布在基体晶粒中，则称为弥散分布型两相合金。这两类合金的塑性变形情况和强化规律有所不同。

（1）聚合型合金的塑性变形。当组成合金的两相晶粒尺寸属同一数量级，且都为塑性相时，则合金的变形能力取决于两相的体积分数。实验证明，这类合金在发生塑性变形时，滑移往往首先发生在较软的相中，如果较强相数量较少时，则塑性变形基本上是在较弱的相中；只有当第二相为较强相，且体积分数大于30%时，才能起到明显的强化作用。

如果聚合型合金两相中一个是塑性相，而另一个是脆性相时，则合金在塑性变形过程中所表现的性能，不仅取决于第二相的相对数量，而且与其形状、大小和分布密切相关。

（2）弥散分布型合金的塑性变形。当第二相以细小弥散的微粒均匀分布于基体相中时，将会产生显著的强化作用。第二相粒子的强化作用是通过其对位错运动的阻碍作用而表现出来的。通常可将第二相粒子分为“不可变形的”和“可变形的”两类。这两类粒子与位错交互作用的方式不同，其强化的途径也就不同。一般来说，弥散强化型合金中的第二相粒子（借助粉末冶金方法加入的）是属于不可变形的，而沉淀相粒子（通过时效处理从过饱和固溶体中析出）多属可变形的，但当沉淀粒子在时效过程中长大到一定程度后，也能起着不可变形粒子的作用。

1）不可变形粒子的强化作用。不可变形粒子对位错的阻碍作用如图7.24所示。当运动位错与其相遇时，将受到粒子的阻挡，使位错线绕着它发生弯曲，随着外加应力的增大，位错线受阻部分的弯曲加剧，以致围绕着粒子的位错线在左右两边相遇，于是正负位错彼此抵消，形成包围着粒子的位错环留下，而位错线的其余部分则越过粒子继续移动。

显然，位错按这种方式移动时受到的阻力是很大的，而且每个留下的位错环要作用于位错源一反向应力，故继续变形时必须增大应力以克服此反向应力，使流变应力迅速提高。

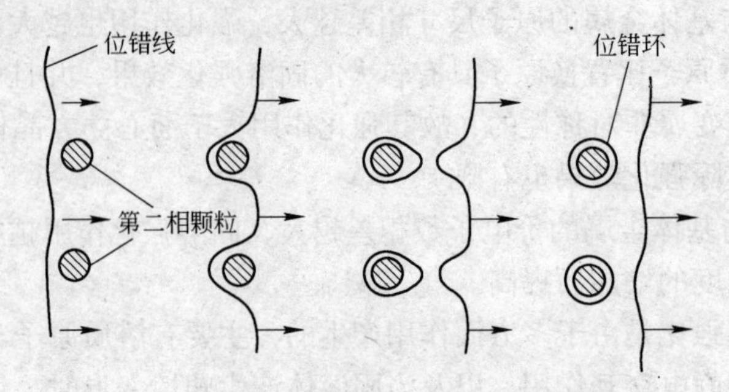

图 7.24 位错绕过第二相粒子的示意图

根据位错理论，迫使位错线弯曲到曲率半径为 R 时所需的切应力

$$\tau = \frac{Gb}{2R}$$

此时由于 $R = \frac{\lambda}{2}$，所以位错线弯曲到该状态所需的切应力

$$\tau = \frac{Gb}{\lambda} \tag{7-8}$$

这是一临界值，只有外加应力大于此值时，位错线才能绕过去。由式（7-8）可见，不可变形粒子的强化作用与粒子间距 λ 成反比，即粒子越多，粒子间距越小，强化作用越明显。因此，减小粒子尺寸（在同样的体积分数时，粒子越小，则粒子间距也越小）或提高粒子的体积分数都会导致合金强度的提高。

上述位错绕过障碍物的机制是由奥罗万（E. Orowan）首先提出的，故其通常称为奥罗万机制，它已被实验所证实。

2）可变形微粒的强化作用。当第二相粒子为可变形微粒时，位错将切过粒子使之随同基体一起变形，如图 7.25 所示。在这种情况下，强化作用主要决定于粒子本身的性质，以及其与基体的联系，其强化机制甚为复杂，且因合金而异，主要作用如下：

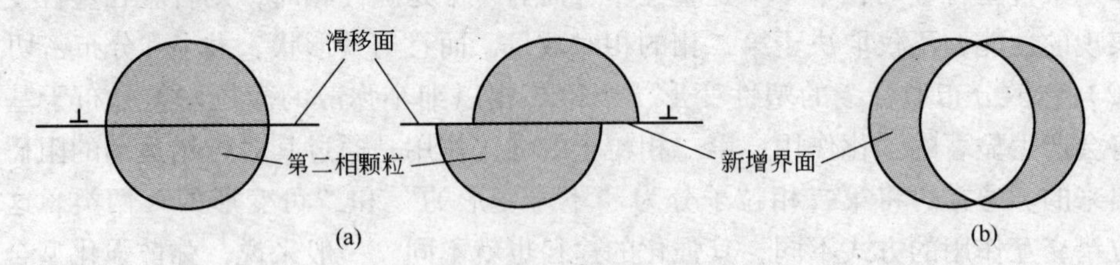

图 7.25 位错切割粒子的机制

（a）侧视图；（b）顶视图

① 位错切过粒子时，粒子产生宽度为 b 的表面台阶，由于出现了新的表面积，使总的界面能升高。

② 当粒子是有序结构时，则位错切过粒子时会打乱滑移面上下的有序排列，产生反相畴界，引起能量的升高。

③ 由于第二相粒子与基体的晶体点阵不同或至少是点阵常数不同，故当位错切过粒

子时必然在其滑移面上造成原子的错排，需要额外做功，给位错运动带来困难。

④ 由于粒子与基体的比体积差别，而且沉淀粒子与母相之间保持共格或半共格结合，故在粒子周围产生弹性应力场，此应力场与位错会产生交互作用，对位错运动有阻碍。

⑤ 由于基体与粒子中的滑移面取向不相一致，则位错切过后会产生一割阶，割阶的存在会阻碍整个位错线的运动。

⑥ 由于粒子的层错能与基体不同，当扩展位错通过后，其宽度会发生变化，引起能量升高。

以上这些强化因素的综合作用，使合金的强度得到提高。

总之，上述两种机制不仅可解释多相合金中第二相的强化效应，而且也可解释多相合金的塑性。然而不管哪种机制均受控于粒子的本性、尺寸和分布等因素，故合理地控制这些参数，可使沉淀强化型合金和弥散强化型合金的强度和塑性在一定范围内进行调整。

7.2.4 塑性变形对材料组织与性能的影响（Influence of plastic deformation to the microstructure and properties of materials）

塑性变形不但可以改变材料的外形和尺寸，而且能使材料的内部组织和各种性能发生变化。

7.2.4.1 显微组织的变化（Change of microstructure）

经塑性变形后，金属材料的显微组织发生明显的改变。除了每个晶粒内部出现大量的滑移带或孪晶带外，随着变形度的增加，原来的等轴晶粒将逐渐沿其变形方向伸长，如图7.26所示。当变形量很大时，晶粒变得模糊不清，晶粒已难以分辨并呈现出一片如纤维状的条纹，称为纤维组织。纤维的分布方向即是材料流变伸展的方向。

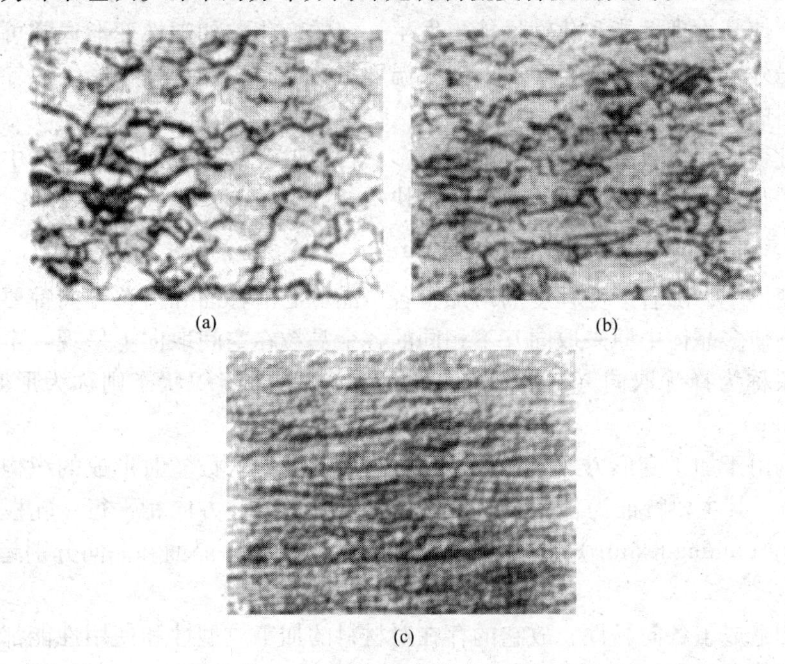

图7.26 铜经不同程度冷轧后的光学显微组织

(a) 30%压缩率（3000×）；(b) 50%压缩率（3000×）；(c) 99%压缩率（3000×）

7.2.4.2　亚结构的变化（Change of substructure）

晶体的塑性变形是借助位错在应力作用下运动和不断增殖的，随着变形度的增大，晶体中的位错密度迅速提高，经严重冷变形后，位错密度可从原先退火态的$10^6 \sim 10^7$增至$10^{11} \sim 10^{12}$。

经一定量的塑性变形后，晶体中的位错线通过运动与交互作用，开始呈现纷乱的不均匀分布，并形成位错缠结。进一步增加变形度时，大量位错发生聚集，并由缠结的位错组成胞状亚结构，其中，高密度的缠结位错主要集中于胞的周围，构成了胞壁，而胞内的位错密度甚低。此时，变形晶粒是由许多这种胞状亚结构组成，各胞之间存在微小的位向差。随着变形度的增大，变形胞的数量增多、尺寸减小。

7.2.4.3　性能的变化（Change of properties）

材料在塑性变形过程中，随着内部组织与结构的变化，其力学、物理和化学性能均发生明显的改变。

（1）加工硬化。金属材料经冷加工变形后，强度（硬度）显著提高，而塑性则很快下降，即产生了加工硬化现象。许多实验证实，塑性变形过程中位错密度的增加及其所产生的钉扎作用是导致加工硬化的决定性因素。

加工硬化是金属材料的一项重要特性，可用来强化金属。特别是对那些不能通过热处理强化的材料，如纯金属，以及某些合金，如奥氏体不锈钢等，主要是借冷加工实现强化的。工业中如拖拉机的履带，铁路的道岔等都是利用加工硬化来提高硬度及耐磨性的。但加工硬化有时也会给进一步加工带来困难。如钢板冷轧、钢丝冷拔等过程中，需安排中间退火工艺，消除加工硬化。

（2）其他性能的变化。经塑性变形后的金属材料，由于点阵畸变，空位和位错等结构缺陷的增加，使其物理性能和化学性能也发生一定的变化。如塑性变形通常可使金属的电阻率增高。另外，塑性变形后，金属的电阻温度系数下降，磁导率下降，热导率也有所降低，铁磁材料的磁滞损耗及矫顽力增大。

由于塑性变形使得金属中的结构缺陷增多，自由焓升高，因而导致金属中的扩散过程加速，金属的化学活性增大，腐蚀速度也加快。

7.2.4.4　形变织构（Deformation texture）

在塑性变形中，随着形变程度的增加，各个晶粒的滑移面和滑移方向都要向主形变方向转动，逐渐使多晶体中原来取向互不相同的各个晶粒在空间取向上呈现一定程度的规律性，这一现象称为择优取向（preferred orientation），这种组织状态则称为形变织构（deformation texture）。

形变织构由于加工变形方式的不同，可分为两种类型：拔丝时形成的织构称为丝织构（wire texture），其主要特征为各晶粒的某一晶向大致与拔丝方向相平行；轧板时形成的织构称为板织构（rolling texture），其主要特征为各晶粒的某一晶面和晶向分别趋于同轧面与轧向相平行。

由于织构造成了各向异性，故它的存在对材料的加工成型性和使用性能都有很大的影响，尤其是因为织构不仅出现在冷加工变形的材料中，即使进行了退火处理也仍然存在，故在工业生产中应予以高度重视。一般来说，不希望金属板材存在织构，特别是用于深冲压成型的板材，织构会造成其沿各方向变形的不均匀性，使工件的边缘出现高低不平，产生了所谓“制耳”。但在某些情况下，又有利用织构提高板材性能的例子，如变压器用硅钢片，由于α-Fe〈100〉方向最易磁化，故生产中通过适当控制轧制工艺，可获得具有（100）[001]织构和磁化性能优异的硅钢片。

7.2.4.5 残余应力（Residual stress）

塑性变形中外力所做的功除大部分转化成热之外，还有一小部分以畸变能的形式储存在形变材料内部，这部分能量称为储存能，其大小因形变量、形变方式、形变温度，以及材料本身性质而异，约占总形变功的百分之几。储存能的具体表现方式为：宏观残余应力、微观残余应力及点阵畸变。残余应力是一种内应力，它在工件中处于自相平衡状态，其产生是由于工件内部各区域变形不均匀性，以及相互间的牵制作用所致。按照残余应力平衡范围的不同，通常可将其分为三种：

（1）第一类内应力，又称宏观残余应力。它是由工件不同部分的宏观变形不均匀性引起的，故其应力平衡范围包括整个工件。这类残余应力所对应的畸变能不大，仅占总储存能的0.1%左右。

（2）第二类内应力，又称微观残余应力。它是由晶粒或亚晶粒之间的变形不均匀性产生的。其作用范围与晶粒尺寸相当，即在晶粒或亚晶粒之间保持平衡。这种内应力有时可达到很大的数值，甚至可能造成显微裂纹并导致工件破坏。

（3）第三类内应力，又称点阵畸变。其作用范围是几十至几百纳米，它是由于工件在塑性变形中形成的大量点阵缺陷（如空位、间隙原子、位错等）引起的。变形金属中储存能的绝大部分（80%～90%）用于形成点阵畸变。这部分能量会导致塑性变形金属在加热时的回复及再结晶过程。

金属材料经塑性变形后的残余应力是不可避免的，它将对工件的变形、开裂和应力腐蚀产生影响和危害，故必须及时采取消除措施（如去应力退火处理）。但是，在某些特定条件下，残余应力的存在也是有利的。例如，承受交变载荷的零件，若用表面滚压和喷丸处理，使零件表面产生压应力的应变层，借以达到强化表面的目的，可使其疲劳寿命成倍提高。

7.3 回复和再结晶（Recovery and recrystallization）

金属和合金经塑性变形后，由于空位、位错等结构缺陷密度的增加，以及畸变能的升高，将使其处于热力学不稳定的高自由能状态，因此，经塑性变形的材料具有自发恢复到变形前低自由能状态的趋势。当冷变形金属加热时会发生回复、再结晶和晶粒长大等过程。了解这些过程的发生和发展规律，对于改善和控制金属材料的组织和性能具有重要的意义。

7.3.1 冷变形金属在加热时的组织和性能变化（The change of cold-forming metal microstructure and properties during heating process）

冷变形后材料经重新加热进行退火之后，其组织和性能会发生变化。观察在不同加热温度下变化的特点，可将退火过程分为回复、再结晶和晶粒长大三个阶段。

回复是指新的无畸变晶粒出现之前所产生的亚结构和性能变化的阶段；再结晶是指出现无畸变的等轴新晶粒逐步取代变形晶粒的过程；晶粒长大是指再结晶结束之后晶粒的继续长大。

图 7.27 为冷变形金属在退火过程中显微组织的变化。由图可见，在回复阶段，由于不发生大角度晶界的迁移，所以晶粒的形状和大小与变形态的相同，仍保持着纤维状或扁平状，从光学显微组织上几乎看不出变化。在再结晶阶段，首先是在畸变度大的区域产生新的无畸变晶粒的核心，然后逐渐消耗周围的变形基体而长大，直到形变组织完全改组为新的、无畸变的细等轴晶粒为止。最后，在晶界表面能的驱动下，新晶粒互相吞食而长大，从而得到一个在该条件下较为稳定的尺寸，这称为晶粒长大阶段。

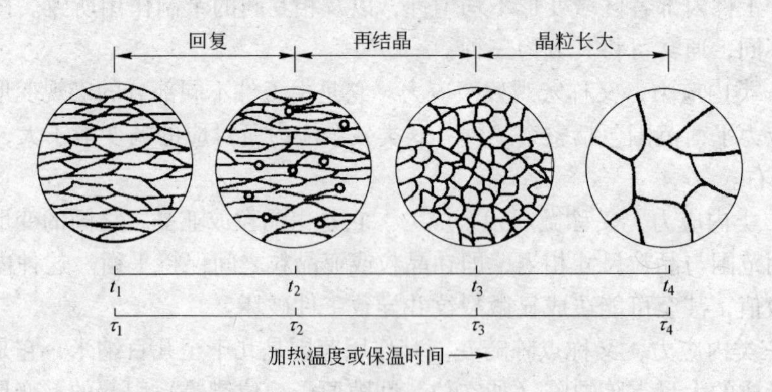

图 7.27　冷变形金属在退火过程中显微组织的变化

图 7.28 展示了冷变形金属在退火过程中性能和能量的变化。

（1）强度与硬度：回复阶段的硬度变化很小，约占总变化的 1/5，而再结晶阶段则下降较大。强度具有与硬度相似的变化规律。上述情况主要与金属中的位错机制有关，即回复阶段时，变形金属仍保持很高的位错密度，而发生再结晶后，则由于位错密度显著降低，故强度与硬度明显下降。

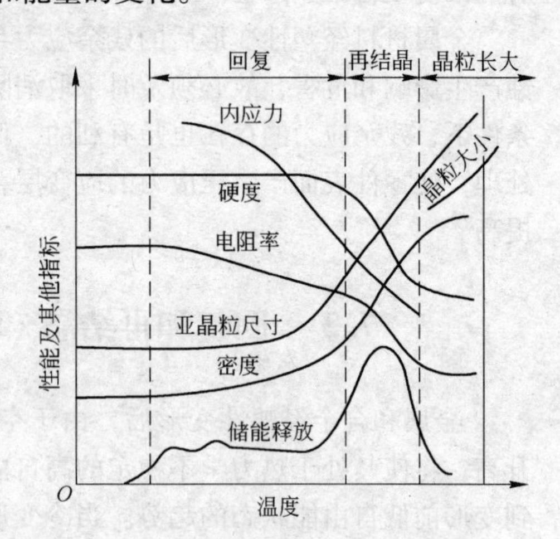

图 7.28　冷变形金属在退火过程中性能和能量的变化

（2）电阻：变形金属的电阻在回复阶段已表现出明显的下降趋势。因为电阻率与晶体点阵中的点缺陷（如空位、间隙原子等）密切相关。点缺陷所引起的点阵畸变会使传导电子产生散射，提高电阻率。它的散射作用比位错所引起的更为强烈。因此，在回复阶段电阻率的明显下降就标志着在此阶段点缺陷浓度有明显的减小。

（3）内应力：在回复阶段，大部或全部的宏观内应力可以消除，而微观内应力则只有通过再结晶方可全部消除。

（4）亚晶粒尺寸：在回复的前期，亚晶粒尺寸变化不大，但在后期，尤其在接近再结晶时，亚晶粒尺寸会显著增大。

（5）密度：变形金属的密度在再结晶阶段发生急剧增高，显然，除与前期点缺陷数目减少有关外，主要是因再结晶阶段中位错密度显著降低所致。

（6）储能的释放：当冷变形金属加热到足以引起应力松弛的温度时，储能就被释放出来。在回复阶段，各材料释放的储存能量均较小，再结晶晶粒出现的温度对应于储能释放曲线的高峰处。

7.3.2　回复（Recovery）

7.3.2.1　回复动力学（Recovery kinetics）

回复是冷变形金属在退火时发生组织性能变化的早期阶段，在此阶段内物理或力学性能（如强度和电阻率等）的回复程度是随温度和时间而变化的。图 7.29 为同一变形程度的多晶体铁在不同温度退火时，屈服强度的回复动力学曲线。图中横坐标为时间，纵坐标为剩余应变硬化分数（$1-R$），R 为屈服强度回复率 = $(\sigma_m-\sigma_r)/(\sigma_m-\sigma_0)$，式中 σ_m、σ_r 和 σ_0 分别代表变形后、回复后和完全退火后的屈服强度。显然，（$1-R$）越小，即 R 越大，则表示回复程度越大。

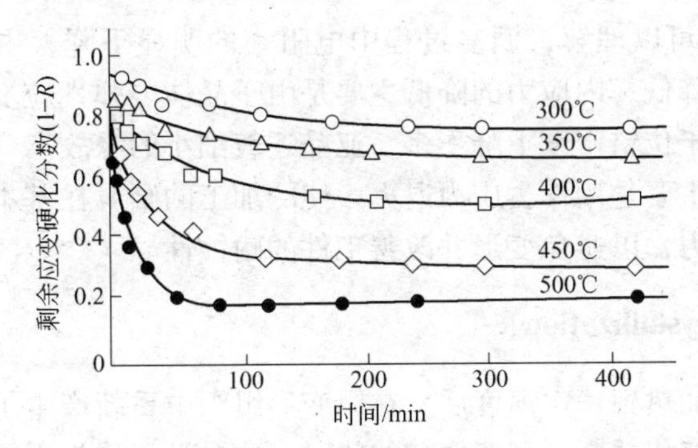

图7.29　同一变形程度的多晶体铁在不同温度退火时，屈服强度的回复动力学曲线

7.3.2.2　回复机制（Recovery mechanism）

回复阶段的加热温度不同，冷变形金属的回复机制各异。

（1）低温回复。低温时，回复主要与点缺陷的迁移有关。冷变形时产生了大量点缺陷（空位和间隙原子），点缺陷运动所需的热激活较低，因而在较低温度时就可进行。它们可迁移至晶界（或金属表面），并通过空位与位错的交互作用、空位与间隙原子的重新结合，以及空位聚合起来形成空位对、空位群和空位片——崩塌成位错环而消失，从而使点缺陷密度明显下降。所以对点缺陷很敏感的电阻率此时也明显下降。

（2）中温回复。加热温度稍高时，会发生位错运动和重新分布。回复的机制主要与位错的滑移有关：同一滑移面上异号位错可以相互吸引而抵消；位错偶极子的两条位错线相消。

（3）高温回复。高温（约 $0.3T_m$）时，刃型位错可获得足够的能量产生攀移。攀移产生了两个重要的后果：1）使滑移面上不规则的位错重新分布，刃型位错垂直排列成墙，这种分布可显著降低位错的弹性畸变能，因此，可看到对应于此温度范围，有较大的应变能释放。2）沿垂直于滑移面方向排列并具有一定取向差的位错墙（小角度亚晶界），以及由此所产生的亚晶，即多边化结构。

高温回复多边化过程的驱动力主要来自应变能的下降。多边化过程产生的条件：1）塑性变形使晶体点阵发生弯曲。2）在滑移面上有塞积的同号刃型位错。3）须加热到较高的温度，使刃型位错能够产生攀移运动。

多边化后刃型位错的排列情况如图 7.30 所示，故形成了亚晶界。一般认为，在产生单滑移的单晶体中多边化过程最为典型；而在多晶体中，由于容易发生多系滑移，不同滑移系上的位错往往缠结在一起，会形成胞状组织。

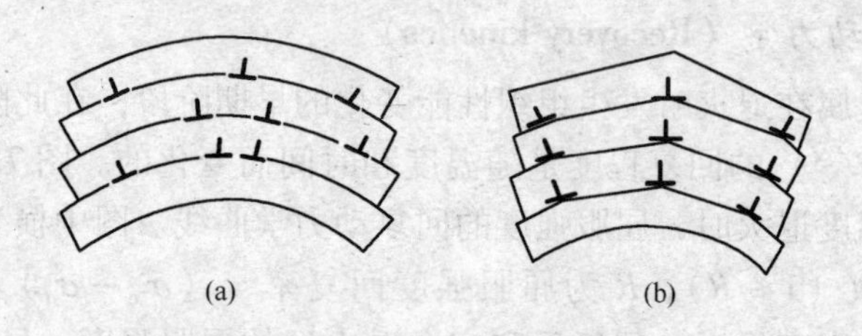

图 7.30 位错在多边化过程中重新分布

（a）多边化前刃型位错散乱分布；（b）多边化后刃型位错排列成位错墙

从上述回复机制可以理解，回复过程中电阻率的明显下降，主要是由于过量空位的减少和位错应变能的降低；内应力的降低主要是由于晶体内弹性应变的基本消除；硬度及强度下降不多则是由于位错密度下降不多，亚晶还较细小的缘故。

据此，回复退火主要是用作去应力退火，使冷加工的金属在基本上保持加工硬化状态的条件下降低其内应力，以避免变形并改善工件的耐蚀性。

7.3.3 再结晶（Recrystallization）

冷变形后的金属加热到一定温度后，在原变形组织中重新产生了无畸变的新晶粒，而性能也发生了明显的变化并恢复到变形前的状况，这个过程称为再结晶。再结晶的驱动力是变形金属经回复后未被释放的储存能。

7.3.3.1 再结晶过程（Recrystallization process）

再结晶是一种形核和长大过程，即通过在变形组织的基体上产生新的无畸变再结晶晶核，并通过逐渐长大形成等轴晶粒，从而取代全部变形组织的过程。

（1）形核。透射电镜观察表明，再结晶晶核是现存于局部高能量区域内的，以多边化形成的亚晶为基础形核。由此提出几种不同的再结晶形核机制：

1）晶界弓出形核机制：对于变形度较小（一般小于 20%）的金属，多以这种方式形核。即应变诱导晶界移动，或称为弓出形核机制。因变形度较小时，各晶粒之间将由于变形不均匀性而引起位错密度的不同。

2）亚晶合并机制：在回复阶段形成的亚晶，其相邻亚晶边界上的位错网络通过解离、拆散，以及位错的攀移与滑移，逐渐转移到周围其他亚晶界上，从而导致相邻亚晶边界的消失和亚晶的合并。合并后的亚晶，由于尺寸增大，以及亚晶界上位错密度的增加，使相邻亚晶的位向差相应增大，并逐渐转化为大角度晶界，它比小角度晶界具有大得多的迁移率，故可以迅速移动，清除其移动路程中存在的位错，使在它后面留下无畸变的晶体，从而构成再结晶核心。在变形程度较大且具有高层错能的金属中，多以这种亚晶合并机制形核。

3）亚晶迁移机制：由于位错密度较高的亚晶界，其两侧亚晶的位向差较大，故在加热过程中容易发生迁移并逐渐变为大角度晶界，于是就可将它作为再结晶核心而长大。此机制常出现在变形度很大的低层错能金属中。

（2）长大：再结晶晶核形成之后，它就借界面的移动而向周围畸变区域长大。界面迁移的推动力是无畸变的新晶粒本身与周围畸变的母体（即旧晶粒）之间的应变能差，晶界总是背离其曲率中心，向着畸变区域推进，直到全部形成无畸变的等轴晶粒为止，再结晶即告完成。

7.3.3.2 再结晶动力学（Recrystallization kinetics）

再结晶动力学决定于形核率 $\dot{N}$ 和长大速率 G 的大小。若以纵坐标表示已发生再结晶的体积分数，横坐标表示时间，则由试验得到的恒温动力学曲线具有图 7.31 所示的典型“S”曲线特征。该图表明，再结晶过程有一孕育期，且再结晶开始时的速度很慢，随之逐渐加快，至再结晶的体积分数约为50%时速度达到最大，最后又逐渐变慢，这与回复动力学有明显的区别。

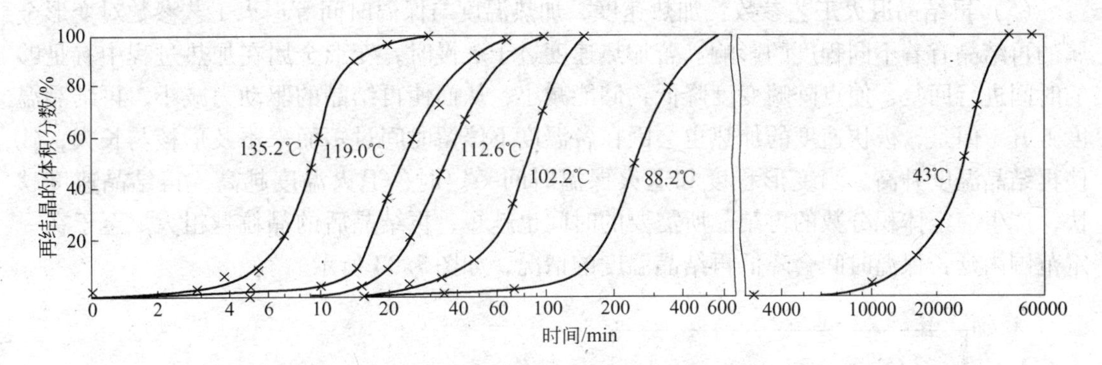

图 7.31 经 98%冷轧的纯铜（质量分数为 99.999%）在不同温度下的等温再结晶曲线

7.3.3.3 再结晶温度及其影响因素（Recrystallization temperature and its influence factors）

冷变形金属开始进行再结晶的最低温度称为再结晶温度。一般工业上通常以经过大变形量（约70%以上）的冷变形金属，经 1h 退火能完成再结晶体积分数 95%所对应的温度，定为再结晶温度。

实验表明，对许多工业纯金属而言，再结晶温度 $T_{再}$ 与其熔点 $T_{熔}$ 间有如下关系：

$$T_{再} \approx (0.35 \sim 0.45)\ T_{熔}\ (K) \tag{7-9}$$

如工业纯铁的再结晶温度为 $T_{再} = 0.4\ (1538 + 273) - 273 = 451.4℃$。

一般再结晶退火温度比 $T_{再}$ 要高出 100～200℃，目的为了消除加工硬化现象。

再结晶温度不是一个严格确定值，不仅因材料特性而异，而且取决于冷变形程度、原始晶粒度等因素。影响再结晶温度的因素有：

（1）变形程度：随冷变形程度的增加，储能增多，再结晶的驱动力增大，再结晶越容易发生，再结晶温度也越低（见图 7.32）。但当变形量达到一定程度后，再结晶温度就基本上稳定不变了。

注意：在给定温度下发生再结晶需要一个最小变形量（临界变形度）。低于此变形度，不发生再结晶。

（2）原始晶粒尺寸：在其他条件相同的情况下，金属的原始晶粒越细小，则变形的抗力越大，冷变形后储存的能量越高，再结晶温度则越低。此外，晶界往往是再结晶形核的有利地区，故细晶粒金属的再结晶形核率 $\dot{N}$ 和长大速率 G 均增加，所形成的新晶粒更细小，再结晶温度也将降低。

（3）微量溶质原子：微量溶质原子的存在能显著提高再结晶温度的原因，可能是溶质原子与位错及晶界间存在着交互作用，使溶质原子倾向于在位错及晶界处偏聚，对位错的滑移与攀移和晶界的迁移起着阻碍作用，从而不利于再结晶的形核和核的长大，阻碍了再结晶过程。

（4）第二相粒子：第二相粒子的存在既可能促进基体金属的再结晶，也可能阻碍再结晶，这主要取决于基体上分散相粒子的大小及其分布。当第二相粒子尺寸较大，间距较宽（一般大于1μm）时，再结晶核心能在其表面产生；当第二相粒子尺寸很小且又较密集时，则会阻碍再结晶的进行，在钢中常加入 Nb、V 或 Al 形成 NbC、V_4C_3、AlN 等尺寸很小的化合物（小于100nm），它们会抑制形核。

（5）再结晶退火工艺参数：加热速度、加热温度与保温时间等退火工艺参数对变形金属的再结晶有着不同程度的影响。若加热速度过于缓慢时，变形金属在加热过程中有足够的时间进行回复，使点阵畸变度降低，储能减小，从而使再结晶的驱动力减小，再结晶温度上升。但是，极快速度的加热也会因在各温度下停留时间过短而来不及形核与长大，致使再结晶温度升高。当变形程度和退火保温时间一定时，退火温度越高，再结晶速度越快，产生一定体积分数的再结晶所需要的时间也越短，再结晶后的晶粒越粗大。至于在一定范围内延长保温时间会降低再结晶温度的情况，如图 7.33 所示。

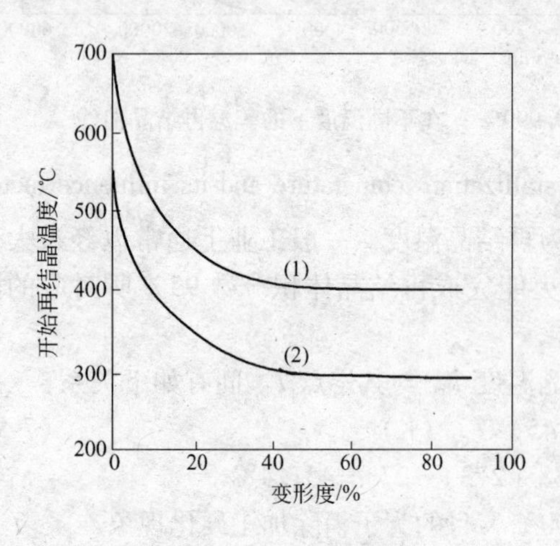

图 7.32 铁和铝的开始再结晶温度与预先冷变形程度的关系

（1）铁；（2）铝

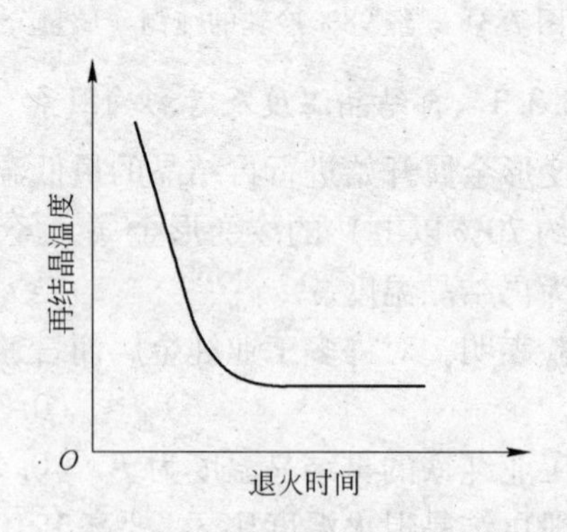

图 7.33 退火时间与再结晶温度的关系

7.3.3.4 再结晶后的晶粒大小（Grain size after recrystallization）

由于晶粒大小对材料性能将产生重要影响，因此，控制再结晶的晶粒尺寸，在生产中具有一定的实际意义。

再结晶后的晶粒大小 d 取决于形核率 $\dot{N}$ 和长大速率 G，它们之间有下列关系：

$$d = 常数 \cdot (G/\dot{N})^{1/4} \tag{7-10}$$

由此可见：凡是影响 $\dot{N}$、G 的因素，均影响再结晶的晶粒大小。

（1）变形度（Deformation degree）的影响。当变形程度很小时，晶粒尺寸即为原始晶粒的尺寸，这是因为变形量过小，造成的储存能不足以驱动再结晶，所以晶粒大小没有变化。当变形程度增大到一定数值后，此时的畸变能已足以引起再结晶，但由于变形程度不大，$G/\dot{N}$ 比值较大，因此得到特别粗大的晶粒。通常，把对应于再结晶后得到特别粗大晶粒的变形程度称为“临界变形度”，一般金属的临界变形度约为 2% ~10%。在生产实践中，要求细晶粒的金属材料应当避开这个变形量，以免恶化工件的性能。

当变形量大于临界变形量之后，驱动形核与长大的储存能不断增大，而且形核率 $\dot{N}$ 增大较快，使 $G/\dot{N}$ 变小，因此，再结晶后晶粒细化，且变形度越大，晶粒越细化（见图 7.34）。

（2）退火温度（Annealing temperature）的影响。退火温度对刚完成再结晶的晶粒尺寸的影响比较弱，这是因为它对 $G/\dot{N}$ 比值影响微弱。但提高退火温度可使再结晶的速度显著加快，临界变形度数值变小（见图 7.35）。若再结晶过程已完成，随后还有一个晶粒长大阶段很明显，则温度越高晶粒越粗。

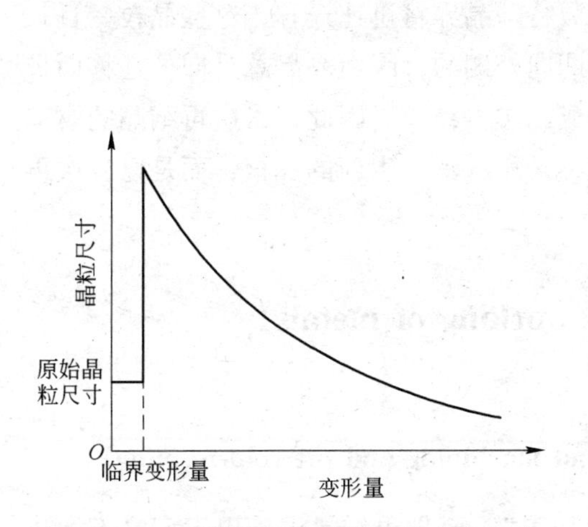

图 7.34　变形量与再结晶晶粒尺寸的关系

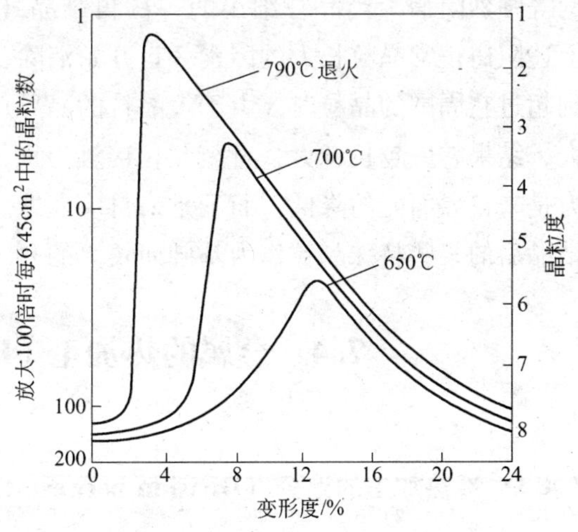

图 7.35　低碳钢（碳质量分数为 0.66%）变形度及退火温度对再结晶晶粒大小的影响

（3）原始晶粒大小（Original grain）的影响。细晶粒金属的晶界面积大，所以储存能高的区域多，形成的再结晶核心也多，故再结晶后的晶粒越细。

（4）杂质（Impurities）的影响。一方面，金属中杂质的存在将增大冷变形金属中的储存能，使 $G/\dot{N}$ 值变小；另一方面，杂质会降低界面的迁移能力，阻碍再结晶晶粒长大，使再结晶后的晶粒细小。

7.3.4　晶粒长大（Grain growth）

再结晶结束后，材料通常得到细小等轴晶粒，若继续提高加热温度或延长加热时间，将引起晶粒进一步长大。

对晶粒长大而言，晶界移动的驱动力通常来自总的界面能的降低。晶粒长大按其特点可分为两类：正常晶粒长大与异常晶粒长大（二次再结晶），前者表现为大多数晶粒几乎同时逐渐均匀长大；而后者则为少数晶粒突发性的不均匀长大。

7.3.4.1　晶粒的正常长大（Normal grain growth）

再结晶完成后，晶粒长大是一自发过程。从整个系统而言，晶粒长大的驱动力是降低其总界面能。若就个别晶粒长大的微观过程来说，晶粒界面的不同曲率是造成晶界迁移的直接原因。实际上晶粒长大时，晶界总是向着曲率中心的方向移动，并不断平直化。因此，晶粒长大过程就是“大吞并小”和凹面变平的过程。在二维坐标中，晶界平直且夹角为120°的六边形是二维晶粒的最终稳定形状。

7.3.4.2　异常晶粒长大（二次再结晶）（Abnormal grain growth）

异常晶粒长大又称不连续晶粒长大或二次再结晶（secondary recrystallization），是一种特殊的晶粒长大现象。

发生异常晶粒长大的基本条件是正常晶粒长大过程被分散相微粒、织构或表面的热蚀沟等强烈阻碍。当晶粒细小的一次再结晶（primary recrystallization）组织被继续加热时，上述阻碍正常晶粒长大的因素一旦开始消除，少数特殊晶界将迅速迁移，这些晶粒一旦长到超过它周围的晶粒时，由于大晶粒的晶界总是凹向外侧的，因而晶界总是向外迁移而扩大，结果它就越长越大，直至互相接触为止，形成二次再结晶。因此，二次再结晶的驱动力是来自界面能的降低，而不是来自应变能。它不是靠重新产生新的晶核，而是以一次再结晶后的某些特殊晶粒作为基础而长大的。

7.4　金属的热加工（Hot working of metals）

7.4.1　冷热加工的划分（Division between the hot machining and the cold-forming）

工程上常将再结晶温度以上的加工称为“热加工”，而把再结晶温度以下而又不加热的加工称为“冷加工”。至于“温加工”则介于两者之间，其变形温度低于再结晶温度，却高于室温。例如，Sn的再结晶温度为－71℃，故在室温时对锡（Sn）进行加工系热加工，而钨（W）的最低再结晶温度为1200℃，在1000℃以下拉制钨丝则属于温加工。因此，再结晶温度是区分冷、热加工的分界线。

热加工也有加工硬化现象，但由于处于再结晶温度以上，硬化的同时发生了动态回复、再结晶而使材料软化，故热加工后金属的组织和性能就取决于它们之间相互抵消的程度。

7.4.2 动态回复与动态再结晶（Dynamic recovery and dynamic recrystallization）

热加工时的回复和再结晶过程比较复杂，按其特征可分为以下五种形式：（1）动态回复；（2）动态再结晶；（3）亚动态再结晶；（4）静态回复；（5）静态再结晶。

动态回复和动态再结晶是在热变形时，即在外力和温度共同作用下发生的；而亚动态再结晶是在热加工完毕去除外力后发生的，已在动态再结晶时形成的再结晶核心及正在迁移的再结晶晶粒界面，不必再经过任何孕育期继续长大和迁移；静态回复和静态再结晶是热加工完毕或中断后的冷却过程中，即在无外力作用下发生的，其变化规律与上一节讨论一致，唯一不同之处是：它们利用热加工的余热来进行，而不需要重新加热，故在这里不再进行赘述。下面仅对动态回复和动态再结晶进行论述。

7.4.2.1 动态回复（Dynamic recovery）

通常高层错能金属（如 Al、α－Fe、Zr、Mo 和 W 等）的扩展位错很窄，螺型位错的交滑移和刃型位错的攀移均较易进行，这样就容易从结点和位错网中解脱出来而与异号位错相互抵消，因此，亚组织中的位错密度较低，剩余的储能不足以引起动态再结晶，动态回复是这类金属热加工过程中起主导作用的软化机制。

图 7.36 为发生动态回复时的真应力-真应变曲线。动态回复可以分为三个不同的阶段：

Ⅰ——微应变阶段，应力增大很快，并开始出现加工硬化，总应变小于1%。

Ⅱ——均匀应变阶段，斜率逐渐下降，材料开始均匀塑性变形，同时出现动态回复，“加工硬化”部分被动态回复所引起的“软化”所抵消。

Ⅲ——稳态流变阶段，加工硬化与动态回复作用接近平衡，加工硬化率趋于零，出现应力不随应变而增高的稳定状态。稳态流变的应力受温度和应变速率的影响很大。

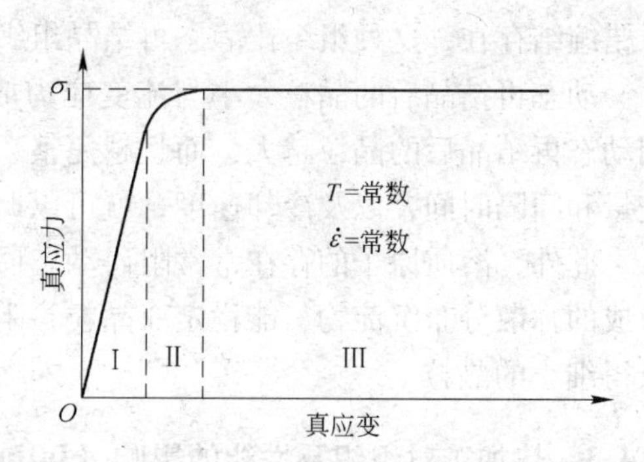

图 7.36 发生动态回复时真应力-真应变曲线

在动态回复所引起的稳态流变过程中，随着持续应变，虽然晶粒沿变形方向伸长呈纤维状，但晶粒内部却保持等轴亚晶无应变的结构。

7.4.2.2 动态再结晶（Dynamic recrystallization）

对于低层错能金属（如 Cu、Ni、γ- Fe、不锈钢等），由于它们的扩展位错宽度很宽，不易通过螺型位错的交滑移和刃型位错的攀移来进行动态回复，因此发生动态再结晶的倾向较大。

图 7.37 为发生动态再结晶时真应力-真应变曲线，在高应变速率下，动态再结晶也分为三个阶段：

Ⅰ——微应变加工硬化阶段，$\varepsilon < \varepsilon_c$（开始发生动态再结晶的临界应变度），应力随应变增加而迅速增加，不发生动态再结晶。

Ⅱ——动态再结晶开始阶段，$\varepsilon > \varepsilon_c$，斜率逐渐下降，材料开始均匀塑性变形，同时

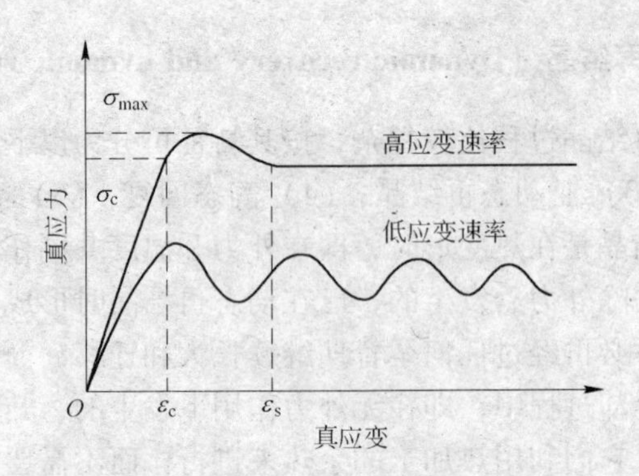

图 7.37 发生动态再结晶时真应力-真应变曲线

出现动态回复，“加工硬化”部分被动态回复所引起的“软化”所抵消。

Ⅲ——稳态流变阶段，加工硬化与动态回复作用接近平衡，加工硬化率趋于零，出现应力不随应变而增高的稳定状态。稳态流变的应力受温度和应变速率影响很大。

动态再结晶也是形核和核长大过程。当应变速率低，变形量小时，以界面弓出方式形核，出现锯齿形晶界；当应变速率高、变形量大时，形成亚晶，不稳定的亚晶界可能消失，使亚晶聚合长大而形核，或亚晶界迁移，使亚晶长大而形核。

动态再结晶后得到等轴晶粒组织，晶粒内部由于继续承受变形，有较高的位错密度和位错缠结存在，这种组织比静态再结晶组织有较高的强度和硬度。

动态再结晶后的晶粒大小与流变应力成反比。另外，应变速率越低，变形温度越高，则动态再结晶后的晶粒越大，而且越完整。因此，控制应变速率、温度、每道次变形的应变量和间隔时间，以及冷却速度，就可以调整热加工材料的晶粒度和强度。

此外，溶质原子的存在常常阻碍动态回复，而有利于动态再结晶的发生；在热加工时形成的弥散分布沉淀物，能稳定亚晶粒，阻碍晶界移动，减缓动态再结晶的进行，有利于获得细小的晶粒。

7.4.3 热加工对组织及性能的影响（Influence of hot working on the microstructure and properties of metal materials）

除了铸件和烧结件外，几乎所有的金属材料在制成成品的过程中均须经过热加工，而且不管是中间工序还是最终工序，金属经热加工后，其组织与性能必然会对最终产品性能带来巨大的影响。

7.4.3.1 热加工对室温力学性能的影响（Influence of hot working on the mechanical properties at room temperature）

热加工不会使金属材料发生加工硬化，但能消除铸造中的某些缺陷，如将气孔、疏松焊合；改善夹杂物和脆性物的形状、大小及分布；部分消除某些偏析；将粗大柱状晶、树枝晶变为细小、均匀的等轴晶粒，其结果使材料的致密度和力学性能有所提高。因此，金属材料经热加工后比铸态具有较佳的力学性能。

金属热加工时通过对动态回复的控制，使亚晶细化，这种亚组织可借适当的冷却速度使之保留到室温，具有这种组织的材料，其强度要比动态再结晶的金属高。通常把形成亚组织而产生的强化称为“亚组织强化”，它可作为提高金属强度的有效途径。例如，铝及其合金的亚组织强化、钢和高温合金的形变热处理、低合金高强度钢控制轧制等，均与亚晶细化有关。

7.4.3.2　热加工材料的组织特征（Structure characteristics of hot working materials）

（1）加工流线。热加工时，由于夹杂物、偏析、第二相和晶界、相界等随着应变量的增大，逐渐沿变形方向延伸，在经浸蚀的宏观磨面上会出现流线或热加工纤维组织。这种纤维组织的存在，会使材料的力学性能呈现各向异性，顺纤维的方向较垂直于纤维方向具有较高的力学性能，特别是塑性与韧性。为了充分利用热加工纤维组织这一力学性能特点，用热加工方法制造零件时，所制定的热加工工艺应保证零件中的流线有正确的分布，尽量使流线与零件工作时所受到最大拉应力的方向相一致，而与外加的切应力或冲击力的方向垂直。

（2）带状组织。复相合金中的各个相，在热加工时沿着变形方向交替地呈带状分布，这种组织称为“带状组织”。例如，低碳钢经热轧后，珠光体和铁素体常沿轧向呈带状或层状分布，构成“带状组织”。对于高碳高合金钢，由于存在较多的共晶碳化物，因而在加热时也呈带状分布。带状组织往往是由于枝晶偏析或夹杂物在压力加工过程中被拉长所造成的。还有一种是铸锭中存在偏析，压延时偏析区沿变形方向伸长呈条带状分布，冷却时，由于偏析区成分不同而转变为不同的组织。

带状组织的存在也将引起性能明显的方向性，尤其是在同时兼有纤维状夹杂物的情况下，其横向的塑性和冲击韧性显著降低。为了防止和消除带状组织，一是不在两相区变形；二是减小夹杂物元素的含量；三是可用正火处理或高温扩散退火加正火处理消除。

7.4.4　蠕变（Creep）

在高压蒸汽锅炉、汽轮机、化工炼油设备，以及航空发动机中，许多金属零部件和在冶金炉、烧结炉及热处理炉中的耐火材料均长期在高温条件下工作。对于它们，如果仅考虑常温短时静载下的力学性能，显然是不够的。这里须引入一个蠕变的概念，对其温度和载荷持续作用时间因素的影响加以特别考虑。所谓蠕变，是指在某温度下恒定应力（通常小于 σ_s）下所发生的缓慢而连续的塑性流变现象。一般蠕变时应变速率很小，在 $10^{-10} \sim 10^{-3}$ 范围内，且依应力大小而定，对金属晶体，通常 $T > 0.3T_m$ 时，蠕变现象才比较明显。因此，蠕变的研究，对于高温使用的材料具有重要的意义。

7.4.5　超塑性（Super plasticity）

材料在一定条件下进行热变形，可获得伸长率达 500% ~2000% 的均匀塑性变形，且不发生缩颈现象，材料的这种特性称为超塑性。

为了使材料获得超塑性，通常应满足以下三个条件：

（1）具有等轴细小两相组织，晶粒直径小于 10μm，而且在超塑性变形过程中晶粒不显著长大；

（2）超塑性形变在（0.5 ~0.65）T_m 温度范围内进行；

（3）低的应变速率，一般在（$10^{-2} \sim 10^{-4}$）s^{-1} 范围内，以保证晶界扩散过程得以顺利进行。

大量实验表明，超塑性变形时组织结构变化具有以下特征：

（1）超塑性变形时，没有晶内滑移也没有位错密度的增高；

（2）由于超塑性变形在高温下长时间进行，因此晶粒会有所长大；

（3）尽管变形量很大，但晶粒形状始终保持等轴；

（4）原来两相呈带状分布的合金，在超塑性变形后可变为均匀分布；

（5）当用冷形变和再结晶方法制取超细晶粒合金时，如果合金具有织构，则在超塑性变形后织构消失。

超塑性合金在特定的温度和应变速率下，延展性特别大，具有和高温聚合物及玻璃相似的特征，故可采用塑料和玻璃工业的成型法加工，如像玻璃那样进行吹制，而且形状复杂的零件可以一次成型。由于在形变时无弹性变形，成型后也就没有回弹，故尺寸精密度高，光洁度好。

对于板材冲压，可以用一阴模，利用压力或真空一次成型；对于大块金属，也可用闭模压制一次成型，所需的设备吨位大大降低。另外，因形变速率低，故对模具材料要求也不高。

但该工艺也有缺点，如为了获得超塑性，有时要求多次形变、多次热处理，工艺较复杂。另外，它要求等温下成型，且成型速度慢，因而模具易氧化。目前，超塑性已在 Sn 基、Zn 基、Al 基、Cu 基、Ti 基、Mg 基、Ni 基等一系列合金及多种钢中获得，并在工业中得到实际应用。

习　题

7-1　何为内耗？举例说明其应用。

7-2　为什么在常温下晶粒越细，不仅强度高，而且塑韧性也好？

7-3　冷变形金属在加热时组织和性能有何变化？

7-4　简述塑性变形对材料的组织和性能的影响。

7-5　简述滑移与孪生的异同点。

7-6　简述常温下单晶体塑性变形的主要方式，并说明其产生条件。

7-7　计算纯铁的最低再结晶温度，指出纯铁在400℃加工时，属于何种加工？并估计其再结晶退火温度。

7-8　钨（W）在1100℃加工，锡（Sn）在室温下加工变形，各为何种加工？（钨的熔点为3410℃，锡的熔点为232℃）

7-9　什么叫滑移系，判断下列晶面及晶向能否构成滑移系？并说明原因。

BCC 中（110）$[111]$、（110）$[\bar{1}11]$；FCC 中（111）$[110]$、（111）$[\bar{1}10]$

7-10　室温下对铅板进行弯折，越弯越硬，而稍隔一段时间再进行弯折，铅板又像最初一样柔软，这是什么原因？（铅的熔点为327.5℃）

7-11　用一冷拉钢丝绳吊装一大型工件入炉，并随工件一起加热到1000℃，加热完毕，当吊出工件时钢丝绳发生断裂。试分析其原因。

7-12　多晶体塑性变形有何特点？在多晶体中，哪些晶粒最先滑移？

7-13　金属的再结晶温度受到哪些因素的影响？再结晶退火前后组织和性能有何变化？

7-14　金属塑性变形会造成哪几种残余应力？残余应力对机械零件可能产生哪些利弊？

7-15　热加工对金属组织和性能有何影响？钢材在热变形加工（如锻造）时，为什么不出现硬化现象？

7-16 已知 Fe 的 $T_m = 1538℃$，Cu 的 $T_m = 1083℃$，试估算 Fe 和 Cu 的最低再结晶温度。

7-17 简述一次再结晶与二次再结晶的驱动力。

7-18 动态再结晶与静态再结晶后组织结构的主要区别是什么？

7-19 什么晶体的滑移需要在一定的外力下才能进行，且通常优先在最密排面和最密排方向上进行？

7-20 体心立方晶体的 {112}〈111〉和 {123}〈111〉滑移系有多少个？用图表示其中的一个滑移系。

7-21 如何解释冷变形后的金属在不同的加热温度下所发生的性能变化？

7-22 纤维组织和织构是怎样形成的，它们有何不同，对金属的性能有什么影响？

7-23 影响再结晶的因素有哪些，分析各因素的影响结果。

7-24 金属铸件能否通过再结晶退火来细化晶粒，为什么？

7-25 用以下三种方法：(1) 由厚钢板切出圆饼；(2) 由粗钢棒切下圆饼；(3) 由钢棒热镦成饼再加工成齿轮，哪种方法较为理想，为什么？

7-26 金属的塑性变形有哪几种方式，在什么条件下会发生滑移变形，说明滑移的机理与孪生有何区别？

7-27 说明下列现象产生的原因：

(1) 滑移面是原子密度最大的晶面，滑移方向是原子密度最大的方向；

(2) 晶界处滑移的阻力最大；

(3) 实际测得的晶体滑移所需的临界切应力比理论计算的数值小；

(4) Zn、α-Fe、Cu 的塑性不同。

7-28 简要分析加工硬化、细晶强化、固溶强化与第二相强化在本质上有什么异同？

8 亚稳态材料
(Metastable state of materials)

材料的稳定状态（stable state）是指其体系自由能最低时的平衡状态，通常相图中所显示的即是稳定的平衡状态。但由于种种因素，材料会以高于平衡态时自由能的状态存在，即处于一种非平衡的亚稳态（metastable state）。同一化学成分的材料，其亚稳态时的性能不同于平衡态时的性能，而且亚稳态可因形成条件的不同而呈多种形式，它们所表现的性能迥异。在很多情况下，亚稳态材料的某些性能会优于其处于平衡态时的性能，甚至出现特殊的性能。因此，对材料亚稳态的研究不仅有理论上的意义，更具有重要的实用价值。

非平衡的亚稳态能够存在的原因可用图 8.1 所表示的自由能变化来解释。图中 a 点是自由能最高的不稳定状态；d 点是自由能最低的位置，此时体系处于稳定状态；b 点位于它们之间的另一个低谷，如果要进入到自由能最低的 d 状态，需要越过能峰 c，在没有进一步的驱动力的情况下，体系就可能处于 b 这种亚稳态，故从热力学上说明了亚稳态是可以存在的。

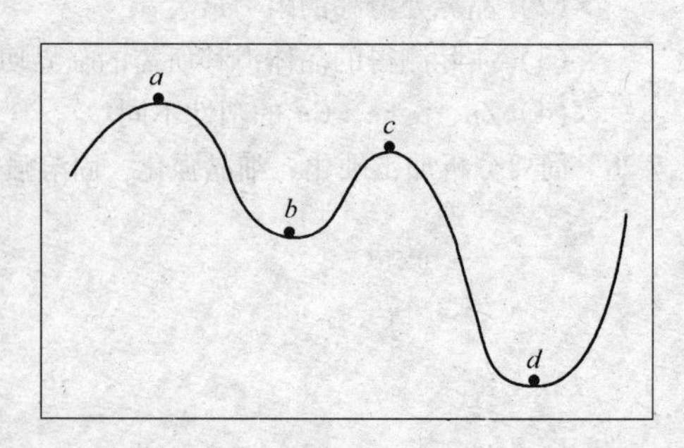

图 8.1　材料自由能随状态的变化示意图

材料在平衡条件下只以一种状态存在，而非平衡的亚稳态则可出现多种形式，大致有以下几种类型：

（1）细晶组织。当组织细小时，界面增多，自由能升高，故为亚稳态。其中突出的例子是超细的纳米晶组织，其晶界体积甚至可占材料总体积的 50% 以上。

（2）高密度晶体缺陷的存在。晶体缺陷使原子偏离平衡位置，晶体结构排列的规则性下降，故体系自由能增高。另外，对于有序合金，当其有序度下降，甚至呈无序状态（化学无序）时，也会使自由能升高。

（3）形成过饱和固溶体。即溶质原子在固溶体中的浓度超过平衡浓度，甚至在平衡状态时互不溶解的组元发生了相互溶解。

（4）发生非平衡转变，生成具有与原先不同结构的亚稳新相，例如，钢及合金中的马氏体、贝氏体，以及合金中的准晶态相等。

（5）由晶态转变为非晶态，由结构有序变为结构无序，自由能增高。

本章将介绍纳米晶、准晶和非晶亚稳态材料。

8.1　纳米晶材料（Nanocrystalline material）

自 20 世纪 80 年代以来，随着材料制备技术的发展，人们研制出晶粒尺寸为纳米（nm）级的材料，并发现此材料不仅强度高（但不符合霍尔-佩奇公式），其结构和光、电、磁、热学、化学等各种性能都具有特殊性，引起了人们极大的兴趣和关注。纳米晶材料（或称纳米结构材料）已成为国际上发展新材料领域中的一个重要内容，并在材料科学和凝聚态物理学科中引出了新的研究方向——纳米材料学。

纳米材料这一名称含义甚广，总体上是指尺度（三维中至少有一维）为纳米级（小于100nm）或由它们为基本单元所组成的固体，包括纳米晶单体、纳米晶粒构成的块体（纳米晶材料）、纳米粉体、纳米尺度物体（如纳米线、纳米带、纳米管、纳米薄膜、纳米粒子及纳米器件等）。由于纳米化出现的表面效应、小体积效应、量子尺寸效应、界面效应、量子隧穿效应等，这些纳米材料会分别显示出不同于其通常状态的特殊性能，因而纳米材料已成为当前研究和开发应用的热点。

鉴于所涉及的范围太广，作为基础教材，这里主要以纳米晶材料为重点作简要的介绍。

8.1.1 纳米材料的结构（Structure of namocrystalline material）

纳米晶材料的概念最早是由 H. Gleiter 提出的，这类固体由（至少在一个方向上）尺寸为几个纳米的结构单元（主要是晶体）所构成。图 8.2 表示纳米晶材料的二维硬球模型，不同取向的纳米尺度小晶粒由晶界联结在一起，由于晶粒极微小，晶界所占的比例就相应地增大。若晶粒尺寸为 5 ~ 10nm，按三维空间计算，晶界将占到 50% 体积分数，即有约 50% 原子位于排列不规则的晶界处，其原子密度的配位数远远偏离了完整的晶体结构，所以纳米晶体材料是一种非平衡态的结构，其中存在大量的晶体缺陷。此外，如材料中存在杂质原子或溶质原子，则因这些原子的偏聚作用，使晶界区域的化学成分不同于晶内成分。由于在结构上和化学上都偏离了正常的晶体结构，所表现的各种晶体性能也明显不同于通常的多晶体材料。

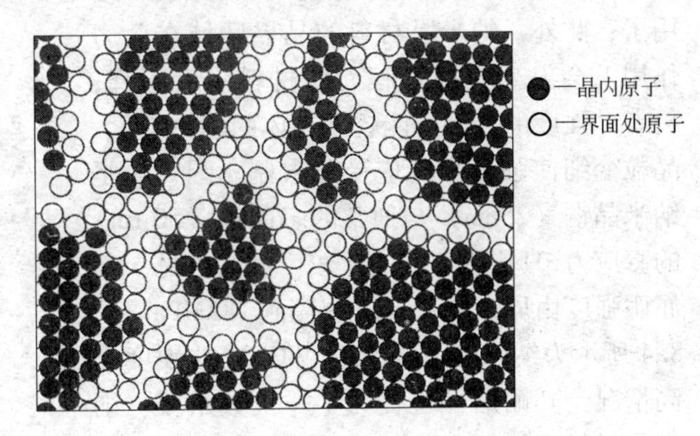

图 8.2 纳米晶材料的二维硬球模型

8.1.2 纳米晶体材料的性能（Properties of nanocrystalline material）

纳米结构材料因其超细的晶体尺寸（与电子波长、平均自由程等为同一数量级）和高体积分数的晶界（高密度缺陷）而呈现特殊的物理、化学和力学性能。表 8.1 所列的一些纳米晶体金属与通常的多晶或非晶态的性能比较，明显地反映了其变化特点。

表 8.1 纳米晶体金属与通常的多晶或非晶态的性能比较

性 能	单 位	金 属	多 晶	非晶态	纳米晶
热膨胀系数	$10^{-6}K^{-1}$	Cu	16	18	31
比热容（295K）	J/（g·K）	Pd	0.24	—	0.37
密度	g/cm^3	Fe	7.9	7.5	6
弹性模量	GPa	Pd	123	—	88

续表 8.1

性　能	单　位	金　属	多　晶	非晶态	纳米晶
剪切模量	GPa	Pd	43	—	32
断裂强度	MPa	Fe-1.8%C	700	—	8000
屈服强度	MPa	Cu	83	—	185
饱和磁化强度（4K）	$4\pi \cdot 10^{-7} Tm^3/kg$	Fe	222	215	130
磁化率	$4\pi \cdot 10^{-9} Tm^3/kg$	Sb	-1	-0.03	20
超导临界温度	K	Al	1.2	—	3.2
扩散激活能	eV	Ag 于 Cu 中	2.0	—	0.39
		Cu 自由扩散	2.04	—	0.64
德拜温度	K	Fe	467	—	3

纳米材料的力学性能远高于其通常多晶状态，如表 8.1 所举的高碳钢（Fe-1.8%C 合金），其通常的断裂强度由 700MPa 提高到 8000MPa，增加达 1140%。但一些实验结果表明，霍尔-佩奇公式的强度与晶粒尺寸关系并不适用于纳米晶材料，这是因为霍尔-佩奇公式是根据位错塞积的强化作用而导出的，当晶粒尺寸为纳米级时，晶粒中可存在的位错极少，甚至只有一个，故霍尔-佩奇公式就不适用了；此外，纳米晶材料的晶界区域在应力作用下会发生弛豫过程而使材料强度下降；再者，强度的提高不能超过晶体的理论强度，晶粒变细使强度提高应受此限制。图 8.3 是纳米晶铜（25nm）与通常的多晶铜（50μm）的真应力-真应变曲线的比较。由图可见，其屈服强度由原来的 83MPa 提高到 185MPa。图 8.4 所示为纳米晶硬质合金 WC-Co 的硬度提高情况，其耐磨性也提高了一个数量级。纳米晶材料不仅具有高的强度和硬度，其塑性、韧性也大大改善，例如陶瓷材料通常不具有塑性，但纳米 TiO_2 在室温下能塑性变形，在 180℃时形变量可达 100%。

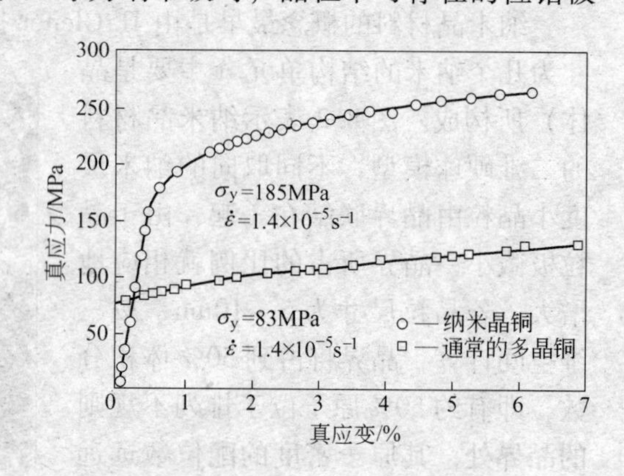

图 8.3　纳米晶铜与通常的多晶铜的真应力-真应变曲线

纳米晶微粒之间能产生量子输运的隧道效应、电荷转移和界面原子耦合等作用，故纳米材料的物理性能也异于通常材料。纳米晶导电金属的电阻高于多晶材料，因为晶界对电子有散射作用，当晶粒尺寸小于电子平均自由程时，晶界散射作用加强，电阻及电阻温度系数增加。

纳米晶材料的磁性也不同于通常的多晶材料，纳米铁磁材料具有低的饱和磁化强度、高的磁化率和低的矫顽力，例如部分晶化的 $Fe_{73.5}Si_{13.5}B_9Cu_1Nb_3$ 合金其磁性甚至超过最佳性能的坡莫合金。纳米材料的其他性能，如超导临界温度和临界电流的提高、特殊的光学性质、触媒催化作用等也是引人注目的。

纳米材料已成为国际上发展新材料领域中的一个重要内容，并在材料科学和凝固态物理学科中引出了新的研究方向——纳米材料科学。

8.1.3　纳米晶材料的形成（Formation of nanocrystalline material）

纳米晶材料可由多种途径形成，主要归纳于以下四方面。

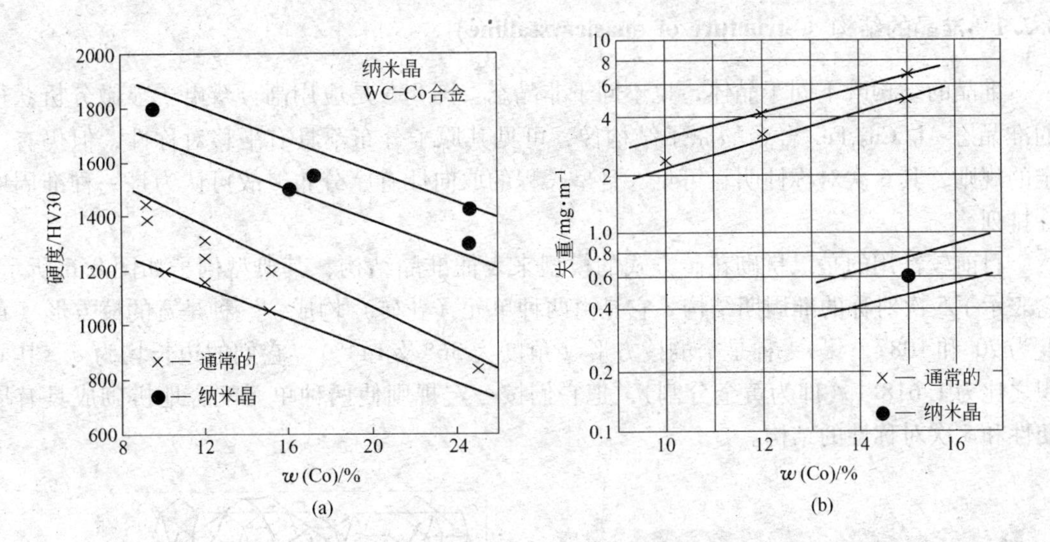

图 8.4 纳米晶与通常的 WC-Co 材料的硬度和耐磨性比较

(a) 硬度比较；(b) 耐磨性比较

(1) 以非晶态（金属玻璃或溶胶）为起始相，使之在晶化过程中形成大量的晶核，生长成为纳米晶材料。

(2) 对起始为通常粗晶的材料，通过强烈塑性形变（如高能球磨、高速应变、爆炸成形等手段）或造成局域原子迁移（如高能粒子辐照、火花刻蚀等）使之产生高密度缺陷，以致自由能升高，转变形成亚稳态纳米晶。

(3) 通过蒸发、溅射等沉积途径，如物理气相沉积（PVD）、化学气相沉积（CVD）、电化学方法等，生成纳米微粒然后固化，或在基底材料上形成纳米晶薄膜材料。

(4) 沉淀反应方法，如利用溶胶-凝胶（sol-gel）法、热处理时效沉淀法等，析出纳米微粒。

8.2 准晶（Quasicrystalline）

经典的固体理论将固体物质按其原子聚集状态分为晶态和非晶态两种类型。晶体学分析得出：晶体中原子呈有序排列，且具有平移对称性，晶体点阵中各个阵点的周围环境必然完全相同，故晶体结构只能有 1，2，3，4，6 次旋转对称轴，而 5 次及高于 6 次的对称轴不能满足平移对称的条件，均不可能存在于晶体中。近年来由于材料制备技术的发展，出现了不符合晶体的对称条件，但呈一定的周期性有序排列的类似于晶态的固体，1984 年，Shechtman 等首先报道了他们在快冷 $Al_{86}Mn_{14}$ 合金中发现具有 5 次对称轴的结构。于是，一类新的原子聚集状态的固体出现了，这种状态被称为准晶态（quasicrystalline state），此固体称为准晶（quasicrystalline）。准晶态的出现引起了国际上高度重视，很快就在其他一些合金系中也发现了准晶，除了 5 次对称，还有 8，10，12 次对称轴，在准晶的结构分析和有关理论研究中都有了新的进展。

8.2.1　准晶的结构（Structure of quasicrystalline）

准晶的结构既不同于晶体，也不同于非晶态。图 8.5 是应用高分辨电子显微分析获得的准晶态 $Al_{65}Cu_{20}Fe_{15}$ 合金的原子结构像，可见其原子分布不具有平移对称性，但仍有一定的规则，其 5 次对称性明显可见，且呈长程的取向性有序分布，故可认为是一种准周期性排列。

目前较常用的是以拼砌花砖方式的模型来表征准晶结构，其典型例子如图 8.6 所示，它表示了 5 次对称的准周期结构。它是由两种单元（花砖）构成：一种是宽的棱方形（角度为 70°和 108°）；另一种是窄的棱方形（角度为 36°及 144°），它们的边长均为 a。其面积之比为 1.618:1（即为黄金分割），把它们按一定规则使两种单元配合地拼砌成具有周期性和 5 次对称性的结构。

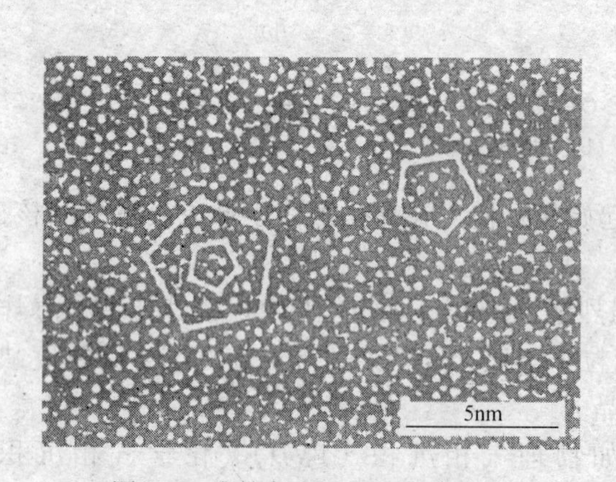

图 8.5　准晶态 $Al_{65}Cu_{20}Fe_{15}$ 合金的高分辨电子显微像

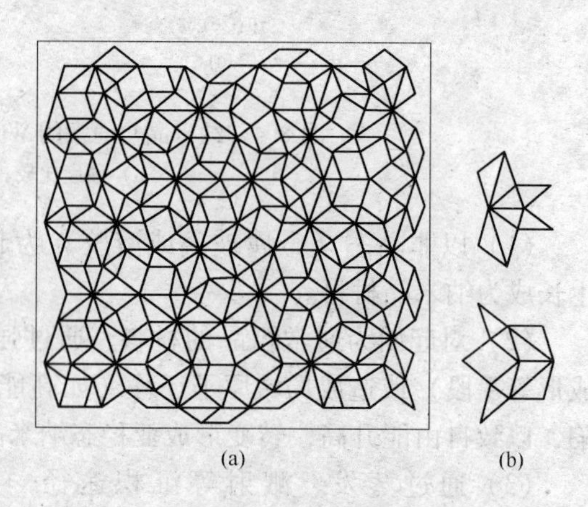

图 8.6　准晶结构的单元拼砌模型（a）和表示缩比单元与原单元的缩比关系（b）

8.2.2　准晶的形成（Formation of quasicrystalline）

除了少数准晶（如 $Al_{65}Cu_{20}Fe_{10}Mn_5$、Al 75$Fe_{10}Pd_5$、$Al_{10}Co_4$ 等）为稳态相之外，大多数准晶相均属亚稳态产物，它们主要通过快冷方法形成，此外经离子注入混合或气相沉积等途径也能形成准晶。准晶的形成过程包括形核和生长两个过程，故采用快冷法时其冷速要适当控制，冷速过慢则不能抑制结晶过程而形成结晶相；冷速过大则准晶的形核生长也被抑制而形成非晶态。此外，其形成条件还与合金成分、晶体结构类型等多种因素有关，并非所有的合金都能形成准晶，这方面的规律还有待进一步探索和掌握。

亚稳态的准晶在一定条件下会转变为结晶相，即平衡相。加热（退火）促使准晶的转变；但稳态准晶相在加热时不发生结晶化转变。

准晶也可能从非晶态转化形成，例如 Al-Mn 合金经快速凝固形成非晶后，在一定的加热条件下会转变成准晶，这表明准晶相对于非晶态是热力学较稳定的亚稳态。

8.2.3　准晶的性能（Properties of quasicrystalline）

到目前为止，人们尚难以制成大块的准晶态材料，最大的也只是几个毫米直径，故对准晶的研究多集中在其结构方面，对性能的研究测试甚少报道。但从已获得的准晶都很脆这种特点来看，将它作为结构材料使用尚无前景。准晶的特殊结构对其物理性能有明显的影响，这方面或许有可利用之处，尚待进一步研究。

8.3 非晶态材料（Amorphous material）

杜威兹（Duwez）等人在1959～1960年间，用他们独创的快速冷凝方法获得了Au-Si和Au-Ge系非晶态合金（称为金属玻璃），引起科学界的轰动；而陈和包克（Chen and Polk）在1972年制成了塑性的铁基非晶条带，它不仅有高的强度和韧性，更显示了极佳的磁性，这项发明为非晶合金的工程应用开辟了道路，一类重要的新型工程材料从此诞生。这些年来，国际上对非晶态合金的研究从理论到生产应用等各方面都取得了重要的进展，本节的内容以非晶态合金为主。

8.3.1 非晶态的形成（Formation of Amorphous State）

非晶态可由气相、液相快冷形成，也可在固态直接形成（如离子注入、高能粒子轰击、高能球磨、电化学或化学沉积、固相反应等）。

合金由液相转变为非晶态（金属玻璃）的能力，既决定于冷却速度也决定于合金成分。能够抑制结晶过程实现非晶化的最小冷速称为临界冷速（R_c），对纯金属，如Au、Cu、Ni、Pb的结晶形核条件的理论计算得出，最小冷却速度要达到10^{12}～10^{13}K/s时才能获得非晶，目前的熔体急冷方法尚难做到，故纯金属采用熔体急冷还不能形成非晶态；而某些合金熔液的临界冷速就较低，一般在10^7K/s以下，采用现有的急冷方法就能获得非晶态。除了冷速之外，合金熔液形成非晶与否还与其成分有关，不同的合金系形成非晶能力也不同，同一合金系中通常只是在某一成分范围内能够形成非晶（成分范围与采用的急冷方法和冷速有关），表8.2列举了实验测得的一些合金成分范围，这是在一定的实验条件下测得的，仅供参考。

除了由熔体急冷可获得非晶态之外，晶体材料在高能辐照或机械驱动（如高能球磨、高速冲击等剧烈形变方式）等作用下也会发生非晶化转变，即从原先的有序结构转变为无序结构（对于化学有序的合金还包括转变为化学无序状态），这类转变都归因于晶体中产生大量缺陷使其自由能升高，促使发生非晶化。

表8.2 合金系中形成非晶的成分范围举例

合金系（$A_{1-x}B_x$）	Fe-B	P-Si	Ni-B	Pt-Sb	Ti-Si	Nb-Ni
非晶范围（原子数分数 x/%）	12～25	14～22	17～18.5 31～41	34～36.5	15～20	40～70
合金系（$A_{1-x}B_x$）	Cu-Zr	Ni-Zr	Fe-Zr	Ta-Ni	Al-La	La-Ge
非晶范围（原子数分数 x/%）	25～60	10～12 33～80	9，72 76	40～70	10，50～80	17～22
合金系（$A_{1-x}B_x$）	La-Au	Gd-Fe	Mg-Zn	Ca-Al	U-Co	
非晶范围（原子数分数 x/%）	18～26	32～50	25～32	12.5～47.5	24～40	

现以高能球磨导致的非晶化为例来进行分析。

对纯组元元素粉末按合金成分比例混合后直接进行高能球磨，所形成的非晶合金是“机械合金化”（Mechanical Alloying，简称为MA）的产物；而对晶态合金粉末经高能球磨后转变为非晶态，则属机械研磨（Mechanical Milling，简称为MM）的产物。

机械合金化形成非晶态须满足热力学和动力学两方面的条件。热力学条件是两组元具有负的混合焓，这样就使非晶态合金的自由能低于两组元晶态混合物的自由能；动力学条件则因机械合金化过程是借固相扩散来进行的，故要求该系统为不对称的扩散偶，组元原子在对方晶格中有较高的扩散速率，才能通过固溶进一步发生非晶化，在图8.7中，化合物 A_mB_n 的自由能虽低于同样成分的非晶合金，但由于动力学原因而被抑制；而且，球磨过程导致的缺陷也在热力学和动力学两方面为非晶化提供了条件。

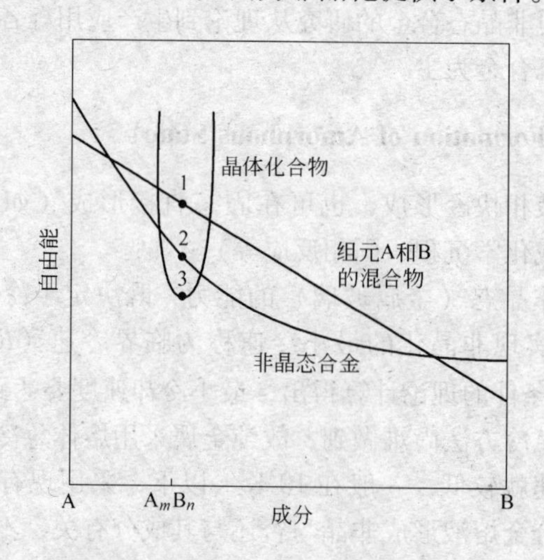

图8.7　具有负混合焓的A-B两元素在不同状态下的自由能随成分变化曲线示意图

但是，有些具有正混合焓的合金系也能通过机械合金化形成非晶态。对某些原子半径相差较大的合金系，在机械合金化过程中由于动力学条件的限制而难以形成金属间化合物，但经高能球磨，A、B两元素的晶粒不断细化至纳米级，除了晶粒内部形成大量缺陷之外，A、B原子在对方晶粒边界地区通过扩散面形成复合纳米晶A（B）或B（A）过饱和固溶体，使其自由能增高而发生非晶转变，这一过程随着球磨的进行而不断发展，导致了整体非晶化。

机械研磨与机械合金化不同，其起始状态是晶态合金而不是A、B组元，故不需要化学驱动力来形成非晶合金，其非晶化的能量条件是：

$$G_C + \Delta G_D > G_A \tag{8-1}$$

式中，G_C 为晶态的自由能；G_D 为各种缺陷导致的自由能增量；G_A 为非晶态的自由能。可见，G_D 是决定因素。G_D 包含多方面因素对球磨合金的贡献，主要有：点缺陷、位错、层错等晶体缺陷导致的晶格畸变能；晶粒超细化使晶界体积猛增，界面能升高；有序合金被无序化产生的化学无序能、反位能和反向畴界能。

8.3.2 非晶态的结构（Structure of amorphous state）

非晶结构不同于晶体结构，它不能取一个晶胞为代表，因为其周围环境是变化的，故测定和描述非晶结构均属难题，只能统计性地进行表达。常用的非晶结构分析方法是用X射线或中子散射得出的散射强度谱求出其径向分布函数，可用下式表示：

$$G(r) = 4\pi r\left[\rho(r) - \rho_0\right] \tag{8-2}$$

式中，$G(r)$ 为以任一原子为中心，在距离 r 处找到其他原子的几率；$\rho(r)$ 是距离为 r 处单位体积中的原子数目；ρ_0 为整体材料中原子平均密度。

但径向分布函数不能区别不同类型的原子，故对合金应分别求得每类原子对的部分原子对分布函数，其定义与上述相同，但针对特定的原子对而言，例如，二元合金中存在着三类原子对：A-A、B-B和A-B，故须根据A、B两种原子的不同散射能力，至少进行三次散射实验才能分别求出部分原子对分布函数。图8.8是 $Ni_{81}B_{19}$ 非晶态合金的散射谱线及三类部分原子对分布函数，即Ni-Ni对、Ni-B对和B-B对。径向分布函数的第一个峰表示最近邻原子的间距，而峰所包含的面积给出平均配位数。从图中的间距可知，非晶态中的间距与凝聚态的间距相近，其配位数在11.5～14.5范围，这些结果表示非晶态合金（金属玻璃）也是密集堆积型固体，与晶体相近。从所得出的部分原子对分布函数可知：在非晶态合金中异类原子的分布也不是完全无序的，如B-B最近邻原子对就不存在，故实际上非晶合金仍具有一定程度的化学序。

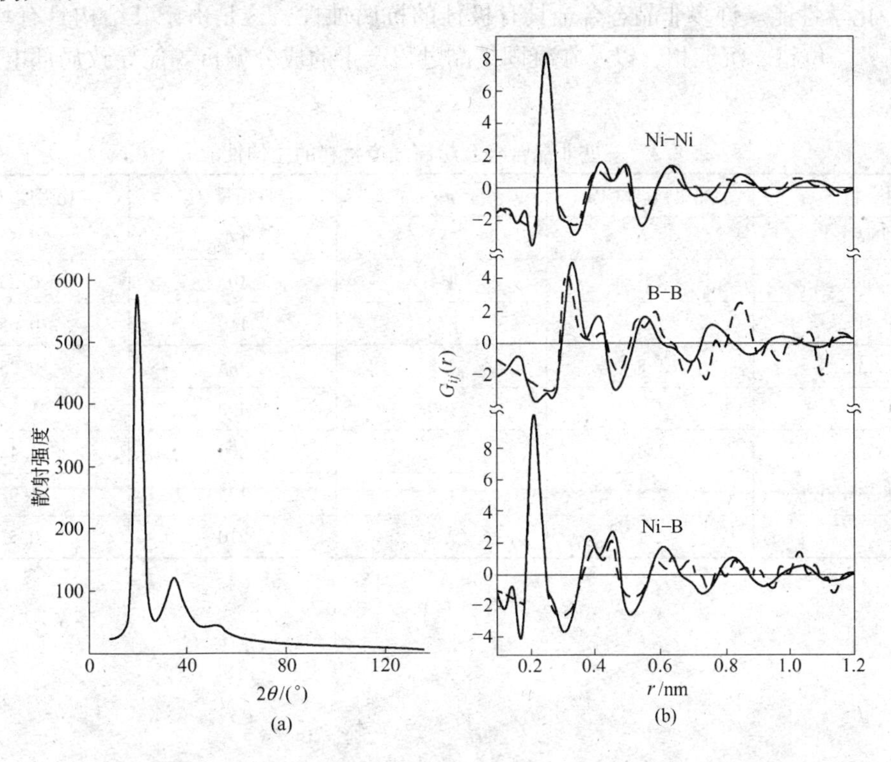

图8.8 非晶态 $Ni_{81}B_{19}$ 合金的X射线散射谱线及三类部分原子对分布函数

实线为实验结果；虚线为理论计算结果

8.3.3 非晶合金的性能（Properties of amorphous alloy）

非晶合金的结构不同于晶态合金，在性能上也表现出与晶态有很大的差异。

（1）力学性能。非晶合金的力学性能主要表现为高强度和高断裂韧性。表8.3列出了一些非晶态合金的屈服强度、弹性模量等性能，并与其他超高强度材料作对比，可见它们已达到或接近这些超高强度材料的水平，但弹性模量较低。非晶合金的强度与组元类型有关，金属-类金属型的强度高（如$Fe_{80}B_{20}$非晶），而金属-金属型则低一些（如$Cu_{50}Zr_{50}$非晶）。非晶合金的塑性较低，在拉伸时小于1%，但在压缩、弯曲时有较好的塑性，压缩塑性可达40%，非晶合金薄带弯达180°也不断裂。

（2）物理性能。非晶态合金因其结构呈长程无序，故在物理性能上与晶态合金不同，显示出异常的情况。非晶合金一般具有高的电阻率和小的电阻温度系数，有些非晶合金如Nb-Si、Mo-Si-B、Ti-Ni-Si等，在低于其临界转变温度时可具有超导电性。目前，非晶合金最令人注目的是其优良的磁学性能，包括软磁性能和硬磁性能。一些非晶合金很易于磁化，磁矫顽力甚低，且涡流损失少，是极佳的软磁材料，其中有代表性的是Fe-B-Si合金。此外，使非晶合金部分晶化后可获得10～20nm尺度的极细晶粒，因而细化磁畴，产生更好的高频软磁性能。有些非晶合金具有很好的硬磁性能，其磁化强度、剩磁、矫顽力、磁能积都很高，例如Nd-Fe-B非晶合金经部分晶化处理后（14～50nm尺寸晶粒），达到目前永磁合金的最高磁能积值，这些是重要的永磁材料。

（3）化学性能。许多非晶态合金具有极佳的抗腐蚀性，这是由于其结构具有均匀性，不存在晶界、位错、沉淀相，以及在凝固结晶过程产生的成分偏析等能导致局部电化学腐蚀的因素。

表8.3 一些非晶合金及超高强度材料的拉伸性能

材料	屈服强度/GPa	密度/g·cm^{-3}	弹性模量/GPa	比强度/GPa
$Fe_{80}B_{20}$非晶	3.6	7.4	170	0.5
$Ti_{50}Be_{40}Zr_{10}$非晶	2.3	4.1	105	0.55
$Ti_{60}B_{35}Si_5$非晶	2.5	3.9	110	0.65
$Cu_{50}Zr_{50}$非晶	1.8	7.3	85	0.25
碳纤维	3.2	1.9	490	1.7
SiC微晶丝	3.5	2.6	200	1.4
高分子Kevlar纤维	2.8	1.5	135	1.9
高碳钢丝	4.1	7.9	210	0.55

参考文献

[1] 胡赓祥，蔡珣，戎咏华．材料科学基础［M］．3版．上海：上海交通大学出版社，2010.
[2] 陶杰，姚正军，薛烽．材料科学基础［M］．北京：化学工业出版社，2006.
[3] 余永宁．材料科学基础［M］．北京：高等教育出版社，2006.
[4] 崔忠圻，覃耀春．金属学与热处理［M］．2版．北京：机械工业出版社，2007.
[5] 赵品，谢辅洲，孙文山．材料科学基础［M］．3版．哈尔滨：哈尔滨工业大学出版社，2009.
[6] 张文杰．材料物理化学［M］．北京：化学工业出版社，2006.
[7] 周玉．陶瓷材料学［M］．哈尔滨：哈尔滨工业大学出版社，1995.
[8] 潘群雄，王路明，蔡安兰．无机材料科学基础［M］．北京：化学工业出版社，2007.
[9] 宋晓岚，黄学辉．无机材料科学基础［M］．北京：化学工业出版社，2006.
[10] 杜丕一，潘颐．材料科学基础［M］．北京：中国建材工业出版社，2002.
[11] 范L H，弗莱克著．材料科学与材料工程基础［M］．北京：机械工业出版社，1984.
[12] 吴锵．材料科学基础［M］．南京：东南大学出版社，2000.
[13] 王亚男，陈树江，董希淳．位错理论及其应用［M］．北京：冶金工业出版社，2007.
[14] 于永泗，齐民．机械工程材料［M］．7版．大连：大连理工大学出版社，2007.
[15] 刘智恩．材料科学基础［M］．西安：西北工业大学出版社，2000.
[16] 徐恒钧．材料科学基础［M］．北京：北京工业大学出版社，2001.
[17] 余永宁，毛卫民．材料的结构［M］．北京：冶金工业出版社，2001.
[18] 胡赓祥，钱苗根．金属学［M］．上海：上海科学技术出版社，1980.
[19] 肖纪美．合金相与相变［M］．北京：冶金工业出版社，1987.
[20] 田风仁．无机材料结构基础［M］．北京：冶金工业出版社，1993.
[21] 石德珂，沈莲．材料科学基础［M］．西安：西安交通大学出版社，1995.
[22] 徐祖耀，李鹏兴．材料科学导论［M］．上海：上海科学技术出版社，1986.
[23] 冯端，丘第荣．金属物理学，第一卷（结构与缺陷）［M］．北京：科学出版社，1998.
[24] 冯端，师昌绪，刘治国．材料科学导论［M］．北京：化学工业出版社，2002.
[25] 包永千．金属学基础［M］．北京：冶金工业出版社，1986.
[26] 石德珂．材料科学基础［M］．北京：机械工业出版社，1999.
[27] 钟家湘，等．金属学教程［M］．北京：北京理工大学出版社，1995.
[28] 潘金生，等．材料科学基础［M］．北京：清华大学出版社，1995.
[29] 殷声．现代陶瓷及其应用［M］．北京：北京科学技术出版社，1990.
[30] 刘文西，等．材料结构电子显微分析［M］．天津：天津大学出版社，1989.
[31] 张联盟，黄学辉，宋晓岚．材料科学基础［M］．武汉：武汉工业大学出版社，2004.
[32] 王国梅，万发荣．材料物理［M］．武汉：武汉理工大学出版社，2004.
[33] 米格兰比 H. 材料的塑性变形与断裂［M］．颜鸣皋等译．北京：科学出版社，1980.
[34] 余焜．材料结构分析基础［M］．北京：科学出版社，2000.
[35] 杨顺华，丁棣华．晶体位错理论基础［M］．北京：科学出版社，1998.
[36] 卢光熙，侯增寿．金属学教程［M］．上海：上海科学技术出版社，1985.
[37] 曹明盛．物理冶金基础［M］．北京：冶金工业出版社，1988.
[38] 谢希文，过梅丽．材料科学与工程导论［M］．北京：北京航空航天大学出版社，1999.
[39] 郑明新．工程材料［M］．2版．北京：清华大学出版社，1991.
[40] 李庆生．材料强度学［M］．太原：山西科学教育出版社，1990.
[41] 江伯鸿．材料热力学［M］．上海：上海交通大学出版社，1999.
[42] 侯增寿，陶岚琴．实用三元合金相图［M］．上海：上海科学技术出版社，1986.
[43] 黄昆著，韩汝琦改编．固体物理学［M］．北京：高等教育出版社，1988.
[44] 陈树川，陈凌冰．材料物理性能［M］．上海：上海交通大学出版社，1999.
[45] 蔡珣，戎咏华．材料科学基础辅导与习题［M］．2版．上海：上海交通大学出版社，2004.
[46] Askeland D R，Phule P P. The science and engineering of materials［M］．4th Ed.，USA，Thomson Learning，2004.
[47] William D，Callister J. Materials science and engineering：An introductton［M］．5th Ed.，USA，John Wiley & Sons，1999.